U0918390

张景中科普文集

ZHANG
JINGZHONG
KEPU WENJI

张景中◎著

平面几何新路

长江出版传媒
湖北科学技术出版社

图书在版编目（CIP）数据

平面几何新路 / 张景中著. -- 武汉:湖北科学技术出版社，2017.6（2022.1 重印）
ISBN 978-7-5352-9538-5

Ⅰ. ①平… Ⅱ. ①张… Ⅲ. ①平面几何－少年读物 Ⅳ. ①O123.1-49

中国版本图书馆 CIP 数据核字(2017)第 172470 号

责任编辑：王小芳　　封面设计：喻　杨

出版发行：湖北科学技术出版社　　电话：027-87679468
地　　址：武汉市雄楚大街 268 号　　邮编：430070
（湖北出版文化城 B 座 13-14 层）
网　　址：http：//www.hbstp.com.cn

印　　刷：湖北画中画印刷有限公司　　邮编：441300

700×1000　1/16　22.25 印张　400 千字
2017 年 8 月第 1 版　　2022 年 1 月第 2 次印刷
定价：76.00 元

总 序

ZONGXU

感谢湖北科学技术出版社督促我将这30多年里写的科普作品回顾整理一下。我想人的天性是懒的，就像物体有惰性。要是没什么鞭策，没什么督促，很多事情就做不成。我的第一本科普书《数学传奇》，就是在中国少年儿童出版社的文赞阳先生督促下写成的。那是1979年暑假，他到成都，到我家里找我。他说你还没有出过书，就写一本数学科普书吧。这么说了几次，盛情难却，我就试着写了，自己一读又不满意，就撕掉重新写。那时没有电脑或打字机，是老老实实用笔在稿纸上写的。几个月下来，最后写了6万字。他给我删掉了3万，书就出来了。为什么要删？文先生说，他看不懂的就删，连自己都看不懂，怎么忍心印出来给小朋友看呢？书出来之后，他高兴地告诉我，很受欢迎，并动员我再写一本。

后来，其他的书都是被逼出来的。湖南教育出版社出版的《数学与哲学》，是我大学里高等代数老师丁石孙先生主编的套书中的一本。开策划会时我没出席，他们就留了“数学与哲学”这个题目给我。我不懂哲学，只好找几本书老老实实地学了两个月，加上自己的看法，凑出来交卷。书中对一些古老的话题如“飞矢不动”“白马非马”“先有鸡还是先有蛋”“偶然与必然”，冒昧地提出自己的看法，引起了读者的兴趣。此书后来被3家出版社出版。又被选用改编为数学教育方向的《数学哲学》教材。其中许多材料还被收录于一些中学的校本教材之中。

《数学家的眼光》是被陈效师先生逼出来的。他说，您给文先生写了书，他退休了，我接替他的工作，您也得给我写。我经不住他一再劝说，就答应下来。一答应，就像是欠下一笔债似的，只好想到什么就写点什么。5年积累下来，写成了6万字的一本小册子。

这是外因，另外也有内因。自己小时候接触了科普书，感到帮助很大，印象很深。比如苏联伊林的《十万个为什么》《几点钟》《不夜天》《汽车怎样会跑路》；我国顾均正的《科学趣味》和他翻译的《乌拉·波拉故事集》，刘薰宇的《马先生谈算学》和《数学的园地》，王峻岑的《数学列车》。这些书不仅读起来有趣，读后还能够带来悠长的回味和反复的思索。还有法布尔的《蜘蛛的故事》和《化学奇谈》，很有思想，有启发，本来看上去很普通的事情，竟有那么多意想不到的奥妙在里面。看了这些书，就促使自己去学习更多的科学知识，也激发了创作的欲望。那时我就想，如果有人给我出版，我也要写这样好看的书。

法布尔写的书，以十大卷的《昆虫记》为代表，不但是科普书，也可以看成是科学专著。这样的书，小朋友看起来趣味盎然，专家看了也收获颇丰。他的科学研究和科普创作是融为一体的，令人佩服。

写数学科普，想学法布尔太难了。也许根本不可能做到像《昆虫记》那样将科研和科普融为一体。但在写的过程中，总还是禁不住想把自己想出来的东西放到书里，把科研和科普结合起来。

从一开始，写《数学传奇》时，我就努力尝试让读者分享自己体验过的思考的乐趣。书里提到的“五猴分桃”问题，在世界上流传已久。20世纪80年代，诺贝尔奖获得者李政道访问中国科学技术大学，和少年班的学生们座谈时提到这个问题，少年大学生们一时都没有做出来。李政道介绍了著名数学家怀德海的一个巧妙解答，用到了高阶差分方程特解的概念。基于函数相似变换的思想，我设计了“先借后还”的情景，给出一个小学生能够懂的简单解法。这个小小的成功给了我很大的启发：写科普不仅仅是搬运和解读知识，也要深深地思考。

在《数学家的眼光》书中，提到了祖冲之的密率355/113有什么好处的问题。数学大师华罗庚在《数论导引》一书中用丢番图理论证明了，所有分母不超过366的分数中，355/113最接近圆周率π。另一位数学家夏道行，在他的《e和π》一书中用连分数理论推出，分母不超过8000的分数中，355/113最接近圆周率π。在学习了这些方法的基础上我做了进一步探索，只用初中数学中的不等式知识，不多几行的推导就能证明，分母不超过 16586 的分数中，355/113 是最接近 π 的冠军。而 52163/16604 比 355/113 在小数后第七位上略精确一点，但分母却大了上百倍！

我的老师北京大学的程庆民教授在一篇书评中，特别称赞了五猴分桃的新解法。著名数学家王元院士，则在书评中对我在密率问题的处理表示欣赏。学术前辈的鼓励，是对自己的鞭策，也是自己能够长期坚持科普创作的动力之一。

在科普创作时做过的数学题中，我认为最有趣的是生锈圆规作图问题。这个问题是美国著名几何学家佩多教授在国外刊物上提出来的，我们给圆满地解决了。先在国内作为科普文章发表，后来写成英文刊登在国外的学术期刊《几何学报》上。这是数学科普与科研相融合的不多的例子之一。佩多教授就此事发表过一篇短文，盛赞中国几何学者的工作，说这是他最愉快的数学经验之一。

1974 年我在新疆当过中学数学教师。一些教学心得成为后来科普写作的素材。文集中多处涉及面积方法解题，如《从数学教育到教育数学》《新概念几何》《几何的新方法和新体系》等，源于教学经验的启发。面积方法古今中外早已有了。我所做的，主要是提出两个基本工具（共边定理和共角定理），并发现了面积方法是具有普遍意义的几何解题方法。1992 年应周咸青邀请访美合作时，从共边定理的一则应用中提炼出消点算法，发展出几何定理机器证明的新思路。接着和周咸青、高小山合作，系统地建立了几何定理可读证明自动生成的理论和算法。杨路进一步把这个方法推广到非欧几何，并发现了一批非欧几何新定理。国际著名计算机科学家保伊尔（Robert S. Boyer）将此誉为计算机处理几何问题发展道路上的里程碑。这一工作获 1995 年中国科学院自然科学一等奖和 1997 年国家自然科学二等奖。从教学到科普又到科学研究，20 年的发展变化实在出乎自己的意料！

在《数学家的眼光》中，用一个例子说明，用有误差的计算可能获得准确的结果。基于这一想法，最近几年开辟了“零误差计算”的新的研究方向，初步有了不错的结果。例如，用这个思想建立的因式分解新算法，对于两个变元的情形，比现有方法效率有上千倍的提高。这个方向的研究还在发展之中。

1979—1985年，我在中国科学技术大学先后为少年班和数学系学生讲微积分。在教学中对极限概念和实数理论做了较深入的思考，提出了一种比较容易理解的极限定义方法——“非ε语言极限定义”，还发现了类似于数学归纳法的“连续归纳法”。这些想法，连同面积方法的部分例子，构成了1989年出版的《从数学教育到教育数学》的主要内容。这本书是在四川教育出版社余秉本女士督促下写出来的。书中第一次提出了“教育数学”的概念，认为教育数学的任务是“为了数学教育的需要，对数学的成果进行再创造。”这一理念渐渐被更多的学者和老师们认同，导致2004年教育数学学会（全名是“中国高等教育学会教育数学专业委员会”）的诞生。此后每年举行一次教育数学年会，交流为教育而改进数学的心得。这本书先后由三家出版社出版，从此面积方法在国内被编入多种奥数培训读物。师范院校的教材《初等几何研究》（左铨如、季素月编著，上海科技教育出版社1991年出版）中详细介绍了系统面积方法的基本原理。已故的著名数学家和数学教育家，西南师大陈重穆教授在主持编写的《高效初中数学实验教材》中，把面积方法的两个基本工具“共边定理”和“共角定理”作为重要定理，教学实验效果很好。1993年，四川都江教育学院刘宗贵老师根据此书中的想法编写的教材《非ε语言一元微积分学》在贵州教育出版社出版在教学实践中效果明显，后来他还发表了论文。此后，重庆师范学院陈文立先生和广州师范学院萧治经先生所编写的微积分教材，也都采用了此书中提出的“非ε语言极限定义”。

10多年之后，受林群先生研究工作的启发带动，我重启了关于微积分教学改革的思考。文集中有关不用极限的微积分的内容，是2005年以来的心得。这方面的见解，得到著名数学教育家张奠宙先生的首肯，使我坚定了投入教学实践的信心。我曾经在高中尝试过用5个课时讲不用极限的微积分初步。又在南方科技大学试讲，用16个课时不用极限讲一元微积分，严谨论证了所有的基本定理。初步实验的效果尚可，系统的教学实践尚待开展。

也是在2005年后，自己对教育数学的具体努力方向有了新的认识。长期以来，几何教学是国际上数学教育关注的焦点之一，我也因此致力于研究更为简便有力的几何解题方法。后来看到大家都在删减传统的初等几何内容，促使我作战略调整的思考，把关注的重点从几何转向三角。2006 年发表了有关重建三角的两篇文章，得到张奠宙先生热情的鼓励支持。这方面的想法，就是《一线串通的初等数学》一书的主要内容。书里面提出，初中一年级就可以学习正弦，然后以三角带动几何，串联代数，用知识的纵横联系驱动学生的思考，促进其学习兴趣与数学素质的提高。初一学三角的方案可行吗？宁波教育学院崔雪芳教授先吃螃蟹，做了一节课的反复试验。她得出的结论是可行！但是，学习内容和国家教材不一致，统考能过关吗？做这样的教学实验有一定风险，需要极大的勇气，也要有行政方面的保护支持。2012 年，在广州市科协开展的“千师万苗工程”支持下，经广州海珠区教育局立项，海珠实验中学组织了两个初中班全程地实验。两个实验班有 105 名学生，入学分班平均成绩为 62 分和 64 分，测试中有三分之二的学生不会作三角形的钝角边上的高，可见数学基础属于一般水平。实验班由一位青年教师张东方负责备课讲课。她把《一线串通的初等数学》的内容分成 5 章 92 课时，整合到人教版初中数学教材之中。整合的结果节省了 60 个课时，5 个学期内不仅讲完了按课程标准 6 个学期应学的内容，还用书中的新方法从一年级下学期讲正弦和正弦定理，以后陆续讲了正弦和角公式，余弦定理这些按常规属于高中课程的内容。教师教得顺利轻松，学生学得积极愉快。其间经历了区里的 3 次期末统考，张东方老师汇报的情况如下：

从成绩看效果

期间经过三次全区期末统考。实验班学生做题如果用了教材以外的知识，必须对所用的公式给出推导过程。在全区 80 个班级中，实验班的成绩突出，比区平均分高很多。满分为 150 分，实验一班有 4 位同学获满分，其中最差的个人成绩 120 多分。

	实验 1 班平均分	实验 2 班平均分	区平均分	全区所有班级排名
七年级下期末	140	138	91	第一名和第八名
八年级上期末	136	133	87.76	第一名和第五名
八年级下期末	145	141	96.83	第一名和第二名

这样的实验效果是出乎我意料的。目前，广州市教育研究院正在总结研究经验，并组织更多的学校准备进行更大规模的教学实验。

科普作品，以“普”为贵。科普作品中的内容若能进入基础教育阶段的教材，被社会认可为青少年普遍要学的知识，就普得不能再普了。当然，一旦成为教材，科普书也就失去了自己作为科普的意义，只是作为历史记录而存在。这是作者的希望，也是多年努力的目标。

文集编辑工作即将完成之际，湖北科学技术出版社刘虹老师建议我写个总序。我从记忆中检索出一些与文集中某些内容有关的往事杂感，勉强塞责。书中不当之处，欢迎读者指正。

湖北科学技术出版社何龙社长和谢俊波主任热心鼓励我出版文集；还有华中师范大学国家数字化学习工程中心彭翕成老师（《绕来绕去的向量法》作者之一，该书中绝大多数例题和题解由他提供）为文集的出版付出了辛勤劳动，在此谨表示衷心的感谢。

张景中

2017 年 4 月

目录

MULU

第一章

几何初步知识

一、长度、角度和面积

1.1 三种几何量

在小学里,我们已学过不少几何知识。

我们知道不少几何概念:**点,直线、线段、射线,角、锐角、直角、钝角、平角,三角形、正方形、长方形、平行四边形、梯形**等。

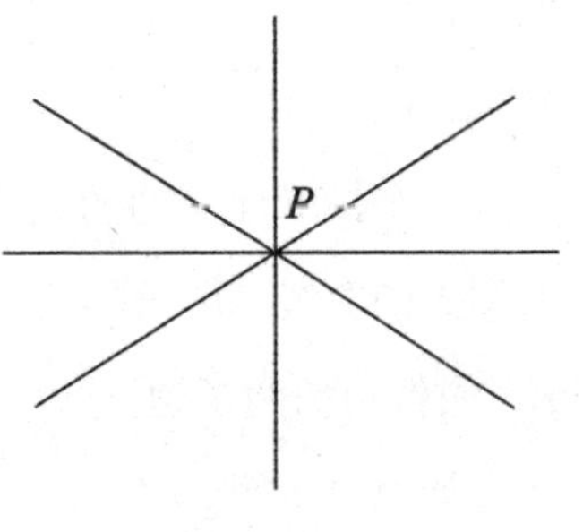

图 1-1

最基本的概念是**点**和**直线**。

一条直线上有无穷多个点,经过一个点有无穷多条直线。(图 1-1)

但是,**经过两点有一条**,而且只有一条直线,这是直线的一条基本性质。(图 1-2)

A B

图 1-2

设 A、B 是直线上的两个点,直线上在 A 与 B 之间的部分,叫做线段 AB,或**线段** BA。点 A、B 都叫做线段 AB 的**端点**。

用带有刻度的尺,可以量出线段的长度。线段 AB 的长度,也叫做两点 A、B 的**距离**。如果 AB 的长度是 3 个单位,便写作 $AB=3$。

当点 P 在线段 AB 上时,就有

$$AP+PB=AB,$$

这叫做**长度可加性**。(图 1-3)

再增加一个点,三个点 A、B、C 按确定顺序排好,例如 BAC,便定出了一个**角**,即$\angle BAC$,如图 1-4。这个角也可以叫做$\angle CAB$,读作"角 CAB"。

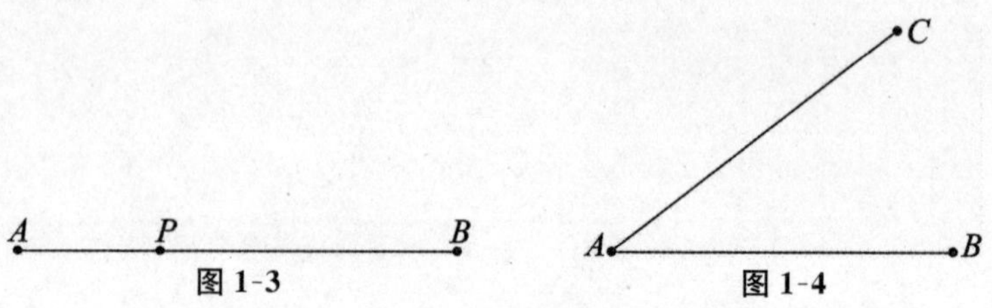

图 1-3　　图 1-4

那么,什么叫**角**?为什么三个点按顺序排列就能定出一个角?

严格地说,角是由具有公共**端点**的两条**射线**组成的图形。

在直线上取一点 P,直线就被 P 分成了两部分,即两条"半直线",其中的每一个部分叫做**射线**,点 P 叫做这条射线的**端点**。在射线上任取不同于 P 的点 X,这条射线即可称为射线 PX。(图 1-5)

图 1-5

三个按顺序排列的点 B、A、C,把中间的点 A 作为端点,就有了两条以 A 为公共端点的射线 AB、AC,于是确定了一个角。公共端点 A 叫做角的**顶点**,射线 AB、AC 叫做角的两条**边**。

如果 A 在线段 BC 上,$\angle BAC$ 叫做**平角**。本书中提到的角,如无特别说明,一般指小于平角的角。如果 C 在射线 AB 上,$\angle BAC$ 叫做**零角**。把平角平均分成 180 份,每份叫做 1 度,记作 1°。用有刻度的半圆形量角器可以量出一个角的大小。我们已学过如何使用量角器量角。量一量图 1-4 中的角,如果它占了 180 份中的 36 份,便说$\angle BAC$ 等于 36 度,记作$\angle BAC=36^\circ$。

在$\angle BAC$ 内取一点 P,总有$\angle BAP+\angle PAC=\angle BAC$,这叫做**角度可加性**。

(图 1-6)

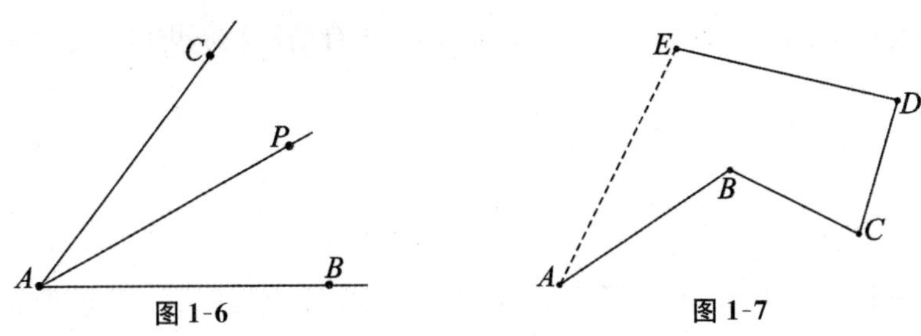

图 1-6　　图 1-7

在平面上指定一串点，比如 5 个点 A、B、C、D、E，顺次作线段 AB、BC，CD、DE，得到的图形叫折线。如果把折线的首尾再用线段连起来，便叫做**五边形**。一般说来，不一定是 5 个点，还有**四边形、六边形、一百边形**等等。三边形通常叫做**三角形**。图 1-7 中，把虚线 AE 变成实线，便是五边形 $ABCDE$。

三角形、四边形、五边形……统称为**多边形**。构成多边形的线段叫做**多边形**的**边**，边的端点叫**多边形**的**顶点**。

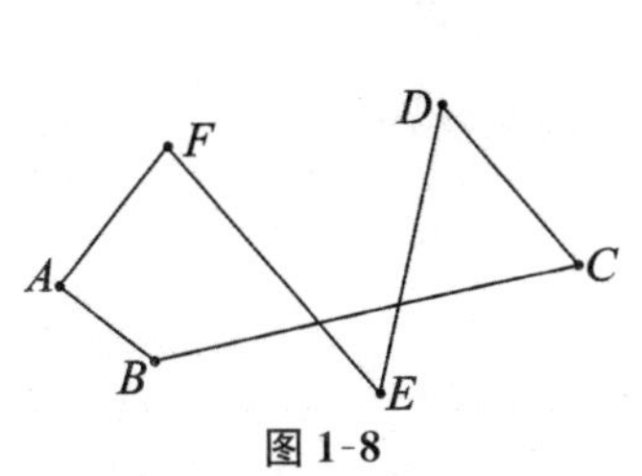

图 1-8

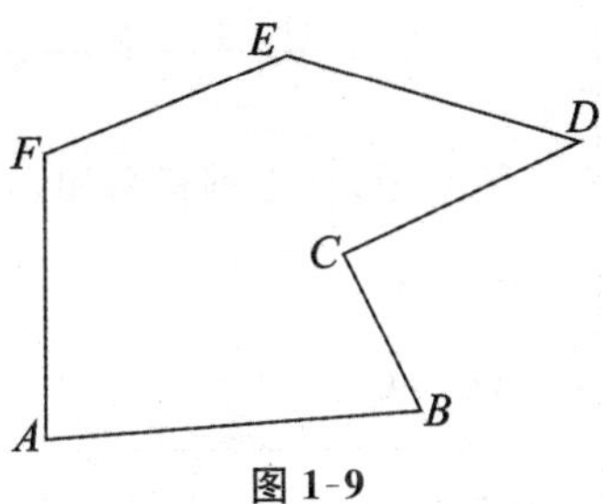

图 1-9

多边形的边可能互相交叉，如图 1-8。如果不互相交叉，如图 1-9，便叫做**简单多边形**。本书中以后提到多边形，如不加说明，指的都是简单多边形。

平面上的简单多边形，包围了平面的一部分，表示这一部分大小的数，叫做多边形的**面积**。

面积的基本性质，是它的**可加性**。如果一个多边形面积是 S，用直线或折线把这个多边形分成两块，两块的面积分别为 S_1 和 S_2 则有

$$S_1+S_2=S,$$

这就叫做**面积可加性**。(图 1-10)

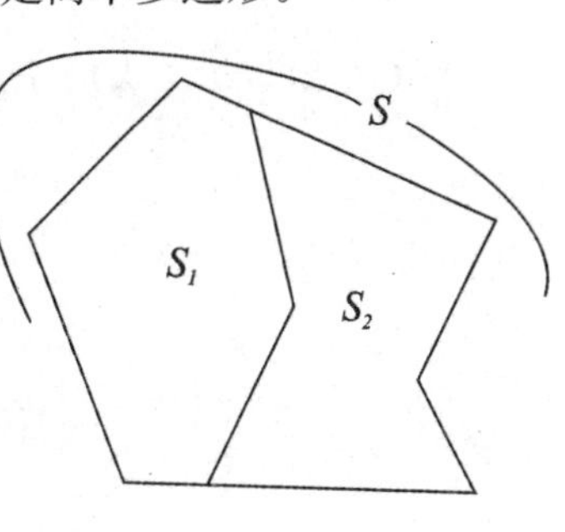

图 1-10

长度、角度和面积，是平面几何里三种最重要的几何量，它们都具有“可加性”。应用这些几何量的可加性，有助于计算和测量，还有助于我们更深入地了解几何图形的性质。

练习

1.(口答与讨论)举出生活中见到的可与直线、线段、射线、角、多边形相类比的实例。

2.(口答与讨论)长度、角度和面积的测量与计算，有什么实际用处？

3. 在直线 AB 上取两点 P、Q，直线 PQ 与直线 AB 是同一条直线吗？为什么？(进一步思考：在射线 AB 上取两点呢？在线段 AB 上取两点呢？)

4. 在下图中，以 A、B、C、D 为端点的线段有几条？分别用字母把它们表示出来，然后量出它们的长度。(单位：厘米)

A B C D

(第 4 题)

5. 根据第 4 题的图，在下列括号里，填上适当的线段的名称。

(1)$AC=BC+(\quad)$；

(2)$CD=AD-(\quad)-(\quad)$；

(3)$BC=AD-(\quad)-(\quad)$；

(4)$AC+CD=AB+(\quad)$；

(5)$AC+BD-BC=(\quad)$；

(6)$AC-BC=(\quad)-BD$。

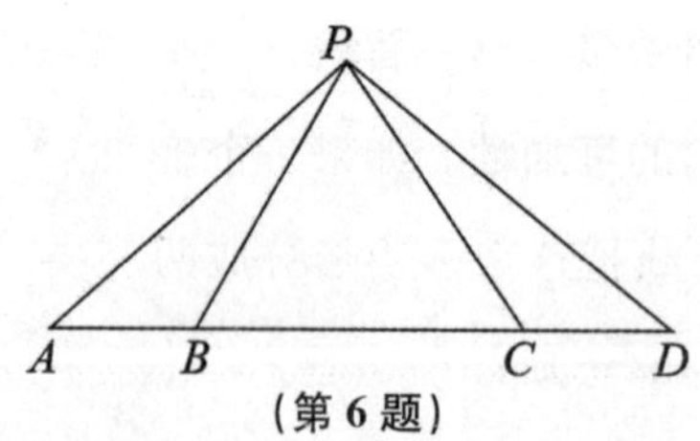

(第 6 题)

6. 在上图中，以 P 为顶点的角有几个？写出它们的名称，并量出它们是多少度。

7. 根据第 6 题的图，在下列括号里，填上适当的角的名称。

(1)$\angle APC=\angle BPC+($　　$)$；

(2)$\angle CPD=\angle APD-($　　$)-($　　$)$；

(3)$\angle BPC=\angle APD-($　　$)-($　　$)$；

(4)$\angle APC+\angle CPD=\angle APB+($　　$)$；

(5)$\angle APC+\angle BPD-\angle BPC=($　　$)$；

(6)$\angle APC-\angle BPC=($　　$)-\angle BPD$。

8. 用记号$\triangle ABC$表示三角形ABC的面积。根据面积可加性，填写下列括号。（如下图）

(1)$\triangle ABD+\triangle BCD=\triangle ABC+($　　$)$；

(2)$\triangle ABD-\triangle ABC=\triangle ADC-($　　$)$；

(3)$\triangle ADC-\triangle BDC=\triangle ADE-($　　$)$；

(4)$($　　$)-\triangle DEC=\triangle ABD-($　　$)$。

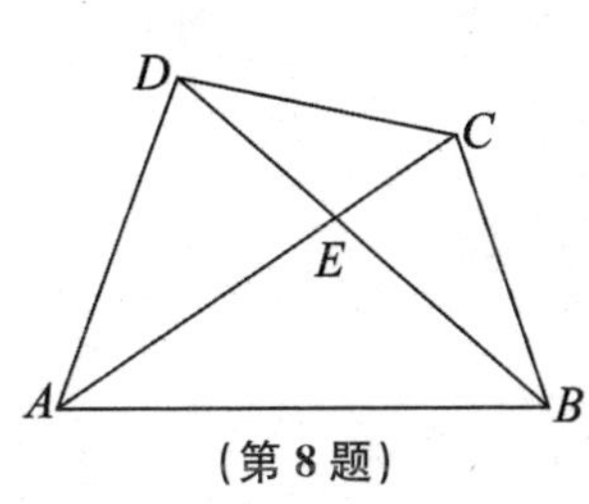

（第 8 题）

（第 9 题）

9. 根据上图，填写下列括号。

(1)$\triangle ABC+\triangle ACD+\triangle ABE=\triangle ADE+($　　$)+\triangle BCD$；

(2)$\triangle ABD+\triangle ABE+\triangle BDC=\triangle ACE-($　　$)+\triangle ACD$。

1.2　三角形的初步认识

三个点A、B、C可以连成三条线段：AB、BC和CA。这三条线段组成三角形ABC，记作$\triangle ABC$。记号“△”读作“三角形”。在不至于混淆时，记号$\triangle ABC$也用来表示三角形的面积。这样用一个符号表示两种意义的做法，在几何中是常有的。例如，记号AB既表示线段，又表示线段的长度；记号$\angle ABC$既表示由射线BA与

BC 组成的图形——角，又表示角度大小。究竟一个符号的意义是什么，可由上下文确定。例如：看到"$\triangle ABC$ 的一条边为 7"时，就应想到这里的"$\triangle ABC$"表示三角形 ABC，是个图形；看到式子$\triangle ABC=5$ 时，则应想到这里的"$\triangle ABC$"表示三角形 ABC 的面积，是个数。

三角形是最简单的多边形。每个多边形总可以切割成若干个三角形。把三角形的性质弄清楚了，各种由线段组成的图形的性质也就容易弄清楚了。

三角形 ABC 有三个顶点：A、B、C；有三条边：BC、CA、AB；有三个角：$\angle BAC$、$\angle CBA$、$\angle ACB$，它们也叫做三角形的内角。在不至于混淆时，我们总是记 BC、CA、AB 三边为 a、b、c，记三个角为$\angle A$、$\angle B$、$\angle C$。

如果 A，B、C 三点在同一条直线上，$\triangle ABC$ 便成了线段，这时称它是退化了的三角形。在本书中如不加说明，所提到的三角形都不是退化的。

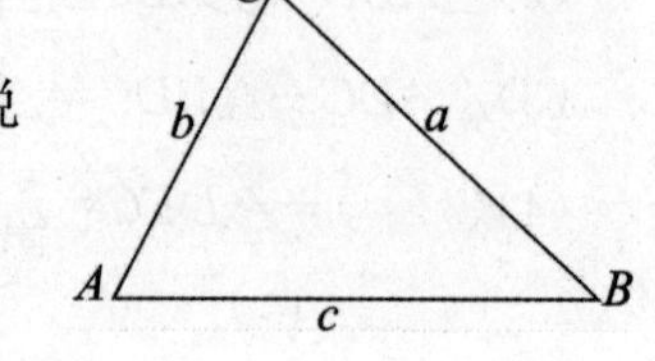

图 1-11

三角形的基本度量性质有三条：

(1)与角度有关的性质：**三角形的三个内角之和为一个平角**，即等于 180°。用式子表示，就是：

$$\angle BAC+\angle CBA+\angle ACB=180^\circ$$

或

$$\angle A+\angle B+\angle C=180^\circ。$$

(2)与长度有关的性质：三角形两边之和大于第三边，即

$$AB+BC>AC,$$

$$BC+AC>AB,$$

$$AB+AC>BC。$$

或简单地表示成

$$c+a>b, a+b>c, c+b>a。$$

(3)与面积，长度、角度都有关系的性质：**三角形面积等于底与高的乘积之半**。

第三条性质我们在小学里已经学过，而且多次用它计算图形的面积。第一条性质也是学过的，第二条性质是这里首次见面的。在纸上画几个三角形，量一量它

们的边长，比较一下，便会相信这条性质。

前两条性质可以直接用测量来检查。至于为什么有这样的性质，以后慢慢地再来研究。第三条性质就不好直接测量了，要经过分析，说明道理，才知道它确实是对的。

这条性质涉及**面积**、**底**、**高**三个几何术语。要把这三个术语的意义讲清楚，才好进行分析。在学习几何时，讲清楚术语的意义是十分重要的事。

什么叫做三角形的高？

三角形一个**顶点**到它**对边**所在直线的**垂线段**叫做**三角形的高**。

为了说明什么叫**高**，要用到**顶点**、**对边**、**直线**、**垂线段**这几个术语。其中**对边**、**垂线段**这两个术语在本书里首次出现，要加以说明。

先说**对边**。在三角形中，一个顶点的对边是指以另两个顶点为端点的那条边。例如在$\triangle ABC$中，顶点A的对边是BC，即a边。

再说**垂线段**。

设P是直线AB外的一点，Q是直线AB上一点，如果$\angle PQA$是直角，便称Q是P到AB的垂足，线段PQ是P到直线AB的**垂线段**。这时，说直线PQ与直线AB**互相垂直**，并且说PQ是AB的**垂线**，AB是PQ的垂线。（图 1-12）

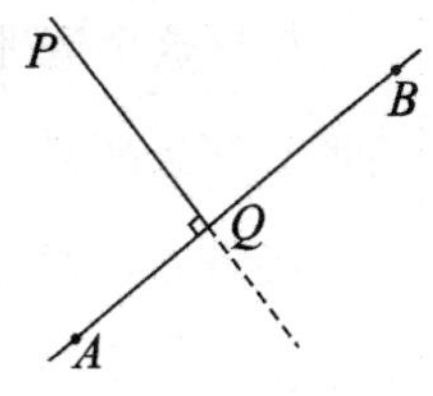

图 1-12

当两直线PQ与AB互相垂直时，记作$PQ\perp AB$。记号“$\perp$”读作“垂直于”。

为了说明术语**垂线段**，我们用到**直角**的概念。直角就是大小为90°的角，它是平角的一半。由此可见，在图 1-12 中，$\angle PQB$也是直角。

对于直线AB上的点X，如果$\angle PXA$不是直角，PX就叫做直线AB的**斜线段**。这时，直线PX和直线AB互为斜线。（图 1-13）

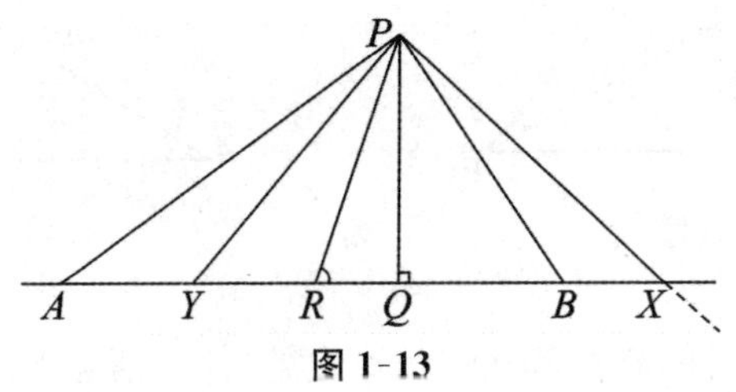

图 1-13

为了说清楚什么叫三角形的**高**，我们用到了术语**垂线段**。为了说明**垂线段**，又用到了**直角**。要说明直角，又用到了平角。说明之后，又顺便引入了**垂直**、**垂线**、**斜线**等术语。几何概念之间，就是这样互相密切联系着的。

从图 1-13 看出，P 点到直线 AB 可以引无数条斜线，而只有一条垂线 PQ。当 AB 上另一个点 R 离 Q 很近时，PR 会不会也是一条垂线呢？这是不会的。因为 $\triangle PQR$ 的内角和是 $180°$，已经知道 $\angle PQR=90°$，故 $\angle PRQ+\angle RPQ=90°$，因而 $\angle PRQ<90°$，也就是不会有 $PR\perp AB$。

是不是一定有从 P 到 AB 的垂线呢？一定会有。也可以用"三角形内角和为 $180°$"来说明。看图 1-13，让一个点 Q 从 R 处向右移动，$\angle RPQ$ 就会由 $0°$ 开始增大。当增大到 $\angle RPQ=90°-\angle PRQ$ 时，也就是 $\angle RPQ+\angle PRQ=90°$ 时，$\angle PQR$ 正好是直角。

由此可见：**经过一点有一条而且只有一条直线垂直于已知直线**。

根据这个道理，经过三角形的每个顶点，只能作三角形的一条**高**。所以一个三角形有三条高。

底与**高**是相对的概念，当谈到过某个顶点的高时，另两个顶点为端点的**边**就叫做**底**。如图 1-14，在 $\triangle ABC$ 中，谈到高 AD 时，底就是 BC；谈到高 BE 时，底就是 AC。同时，说 AD 是 BC 上的高，BE 是 AC 上的高，CF 是 AB 上的高。

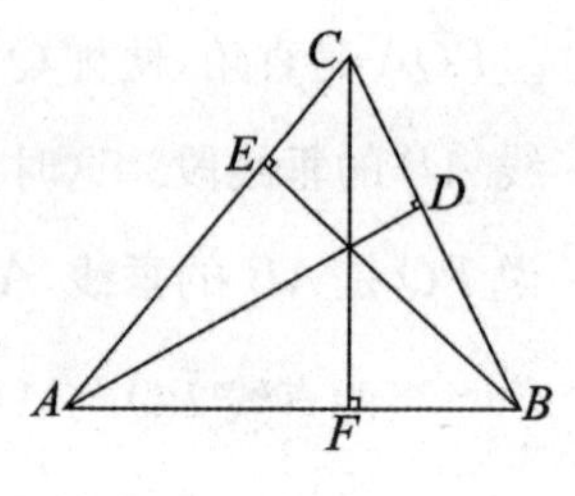

图 1-14

三角形的高，可能在三角形内，如图 1-14。但也可能在三角形之外，或恰巧与三角形的边相重合，如图 1-15 的(1)、(2)。

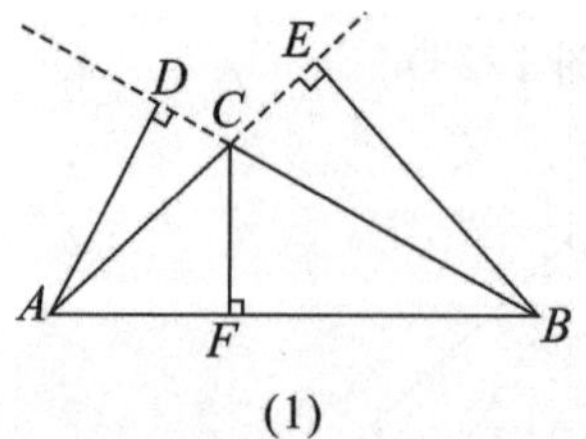

(1)

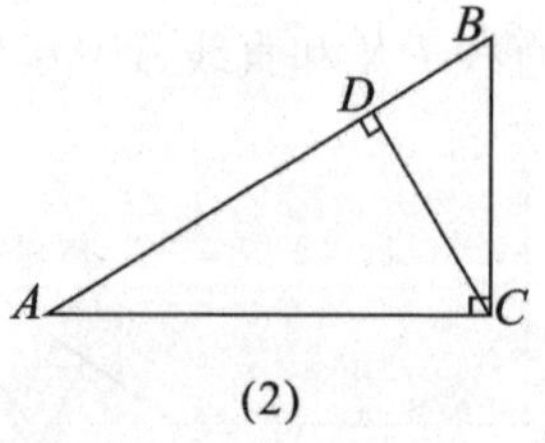

(2)

图 1-15

什么情况下三角形的高会落在三角形之外，什么情况下高恰巧是边，这与三角形的角的大小有关系。

我们知道，大于0°而小于90°的角叫**锐角**，大于90°而小于180°的角叫**钝角**。有一个角是钝角的三角形叫**钝角三角形**。有一个角是直角的三角形叫**直角三角形**。三个角都是锐角的三角形叫**锐角三角形**。

在三角形中，钝角三角形两边上的高一定落在三角形之外，直角三角形两边上的高一定与边重合，锐角三角形的高均落在三角形的内部。

这是为什么？请作为练习自己思考。思考时别忘了：三角形内角和是多少度。

练习

1. 已知$\angle ABC=47°$，$\angle ACB$是直角，又知道CD是AB边上的高，那么，$\angle A$、$\angle ACD$、$\angle BCD$各是多少度？

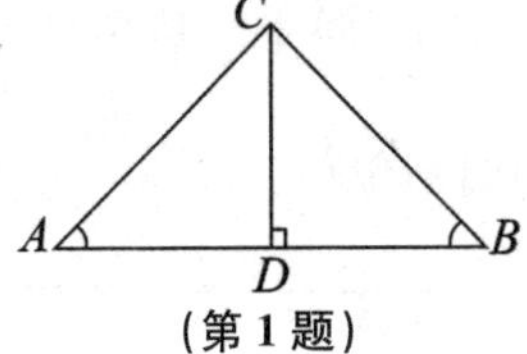

（第1题）

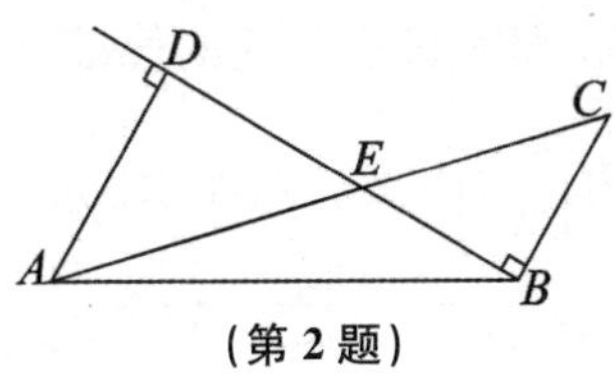

（第2题）

2. $AD\perp DE$、$BC\perp BE$，E是直线AC和BD的交点，若已知$\angle EAB=16°$，$\angle ABE=31°$。求$\angle AED$、$\angle BEC$、$\angle EAD$、$\angle ECB$的度数。

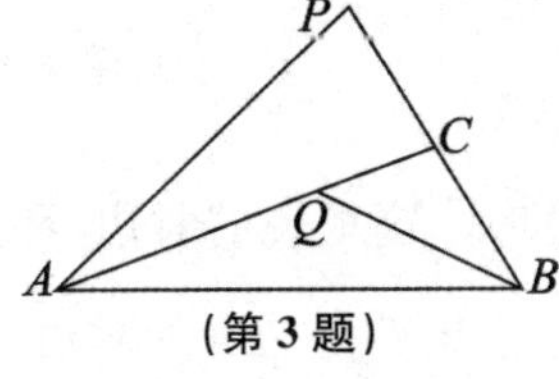

（第3题）

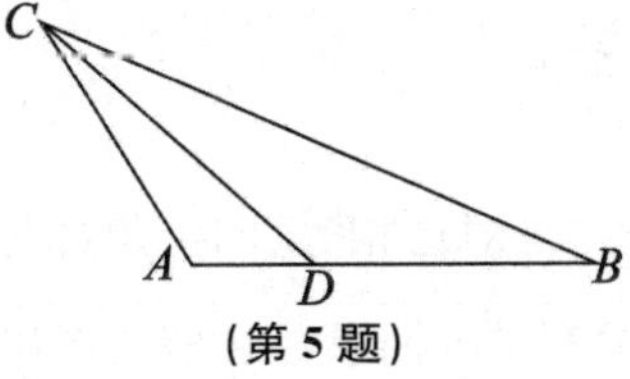

（第5题）

3. $AP+PB$和$AQ+QB$哪个大？为什么？（用“三角形两边之和大于第三边”来说明。）
4. 三角形的三条高会不会都在三角形外？会不会有一条在外，两条在内？为什么？
5. 为什么钝角边上的高一定在三角形之外？如图：已知$\angle A$是钝角，假如$\angle CDA=90°$，则$\triangle ADC$的内角和会如何？
6. 用第5题中的道理，说明：如果$\triangle ABC$中，$\angle C\geqslant 90°$，则AB上的高在三角形

之内。

7. 在图上作出△PAC、△PBC，△PAB 的过 P 点的高。给垂足注上字母，说明：在△（　）中，AC 边上的高是（　）；在△（　）中，BC 边上的高是（　）。

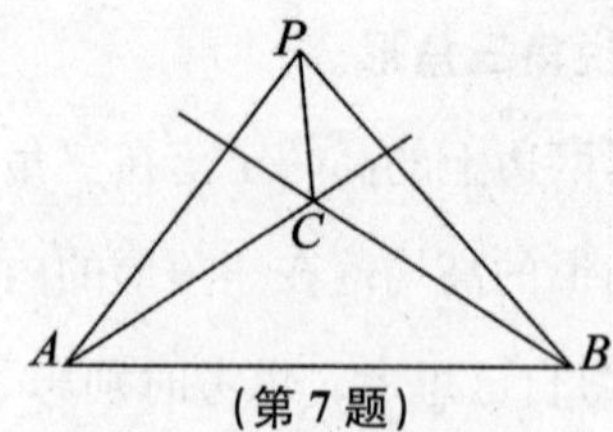

（第 7 题）

1.3　正方形、长方形和三角形的面积

面积是用数表示的。这个数是量出来的。量，就是利用一个标准的图形和要测量的图形来比较，看要测量的图形的大小是标准图形的多少倍。这个倍数，就是量得的数值。量长度有长度的标准，即长度单位，如米、厘米。量角度有角度的单位，即平角的$\frac{1}{180}$，叫 1°。量面积也要有个标准，即面积单位。

我们已经学过，边长为单位长度的**正方形**，其面积规定为 1，即作为面积单位。正方形是四边相等、四角都是直角的四边形。把 $m\times n$ 个正方形排成**长方形**，如图 1-16，便可以看出：这种边长为整数的长方形，面积等于长和宽的乘积。

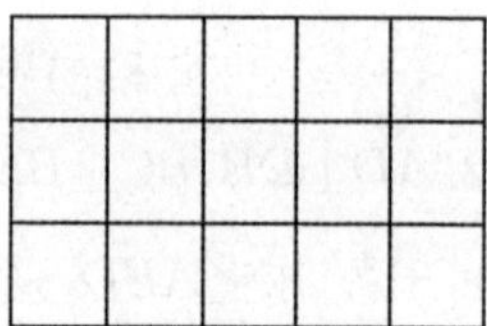
图 1-16

长方形，是**对边**相等、四个角都是直角的四边形。这里说的对边，和三角形中顶点的对边不是一回事。在四边形里，没有公共端点的两条边互为对边。例如，四边形 $ABCD$ 中，AB 与 CD 互为对边，BC 与 AD 互为对边。对边相等，就是 $AB=CD$，并且 $BC=AD$。在长方形中，具有公共端点的两条边的长度，分别叫长方形的**长和宽**。根据图 1-16 所表明的道理，对于长和宽为任意实数的长方形，也应当有同样的面积公式：**长方形的面积，等于它的长与宽的积**。

提起长方形这个名称，就会联想到“长方”，即长与宽不一样。其实，按照“对边相等，四个角是直角”的规定，正方形也是长方形。可见这个“长”字不太贴切。今后，把长方形叫**矩形**。矩是中国古代木工画线用的直角尺的名称。画长方形要画直角，把长方形叫做矩形是有道理的。

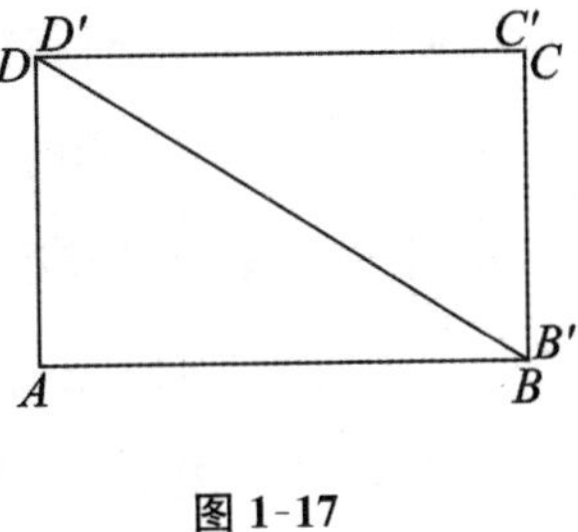

图 1-17

如图 1-17，若把一个矩形 $ABCD$ 沿对角线 BD 一分为二，得到两个三角形：$\triangle BAD$ 和 $\triangle DCB$。这两个三角形的形状，大小完全一样。具体说，如果用一张透明纸把 $\triangle DCB$ 描下来，为防混淆，记作 $\triangle D'C'B'$，叠放在 $\triangle BAD$ 上，则两个三角形可以完全重合。为什么？可以这样想：先把 C' 点放在 A 点上。因为 $C'D'=AB$，故让图形绕 C' 点旋转到适当位置，D' 就和 B 重合了。因为 $\angle BAD=\angle D'C'B'$，两个角的一双边 AB、$C'D'$ 重合时，另一边也可以重合。又因为 $AD=B'C'$，所以当射线 AD、$C'B'$ 重合时，B' 也就和 D 得重合了。根据这个道理，**如果(1)、(2)两个三角形中，(1)的一个角和(2)的一个角相等，(1)三角形中这个角的两边和(2)三角形中相应的这个角两边分别相等，则两个三角形能够重合。**能够重合的两个三角形叫做一对**全等三角形**。刚才叙述的这段话可简单地表述为：

全等三角形的边角边判定法（简称“**边角边**”，或“SAS”），**两边一夹角对应相等的两个三角形全等。**

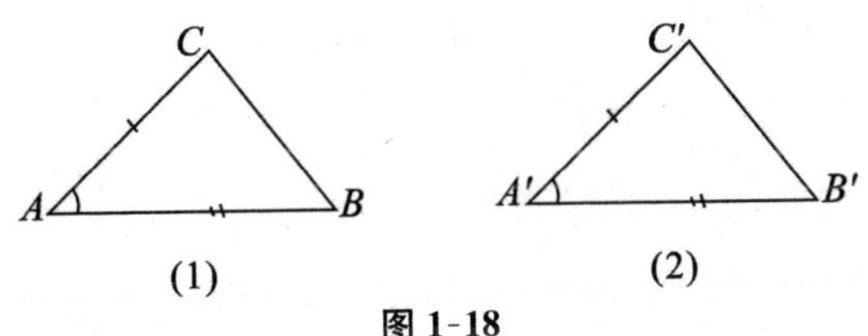

图 1-18

如图 1-18，在 $\triangle ABC$ 和 $\triangle A'B'C'$ 中。如果 $\angle A=\angle A'$，$AB=A'B'$，且 $AC=A'C'$，则 $\triangle ABC$ 与 $\triangle A'B'C'$ 全等，记作 $\triangle ABC\cong\triangle A'B'C'$。要注意的是，当我们说 $\triangle ABC$ 和 $\triangle A'B'C'$ 全等，或写 $\triangle ABC\cong\triangle A'B'C'$ 时，对应相等的角顶点要写在相似的位置上，对应相等的边的端点，也要写在相似的位置上。图 1-18 中 $\angle A=\angle A'$，在 $\triangle ABC$ 中，字母 A 排在第一，在 $\triangle A'B'C'$ 中，A' 也要排在第一位。又因 $AB=A'B'$，故 B 和 B' 都要排在第二位（或同排在第三位。）这样，$\triangle ABC\cong\triangle A'B'C'$ 不能写成 $\triangle ABC\cong\triangle A'C'B'$，也不能写成 $\triangle BAC\cong\triangle A'B'C'$，但可以写成

$\triangle BAC \cong \triangle B'A'C'$。

既然全等三角形可以重合，它们的三边和三角应当对应相等，也就是说，当$\triangle ABC \cong \triangle A'B'C'$时，就有$AB=A'B'$，$BC=B'C'$，$CA=C'A'$，$\angle A=\angle A'$，$\angle B=\angle B'$，$\angle C=\angle C'$。同时，两个三角形的面积也应当相等，即$\triangle ABC=\triangle A'B'C'$。亦即：**全等三角形对应边相等，对应角相等，面积相等。**

一般说来：可以完全重合的两个图形叫全等图形。图形面积的一个基本性质是：**全等的两个图形，其面积相等。**

现在回到图 1-17。由于$\triangle ABD \cong \triangle CDB$，故$\triangle ABD=\triangle CDB$，这表明，矩形 $ABCD$ 的面积是三角形 ABD 面积的两倍。可见

$$\triangle ABD=\frac{1}{2}AB\times AD。$$

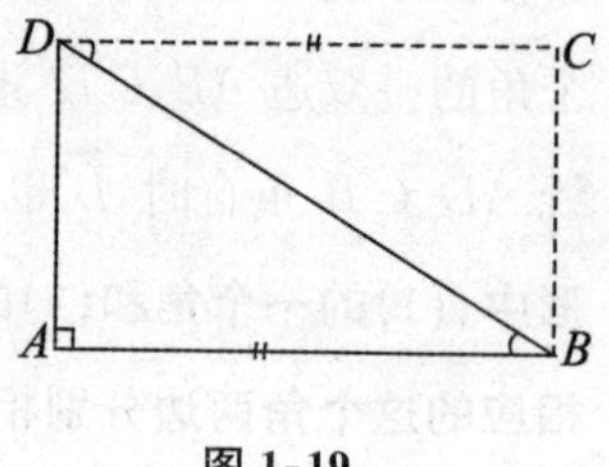

图 1-19

一般说来，若$\triangle ABD$ 中$\angle A$ 为直角，总可以像图 1-19 那样，凑上一个和它全等的$\triangle CDB$ 拼成矩形。根据矩形面积等于长乘宽之积，便得出一个公式：

直角三角形的面积，等于它的两条直角边的乘积之半。

所谓**直角边**。就是以直角顶点为端点的边。

设$\triangle ABC$ 是任意三角形，BC 边上的高是 AD。如果 AD 在三角形内，则有

$$\triangle ABC=\triangle ABD+\triangle ACD,$$

如果 AD 在三角形之外，设$\angle ABC$ 为钝角，则有

$$\triangle ABC=\triangle ACD-\triangle ABD。$$

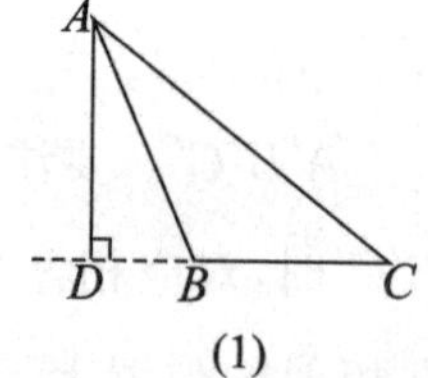

(1)

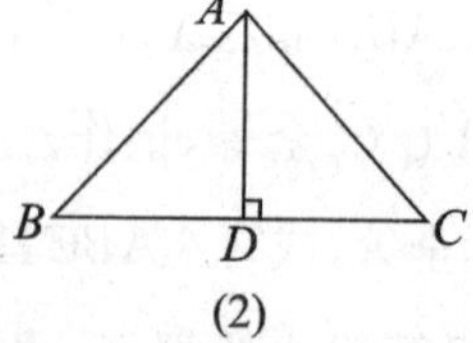

(2)

图 1-20

两种情况如图 1-20 所示，在图 1-20(2)情形，有

$$\triangle ABC=\triangle ABD+\triangle ACD=\frac{1}{2}BD\cdot AD+\frac{1}{2}DC\cdot AD$$

$$=\frac{1}{2}(BD+DC)\cdot AD=\frac{1}{2}BC\cdot AD。$$

在图 1-20(1)的情形，有

$$\triangle ABC=\triangle ACD-\triangle ABD=\frac{1}{2}DC\cdot AD-\frac{1}{2}BD\cdot AD$$

$$=\frac{1}{2}(DC-BD)\cdot AD=\frac{1}{2}BC\cdot AD。$$

不论哪种情形，都得到

$$\triangle ABC=\frac{1}{2}BC\cdot AD。$$

因此得知

三角形面积等于它的底与高的乘积之半。

这是一个十分有用的公式，是我们研究几何图形性质的基本工具之一。

练习

1. 图中 $ABCD$ 是正方形，边 $AB=1$，$DEFG$ 是矩形，$DE=\frac{4}{5}$，$EF=\frac{3}{4}$。用数方格的办法计算矩形 $DEFG$ 的面积，说明矩形面积等于长宽之积。

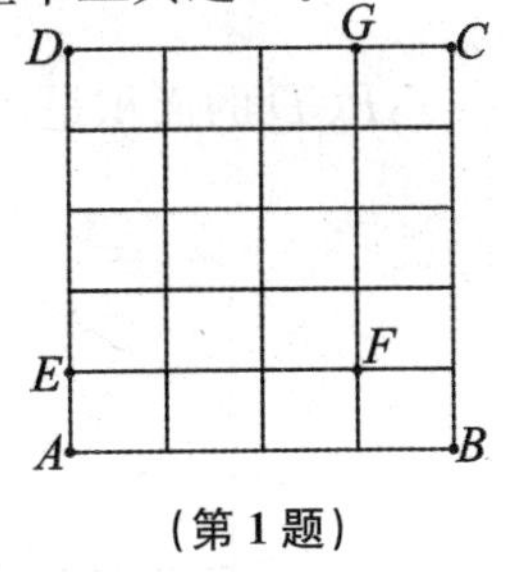

(第 1 题)

2. 已知矩形 $ABCD$ 的长 $AB=a$，宽 $BC=b$，在 CD 边上任取一点 P。求$\triangle PAB$ 的面积。

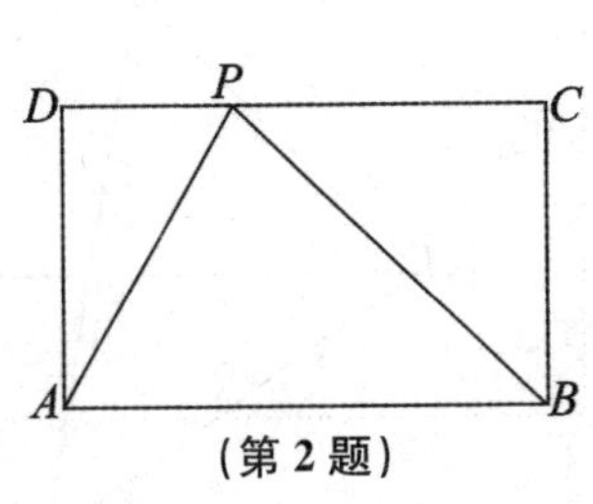

(第 2 题)

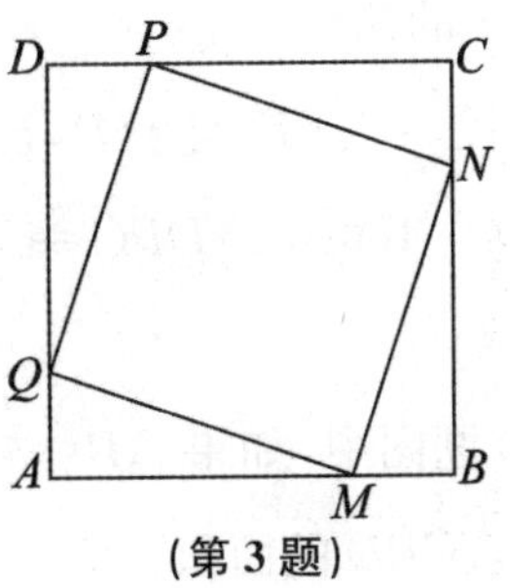

(第 3 题)

3. 正方形 $ABCD$ 边长为 4，在边 AB、BC、CD、DA 上顺次取 M、N、P、Q，使 $MB=NC=PD=QA=1$。那么，四边形 $MNPQ$ 是不是正方形？它的面积是多少？你

能说出 $MNPQ$ 是不是正方形的道理么?

4. 把线段 AF 平均分成5段,分点顺次是 B、C、D、E。任取直线 AF 外的一点 P,如图。问 $\triangle PBC$ 和 $\triangle PEF$ 哪一个面积大?还是相等?

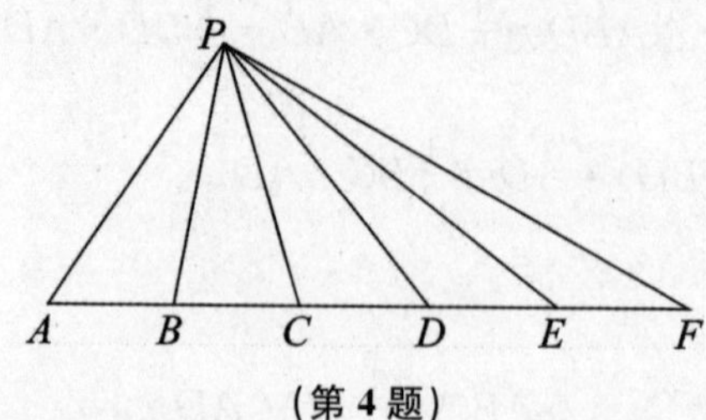

(第4题)

5. $\triangle ABC$ 中,$AB=10$,AB 边上的高 $CD=6$,$BC=12$,求 BC 边上的高是多少?

6. 矩形的长和宽分别是12和8,求连结矩形各边中点所成的四边形的面积。

7. 矩形 $ABCD$ 内任取一点 P。已知 $\triangle PAB$ 的面积是 $ABCD$ 面积的 $\frac{1}{6}$,又知道 $\triangle PCD$ 的面积是 4m^2。矩形 $ABCD$ 的面积是多少?

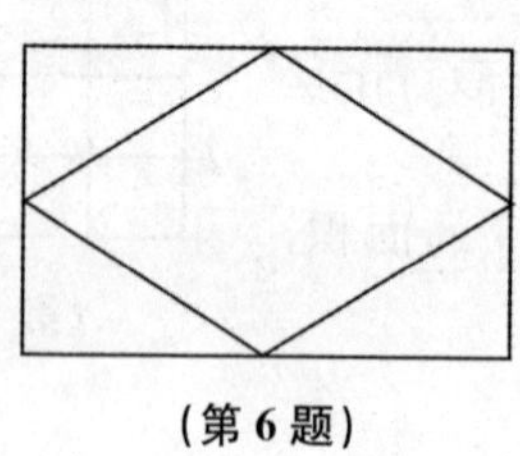

(第6题)

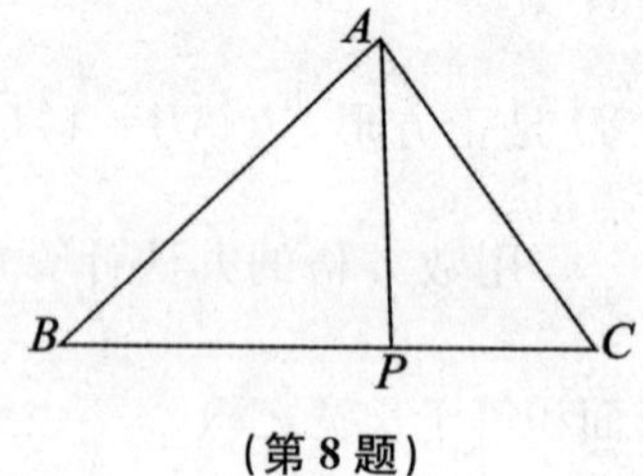

(第8题)

8. 在 $\triangle ABC$ 的边 BC 上任取一点 P。已知 $\triangle APC$ 面积比 $\triangle APB$ 少 $\frac{1}{3}$。问 PC 的长是 PB 的几分之几?

9. 两条线段 AC、BD 交于 P,已知 $\triangle ABD=18\text{m}^2$,$\triangle APD=10\text{m}^2$,$\triangle DPC=7\text{m}^2$。求 $\triangle BPC$ 的面积。

10. 在第9题图中,如果 $AP=4$,$PC=3$,$\triangle ABD=20$,求 $\triangle CBD$ 的面积。

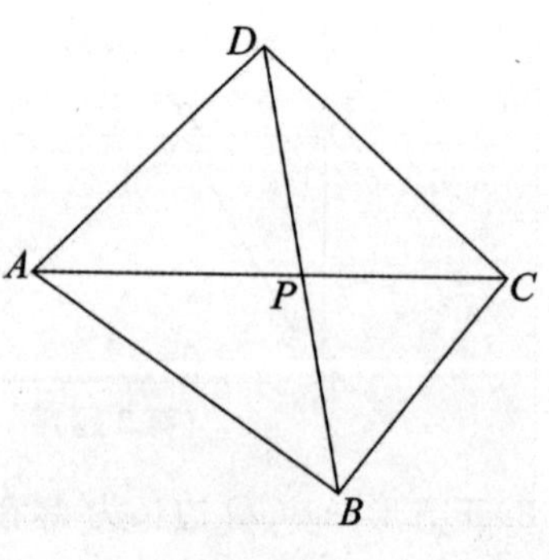

(第9题)

小结

从 1.1 到 1.3，这三小节的中心是面积，特别是三角形面积公式。复习和引进的几何概念，主要是为了把三角形和三角形面积公式讲清楚。

三角形是由三条线段围成的。讲三角形，必须说明什么是线段。线段是直线的一部分，这就要讲直线，为了说明三角形由三顶点所确定，就要介绍**经过两点只有一条直线**，这是一条关于直线的基本性质。

三角形有三个角。为了讲明白什么是角，就要提到射线。

三角形面积等于底与高乘积一半。这里，底与高都是线段的长度，所以必须复习长度的概念。高涉及垂直、直角，因而要讲一讲角的大小度量，为了弄清楚高什么时候在三角形之外，又要谈到钝角，还要用到**三角形内角和等于 180°。**

要讲面积，必须讲面积单位，讲正方形。三角形面积公式的基础是矩形面积公式，所以又要讲到**矩形**。为了说明两个一样的直角三角形可以拼成**矩形，矩形**可以分成两个面积相等的直角三角形，就要讲一讲全等、重合，还要引进三角形全等的"边角边"判定法。

这几个小节的一些内容，还有机会更详细地讨论。例如：为什么三角形内角和为 180°？为什么三角形两边之和大于第三边？全等三角形的判定法一共有几种？这些知识有什么用处？现在，只要把与三角形面积公式有关的概念和道理弄清楚就可以了。

二、面积公式的灵活运用

1.4　矩形面积与代数恒等式*

利用长度的可加性和面积的可加性，可以把一块面积分成几块来计算。不同的分块方法，计算结果应当是一样的。我们在小学里已学过了用分块的方法求面积。其实，分块计算面积的办法还能告诉我们更多的知识。

为了方便，以后常常用小写字母 a、b、c……表示线段的长度，用："·"表示相乘。

图 1-21 中的矩形，长为 $a+b$，宽为 c。整个矩形面积是 $(a+b)\cdot c$；是分成两块，一块是 $a\cdot c$，一块是 $b\cdot c$。因此应当有等式 $(a+b)c=ac+bc$，这是乘法分配律的直观表示。

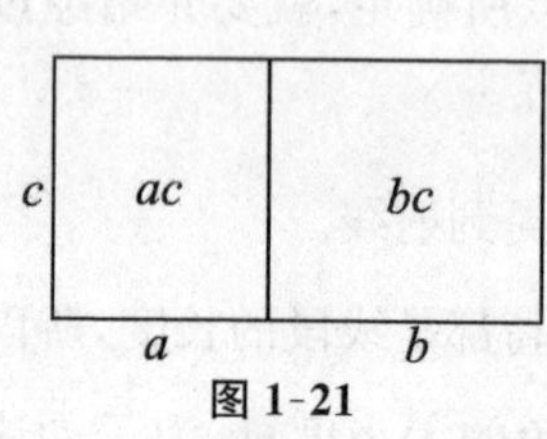

图 1-21

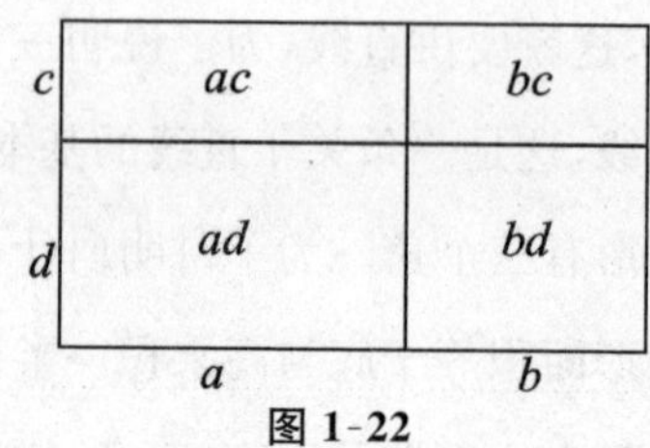

图 1-22

在图 1-22 中，整个矩形面积是 $(a+b)(c+d)$，分成 4 块，得到展开式 $(a+b)(c+d)=ac+ad+bc+bd$。从这两个式子出发，可以得到两数和的平方，两数差的平方以及两数平方差的展开公式，分别如图 1-23(1)、(2)、(3)所示。

这里，图(1)是明白的，它表示

$$(x+y)^2=x^2+2xy+y^2。$$

在图(2)中，大正方形 $ABCD$ 的面积 $S_{ABCD}=x^2$，小正方形 $DJIH$ 的面积 $S_{DJIH}=y^2$，另一个小正方形 $ECJF$ 的面积是 $S_{ECJF}=(x-y)^2$，两个长方形 $ABEG$、$GFIH$ 的面积 $S_{ABEG}=S_{GFIH}=xy$。从图上看出，这 5 块面积之间的关系是：

$$S_{ABCD}+S_{DJIH}-S_{ABEG}-S_{GFIH}=S_{ECJF},$$

也就是

$$x^2+y^2-2xy=(x-y)^2,$$

改写一下，就是

$$(x-y)^2=x^2-2xy+y^2。$$

这就是我们学过的两数差的平方展开公式。

在图(3)中，大正方形面积是 x^2，小正方形面积是 y^2，从 x^2 中减去 y^2，剩下的这块图形可以用图中虚斜线分成两个梯形。把水平位置的梯形翻上去，可将两梯

形拼成长方形。这个长方形的面积是$(x+y)(x-y)$。因此，

$$(x+y)(x-y)=x^2-y^2,$$

这就是平方差公式。

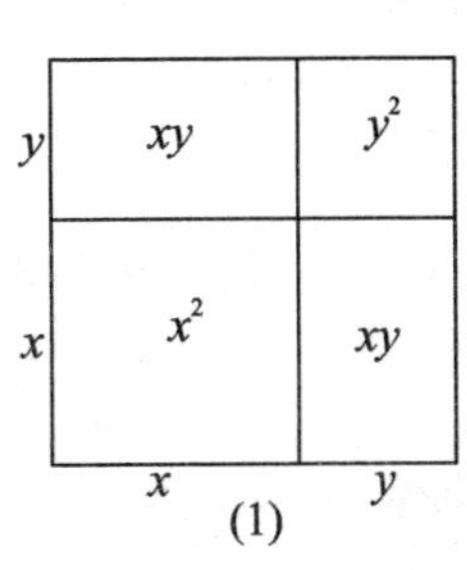

(1)

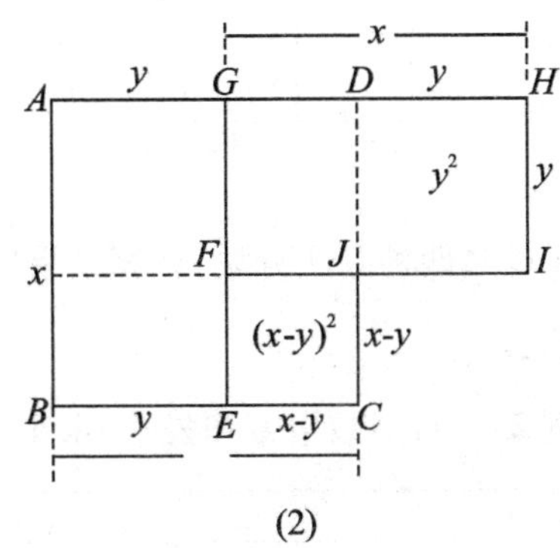

(2)

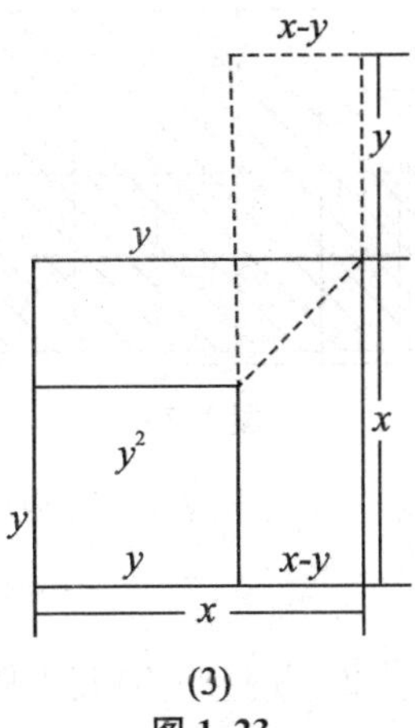

(3)

图 1-23

刚才举的几个例子比较简单，其实，运用面积计算，能推出相当复杂的公式，下面两个例子，可作为课外阅读资料。

例 1　(阿贝尔公式)设有两串数 $a_1,a_2,\cdots,a_n$ 和 $b_1,b_2,\cdots,b_n$，则下列恒等式成立：

$$a_1b_1+a_2b_2+\cdots+a_nb_n$$
$$=a_1(b_1-b_2)+(a_1+a_2)(b_2-b_3)+\cdots+(a_1+a_2+\cdots+a_{n-1})(b_{n-1}-b_n)+(a_1+a_2+\cdots+a_n)b_n。$$

怎样用面积关系来说明它？

提示：以 $n=3$ 的情形为例，观察下列图形：

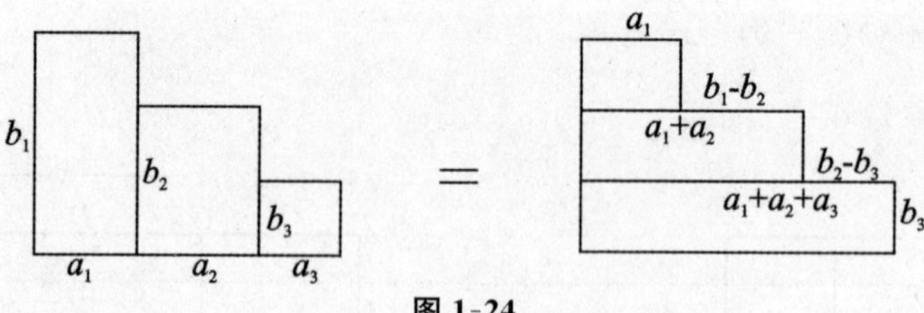

图 1-24

用横竖两种办法分块，计算结果应当相等。这种方法对 $n=4,5,6\cdots\cdots$ 都是行得通的。

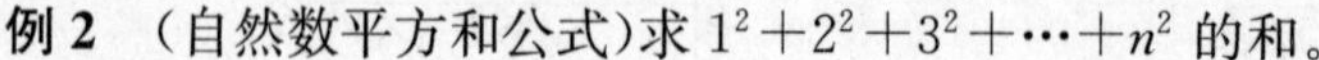

例 2 （自然数平方和公式）求 $1^2+2^2+3^2+\cdots+n^2$ 的和。

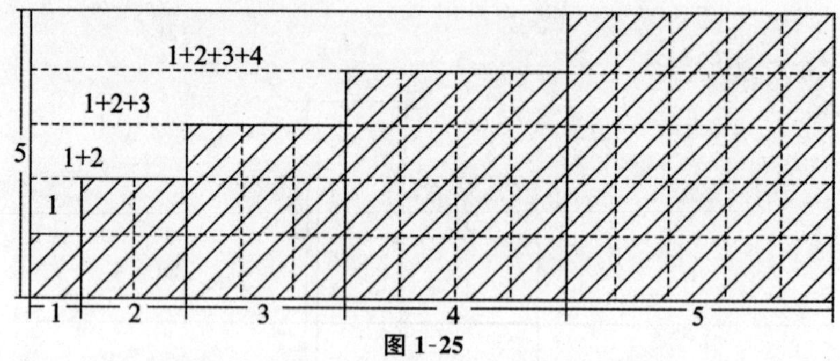

图 1-25

解：以 $n=5$ 的情形为例，每个小方格表示 1，画图并计算面积，找出规律。（图 1-25）

图中整个矩形面积是 $5(1+2+3+4+5)$ 其中阴影部分是 $1^2+2^2+3^2+4^2+5^2$，于是得到 $1^2+2^2+3^2+4^2+5^2=5(1+2+3+4+5)-(1+(1+2)+(1+2+3)+(1+2+3+4))$。

照上式中的规律，把 5 换成任意正整数 n，就是：

$1^2+2^2+\cdots+n^2=n(1+2+\cdots+n)-\{1+(1+2)+(1+2+3)+\cdots+[1+2+\cdots+(n-1)]\}$。

设 $1^2+2^2+\cdots+n^2=X_n$，并且利用自然数求和公式：

$$1+2+3\cdots+k=\frac{1}{2}k(k+1),$$

得到

$$X_n=\frac{1}{2}n^2(n+1)-\frac{1}{2}[(2-1)\cdot 2+(3-1)\cdot 3+\cdots+(n-1)n]$$

$$=\frac{1}{2}n^2(n+1)-\frac{1}{2}[2^2-2+3^2-3+4^2-4+\cdots+n^2-n]$$

$$=\frac{1}{2}\{n^2(n+1)-[1^2+2^2+\cdots n^2-(1+2+3+\cdots+n)]\}$$

$$=\frac{1}{2}[n^2(n+1)-X_n+\frac{1}{2}n(n+1)],$$

移项后得：

$$\frac{2}{3}X_n=\frac{1}{2}n(n+1)(n+\frac{1}{2}),$$

解得

$$X_n=\frac{1}{6}n(n+1)(2n+1),$$

也就是找到了平方和公式

$$1^2+2^2+\cdots+n^2=\frac{1}{6}n(n+1)(2n+1)。$$

在推导过程中用到了自然数求和公式，它也可以用面积计算得出，请见练习第1题。

练习

1. 观察图中阴影部分，写出自然数求和的分式：

$1+2+3+4+5=($　　$)$。

$1+2+3+\cdots+n=($　　$)$。

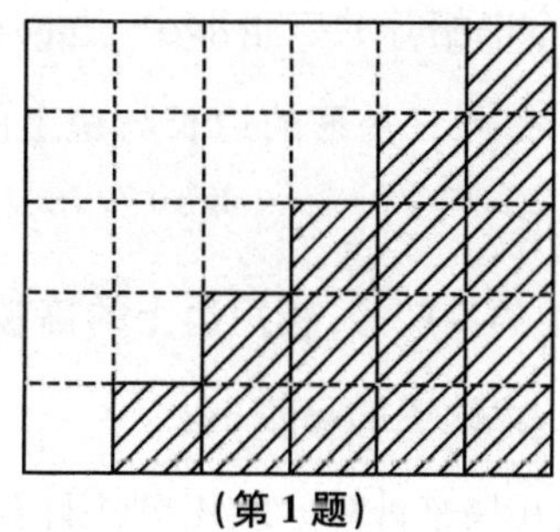

（第1题）

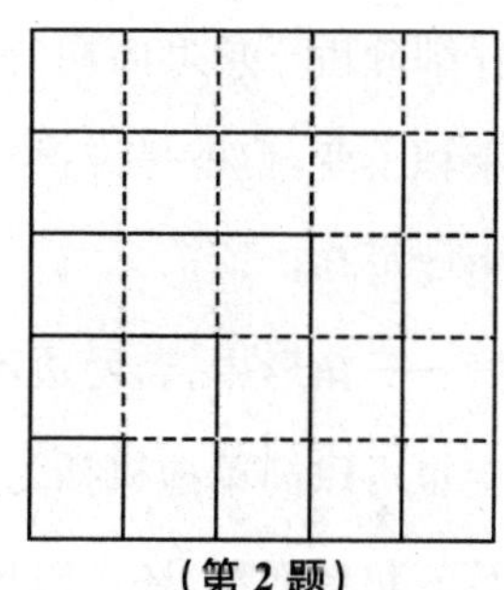

（第2题）

2. 根据图中的分块法计算正方形面积。写出奇数和公式：

$1+3+5+7+\cdots+(2n-1)=(\quad)$.

3. 根据图中的面积关系，填下列括号

$(x>y)$

(1) $(x+y)^2-(x-y)^2=(\quad)$；

(2) $(x+y)^2(\quad)4xy$；

(3) $x^2+y^2(\quad)2xy$。

((2)、(3)小题括号中填写<、>或=。)

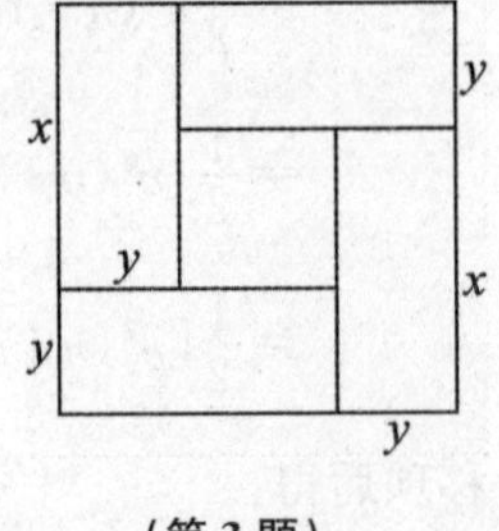

(第3题)

1.5 三角形面积公式应用举例

三角形有三个高。设△ABC的三边a、b、c上的高分别是h_a, h_b、h_c，则△ABC的面积可以用三种办法计算，即△$ABC=\frac{1}{2}ah_a=\frac{1}{2}bh_b=\frac{1}{2}ch_c$。根据上述等式，马上可以得到三角形的一些几何性质。如：当△ABC的两边a、b相等时，则这两边上的高$h_a=h_b$。(图1-26)

我们知道，有两边相等的三角形叫**等腰三角形**，相等的两边叫做等腰三角形的腰。于是便得到一些规律：

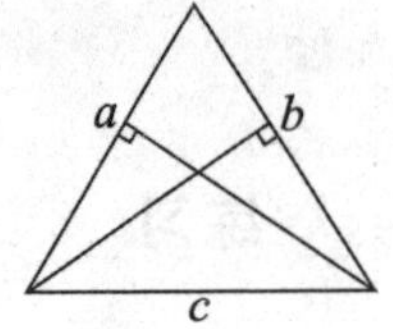

图1-26

等腰三角形两腰上的高相等。

有两条高相等的三角形是等腰三角形。

具体地说：**若三角形两条边上的高相等，则这两条边相等。**

等边三角形的三条高相等。反过来，**三条高相等的三角形是等边三角形。**

再仔细分析三角形面积公式，便会发现：在面积相等的三角形中，边长和边上的高的乘积不变，也就是说：**当三角形面积固定时，此三角形的边长与边上的高成反比。**由此可知：

在同一三角形中，若两边不相等，则较长边上的高较短，较短边上的高较长，这个事实上也可以简单地概括为：**在同一三角形中，大边上的高较小。**

计算三角形面积，还可以把一个三角形分成几块来计算。应用分块计算方法，有时能得到意想不到的有趣的结果。下面的例题颇具有启发性。

例 1 设△ABC是等边三角形，它的边长为 a，高为 h，面积为 s，在△ABC内任取一点 P，P 到△ABC三边的距离分别为 x、y、z。求三距离之和($x+y+z$)。

在叙述题目的解答之前，先来讨论一下。

先得说明，什么叫 P 点到△ABC三边的距离。所谓 P 到边 AB 的距离，也就是 P 到直线 AB 的距离。一点到一条直线，可以引无数线段，在几何中规定：**点到直线的垂线段的长，叫做这个点到这条直线的距离。**

这样一来，**点 P 到 AB 的距离，也就是在△PAB 中，AB 边上的高。**

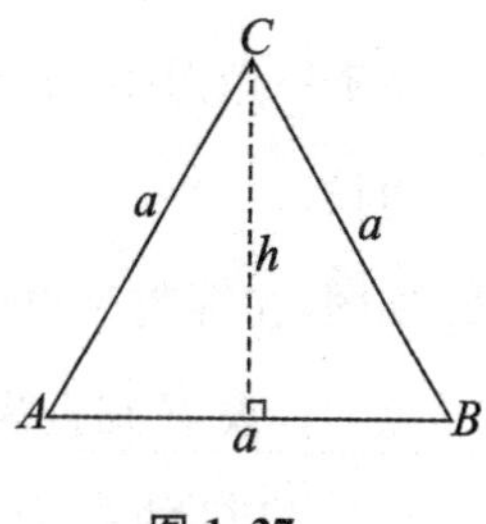

图 1-27

在图 1-27 中没有画出点 P 的位置。这个点是△ABC内任意一点，请大家在图中任意地把 P 点定出来，然后画出 P 到三边的垂线段，量一量三条垂线段的长，加起来。

大家所画的 P 点，位置各不相同，但三个垂线段之和却差不多相等，都很接近图 1-27 中的△ABC的高。为什么会这样呢？只要把 P 和 A、B、C 各点连起来，注意到 x、y、z 分别是△PAB、△PBC、△PCA 的过 P 点的高，便水落石出了。这样分析，便不难写出解答。

解：因为 P 在△ABC内部，故得

$$\triangle PAB+\triangle PBC+\triangle PCA=\triangle ABC。$$

在等式两端应用三角形面积公式，得

$$\frac{1}{2}a(x+y+z)=\frac{1}{2}ah。$$

故得 $x+y+z=h$。

例 2 一块正方形蛋糕，厚 4cm，正方形的边长是 15cm。它的上表面和侧面有薄薄的一层奶油。要分给 5 个小朋友。怎样切法，才能使 5 块蛋糕体积相等，奶油层的面积也相等?

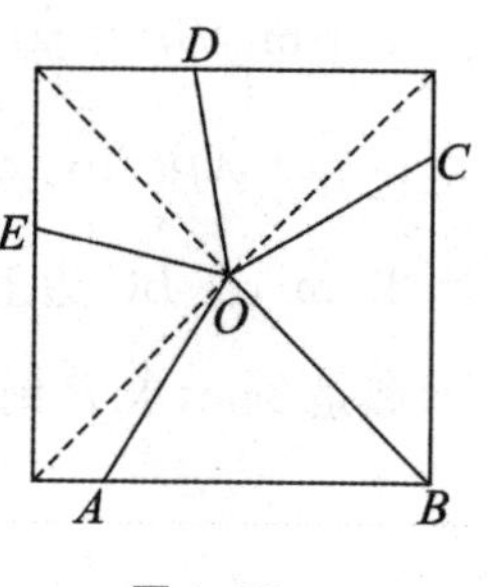

图 1-28

这个题目似难实易。只要把正方形的周长分成 5 等

份，把5个分点找出来，再把正方形的两条对角线的交点找出来——这个交点叫做正方形的中心。然后把中心与各个分点用线段连接，沿这5条线段下刀就是了。(图1-28)

请计算一下，这样分法，每个小朋友得到的蛋糕的体积和有奶油的表面积是不是都一样？

练习

1. 一个三角形，a 边上的高 $h_a=8\text{cm}$，b 边上的高 $h_b=9\text{cm}$，b 边长为16cm，求 a 的边长。

2. 如图，在等边三角形 ABC 外，在 $\angle BAC$ 之内任取一点 P。设 P 到直线 BC、AC、AB 的距离顺次为 x，y，z，$\triangle ABC$ 的高为 h，请在下列等式的括号中填上"+"号或"−"号，使等式成立：

$y(\quad)z(\quad)x=h$。

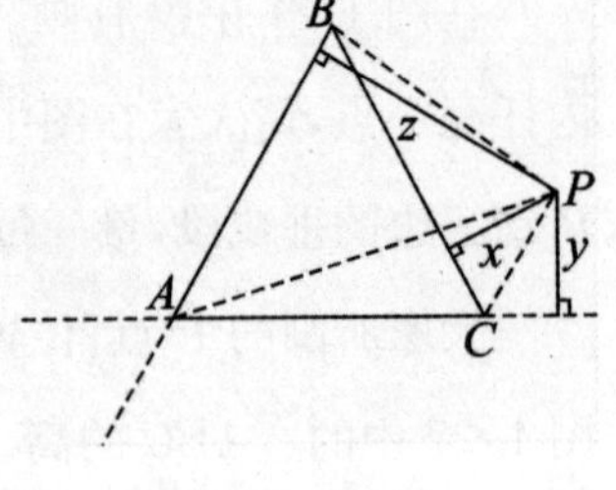

(第2题)

3. 在上题图中，分别在 BA、CA 的延长线上取两点 D、E，在 $\angle DAB$ 内任取一点 Q，Q 到 BC、CA、AB 的距离顺次为 x，y，z，在下列等式中的括号里填上使等式成立的+、−号：$x(\quad)y(\quad)z=h$。

4. 已知等腰三角形 ABC 两腰 $AB=AC=12\text{cm}$，$\triangle ABC$ 的面积为 42cm^2，在 BC 边上任取一点 P，P 到 AB、AC 的距离分别为 x，y，问 $x+y=$？

5. 在 $\triangle ABC$ 的 BC 边上取一点 P，若 $\triangle ABC=144\text{cm}^2$，$BP=\frac{5}{7}PC$，求 $\triangle ABP$、$\triangle APC$ 的面积。

6. 已知 $\triangle ABC$ 中，$AB=7\text{cm}$，$AC=9\text{cm}$，$\triangle ABC=27\text{cm}^2$，在 BC 边上取一点 P，已知 P 到 AB 的距离是3cm，求 P 到 AC 的距离。(提示：$\triangle PAB+\triangle PAC=\triangle ABC$。)

(第5题)

1.6 共高三角形

三角形面积公式，可以直接利用，也可以间接利用。直接利用，常常要把高画出来；间接利用，可以不把高画出来，显得更方便。间接利用的基本手段，是注意发现**“共高三角形”**。

有一公共高的两个三角形，叫共高三角形。常见的情形是：A、B、C、D 等几个点在一条直线上，P 是直线外一点，则 P 到此直线的垂线段既是$\triangle PAB$ 的高，也是$\triangle PBC$，$\triangle PAC$、$\triangle PAD$ 等三角形的高。这些三角形中，每两个都是共高三角形。（图 1-29）

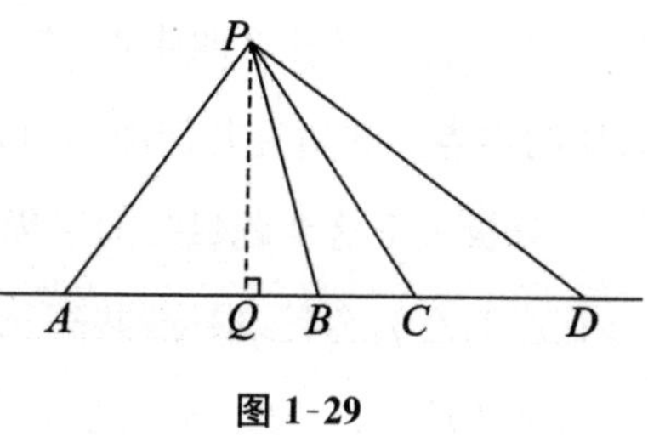

图 1-29

如图 1-29，线段 PQ 既是$\triangle PAB$ 的高，也是$\triangle PCD$ 的高，用一下三角形面积公式，得到：

$$\frac{\triangle PAB}{\triangle PCD}=\frac{\frac{1}{2}AB\cdot PQ}{\frac{1}{2}CD\cdot PQ}=\frac{AB}{CD}$$

这个事实可简单地概括为：

共高三角形的面积之比等于底之比。

在最简单而又最常见的情形，如图 1-30，便得到三角形的一条基本性质。

设 P 是$\triangle ABC$ 的边 AC 上的任一点，如果 $AP=KAC$，则$\triangle ABP=k\triangle ABC$，这里 K 是任意的一个非负实数。

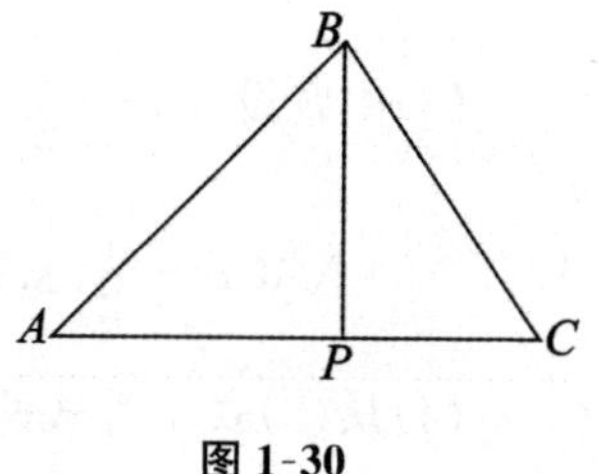

图 1-30

注意，当 $k=0$ 时，线段 AP 退化为一点，$\triangle ABP$ 退化为线段 AB，等式$\triangle ABP=k\triangle ABC$ 仍然成立。

这条性质虽然简单，却极为重要。它是我们研究几何图形的基本出发点之一（另两个基本出发点是：**三角形内角和等于** 180°以及全等三角形的 SAS 判定法。）

它为什么重要？因为它把两种几何量(面积和长度)用简单的形式紧密地联系起来了。

让我们看看它的用处。

例1 在$\triangle ABC$中,D是BC边的中点,E是AB边的中点,AD与CE交于点P,若$PE=5$cm,求PC的长。(图1-31)

先交代一下什么叫**中点**:在线段AB上取一点M,如果$AM=BM$,就说M是AB的**中点**。在研究几何图形时,常常要和中点打交道。

分析一下这个题目。为了简便,把$\triangle PCD$、$\triangle PDB$、$\triangle PBE$、$\triangle PEA$顺次记作$\triangle 1$、$\triangle 2$、$\triangle 3$、$\triangle 4$。根据"共高三角形面积比等于底之比",从$BD=CD$可知$\triangle 1=\triangle 2$,从$BE=AE$知$\triangle 3=\triangle 4$。同理,又知道$\triangle ACD$和$\triangle ACE$都是$\triangle ABC$的一半,可见$\triangle ACD=\triangle ACE$。从这两个三角形中都去掉$\triangle APC$,得知$\triangle 1=\triangle 4$,于是$\triangle 1=\triangle 2=\triangle 3=\triangle 4$。这表明$\triangle PBC$等于$\triangle PBE$的2倍,所以线段$PC$是$PE$的2倍。问题解决了!

把上述分析过程简单而有条理地写下来便是题解。

解:连PB,记$\triangle PCD$、$\triangle PDB$、$\triangle PBE$、$\triangle PEA$顺次为$\triangle 1$、$\triangle 2$、$\triangle 3$、$\triangle 4$。

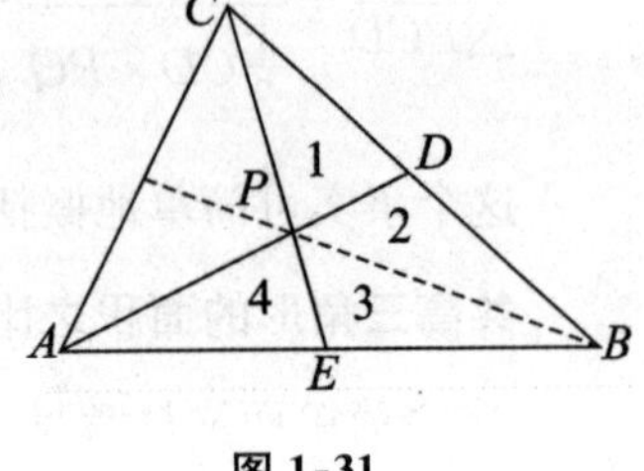

图1-31

(1)由题设,$BD=DC$,故$\triangle 1=\triangle 2$。

(2)由题设,$BE=AE$,故$\triangle 3=\triangle 4$。

(3)由题设,$CD=\frac{1}{2}BC$,$AE=\frac{1}{2}AB$,

故 $$\triangle ACD=\frac{1}{2}\triangle ABC=\triangle ACE。$$

(4)从(3)式中等式两端同减去$\triangle APC$,得

$$\triangle 1=\triangle ACD-\triangle APC=\triangle ACE-\triangle APC=\triangle 4。$$

(5)联合(1)、(2)、(4),得

$$\triangle 1=\triangle 2=\triangle 3=\triangle 4。$$

(6)由(5),并根据共高三角形性质得

$$\frac{PC}{PE}=\frac{\triangle PBC}{\triangle PBE}=\frac{\triangle 1+\triangle 2}{\triangle 3}=\frac{2\triangle 3}{\triangle 3}=2$$

故

$$PC=2PE=10\text{cm}。$$

在三角形中，顶点和对边中点连接而成的线段叫做中线。在图 1-31 中，CE 就是 AB 边上的中线，AD 就是 BC 边上的中线。从例 1 可得出中线的下述性质：

三角形两条中线的交点到一边中点的距离，是这条边上中线长的$\frac{1}{3}$。

在图 1-31 中，如果再作 AC 边上的中线 BF，则 BF 与 CE 的交点到点 E 的距离，也是 CE 的$\frac{1}{3}$，可见 BF 与 CE 也交于 P。因而得到：

三角形的三条中线交于一点。

这是三角形的一条重要性质。**三角形的三条中线的交点，叫做这个三角形的重心。**我们看到：**三角形重心与顶点的距离，等于它与对边中点的距离的两倍。**

在解上述例题过程中，为了便于说明问题，我们作出了线段 PB，这种为解题而增添在图上的线，叫辅助线。添加适当的辅助线，是常用的一种解题技巧。最常用的辅助线，是把两点用线段（或直线、射线）连起来。

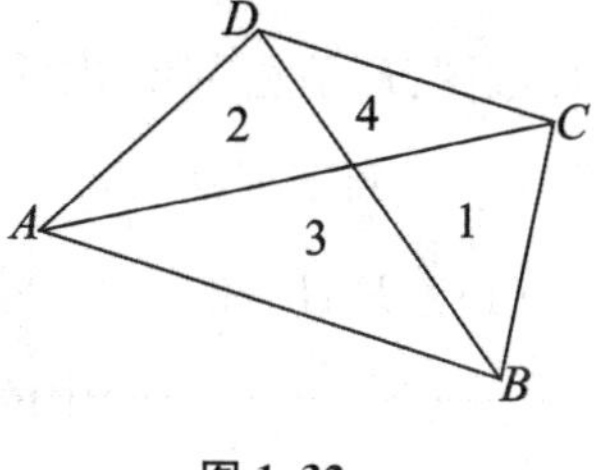

图 1-32

例 2　如图 1-32，四边形 $ABCD$ 对角线 AC 与 BD 交于 P，把 $ABCD$ 分成 4 个三角形，已知：$\triangle 1=\triangle 2$，$\triangle 3 \fallingdotseq \triangle 4$，问（$\triangle 1+\triangle 2$）和（$\triangle 3+\triangle 4$）哪个大？

解：设 $AP=kPC$，则 $PC=\frac{1}{k}AP$；再记 $\triangle 1=\triangle 2=s$，则

（1）由 $AP=kPC$，得 $\triangle 3=k\triangle 1=ks$。

（2）$PC=\frac{1}{k}AP$，得 $\triangle 4=\frac{1}{k}\triangle 2=\frac{1}{k}s$。

（3）把（1）、（2）中所得等式相加：

$$\triangle 3+\triangle 4=(k+\frac{1}{k})s>2s-\triangle 1+\triangle 2,$$

结论：$\triangle 3+\triangle 4>\triangle 1+\triangle 2$。

在解题过程中，最后一步用了下述代数知识：当 k 是不等于 1 的正实数时，$k+\frac{1}{k}>2$。这个不等式的证法如下：

因为无 $k\neq 1$，故 $(k-1)^2>0$。

展开，移项，得 $k^2+1>2k$。

因为 $k>0$，两边可用 k 除，即得 $k+\frac{1}{k}>2$。

至于在例 2 中为什么有 $k\neq 1$，可由条件 $\triangle 3\neq\triangle 4$ 得知。如果 $k=1$，由(1)、(2)得 $\triangle 3=s=\triangle 4$，这与所设条件矛盾。

从这几小节学习中看到：学几何可以帮助我们复习代数，代数知识又可以帮助我们学习几何。几何与代数之间的联系非常密切。

练习

1. 如图：P 是 $\triangle ABC$ 内任一点，直线 AP、BP、CP 分别与 BC、AC、AB 交于 D、E、F。填写下列括号：

(1) $\triangle PAF$ 和(　　)、(　　)、(　　)、(　　)、(　　)、(　　)中的每一个三角形，都是共高三角形；

(2) $\frac{\triangle PAB}{(\quad)}=\frac{AB}{FB}=\frac{(\quad)}{\triangle CFB}=\frac{\triangle DAB}{(\quad)}=\frac{(\quad)}{\triangle EFB}$；

(3) $\frac{PE}{PB}=\frac{\triangle PEC}{(\quad)}=\frac{(\quad)}{\triangle PBF}=\frac{\triangle PAE}{(\quad)}$；

(4) $\frac{\triangle ABC}{\triangle AFE}=\frac{\triangle ABC}{(\quad)}=\frac{\triangle ABE}{\triangle AFE}=\frac{AC}{AE}\cdot\frac{(\quad)}{AF}$。

（第 1 题）

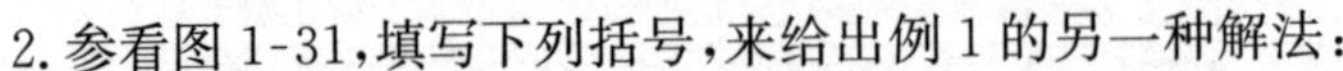

2. 参看图 1-31，填写下列括号，来给出例 1 的另一种解法：

解　(1)因为 $BD=(\quad)$，故 $\triangle 1=\triangle 2$；

(2)因为(　　)$=CD$，故 $\triangle ABD=\triangle ACD$；

(3)把(2)中所得行等式与(1)中所得等式相减，得 $\triangle PAB=(\quad)$，即 $\triangle 3+\triangle 4$

$=\triangle PAC$;

(4)同理:$\triangle 1+\triangle 2=\triangle PAC$;

(5)结合(　　)、(　　)得$\triangle 3+\triangle 4=\triangle 1+\triangle 2$;

(6)因为(　　)=(　　),故$\triangle 3=\triangle 4$;

(7)结合(1)、(5)、(　　)得$\triangle 1=\triangle 2=\triangle 3=\triangle 4$;

(8)故得$\frac{PC}{PE}=\frac{(\quad)}{\triangle PBE}=\frac{\triangle 1+\triangle 2}{\triangle 3}=(\quad)$

(9)结论:$PC=2PE=(\quad)$cm。

3. 如图,D是$\triangle ABC$的边BC的中点;E在边AB上使$AE=2BE$。连AD、CE交于点P,试求比值$\frac{AP}{PD}$、$\frac{CP}{PE}$。(提示:用第2题方法)

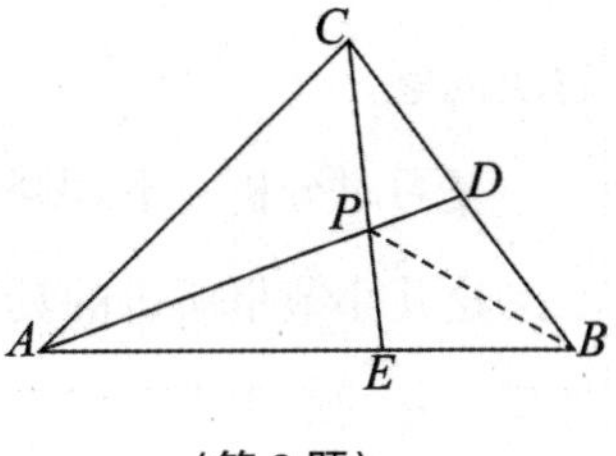

(第3题)

4. 如图,在$\triangle ABC$的BC边上取一点P,作直线AP;并设C到AP的垂足为D,B到AP的垂足为E,已知$PB=kBC$,$CD=9$,求BE。

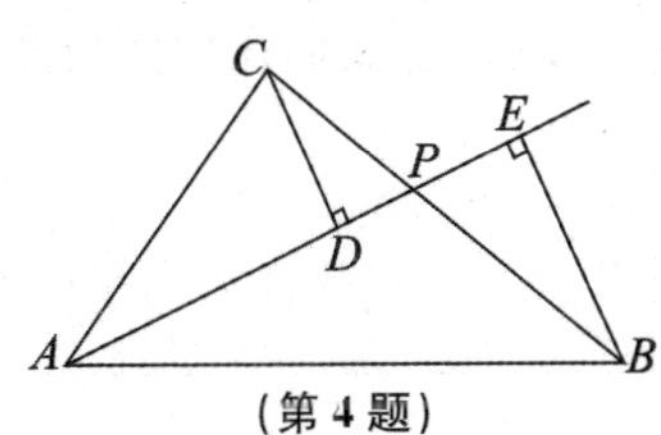

(第4题)

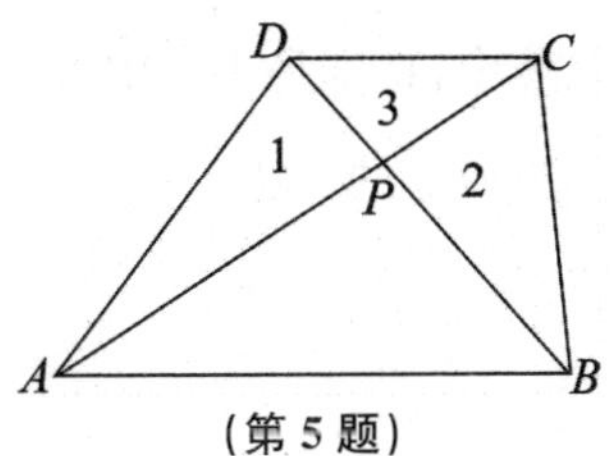

(第5题)

5. 如图,四边形$ABCD$的对角线AC、BD交于点P。已知$\triangle ABD=\triangle ABC$,$PA=2PC$,$BD=15$cm。求$PD$之长。(提示:$\frac{\triangle 3}{\triangle 1}=\frac{\triangle 3}{\triangle 2}$)

小结

矩形面积公式和三角形面积公式很有用,在小学里我们已经知道了。但那时,它们的用途主要是计算面积。

学了这三小节，我们开始了解到：面积公式的用场比原来所知道的还要多。用面积方法，不但能使一些代数公式一目了然，还能揭示出几何图形的一些很有趣的性质。

我们介绍了用面积关系研究几何图形性质的两种基本方法：

(1)用不同方法计算同一块面积，得到一个等式，从这个等式中，推出所要的结论。

(2)把面积比变成线段比，线段比换成面积比。通过两种几何量的比的转换，解决问题。

复习时分析一下，哪些题目用了前一种方法，哪些题目用了后一种方法。

这几小节里所讲的具体内容，最重要的是**共高三角形面积比等于底之比**这条性质。它的应用十分广泛。在应用时，要注意三角形的高可能在三角形之外，三角形的底并不常常处于水平位置。

另外，**三角形三条中线交于一点**，这一点叫做三角形**重心**。**重心到三角形顶点的距离等于它到对边中点距离的 2 倍**。这些也都是今后常常用到的重要性质。

这几节中，特别是 1.6 中例 1 所用的方法并不要硬记，我们在后面会介绍解这类题目的更简捷的方法。

三、几何推理常识

1.7　命题

回顾一下我们学过的几何知识，它们常常用一些语句来表达，现在来研究一下这些语句的特点。例如：

1. 经过两点有一条，而且只有一条直线。(1.1)

2. 三角形的三个内角之和为一个平角。(1.2)

3. 三角形两边之和大于第三边。(1.2)

4. 三角形面积等于底与高的乘积之半。(1.2)

5. 经过一点有一条而且只有一条直线垂直于已知直线。(1.2)

6. 长方形的面积,等于它的长与宽的积。(1.3)

7. 两边一夹角对应相等的两个三角形全等。(1.3)

8. 全等三角形对应边相等,对应角相等,面积相等。(1.3)

9. 全等的两个图形,其面积相等。(1.3)

10. 直角三角形的面积,等于它的两条直角边乘积之半。(1.3)

11. 等腰三角形两腰上的高相等。(1.5)

12. 有两条高相等的三角形是等腰三角形。(1.5)

13. 若三角形两条边上的高相等,则这两条边相等。(1.5)

14. 等边三角形的三条高相等。(1.5)

15. 三条高相等的三角形是等边三角形。(1.5)

16. 三角形面积固定时,此三角形的边长与边上的高成反比。(1.5)

17. 同一三角形中,大边上的高较小。(1.5)

18. 点到直线的垂线段的长,叫做这个点到这条直线的**距离**。(1.5)

19. 共高三角形的面积比等于底之比。(1.6)

20. 在三角形中,顶点和对边中点连接而成的线段叫做**中线**。(1.6)

21. 三角形的三条中线交于一点。(1.6)

22. 三角形的三条中线的交点,叫做这个三角形的重心。(1.6)

23. 三角形的重心与顶点的距离,等于它与对边中点距离的两倍。(1.6)

这些语句有一个共同的特点:它们都是判断某一件事情的句子。这种判断某一件事情的语句,叫做**命题**。

一个命题,可能是正确的,也可能是错误的。正确的命题叫**真命题**,错误的命题叫**假命题**,如果一个命题是真的,就说这个命题成立;否则,说它不成立。

命题可真可假,非真即假,但不能含糊不清。“2+5=7”,“粉笔都是黑的”,“8比9大”,都是命题。其中有一个是真的,两个是假的。前述23条都是真命题。疑问句不是命题。

练习

看下列句子,在真命题后面括号里划"√",假命题划"×",不是命题划"○"。

(1)若 P 在线段 AB 上,则 $AP+PB=AB$。( )

(2)角的两边越长,角越大。( )

(3)您到哪儿去?( )

(4)等边三角形内任一点到三边距离之和,等于这个三角形的高。( )

(5)正方形的四条边相等。( )

1.8 定义、公理和定理

在数学里,特别是在几何里,为了突出一些重要的概念和使语言简明,要引进许多专用的术语和记号。对这些术语和记号所作的说明,叫做**定义**。例如:**具有公共端点的两条射线所组成的图形叫做角**,就是角的定义。

在1.7中所列举的23条命题中,18、20、22都是定义,定义总是真命题。

在用定义说明术语时,又会用到原来已知道的术语。例如,定义重心时用到**中线**,定义角时用到**射线**。原来已知道的术语要用更早已知道的术语来定义,那么,最早的术语怎么办呢?只好约定一些最基本的、不加定义的术语。对最基本的术语,可以用日常语言描述一下,便于理解。在几何学中,**点、直线、点在直线上、直线上的两点之间**,都是基本术语。

在前述的23条中,有些是从人们长期实践中总结出来的规律。从这些规律中选出一些最简单的、易于理解的基本规律,作为研究几何图形性质的出发点,叫做公理。前述23条命题中,有这几条是公理:

1. **经过两点有一条,而且只有一条直线。**

(简单地说:**两点确定一条直线。**)

6. **长方形的面积,等于它的长与宽的积。**

7. **两边一夹角对应相等的两个三角形全等。**

8. **全等三角形对应边相等,对应角相等,面积相等。**

9. **全等的两个图形,其面积相等。**

公理都是真命题。

另外,在1.1中提到的**面积可加性、长度可加性、角度可加性**,也都是公理。后面还要引进一些别的公理。

在前述23条命题中,去掉18、20、22这3条定义,1、6、7、8、9这5条公理,还剩15条。这15条命题叫做**定理**。在数学中,特别是在几何学中,以定义和公理为依据,用推理的方法说明其为正确的命题叫做**定理**。推理的过程,叫做**证明**。要说一个几何命题是**定理**,就应当写出**证明**。

如果一个几何命题,它不是公理或定义,看上去像是真的,实验也表明它很可能是真的,我们可以说它是一个猜想。只有给出证明,才可以把它叫做**定理**。在前述15条定理中,2,3两条还没有证明。以后我们要把证明补上。

1.9 证明

怎样证明一条几何命题是定理呢?

首先要做的事,是命题的具体化。

命题具体化有两个内容:一个内容是画图,并且给命题中涉及的几何图形中的元素起名字,另一个内容是把命题分成题设和结论两个部分。

例如,要证明

定理 等腰三角形两腰上的高相等。便可以先画出一个等腰三角形,并且画出三角形两腰上的高,把有关的点标上字母,如图1-33。对照著这个图,把要证明的命题分成“题设”和“结论”。题设是已知的,结论是要证明的。在图1-33中,$AB=AC$是已知的,BD和CE分别是边AC、AB上的高,也是已知的。要证明的是两腰上的高相等,即$BD=CE$。于是,命题就具体化为:

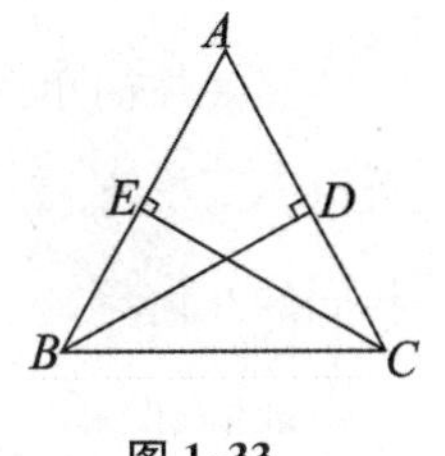

图1-33

已知:如图1-33,在$\triangle ABC$中,$AB=AC$;BD是AC上的高,CE是AB上的高。

求证：$BD=CE$。

把命题具体化之后，接下去的事是写出证明。证明要一步一步地写，每一步推出一个结论。每步推理，都用"因为……所以……"的形式表达，并且说明根据，为了简便，通常用记号"$\because$"表示"因为"，"$\therefore$"表示"所以"，根据写在后面的括号里。这样，上述命题的证明可写成：

证明：(1) $\because BD$ 是 AC 上的高，(已知)

$\therefore \triangle ABC=\frac{1}{2}BD\cdot AC$。(面积公式)

(2) $\because CE$ 是 AB 上的高，(已知)

$\therefore \triangle ABC=\frac{1}{2}CE\cdot AB$。(面积公式)

(3) $\therefore BD\cdot AC=CE\cdot AB$。(由(1)、(2)及等式性质)

(4) $\because AC=AB$，(已知)

$\therefore BD=CE$。(由(3)及等式性质) 证毕。

这样写很清楚，但有点麻烦。如果熟悉了，也可以用简化的方式来写证明。例如：

证明：由面积公式得

$$\frac{1}{2}BD\cdot AC=\triangle ABC=\frac{1}{2}CE\cdot AB,$$

两端约去等量$\frac{1}{2}AC=\frac{1}{2}AB$，即得 $BD=CE$。

这显然简单多了。书写证明的方法，不限于上述两种。例如，在步骤不多时，可以不写推理编号(1)、(2)等。也可以用小写字母表示几何量，用相同的字母表示相同的几何量，以求简单明了。如：

证明：由题设，记 $AB=AC=a$，据面积公式：

$$\frac{1}{2}BD\cdot a=\triangle ABC=\frac{1}{2}CE\cdot a,$$

约去 a，即得 $BD=CE$。

总之，证明要写得条理清楚，每一步都有根据。在这个基础上，再求简化。一个写得好的证明，既要清楚严密，又应简单明了。

练习

1. 把下列命题具体化：

(1)有两条高相等的三角形，是等腰三角形。

(2)同一三角形中，大边上的高较小。

(3)三角形的两条中线的交点与三角形顶点的距离，等于它与对边中点距离的两倍。

2. 把上题中命题(1)的完整的证明写出来，包括已知、求证、证明。证明用两种形式写，即详写和简写。

小结

这几小节介绍了关于几何推理的一些基本知识。

几何知识主要用**命题**的形式来叙述。命题是可真可假的判断句。几何里的真命题可分为**定义**、**公理**和**定理**。

定义和公理不需要证明，定理要证明，证明的依据是定义、公理和先前已证明过的定理。

要证明一条命题是定理，先要把命题具体化，再根据具体化的叙述写出证明。这样，一条命题的证明要包括三部分：**已知**、**求证**和**证明**。同时要画出有关的图形。

证明的每一步推理都要有根据，这叫做推理严谨。推理的格式不是死的，但内容必须严谨，表达必须清楚。在这个基础上可以简化。

四、相交线与平行线

1.10 对顶角与三线八角

两条直线 AB、CD 相交于一点 O，如图 1-34，得到四条射线：OA、OB、OC、OD。

有公共端点的四条射线，本来应当构成六个角。但在图 1-34 情形，$\triangle COD$、$\triangle AOB$ 是平角。我们说过，通常提到的角指的是大于 0°而小于 180°的角，所以现在只考虑图中的四个角：$\angle 1$、$\angle 2$、$\angle 3$、$\angle 4$。

A C 2 3 1 O 4 D B

图 1-34

如果知道 $\angle 1=60°$，你能算出另外三个角吗？利用关系

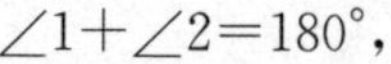

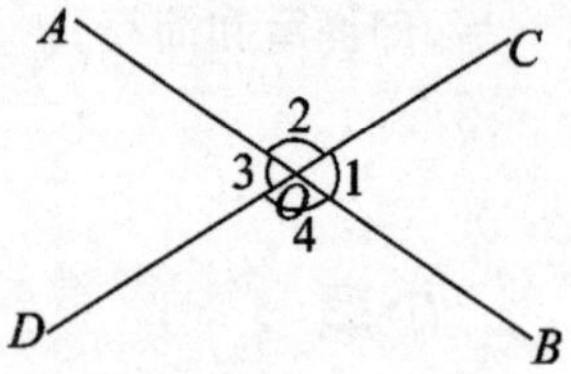

$\angle 1+\angle 2=180°$，

$\angle 2+\angle 3=180°$，

$\angle 1+\angle 4=180°$，

马上可以算出：

$\angle 2+\angle 4=180°$，

$\angle 1+\angle 3=60°$，

像 $\angle 1$ 和 $\angle 3$（$\angle 2$ 和 $\angle 4$）这样的两个角，叫**对顶角**。一般说来，有

定义 若线段 AB 与 CD 交于点 O，则 $\angle AOC$ 和 $\angle BOD$ 这两个角叫做**对顶角**。

当然，$\angle AOD$ 和 $\angle BOC$ 也是对顶角。

当点 O 把直线 AB 分成两条射线 OA、OB 时，我们把 OB 叫做 OA 的**反向延长线**。这样，就可以说：若一个角的两边分别是另一个角两边的反向延长线时，这两个角就叫做**对顶角**。

关于对顶角，有一个简单而常用的定理：

对顶角定理 对顶角相等。

已知：线段 AB 与 CD 交于 O，如图 1-34。

求证：$\angle AOC=\angle BOD$。

证明：如图，分别记$\angle BOD$、$\angle AOD$、$\angle AOC$为$\angle 1$、$\angle 2$、$\angle 3$。

$\because \angle 1+\angle 2=180^\circ$，$\angle 3+\angle 2=180^\circ$，(平角定义)

$\therefore \angle 1=180^\circ-\angle 2=\angle 3$。(等式性质)

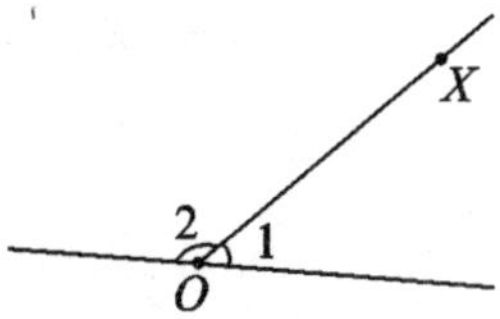

如果两个角之和为 180°，便说这两个角互为补角或简单地说两角**互补**，并称其中一个角是另一角的**补角**。在直线上任取一点 O，作射线 OX，OX 把平角分成两个角，这两个角不但互补，而且是从一个平角分出来的。这时称它们**互为邻补角**。(图 1-35)

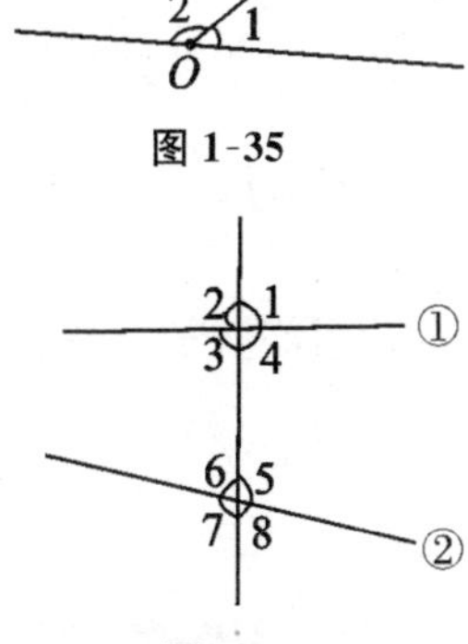

图 1-35

图 1-36

关于补角，有显然的事实：**同角(等角)的补角相等。**

两直线相交，形成四个角。如果一条直线和两条直线相交，就形成八个角。如图 1-36，叫做三线八角。

在这八个角中，$\angle 1$ 和$\angle 5$ 位置相同，叫做**同位角**。它们分别在直线①，②的同侧，又在③的同侧。找一找，$\angle 2$ 和哪个角是同位角？$\angle 3$、$\angle 4$ 呢？

另外，$\angle 4$，$\angle 5$ 都在直线①、②之间，又在直线③同侧，叫做**同旁内角(或称同侧内角)**。图中还有一对同旁内角，是哪两个角？

至于$\angle 3$ 和$\angle 5$，它们都在直线①、②之间，但却在直线③的两侧。这样的两个角叫**内错角**。

这八角中，如果$\angle 1=\angle 5$，则$\angle 2=\angle 6$，$\angle 3=\angle 7$，$\angle 4=\angle 8$。又因$\angle 1=\angle 3$，故$\angle 3=\angle 5$，$\angle 4=\angle 6$。但$\angle 4$ 与$\angle 3$ 互补，故$\angle 3$ 与$\angle 6$ 互补，$\angle 4$ 与$\angle 5$ 互补。

也就是说：

两直线被第三条直线所截，生成的八个角中，如果有一对同位角相等，则每对同位角都相等，每对内错角都相等，每对同旁内角都互补。

证明这个命题时，可先设$\angle 1=\angle 5=a$，马上可得$\angle 2=\angle 4=\angle 6=\angle 8=180^\circ-a$，进一步得$\angle 3=\angle 7=a$，如图 1-37。

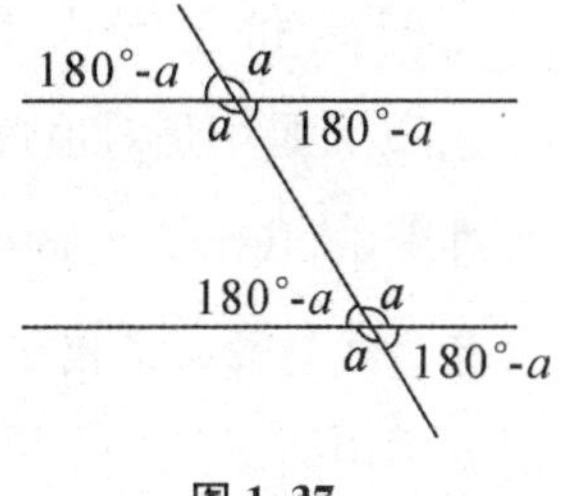

图 1-37

上述事实可简单地说成：

三线八角中，若同位角相等，则内错角相等，同旁内角互补。

类似地，若内错角相等，则同位角相等，同旁内角互补。

同时也有：若同旁内角互补，则同位角相等，内错角相等。

一般说来，若几个条件中有一个成立便能推出另外的都成立，便说这几个条件等价。因此，内错角相等、同位角相等、同旁内角互补这三个条件是等价的。

练习

1. 看图填括号。已知△ABC 内有一点 P，直线 AP、BP、CP 分别交三边于 D、E、F。则

(1)∠APE 和（　　）是对顶角；

(2)∠BPC 和（　　）是对顶角；

(3)（　　）和∠CPE 是对顶角；

(4)∠DPB 和（　　）是同位角，是由直线 DA 和两直线 AB、（　　）相交形成的；∠DPB 和（　　）也是同位角，是由直线 BE 和两直线 AC，（　　）相交形成的；

(5)两直线 BC、（　　）被第三直线（　　）所截，形成内错角∠ADB 与（　　），同位角（　　）与∠APE，同旁内角∠DPE 与（　　），还有同旁内角（　　）与（　　）。

（第 1 题）

2. 在第 1 题图中，

∠PBF 和∠APF 是不是同位角？

∠APE 和∠PFB 是不是内错角？

∠APF 和 ∠PFA 是不是同旁内角？∠BPD 和 ∠CPE 是不是对顶角？分别回答，并说明道理。

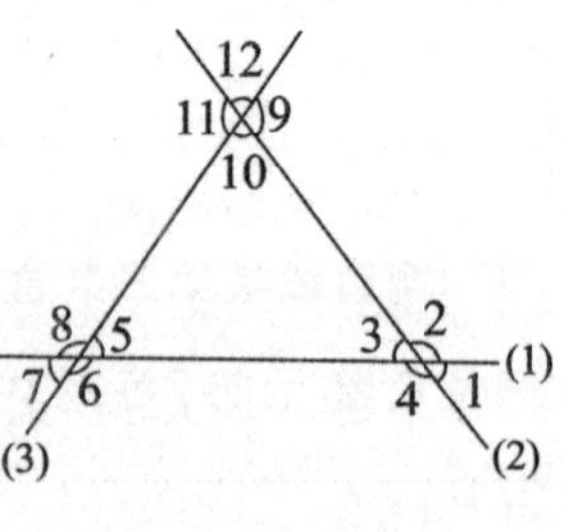

（第 3 题）

3. 在图中，找出 5 对内错角，并说明它们分别是由哪两条直线与哪一条相交而形成的。

4. 在图中的∠1、∠2、∠3、∠4、∠A、∠C，∠ABC、∠ADC 中，找出所有的内错角和

同旁内角。(内错角共 2 对,同旁内角共 10 对)

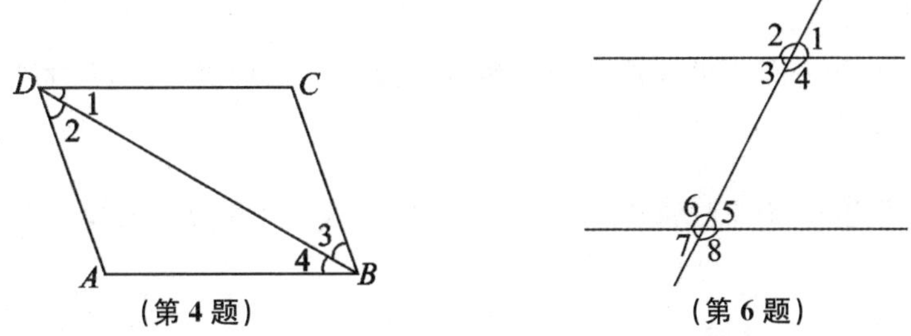

(第 4 题)　　　　(第 6 题)

5. 证明命题:若三线八角中,同旁内角相等,则内错角互补,同位角互补。(画图,写出已知、求证、证明。)

6. 在图中,若$\angle 2=\angle 8=120^{\circ}$,求$\angle 1$、$\angle 3$、$\angle 4$、$\angle 5$、$\angle 6$、$\angle 7$。

7. 在上题图中,若$\angle 6+\angle 1=180^{\circ}$,求$\angle 5+\angle 4$,$\angle 7+\angle 2$,$\angle 6-\angle 2$,$\angle 1-\angle 7$,$\angle 8+\angle 1$,$\angle 8-\angle 2$。

1.11　平行线

在同一平面内,两条不相交的直线叫平行线。(如图 1-38)

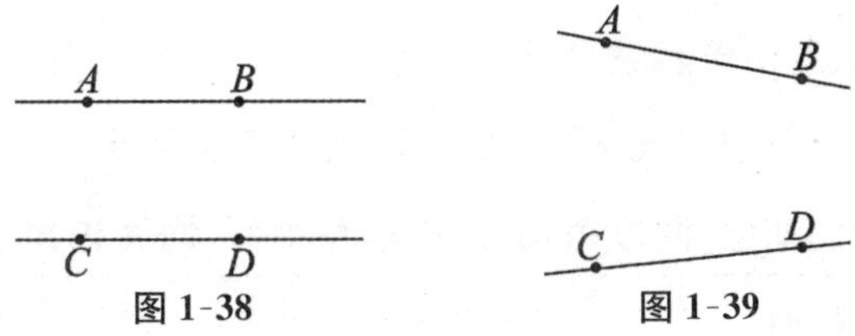

图 1-38　　　　图 1-39

要注意,图上画的仅仅是两条不相交的线段。说两条直线平行,是指这两条线段无论怎么向两方向延长也不会相交。像图 1-39 那样,容易看出来延长之后会相交的,就不是平行线了。

符号“$/\!/$”表示平行。在图 1-38 中,AB、CD 两条直线是平行线,记作“$AB/\!/CD$”,读作“AB 平行于 CD”,并且说 AB 是 CD 的平行线。当然,CD 也是 AB 的平行线。

同一平面上的两条直线,不是平行,就是相交。

已知直线 AB 和 AB 外的一点 P，总可以画一条经过 P 点而且平行于 AB 的直线。

画法：(1)把三角板的一边与 AB 对齐。按定三角形板，把直尺靠紧三角板的另一边。

(2)按定直尺，沿直尺推移三角板，使原来与 AB 对齐的一边经过点 P，再按定三角板。

(3)沿三角板的这条边画直线 CD。

CD 就是所求的直线。

从平行线的画法中，我们总结出两条公理。一条是：

平行公理　经过直线外一点，有一条而且只有一条直线和这条直线平行。

为了理解另一条公理，再来观察图 1-40。把尺边直线 EF 看成与 AB，CD 都相交的截线，三角板推移时，同位角是相等的。这表明，如果使同位角$\angle 1=\angle 2$，则 $AB/\!/CD$。我们就又总结出一条公理：

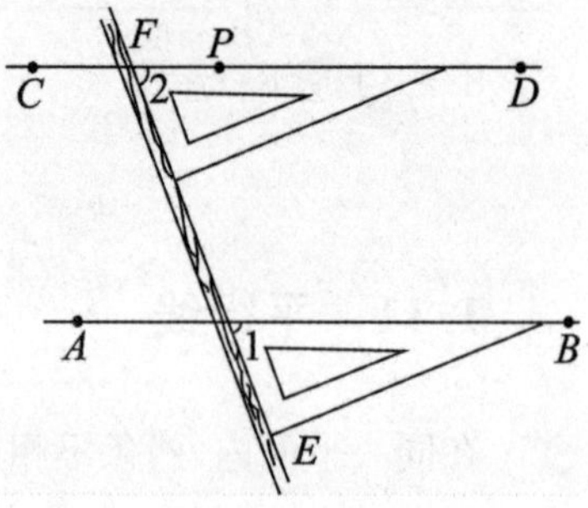

图 1-40

同位角公理　两条直线被第三条直线所截，如果同位角相等，那么这两条直线平行。

这条公理可以简单地说成：**同位角相等，则两直线平行。**

在上一节里我们知道：**同位角相等、内错角相等、同旁内角互补**这三个条件是等价的，所以立刻得到：

内错角相等，则两直线平行。

同旁内角互补，则两直线平行。

以上两条都是定理。这样从定义、公理或已知定理可以简单地推出来的定理，常常叫做**推论**。这两条，都是同位角公理的推论。从同位

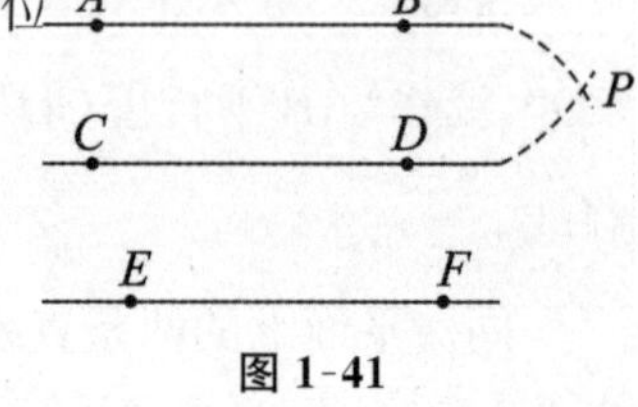

图 1-41

垂直于同一直线的两直线平行。

从平行公理，则可以得出推论：

平行于同一直线的两直线平行。

已知：$AB /\!/ FE$，$CD /\!/ EF$，AB、CD 是不同的直线。（图 1-41）

求证：$AB /\!/ CD$.

证明：如果 AB、CD 不平行，交于点 P，过户就有了两条直线平行于 EF，这与平行公理矛盾。

这种证明方法叫“**反证法**”。**反证法**的一般做法是先假定要证明的结论不成立，在此基础上推出矛盾，这个矛盾表明“结论不成立”是错的。于是，“结论成立”当然是对的了。

反证法是数学里的一种很有用的推理方法。不用反证法，很多结果都推导不出来。

上面讲了好几条判定两条直线平行的方法。现在反过来看，如果两条直线平行，它们又有什么特点？

把平行公理和同位角公理结合起来，可以推出平行线的一条重要性质：

定理　两条平行线被第三直线所截，则同位角相等。

已知：如图 1-42，$AB /\!/ CD$，直线 EF 分别与 AB、CD 交于 O、P。$\angle 1$ 和 $\angle 2$ 是同位角。

求证：$\angle 1 = \angle 2$.

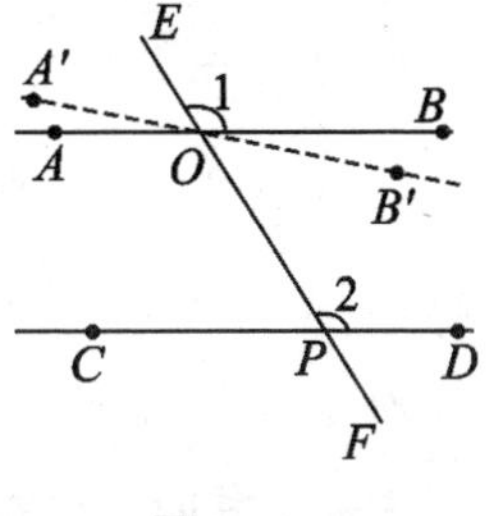

图 1-42

证明：用反证法。如果 $\angle 1 \neq \angle 2$，就可以过点 O 再画一条直线 $A'B'$，使 $\angle B'OE = \angle 2$，这里如图示，$\angle B'OE$ 和 $\angle 2$ 是 $A'B'$、CD，被 EF 所截形成的同位角。由同位角公理得 $A'B /\!/ CD$，于是过点 O 有两条直线平行于 CD，与平行公理矛盾。

这条定理可以简单地说成：**两直线平行，同位角相等。**

由于**同位角相等、内错角相等、同旁内角互补**三个条件等价，便得到两条推论：

两直线平行，内错角相等。

两直线平行，同旁内角互补。

这三条，叫做平行线的性质定理。前面从同位角公理推出的几条，叫做平行线的判定定理。今后，我们会学到平行线的另一些性质定理和判定定理。

练习

1. 过图中点 P_1、P_2、P_3、P_4 分别作直线 BC 的平行线。过这些平行线与 AC 的交点，再作 AB 的平行线。过这些平行线与 BC 的交点，又作 AC 的平行线。(如果画得准确，这些平行线应分别与 AB 交于 P_4、P_3、P_2、P_1)

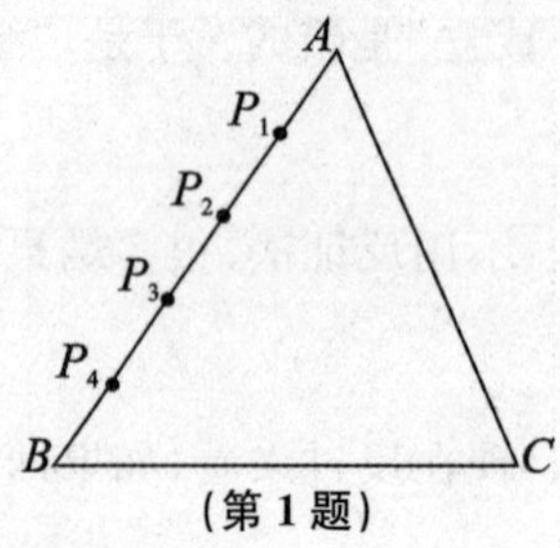

(第 1 题)

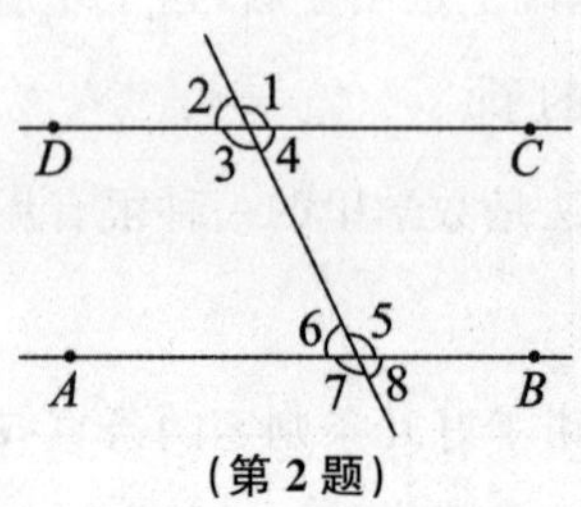

(第 2 题)

2. 对照图，填写下列括号：

(1)若$\angle 1=\angle 5$，则 $AB /\!/$(　　)。根据是(　　)公理。

(2)若$\angle 5=\angle 3$，则 $CD /\!/$(　　)，根据是"(　　)角相等，则两直线(　　)"。

(3)若$\angle 3=115^\circ$，$\angle 6=65^\circ$，则 $AB /\!/ CD$，根据是"(　　)，则两直线平行"。

(4)若$\angle 2=\angle 8$，则 $AB /\!/ CD$。这是因为由(　　)定理，可得$\angle 4=$(　　)，因而$\angle 4=$(　　)，再用(　　)公理，即可推出(　　)。

3. 填写括号，完成下列定理的证明。

定理　若四边形有三个角是直角，则第四个角也是直角。

已知：如图，四边形 $ABCD$ 中，$\angle A=\angle B=\angle C=90^\circ$。

求证：(　　)。

证明：(1)$\because$(　　)$=180^\circ$，(已知)

$\therefore AD /\!/$(　　)。(同旁内角互补)

(2)$\therefore \angle D=$(　　)$-$(　　)$=90^\circ$。

[由(1)，及平行线性质：两直线平行，则(　　)]

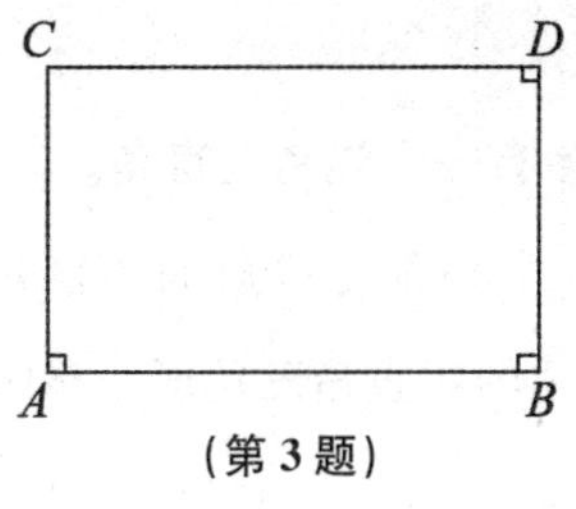

(第 3 题)

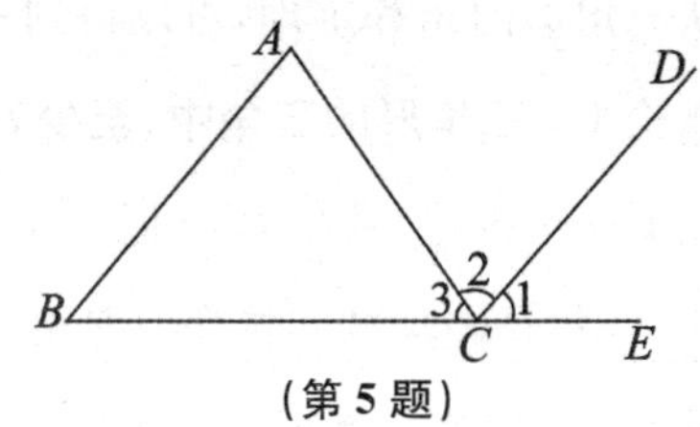

(第 5 题)

4. 填写下列括号,完成反证法证明

定理　两直线至多交于一点。

已知:AB、CD 是不同的两条直线。

求证:AB、CD 不可能有两个交点。

证明: 用反证法,假若 AB、CD 有两个交点 P、Q,根据公理:(　　),经过 P、Q 两点只有一条直线,这与(　　)、(　　)都(　　)相矛盾。

5. 参照图,填写下列括号:设 C 在线段 BE 上,又已知:$\angle 1=\angle B$,则(　　)。又根据"两直线平行,则(　　)",可知 $\angle 2=$(　　),由此可见 $\angle ACE=$(　　)+(　　)。

1.12　三角形的内角和

我们早就知道,三角形的三个内角的和是 $180°$。前面又说过,这是一条定理。定理就应当证明。有了关于平行线的知识,现在就可以证明这条定理了。

定理　(三角形内角和定理)三角形的三个内角的和等于 $180°$

已知:$\triangle ABC$(图 1-43)。

求证:$\angle A+\angle B+\angle C=180°$。

证明: 由平行公理,过 C 可作一直线平行于 AB,如图 1-43。则

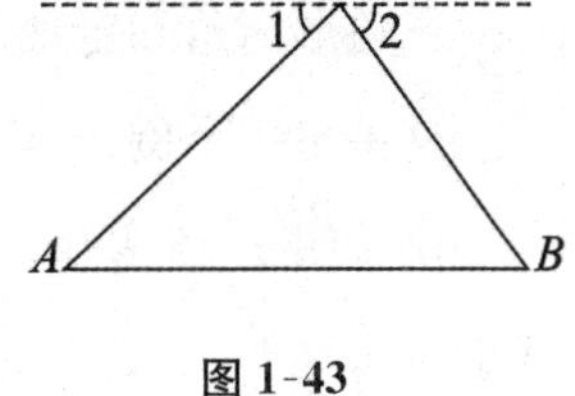

图 1-43

$\angle A=\angle 1$,$\angle B=\angle 2$,

(两直线平行,内错角相等)

$\therefore \angle A+\angle B+\angle ACB=\angle 1+\angle 2+\angle ACB=180°$。(等量代换)

在证明过程中,又用到了辅助线。

从三角形内角和定理，可以得到一些有用的推论：

推论 1　三角形的三角中，至少有两个锐角，至多有一个钝角或直角。

根据这个推论，我们可以把三角形按角分类：三个角都是锐角的叫**锐角三角形**；有一个角是钝角的叫**钝角三角形**；有一个角是直角的叫**直角三角形**。显然有：

推论 2　直角三角形的两个锐角之和为 90°。

如果两角之和为 90°，就说这两个角互为余角，简称互余，并且说其中一个角是另一个角的余角。因此，推论 2 可以简单地说成是：

直角三角形的两锐角互余。

三角形的内角的邻补角，叫做三角形的**外角**。在$\triangle ABC$中，$\angle B$、$\angle C$都叫做以A为顶点的外角的**内对角**。如图 1-44 中，$\angle CAE$是$\triangle ABC$的一个外角，它的两个内对角是$\angle B$和$\angle C$。根据三角形内角和定理，

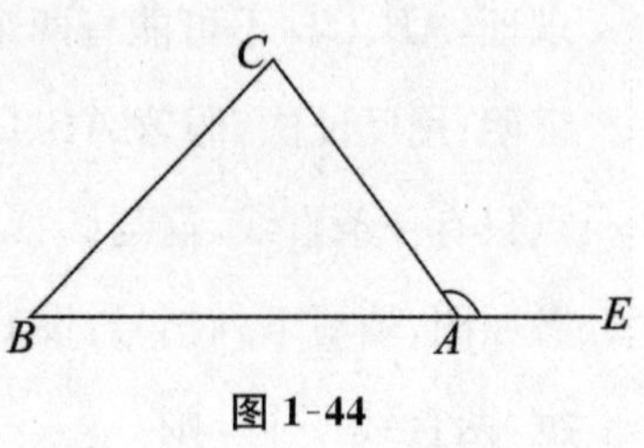

图 1-44

$$180^\circ - \angle BAC = \angle B + \angle C,$$

所以

$$\angle CAE = 180^\circ - \angle BAC = \angle B + \angle C。$$

这就得到：

推论 3　三角形的任一个外角等于它的两个内对角之和。

推论 4　三角形的外角大于它的每个内对角。

三角形内角和定理是一个十分有用的定理，后面会常常用到它。

这里举一个例：

例　图 1-45 是由 5 条线段AB、BC、CD、DE、EA组成的五角星形，求$\angle A + \angle B + \angle C + \angle D + \angle E = ?$

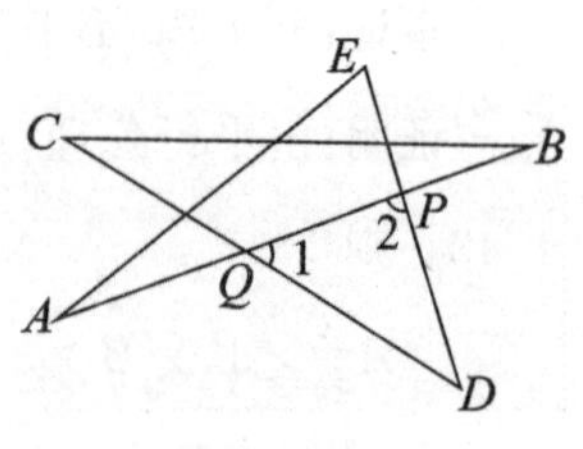

图 1-45

解：如图，记AB与CD、DE交点顺次为Q、P。则

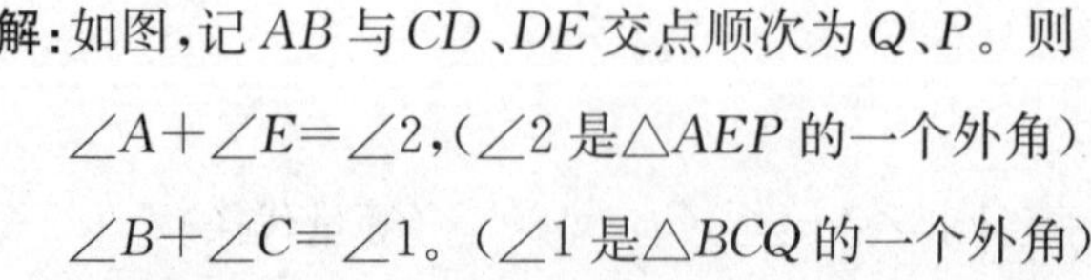

$\angle A + \angle E = \angle 2$，（$\angle 2$是$\triangle AEP$的一个外角）

$\angle B + \angle C = \angle 1$。（$\angle 1$是$\triangle BCQ$的一个外角）

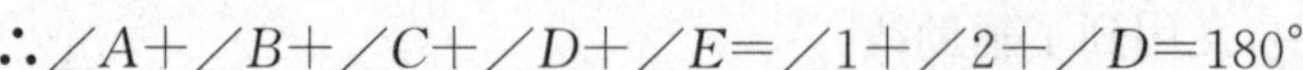

$\therefore \angle A + \angle B + \angle C + \angle D + \angle E = \angle 1 + \angle 2 + \angle D = 180^\circ$。

(等量代换;三角形内角和定理)

练习

1. 三角形的三个外角之和是多少度?为什么?

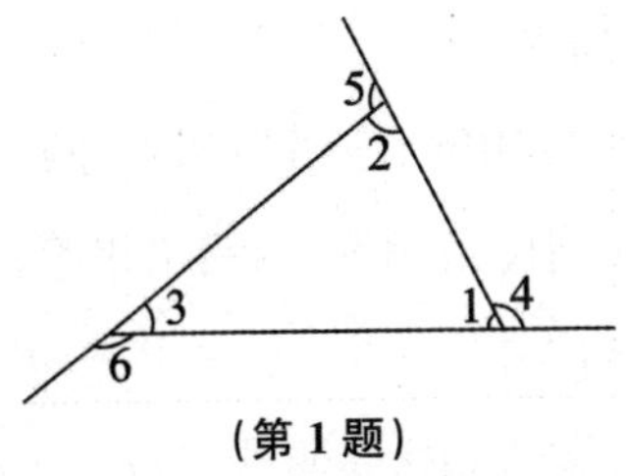

(第 1 题)

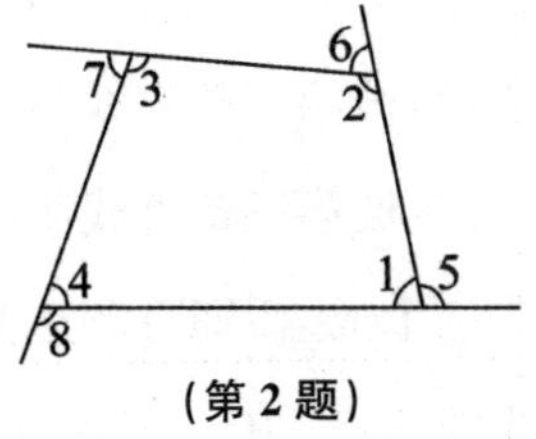

(第 2 题)

2. 如图所示的四边形,它的四个内角之和是多少?四个外角之和是多少?如果是五边形呢?

3. 如图所示的两条线段 AB 和 CD,向两方延长后会不会相交?如果相交,是在左侧还是在右侧相交?为什么?

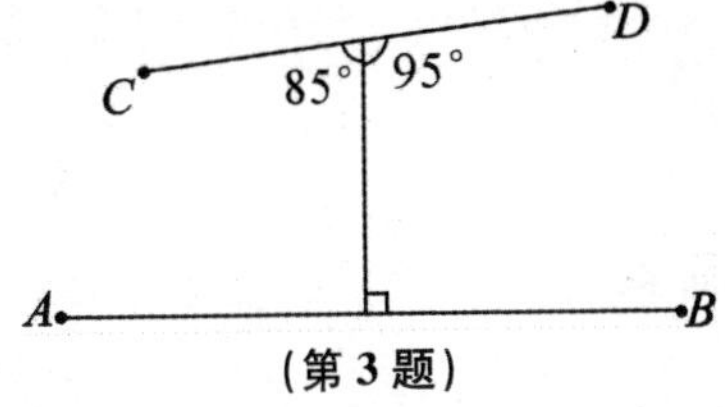

(第 3 题)

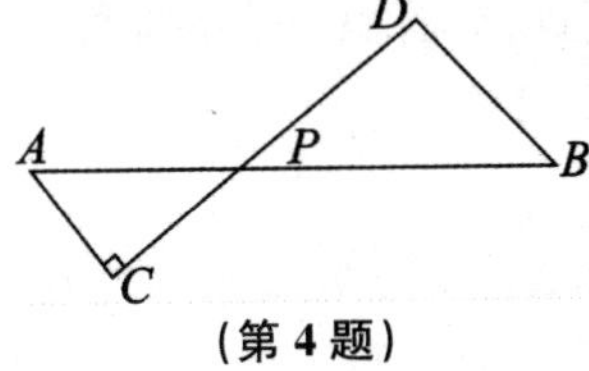

(第 4 题)

4. 图中两线段 AB、CD 交于点 P。已知$\angle C$为直角,$\angle A=48°$,$\angle B=46°$。求$\angle D$。

5. 上题图中,如果$\angle A=\angle B$,求$\angle D$。

6. 图中 AD、BE,是$\triangle ABC$ 的高。已知$\angle DAE=31°$,求$\angle DBE$。

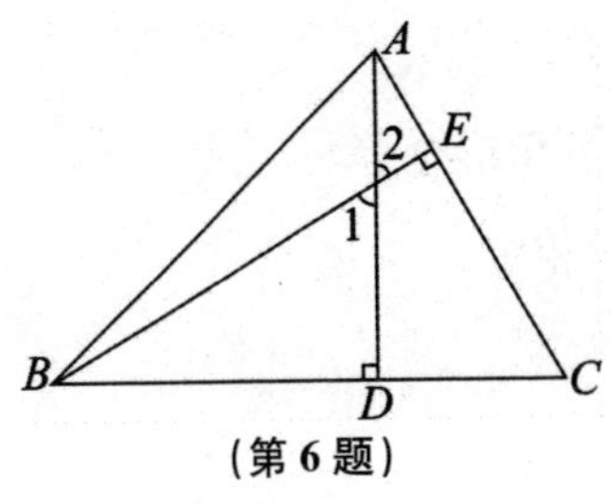

(第 6 题)

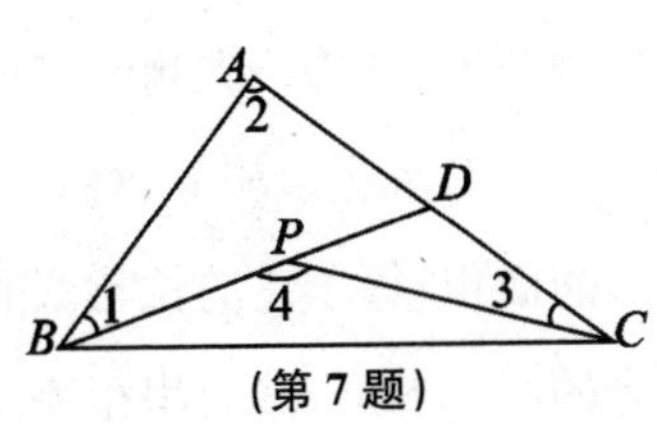

(第 7 题)

7. 图中 D 是$\triangle ABC$ 边上一点,P 是线段 BD 上一点。已知$\angle 1=34°$,$\angle 2=92°$,$\angle 3=23°$。求$\angle 4$。

小结

同一平面内，两条直线的位置关系只有两种：相交或平行。

两直线相交，形成两组对顶角。对顶角相等。

两直线平行，被第三条直线所截时，同位角相等、内错角相等、同旁内角互补。反过来，若两直线被第三条直线所截时，只要同位角相等、内错角相等、同旁内角互补这三条件有一个成立，即可判定两直线平行。

经过直线外一点。有一条而且只有一条直线和这条直线平行。平行(垂直)于同一条直线的两条直线平行。

平行线性质的重要应用，是证明三角形内角和定理：三角形内角和为180°。

从三角形内角和定理推出：三角形的任一外角等于它的两个内对角之和。

证明三角形内角和定理，是这几小节的主要目标。补出了这定理的证明，才算完成了三角形面积公式的推导。

第一章提要

1. 几何推理的依据是定义和公理。这一章介绍下列几个公理：

(1)两点确定一直线。

(2)平行公理：经过直线外一点，有一条而且只有一条直线和这条直线平行。

(3)同位角公理：同位角相等，两直线平行。

(4)边角边公理：两边一夹角对应相等的两个三角形全等。

(5)全等三角形对应边相等、对应角相等、面积相等。

(6)矩形的面积，等于它的长与宽的积。

(7)全等的两个图形，其面积相等。

(8)长度、角度和面积，都具有可加性。

2. 从定义和公理出发，用推理的方法证明的真命题叫定理。本章证明了的主要定理是：

(1)* 两直线相交，对顶角相等。

(2)* 内错角相等，两直线平行。

(3)同旁内角互补，两直线平行。

(4)* 两直线平行，同位角相等、内错角相等、同旁内角互补。

(5)平行于同一直线的两直线平行。

(6)垂直于同一直线的两直线平行。

(7)** 三角形内角和等于 $180°$。

(8)三角形任一外角等于两个内对角之和。

(9)经过一点有一条而且只有一条直线垂直于已知直线。

(10)直角三角形面积等于两条直角边的乘积的一半。

(11)* 三角形面积等于底与高乘积的一半。

(12)** 共高(等高)三角形面积比等于底之比。

(13)三角形的三条中线交于一点，叫三角形的重心。

(14)三角形的重心到顶点的距离，等于它到对边距离的两倍。

其中带*号的定理特别重要和特别有用的。有两条定理带双**号，即更加重要，用处最多。

3. 本章介绍了关于几何推理的知识。复习时要弄明白什么是命题、定义、公理，定理。知道写定理证明时要分“已知”、“求证”和“证明”三部分，证明过程的每一步推理要有根据。关于证明的方法，本章介绍了反证法。

4. 复习测量图上长度与角度的方法和用三角板画垂线的方法，学了用三角板配合直尺画平行线的方法。

习题一

1. 根据题图，完成下列要求：

(1)写出图中六条线段的名称:(　　)、(　　)、(　　)、(　　)、(　　)、(　　)。

(2)用字母写出图中$\angle 1$、$\angle 2$、$\angle 3$、$\angle 4$;$\angle 1=$(　　);$\angle 2=$(　　);$\angle 3=$(　　);$\angle 4=$(　　)。

(3)用直尺或三角板测量图中六条线段的长度。(精确到毫米)

(4)用量角器测量图中的七个角的角度,精确到度。

(5)填写下列括号:

$BD=$(　　)$+CD$;

$\angle 3+\angle 4=$(　　);

$\angle BAD=\angle 1+$(　　);

$\angle B+$(　　)$=\angle ACD$。

(6)检查你测量出的数据是否符合(5)中的几个等式。

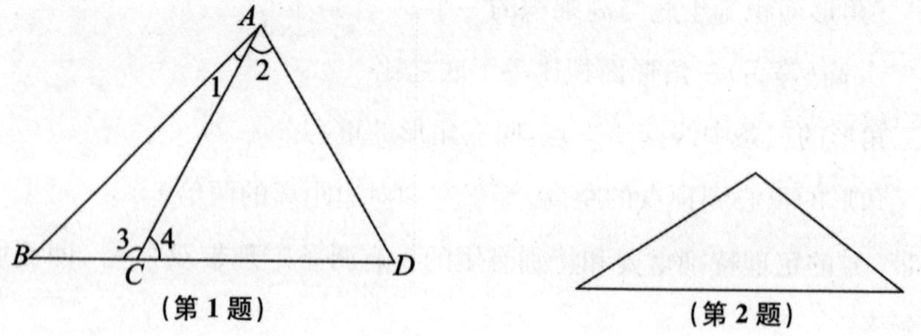

(第1题)　　(第2题)

2. 利用三角板画出图中三角形的三个高 h_a、h_b、h_c。量出三角形三个高和三条边的长度(精度确到毫米)。分别利用这六个数据中的边长和边上的高计算三角形的面积 S。对比三次计算的结果。(精确到平方厘米)

3. 用平行公理和同位角公理为依据,填写括号以证明命题:过直线外一点,有且仅有一条直线垂直于已知直线。

已知:P 是直线 AB 外一点。

求证:经过点 P,有且仅有一条直线垂直于 AB。

证明:(1)过 P 作直线 PC∥(　　),(　　);

(2)过 P 作(　　)的垂线 l,则 l 与(　　)交于 Q。(由(　　)l 不可能与 AB 平行),

(3)$\therefore PQ\perp$(　　),(　　)。

(4)用反证法证明只有一条直线过 P 而且垂直于 AB。假设 R 是(　　)上不同于 Q 的点,使 $PR\perp$(　　),则(　　)$/\!/ PQ$(同位角公理)。与平行线定义矛盾。

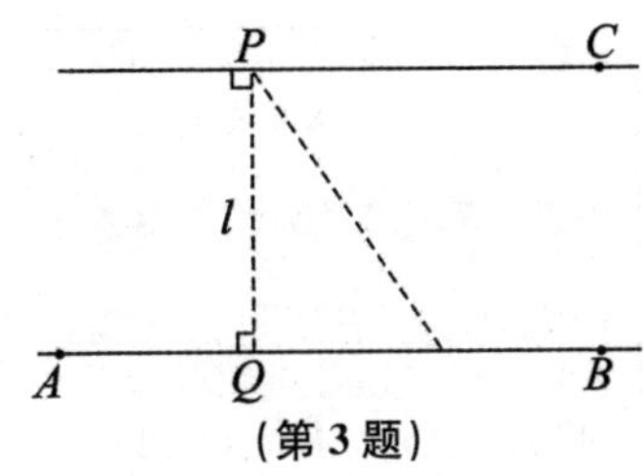

(第 3 题)

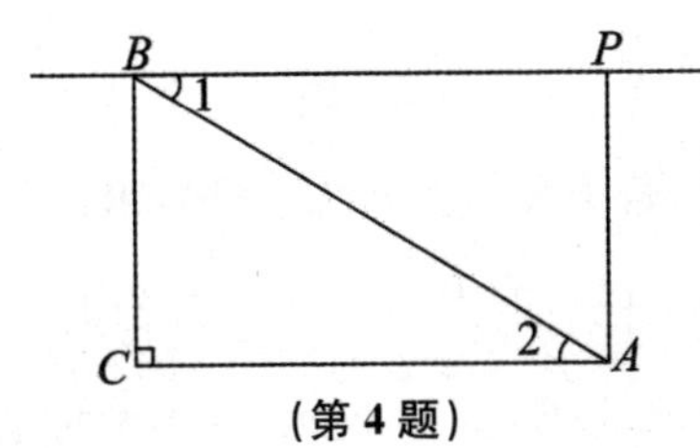

(第 4 题)

4. 在$\triangle ABC$中,$\angle C=90°$。过 B 作 CA 的平行线 BP 使 $BP=CA$,并使 P 与 C 在 AB 的异侧,填下列括号,证明 $APBC$ 是矩形。

证明:(1)$\because BP/\!/ CA$,(　　),

$\therefore \angle 1=$(　　),(　　)。

(2)$\because BA=AB, BP=$(　　),(　　),

$\therefore \triangle BAP\cong$(　　),(　　)。

(3)$\therefore AP=$(　　),$\angle P=$(　　)$=90°$。

(全等三角形性质)

(4)$\because$(　　),(已知)

$\therefore \angle PAC=180°-\angle P=90°, \angle FBC=$(　　)$=90°$,(　　　　　)。

(5)$\therefore ACBP$ 是矩形。(综合(2)、(3)、(4))

5. 如图,过$\triangle ABC$顶点 B 作直线 $BP/\!/ CA$,并使 $BP=CA$。

求证:(1)若 P、C 在 AB 之异侧,则$\angle P=\angle C$,且 $AP=BC$;

(2)若 P、C 在 AB 之同侧,则$\angle P=\angle BAC$,且 $AB=CD$。(提示:仿上题)

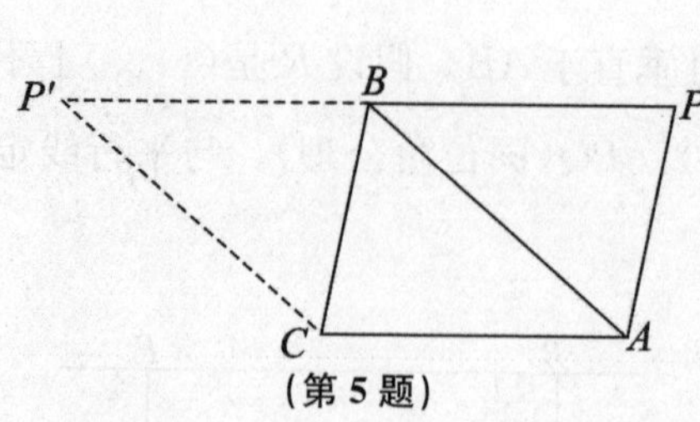

（第 5 题）

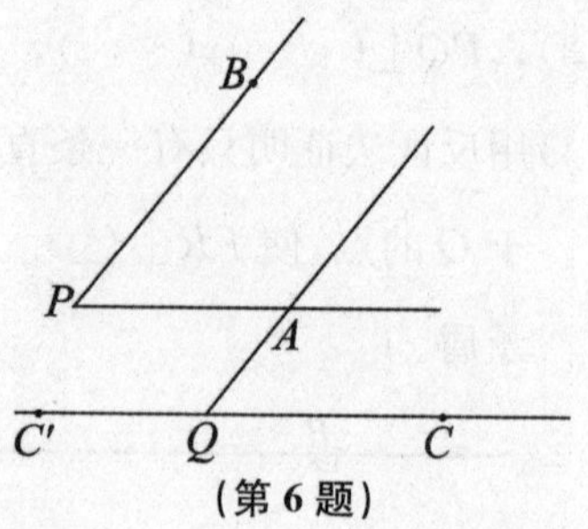

（第 6 题）

6. 如图，若 $PA /\!/ QC$，$PB /\!/ QA$，求证：$\angle APB=\angle AQC$ 或 $\angle APB+\angle AQC=180°$。

7. 平面上任意四点 A、B、P、Q，若 $PA\perp QA$，$PB\perp QB$，则 $\angle APB$ 与 $\angle AQB$ 相等或互补，试证明之。（提示：画出两种情形的图，分别写出已知、求证，证明。）

8. 图中三条平行线 a、b、c 与另三条平行线相交。已知 $\angle 1=75°$，求 $\angle 2$、$\angle 3$、$\angle 4$、$\angle 5$、$\angle 6$、$\angle 7$。

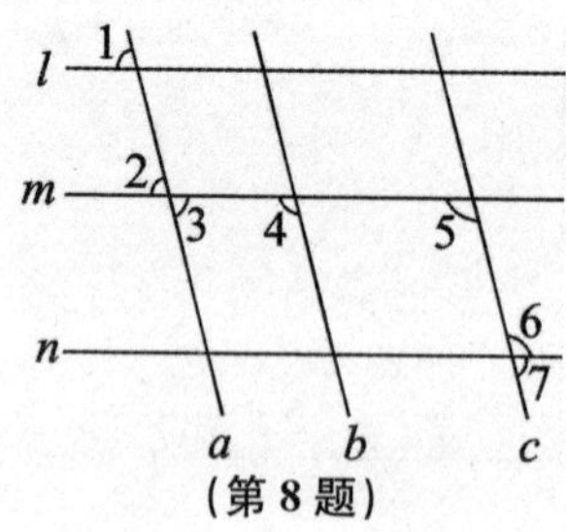

（第 8 题）

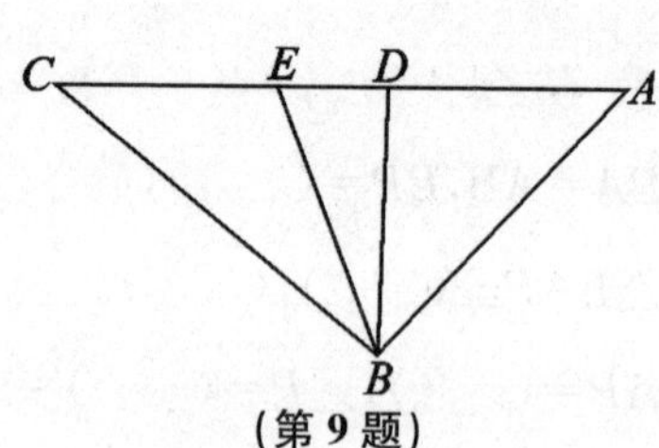

（第 9 题）

9. 在 $\triangle ABC$ 的 AC 边上有两点 D、E 使 $\angle DBA=\angle BCE$，$\angle CBE=\angle DBE$。已知 $\angle A=\alpha$，$\angle B=\beta$，求 $\angle AEB$，$\angle ABE$。

10. 设在 $\triangle ABC$ 中，$\angle C=90°$，CD 是 AB 边上的高。已知 $\angle A=32°$，求 $\angle B$、$\angle ACD$，$\angle BCD$。（画图，写出计算的根据。）

11. 设 D 是 $\triangle ABC$ 的边 AB 上的一点。已知 $\angle A=\angle BCD$，$\angle B=\angle ACD$。求 $\angle BCA$、$\angle CDA$。

12. 图中 P 是 $\triangle ABC$ 的边 BC 上一点。已知 $\frac{PC}{PB}=\frac{3}{2}$，又知 $\triangle APC$ 在 AP 边上的高是 $CD=3.3\text{cm}$。求 $\triangle ABP$ 在 AP 边上的高。

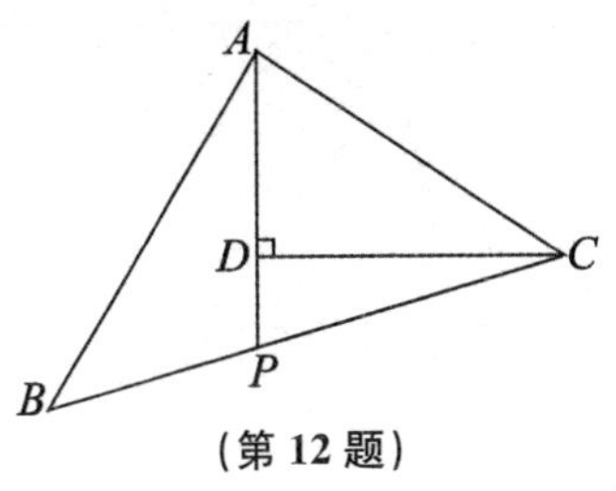

(第 12 题)

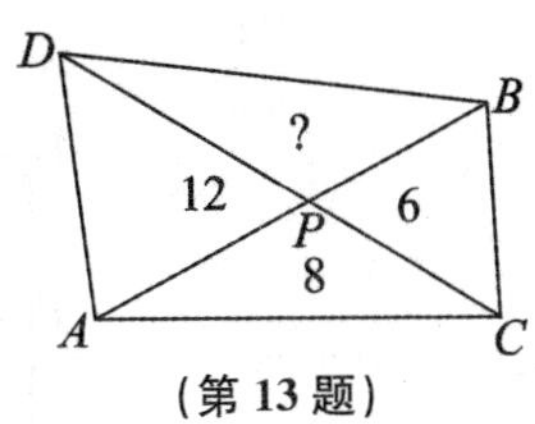

(第 13 题)

13. 线段 AB 与 CD 交于 P，若$\triangle APC=8$，$\triangle APD=12$，$\triangle BPC=6$。求$\triangle PBD$。

14. 图中直线 PQ 与 AB 交于 M。已知 $PQ=5$，$QM=7$，$\triangle PAB=24$，求$\triangle QAB$。

(提示：$\triangle PAB=\triangle PAM-\triangle PBM$，$\triangle QAB=\triangle QAM-\triangle QBM$；但$\dfrac{\triangle QAM}{\triangle PAM}=\dfrac{\triangle QBM}{\triangle PBM}=\dfrac{QM}{PM}$)

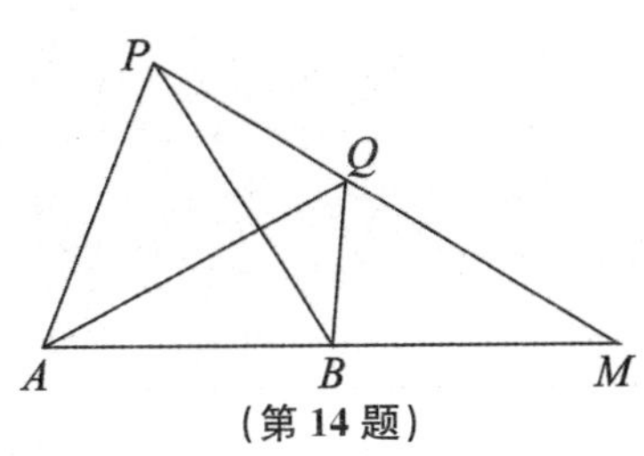

(第 14 题)

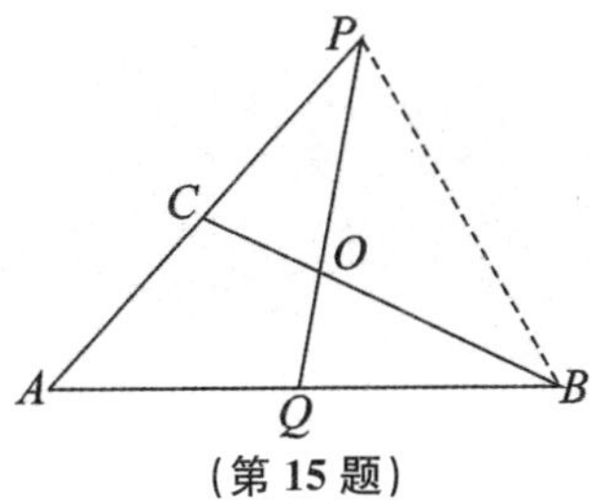

(第 15 题)

15. 如图 Q、C 分别是线段 AB、AP 上的点，已知 $AC=4$，$AQ=5$，$AP=8$，$AB=11$。

求$\triangle ABC$ 与$\triangle APQ$ 的面积之比。(提示：考虑$\dfrac{\triangle ABC}{\triangle ABP}$和$\dfrac{\triangle ABP}{\triangle APQ}$)

16. 如图，A 在线段 QB 上，C 在线段 AP 上。已知 $AP=\dfrac{7}{4}AC$，$AB=2AQ$。$\triangle ABC=8\text{cm}^2$。求$\triangle APQ$。

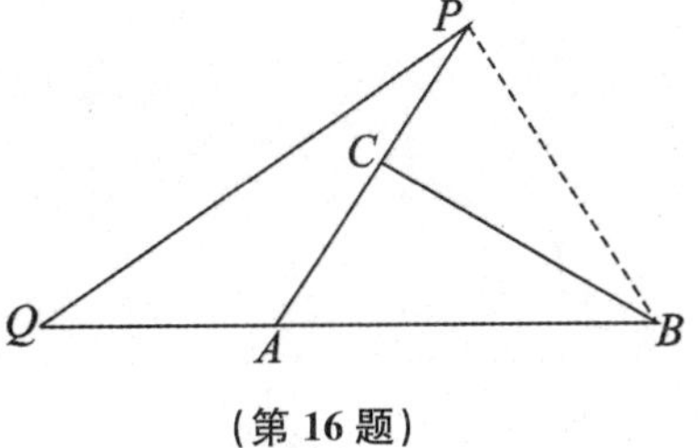

(第 16 题)

17. 在 15 题图中，求 PO 与 OQ 之比。(参看 1.6 节的练习题 3)

18. 图中 $ABCD$ 为边长 12 的正方形。$DE=5$，PQ 过 AE 中点 M。求 PM 与 MQ 之比。(提示：$\dfrac{MQ}{PM}=\dfrac{PQ-PM}{PM}=\dfrac{PQ}{PM}-1$。但又有$\dfrac{PQ}{PM}=\dfrac{\triangle PAQ}{\triangle PAM}=\dfrac{\triangle PAQ}{\triangle PAE/2}=$

$\frac{2AB}{DE}$)

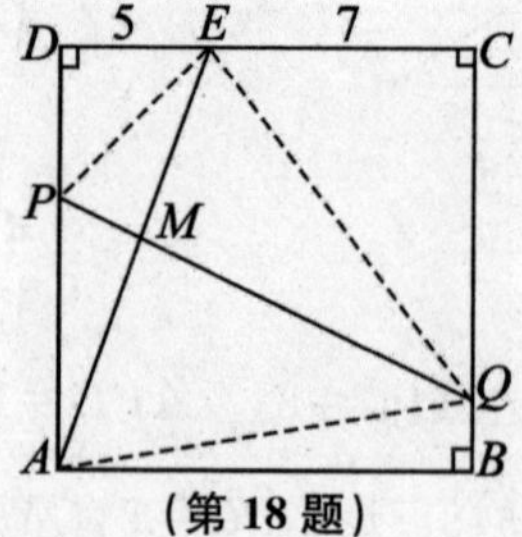

(第 18 题)

第二章

共边定理与共角定理

工欲善其事，必先利其器。要想方便地解决各种几何问题，应当准备一些得心应手的工具。本章引进的，是这些工具中最有用的两件。

一、共边三角形与相交线

2.1　共边定理

如果两个三角形有一条公共边，便称它们是一对共边三角形。例如，$\triangle ABP$ 与 $\triangle BCA$ 有一条公共边 AB，它们便是一对共边三角形。

共边三角形在几何图形中非常容易碰到。图 2-1 中的共边三角形就有 $\triangle ABD$ 与 $\triangle ABC$，与 $\triangle ABP$ 与 $\triangle ABD$，$\triangle ABP$ 与 $\triangle ABC$，$\triangle APB$ 与 $\triangle APD$，$\triangle ACB$ 与 $\triangle ACD$……一共有 18 对之多。

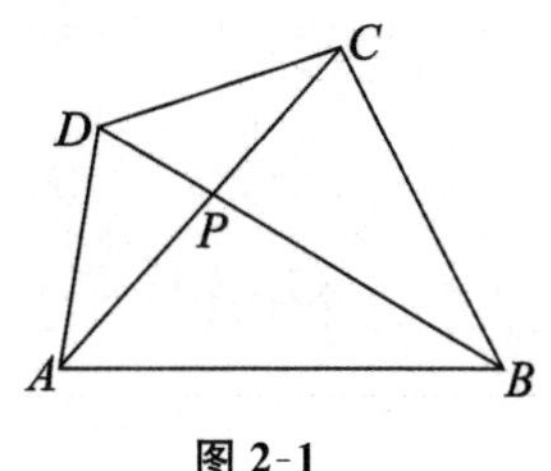

图 2-1

判断两个三角形是不是共边三角形很容易，从图上可以一眼看出来，不看图，光看顶点的字母也行。在两个三角形的三组顶点中，如有两组字母相同，它们便是一对共边三角形。

关于共边三角形，有一条十分有用的定理：

共边定理　若两直线 AB 与 PQ 交于 M，则

$$\frac{\triangle PAB}{\triangle QAB}=\frac{PM}{QM}$$

证明：如图 2-2，这可能有四种情形。

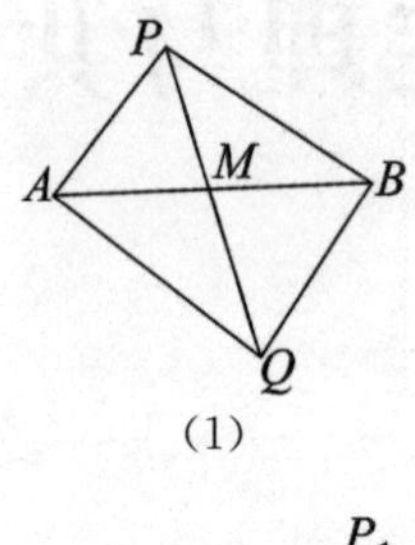

(1)

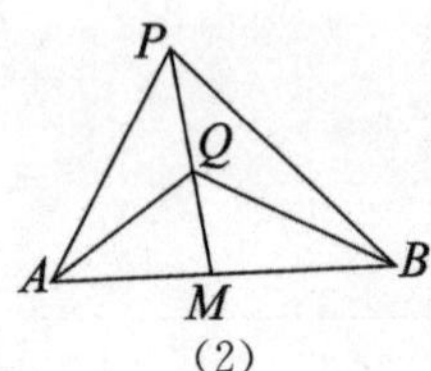

(2)

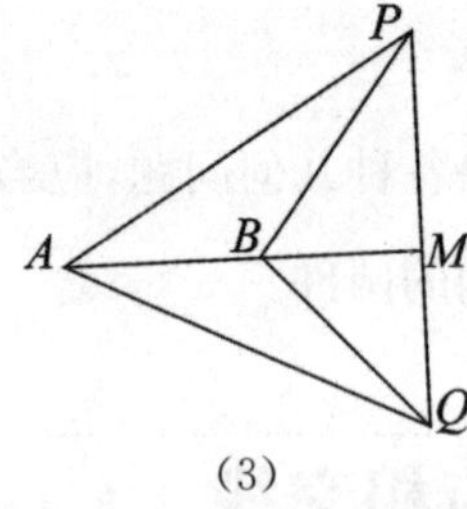

(3)

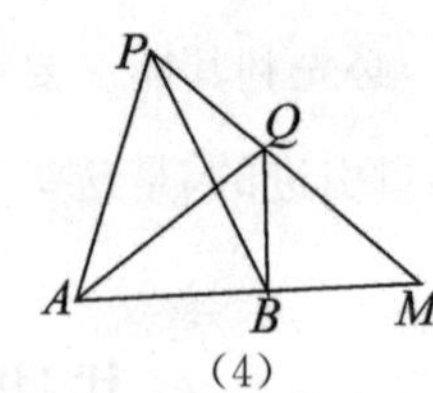

(4)

图 2-2

应用共高三角形的性质，四种情形都有下列等式：

$$\frac{\triangle PAB}{\triangle QAB}=\frac{\triangle PAB}{\triangle PMB}\cdot\frac{\triangle PMB}{\triangle QMB}\cdot\frac{\triangle QMB}{\triangle QAB}$$

$$=\frac{AB}{MB}\cdot\frac{PM}{QM}\cdot\frac{MB}{AB}=\frac{PM}{QM}$$

另一证法是：

在直线 AB 上再取一点 N 使 $MN=AB$，则

$$\frac{\triangle PAB}{\triangle QAB}=\frac{\triangle PMN}{\triangle QMN}=\frac{PM}{QM}$$

这个定理虽然得来不费工夫，但并不是一目了然的，特别在图 2-2 中的(3)、(4)两种情形，往往注意不到$\triangle PAB$ 与$\triangle QAB$ 面积之比等于线段 PM 与 QM 之比的这种关系。

下面举例说明共边定理的应用。

例:设$\triangle ABC$的两中线AD、BE交于M,如图 2-3。

求证:$AM=2MD$。

证明:由$AE=CE$、$BD=DC$及共边定理得:

$$\frac{\triangle ABM}{\triangle ACM}=\frac{BD}{DC}=1,$$

$$\frac{\triangle ABM}{\triangle CBM}=\frac{AE}{EC}=1,$$

图 2-3

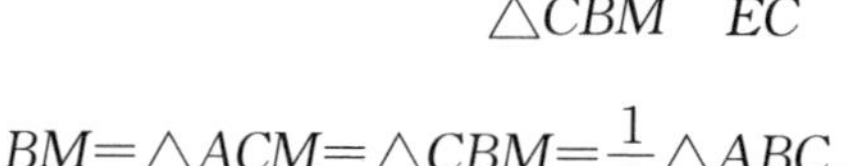

$$\therefore \triangle ABM=\triangle ACM=\triangle CBM=\frac{1}{3}\triangle ABC。$$

$$\therefore \frac{AD}{MD}=\frac{\triangle ABC}{\triangle CBM}=3。(共边定理)$$

即得 $AM=AD-MD=3MD-MD=2MD$。

此题也可用下列更简捷之手法解决:

$$\frac{AM}{MD}=\frac{\triangle ABE}{\triangle BDE}=\frac{\triangle ABE}{\frac{1}{2}\triangle BCE}=2\cdot\frac{AE}{CE}=2$$

这个例题,正是 1.6 中的例 1 的一般化。由于用了共边定理,这里的解法就简单得多。稍后,我们还将对更一般的情形给出更为简单明了的解法。

练习

1. 对照图 2-1,填写下列括号:

(1)$\frac{\triangle ABD}{\triangle BDC}=\frac{(\quad)}{(\quad)}$,$\frac{\triangle ABC}{(\quad)}=\frac{(\quad)}{PD}$;

(2)$\frac{AP}{PC}=\frac{\triangle APB}{(\quad)}=\frac{(\quad)}{\triangle PCD}=\frac{(\quad)}{\triangle BDC}$。

2. 图中四边形$ABCD$的两条对边延长后分别交于K和L,对角线AC、DB延长后与直线KL分别交于F、G。观察图中的共边三角形,填写下列括号。

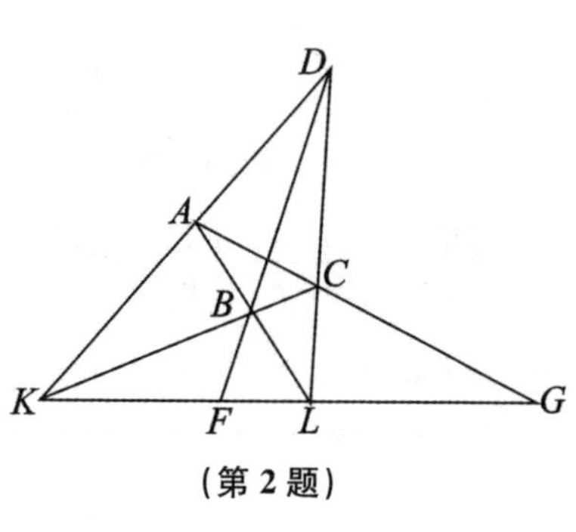

(第 2 题)

(1) $\dfrac{\triangle KBD}{\triangle LBD}=\dfrac{(\quad)}{(\quad)}=\dfrac{\triangle KDF}{(\quad)}=\dfrac{(\quad)}{\triangle BFL}$。

(2) $\dfrac{AG}{CG}=\dfrac{\triangle AKL}{(\quad)}=\dfrac{(\quad)}{\triangle CKG}=\dfrac{\triangle ALG}{(\quad)}$。

(3) $\dfrac{\triangle AKC}{\triangle LAC}=\dfrac{(\quad)}{(\quad)}=\dfrac{\triangle AKG}{(\quad)}=\dfrac{(\quad)}{\triangle CLG}$。

(4) $\dfrac{DC}{LC}=\dfrac{\triangle KBD}{(\quad)}=\dfrac{(\quad)}{\triangle CBL}=\dfrac{\triangle DKC}{(\quad)}$。

(5) $\dfrac{AB}{LB}=\dfrac{\triangle AKC}{(\quad)}=\dfrac{(\quad)}{\triangle DBL}=\dfrac{\triangle AKB}{(\quad)}$。

(6) $\dfrac{\triangle ALC}{\triangle KLC}=\dfrac{(\quad)}{(\quad)}=\dfrac{\triangle ABD}{(\quad)}=\dfrac{(\quad)}{\triangle KCD}$。

3. 在第 2 题图中，如果要计算$\triangle AKL$与$\triangle CKL$的面积之比，怎样测量最简便？如果要计算$\triangle DBL$与$\triangle KBL$的面积比，怎样测量？

4. 图 2-1 中，已知$PB=35$，$PD=14$，四边形$ABCD$面积为 84，求$\triangle ABC$的面积。

2.2　共边定理的初步应用

共边定理可以帮我们把面积比方便地转化为线段比。这种转化使我们看到几何图形的一些并非一目了然的有趣性质。

例 1　在$\triangle ABC$内，任取一点P，直线AP、BP、CP分别与BC、CA、AB交于D、E、F。（图 2-4）

求证：(1) $\dfrac{PD}{AD}+\dfrac{PE}{BE}+\dfrac{PF}{CF}=1$。

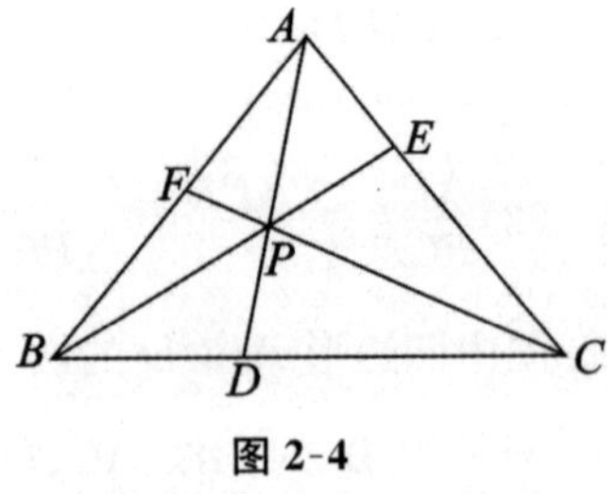

图 2-4

证明：由共边定理得

$$\frac{PD}{AD}=\frac{\triangle PBC}{\triangle ABC},\frac{PE}{BE}=\frac{\triangle PAC}{\triangle ABC},\frac{PF}{CF}=\frac{\triangle PAB}{\triangle ABC}。$$

三式相加得

$$\frac{PD}{AD}+\frac{PE}{BE}+\frac{PF}{CF}=\frac{\triangle PBC+\triangle PAC+\triangle PAB}{\triangle ABC}$$

$$=\frac{\triangle ABC}{\triangle ABC}=1$$

例 2 在例 1 的相同条件下，

求证：$\frac{AF}{BF}\cdot\frac{BD}{CD}\cdot\frac{CE}{AE}=1$。

证明：由共边定理得

$$\frac{AF}{BF}=\frac{\triangle PAC}{\triangle PBC},\quad \frac{BD}{CD}=\frac{\triangle PAB}{\triangle PAC},\quad \frac{CE}{AE}=\frac{\triangle PBC}{\triangle PAB}$$

三式相乘得

$$\frac{AF}{BF}\cdot\frac{BD}{CD}\cdot\frac{CE}{AE}=\frac{\triangle PAC}{\triangle PBC}\cdot\frac{\triangle PAB}{\triangle PAC}\cdot\frac{\triangle PBC}{\triangle PAB}=1$$

例 2 反过来，也是对的。

例 3 在$\triangle ABC$ 的三边 BC、CA、AB 上顺次取三点 D、E、F。设$\frac{AF}{BF}\cdot\frac{BD}{CD}\cdot\frac{CE}{AE}=1$。(图 2-5)

求证：AD、BE、CF 三直线交于一点。

证明：设 BE 与 CF 交于 P，作直线 AP 与 BC 交于 D'。由例 2 可得

$$\frac{AF}{BF}\cdot\frac{BD'}{CD'}\cdot\frac{CE}{AE}=1。\qquad (1)$$

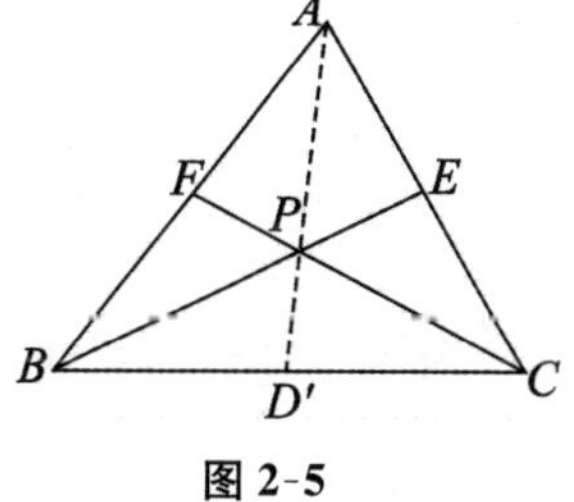

图 2-5

又由题设

$$\frac{AF}{BF}\cdot\frac{BD}{CD}\cdot\frac{CE}{AE}=1。\qquad (2)$$

将(1)与(2)相比得$\frac{BD'}{CD'}=\frac{BD}{CD}$，又因 D 与 D'都在线段 BC 上，可见 D 与 D'是同一点，由 P 在 AD'上得知 P 在 AD 上。

例 3 中所用的方法叫**同一法**。同一法的一般道理是：要证明一个事物 X 有性质 Y，先构造一个具有性质 Y 的事物 X'，然后证明 X'也就是 X，这种方法今后我们还会用到。

例 4 在$\triangle ABC$ 的两边 AB、AC 上分别取点 R，Q，直线 RQ 与 BC 边的延长线

交于 P。(图 2-6)

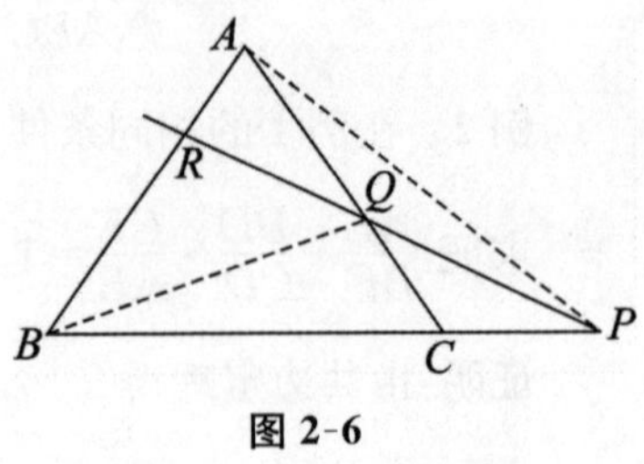

图 2-6

求证:$\frac{AR}{BR}\cdot\frac{BP}{CP}\cdot\frac{CQ}{AQ}=1$。

证明:连线段 PA、BQ,由共边定理得

$\frac{AR}{BR}=\frac{\triangle APQ}{\triangle BPQ}$,$\frac{BP}{CP}=\frac{\triangle BPQ}{\triangle CPQ}$,$\frac{CQ}{AQ}=\frac{\triangle CPQ}{\triangle APQ}$。

三式相乘,约简后得到所要证的等式。

练习

1. 图 2-4 中,考虑三个比值$\frac{AP}{PD}$、$\frac{BP}{PE}$、$\frac{CP}{PF}$。试证这三个比值中至少有一个不小于 2,至少也有一个不大于 2。(提示:如果三个三角形$\triangle PBC$、$\triangle PCA$、$\triangle PAB$ 中面积大者是$\triangle PBC$,则$\triangle ABC$ 不大于 $3\triangle PBC$。)

2. 如图,在$\triangle ABC$ 的两边 AB、AC 的延长线上分别取 E、F;连线段 BE、CF 交于 P,连线段 AP 交 BC 于 D。

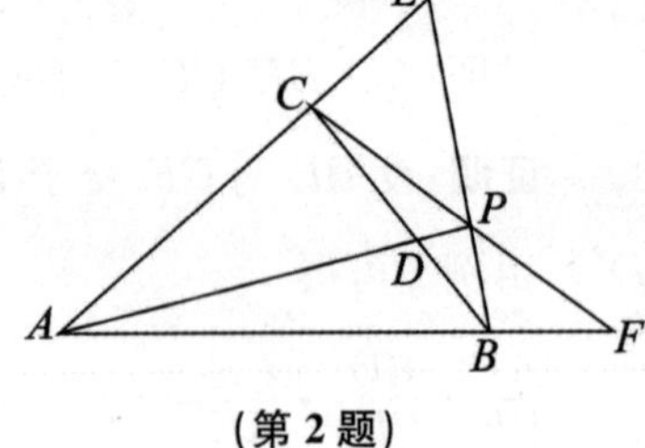

(第 2 题)

求证:$\frac{PE}{BE}+\frac{PF}{CF}-\frac{PD}{AD}=1$.(提示:仿例 1)

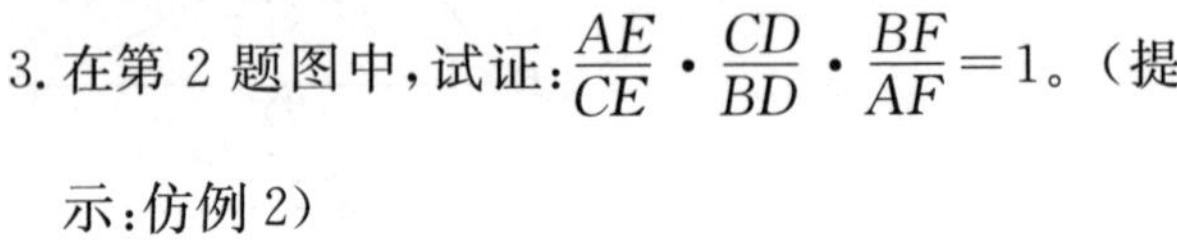

3. 在第 2 题图中,试证:$\frac{AE}{CE}\cdot\frac{CD}{BD}\cdot\frac{BF}{AF}=1$。(提示:仿例 2)

4. 如图,在$\triangle ABC$ 的两边 AC、BC 的延长线组成的角内任取一点 P,作直线 PA、PB、PC 分别与直线 BC、CA、AB 交于 D、E、F。求证:

(1)$\frac{PF}{CF}-\frac{PD}{AD}-\frac{PE}{BE}=1$;

(2)$\frac{AF}{BF}\cdot\frac{BD}{CD}\cdot\frac{CE}{AE}=1$。

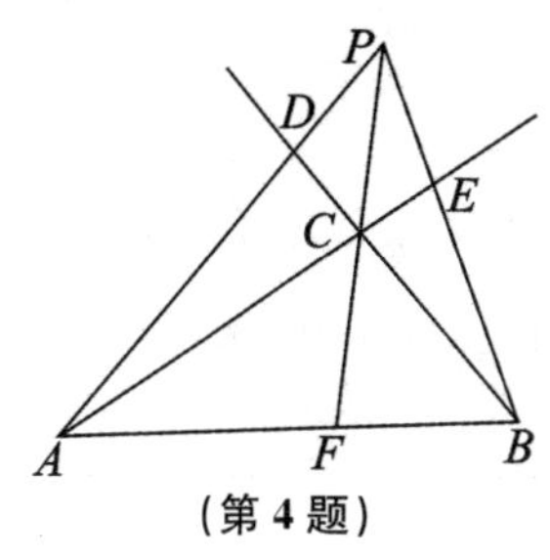

(第 4 题)

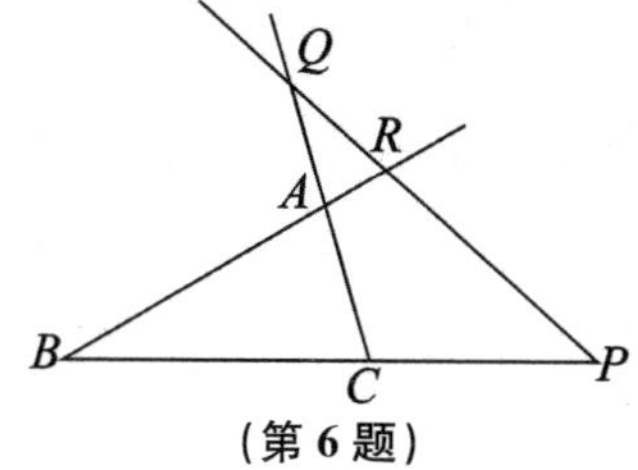

(第 6 题)

5. 参看图 2-6:在$\triangle ABC$的边AB、AC上分取两点R、Q,在BC的延长线上取一点P。已知:$\frac{AR}{BR}\cdot\frac{BP}{CP}\cdot\frac{CQ}{AQ}=1$。

求证:P、Q、R在一直线上。

(提示:用同一法,证明PR与BC交于Q。)

6. 一直线与三直线BC、CA、AB分别交于P、Q、R。如图,P、Q、R均在$\triangle ABC$之外。

求证:$\frac{AR}{BR}\cdot\frac{BP}{CP}\cdot\frac{CQ}{AQ}=1$。

2.3 共边定理的进一步应用

有时,两个三角形的面积比不能直接用共边定理转化为已知的线段比。这时,可以考虑找寻和这两个三角形都有公共边的另一个三角形作为媒介过渡一下,这种"过渡"技巧,往往有意想不到的效果。

例 1 在$\triangle ABC$的两边AB、AC上分别取E、D两点,线段BD、CE,交于P,如图 2-7,已知$CD=uAD$,$AE=vBE$,求比值$\frac{PD}{BP}$。

解:连线段AP,由共边定理及题设比值得

$$\frac{PD}{PB}=\frac{\triangle PDC}{\triangle PBC}$$

$$=\frac{\triangle PDC}{\triangle PAC}\cdot\frac{\triangle PAC}{\triangle PBC}$$

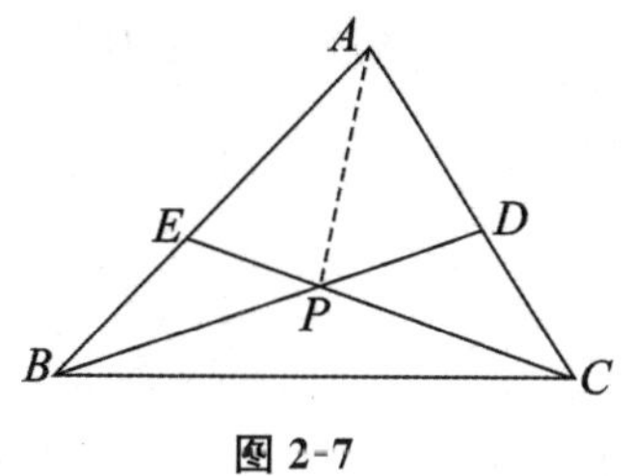

图 2-7

$=\frac{CD}{AC}\cdot\frac{AE}{BE}=\frac{uv}{1+u}$。

上题解法中用了过渡三角形，即$\triangle PAC$，它使所求的比值与已知的比值联系起来。当u、v都等于1时，这里给出了2.1中例题的更简明的解法。

例2 在例1同样条件下，求$\triangle PBC$与$\triangle ABC$的面积之比。

解：由共边定理，有

$$\triangle PBC=\frac{CD}{AD}\triangle PAB=u\triangle PAB, \tag{1}$$

$$\triangle PAC=\frac{AE}{BE}\triangle PBC=v\triangle PBC。 \tag{2}$$

由(1)、(2)得

$$\triangle ABC=\triangle PBC+\triangle PAC+\triangle PAB$$
$$=(1+v+\frac{1}{u})\triangle PBC.$$

$$\therefore\frac{\triangle PBC}{\triangle ABC}=\frac{u}{1+u+uv}$$

应用例2的方法或结果，可解决一些有趣的问题，下面是一个例子。

例3 在$\triangle ABC$的三边上AC、AB、BC上，分别取D、E，F三点使$CD=2AD$，$AE=2BE$，$BF=2CF$，直线AF、BD、CE交于三点P、Q、R。求$\triangle PQR$的面积与$\triangle ABC$面积之比。

解：应用共边比例定理及所给线段比值

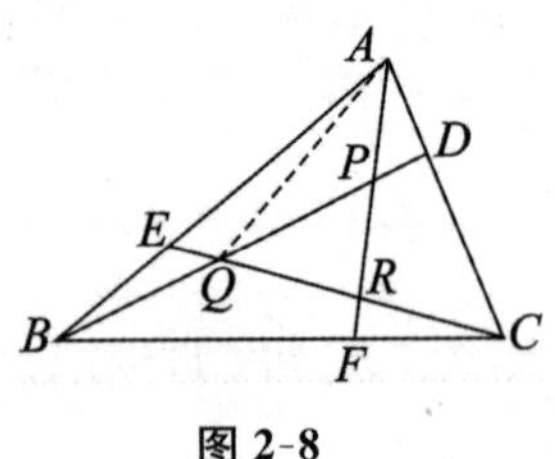

图2-8

$$\frac{\triangle QBC}{\triangle QAC}=\frac{BE}{AE}=\frac{1}{2},$$

$$\frac{\triangle QBC}{\triangle QAB}=\frac{CD}{AD}=2,$$

$$\therefore\triangle ABC=\triangle QBC+\triangle QAC+\triangle QAB$$
$$=(1+2+\frac{1}{2})\triangle QBC。$$

$$\therefore\triangle QBC=\frac{2}{7}\triangle ABC。$$

同理得

$\triangle PAB=\triangle RAC=\frac{2}{7}\triangle ABC$,

$\therefore \triangle PQB=\triangle ABC-\triangle PAB-\triangle QBC-\triangle RAC=\frac{1}{7}\triangle ABC$。

此题的解法中直接用了共边定理,若用例 2 结论,当然更简单一些。

下面的例题解法中,反复使用了过渡三角形技巧,可供思考。

例 4 如图 2-9,四边形 $ABCD$ 的两双对边延长后分别交于 K、L,直线 KL 与对角线 AC、DB 的延长线分别交于 G、F。

求证:$\frac{LF}{KF}=\frac{LG}{KG}$。

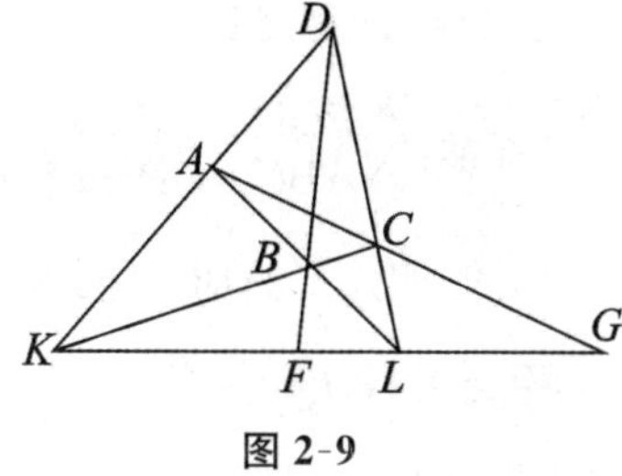

图 2-9

证明:利用共边定理得:

$$\frac{LF}{KF}=\frac{\triangle LBD}{\triangle KBD}=\frac{\triangle LBD}{\triangle KBL}\cdot\frac{\triangle KBL}{\triangle KBD}$$

$$=\frac{AD}{AK}\cdot\frac{CL}{CD}=\frac{\triangle ADC}{\triangle AKC}\cdot\frac{\triangle ALC}{\triangle ADC}$$

$$=\frac{\triangle ALC}{\triangle AKC}=\frac{LG}{KG}$$

在上述证明中,和例 1 的解法一样,使用了递等式写法,从这里看出,有些证明题和计算题类似,都可用递等式表达,实际上,证明题往往可以看成给出了答案的计算题,例 2 和例 3,如果先给出答案,也就成了证明题。

练习

1. 在图 2-7 中,已知 $CD=\frac{2}{5}AC$,$AE=\frac{4}{3}BE$。求比值 $\frac{PE}{PC}$、$\frac{PD}{BD}$。

2. 在第 1 题条件下,求四边形 $PDAE$ 面积 S_{PDAE} 与 $\triangle ABC$ 面积之比。

3. 如图,在 $\triangle ABC$ 的 AC 边上取点 E,在 BC 的延长线上取点 D,直线 AD 与 BE 交于 P,如果已知 $BD=uCD$,$CE=uAE$,求比值 $\frac{PE}{PB}$ 和 $\frac{PA}{AD}$。(提示:用 $\triangle PAC$ 过渡求 $\frac{PE}{PB}=\frac{\triangle PAE}{\triangle PAB}$。试找寻另一个过渡三角形求 $\frac{PA}{AD}$。)

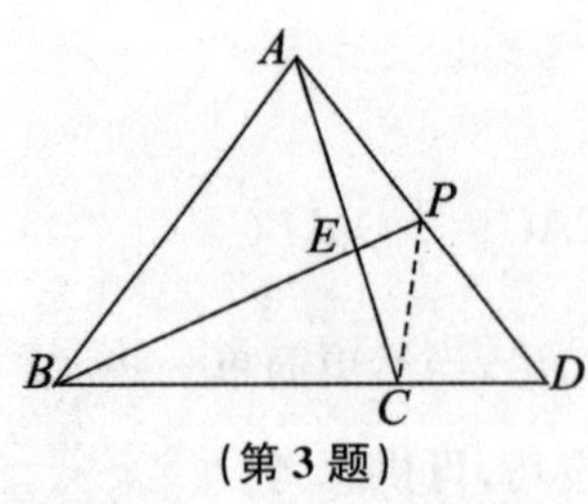

(第3题)

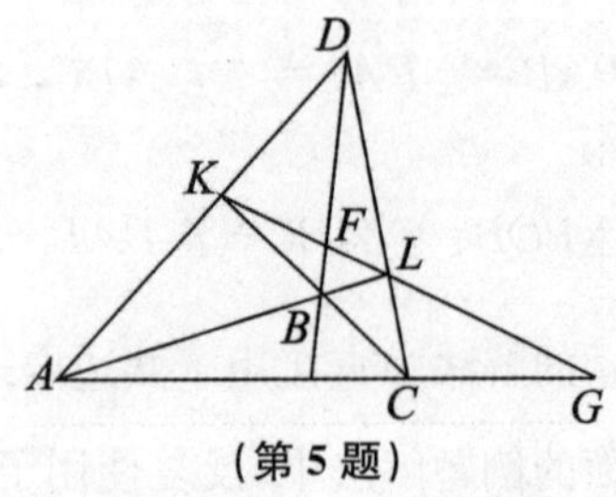

(第5题)

4* 参看图 2-8，在$\triangle ABC$的三边AC、AB、BC上，分别取点D、E、F使$CD=uAD$，$AE=vBE$，$BF=wCF$，直线AF、BD、CE交于三点P、Q、R，求$\triangle PQR$的面积与$\triangle ABC$面积之比。

（答案：$\dfrac{\triangle PQR}{\triangle ABC}=\dfrac{(1-uvw)^2}{(1+u+uv)(1+v+vw)(1+w+uw)}$）

5* 如图，四边形$ABCD$两双对边所在直线分别交于L、K，直线LK与直线AC、DB相交于G、F。

求证：$\dfrac{LF}{KF}=\dfrac{LG}{KG}$。（提示：仿例 4）

小结

有一条公共边的两个三角形，叫做共边三角形。从图上或从三角形顶点的字母容易判断两个三角形是不是共边三角形。

四个点A、B、P、Q，一般可以形成共边三角形$\triangle PAB$与$\triangle QAB$、$\triangle APQ$与$\triangle BPQ$……如果直线PQ与AB交于M，则有

$$\frac{\triangle PAB}{\triangle QAB}=\frac{PM}{QM}$$

这叫做**共边定理**。它可以叙述为：**共边三角形面积此，等于连接两三角形公共边外第三顶点的线段被公共边所在直线分割而得的两线段之此。**（这里的分割，包括内分割和外分割。）

共边定理用途很广，它可以把面积比化为线段比，把线段比化为面积比，我们主要介绍了用它解题时的三种技巧：

(1)把一块面积分成几块，利用共边定理求几个线段比之和，见 2.2 的例 1。

(2)考虑两两共边的几个三角的循环比，利用共边定理求几个线段比之积，见 2.2 的例 2、例 4。

(3)如果所关心的线段比不能直接化为已知比，则可利用过渡三角形来达到目的。见 2.3 的例 1 和例 4。

所举的例题中，2.2 的例 1、例 2、例 4 及 2.3 的例 1 较重要，所用的方法应很好领会。

二、共边三角形与平行线

2.4 面积关系与平行线

当直线 PQ 与 AB 交于 M 时，我们已经知道有等式 $\frac{\triangle PAB}{\triangle QAB}=\frac{PM}{QM}$。如果 $PQ /\!/ AB$，没有交点，两个三角形 $\triangle PAB$ 与 $\triangle QAB$ 的面积之间有什么关系呢？利用共边定理可以得知：

定理 1 若 P、Q 两点在直线 AB 的同侧（即线段 PQ 不与直线 PQ 相交），则当 $\triangle PAB=\triangle QAB$ 时，必有 $PQ /\!/ AB$。

证明：用反证法。

若 PQ 与 AB 交于 M，由题设 M 在线段 PQ（或 QP）的延长线上，故 $PM\neq QM$，由共边定理及题设有：

$$1=\frac{\triangle PAB}{\triangle QAB}=\frac{PM}{QM}\neq 1$$，矛盾。

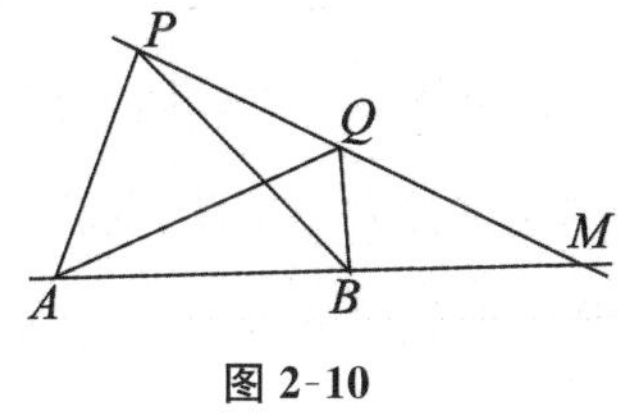

图 2-10

定理 2 若 $PQ /\!/ AB$，则 $\triangle PAB=\triangle QAB$。

证明：用反证法。若 $\triangle PAB\neq\triangle QAB$，不妨设 $\triangle PAB<\triangle QAB$，于是在线段 AQ 上有一点 Q'，使 $\triangle PAB=\triangle Q'AB$，由定理 1 得 $PQ' /\!/ AB$，这与平行公理矛盾。

把定理 1 与定理 2 综合起来。得到

平行线的面积性质 若 $AB /\!/ PQ$，则 $\triangle PAB$ 与 $\triangle QAB$ 面积相等。反之，若

$\triangle PAB$ 与 $\triangle QAB$ 面积相等且 P、Q 两点在直线 AB 同侧，则 $PQ /\!/ AB$。

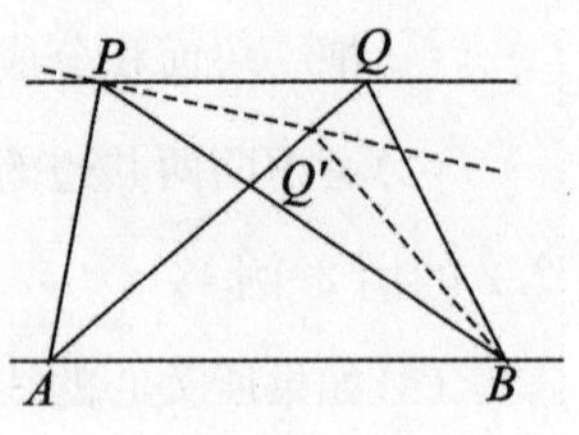

图 2-11

从平行线的面积性质出发，可得

推论 1 若 $PQ /\!/ AB$，自 P、Q 向 AB 作垂线段 PD、QE，则 $PD=QE$。

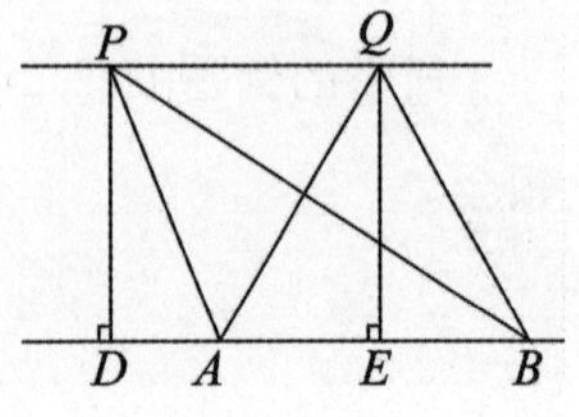

图 2-12

证明：如图 2-12，由平行线面积性质得

$$\frac{1}{2}AB\cdot PD=\triangle PAB=\triangle QAB=\frac{1}{2}AB\cdot QE,$$

约去 $\frac{1}{2}AB$，即得 $PD=QE$。

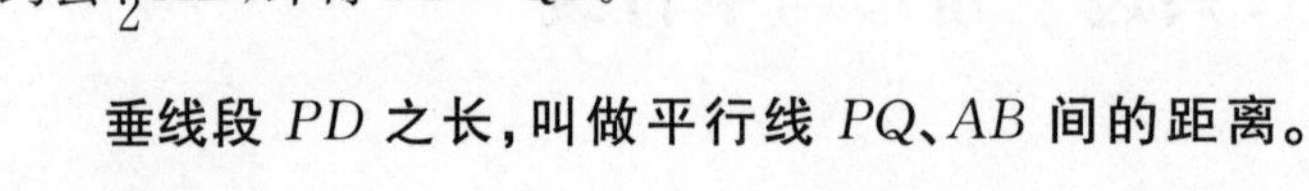
垂线段 PD 之长，叫做平行线 PQ、AB 间的距离。

反过来也有

推论 2 从 A、B 两点向直线 AB 的同侧作垂直于 AB 的射线 AP、BQ，则当线段 $AP=BQ$ 时，$PQ /\!/ AB$。

这是因为，由 $AO=BQ$ 可知 $\triangle PAB=\triangle QAB$，又因 P、Q 在 AB 同侧，故 $PQ /\!/ AB$。

把推论 1 与推论 2 综合在一起，成为

平行线的距离性质 平行线间的距离处处相等。反之，若 P、Q 两点在直线 AB 同侧，且到 AB 等距，则 $PQ /\!/ AB$。

回顾前一章，我们已学过平行线同位角相等等知识，那些知识可以叫做平行线的角度性质。至此，我们掌握了平行线的三套性质：角度性质、距离性质、面积性质。利用这些性质，一方面可以判定两直线是否平行；另一方面，又可以根据两直线平行来找出图形中某些角、某些线段、某些三角形的面积间的相等关系。

例 1 图 2-13 中的四边形 $ABCD$ 改画成面积相等的三角形。且让三角形有一边为 AD，有一角为 A。

解：连对角线 BD，过点 C 作 BD 的平行线与直线 AB 交于 E。（图 2-13）

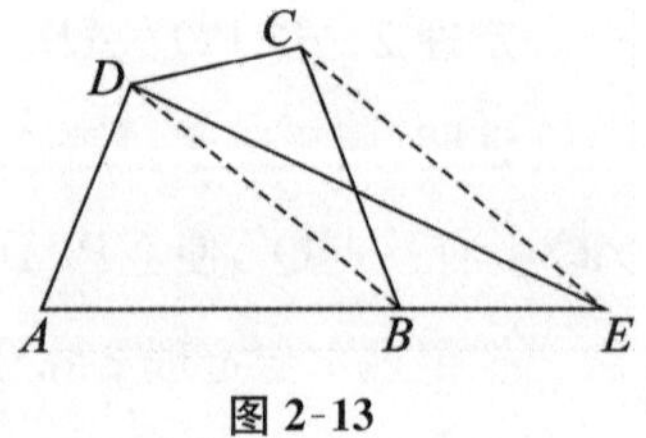

图 2-13

$\because CE /\!/ BD$,

$\therefore \triangle BCD = \triangle BED$(平行线面积性质)。

$\therefore S_{ABCD} = \triangle ABD + \triangle BCD = \triangle ABD + \triangle BED = \triangle AED$

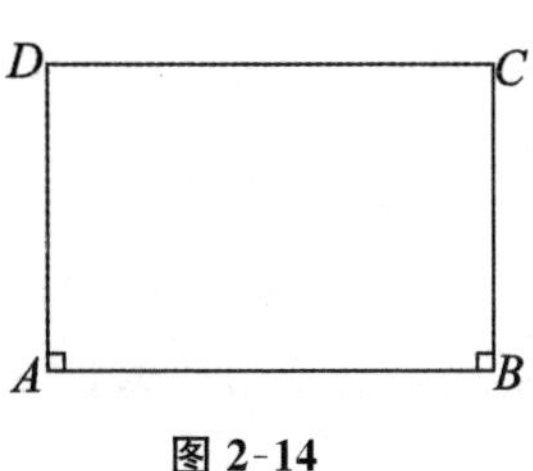

图 2-14

例 2 设 C、D 在直线 AB 的同侧，$CB \perp AB$，$DA \perp AB$，且 $CB = DA$。(如图 2-14)

求证：$ABCD$ 是矩形。

证明：(1)$\because DA \perp AB$，$CB \perp AB$，$DA = CB$，且 D、C 在 AB 同侧，(已知)

$\therefore DC /\!/ AB$(平行线距离性质)

(2)$\therefore \angle D = 180^\circ - \angle A = 90^\circ$，$\angle C = 180^\circ - \angle B = 90^\circ$。(平行线角度性质)

(3)$\because AD /\!/ BC$，(同旁内角互补)

$\therefore AB = CD$。(平行线距离性质)

综合题设及(2)、(3)，$ABCD$ 为矩形。

稍后，我们可以用更简单的方法证明上述命题。

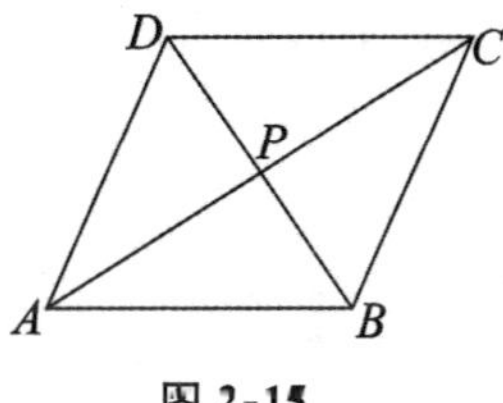

图 2-15

例 3 设四边形 $ABCD$ 中，$AB /\!/ DC$，$AD /\!/ BC$，对角线 AC 与 BD 交于 P。(图 2-15)

求证：$AP = PC$，$BP = PD$。

证明：由平行线面积性质得

$\triangle ABD = \triangle ABC = \triangle DBC = \triangle DAC$

再用共边定理得

$$\frac{AP}{PC} = \frac{\triangle ABD}{\triangle DBC} = 1,$$

$$\frac{BP}{PD} = \frac{\triangle ABC}{\triangle DAC} = 1。$$

我们把两双对边相互平行的四边形叫平行四边形。上述命题可叙述成：平行四边形对角线相互平分。利用平行线的面积性质，或者利用 SAS 公理配合平行线的角度性质，容易证明上述命题，反过来也对，即对角线相互平分的四边形是平行四边形。(练习题 4)

练习

1. 如图，A、B、C 在一直线上，P、Q、R 在另一直线上，连 PA、PB、PC、QA、QB、QC、RA、RB、RC，已知：$AQ /\!/ BR$，$BP /\!/ CQ$。

求证：$\triangle APC = \triangle APR$。

（提示：这两个三角形的面积都和四边形 $ABQP$ 相等。）

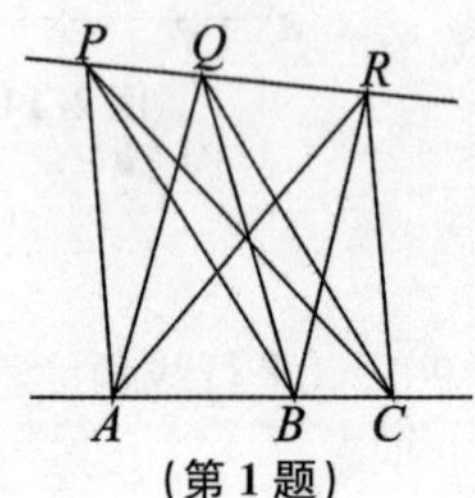

（第 1 题）

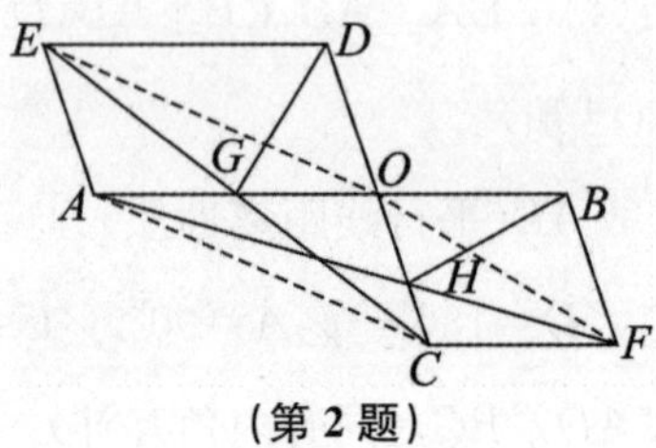

（第 2 题）

2. 线段 AB、CD 交于点 O，如上图。作平行四边形 $AODE$ 和 $BOCF$，连 AF 与 OC 交于 H，连 CE，与 OA 交于 G。

求证：$\triangle GCD = \triangle HBA$。

3. 在平行四边形 $ABCD$ 的两边 CD、DA 上分别取点 P、Q。

求证：$\triangle PAB = \triangle QBC$。

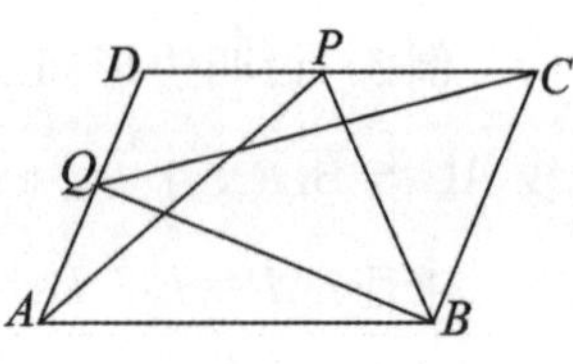

（第 3 题）

4. 两线段 AC、BD 交于 P，已知：P 是 AC 中点，又是 BD 中点，求证：$AB /\!/ CD$，$AD /\!/ BC$。

2.5 平行线间线段的比例性质

应用平行线的面积性质，可导出几条重要的命题。

例 1 （平行截割定理）三条平行线截两条直线，所得的对应线段成比例。

已知：三条平行线 l_1、l_2、l_3 与两直线分别交于 A、B、C 和 A'、B'、C'。如图 2-16。

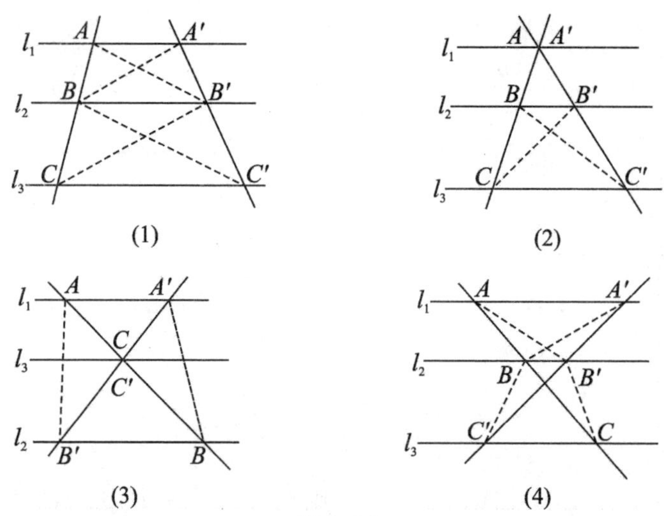

图 2-16

求证：$\dfrac{AB}{A'B'}=\dfrac{BC}{B'C'}=\dfrac{AC}{A'C'}$。

证明：根据比例的性质，只要证明上述等式中的一个就行了。

下面的推导适用于图 2-16 中(1)、(2)、(3)、(4)四种情形：连 BC'、$B'C$、AB'、$A'B$，则

$$\frac{AB}{BC}=\frac{\triangle ABB'}{\triangle CBB'}\text{（共边定理，或共高三角形性质）}$$

$$=\frac{\triangle A'BB'}{\triangle C'BB'}\text{（平行线面积性质）}$$

$$=\frac{A'B'}{B'C'},\text{（共边定理，或共高三角形性质）}$$

从这个等式得

$$\frac{AB}{A'B'}=\frac{BC}{B'C'}。$$

上述证明中用了递等式写法。递等式的每一步都用括号里的注解说明了根据。这种写法简明而严谨，也可以一开始把递等式的根据都写在一行里，那样更简便，但不如这样清楚。

从平行截割定理可得一些推论。

推论 1　几条平行直线截两条直线，所得的对应线段成比例。

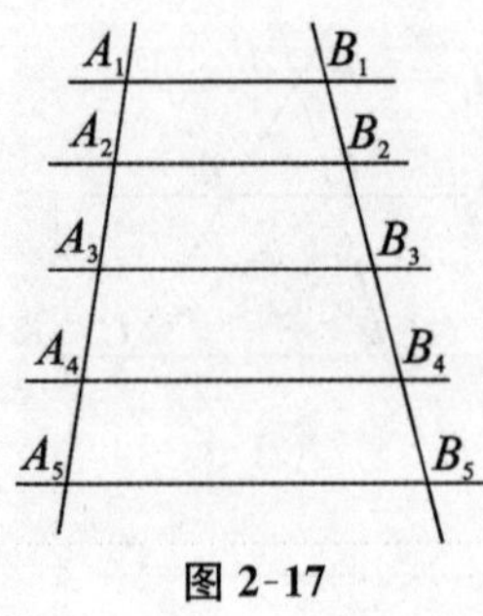

图 2-17

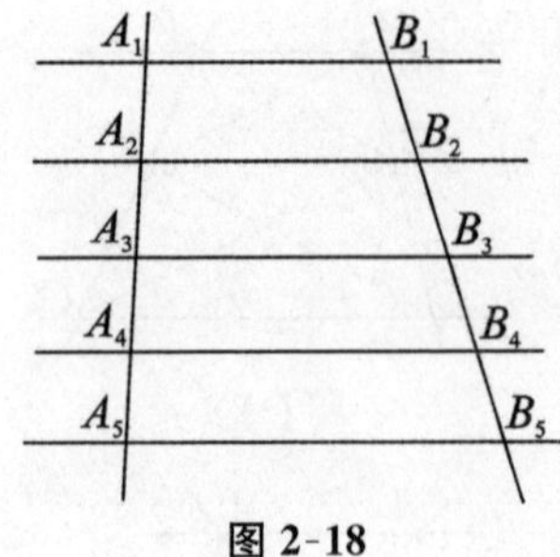

图 2-18

如图 2-17，就有一串等式：

$$\frac{A_1A_2}{B_1B_2}=\frac{A_2A_3}{B_2B_3}=\frac{A_3A_4}{B_3B_4}\cdots\cdots$$

这时，如果 $A_1A_2=A_2A_3=A_3A_4=A_4A_5$，则也有 $B_1B_2=B_2B_3=B_3B_4=B_4B_5$。因而有：

推论 2　平行线等分线段定理：如果一组平行线在一条直线上截得的线段相等，那么在其他直线上截得的线段也相等。（图 2-18）

我们把**只有一对对边平行的四边形叫梯形**，梯形中相互平行的两边叫做梯形的底（通常把较短的一条叫**上底**，较长的一条叫**下底**）。不平行的一组对边叫梯形的两腰。根据平行截割定理可得一条梯形的性质：

推论 3　经过梯形一腰中点且平行于底的直线，必平分另一边。（图 2-19）

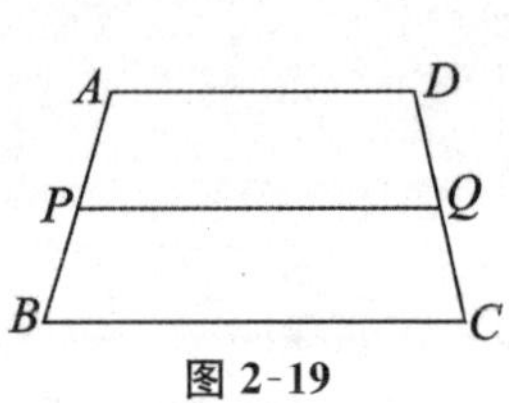

图 2-19

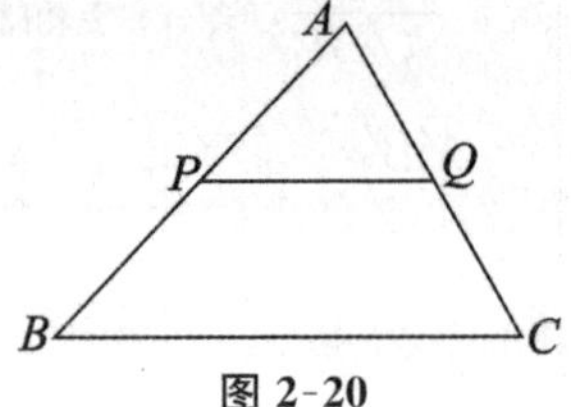

图 2-20

在图 2-16(2)中，直线 l_1 对证明过程是无用的，因此这种情形可写成。

推论 4　平行于三角形一边的直线截其他两边，所得对应线段成比例，特别是，经过三角形一边中点而且平行于另一边的直线必平分第三边。（图 2-20）

反过来，如果一条直线分三角形两边成比例，这条直线是不是一定与第三边平行呢？一条直线分梯形两腰成比例，它是否一定平行于梯形的底呢？从下面例题看出，回答是肯定的。

例 2 在△ABC 两边 AB、AC 上分别取 P、Q 两点，已知：$\frac{PB}{AB}=\frac{QC}{AC}$，求证：$PQ/\!/BC$。（图 2-21）

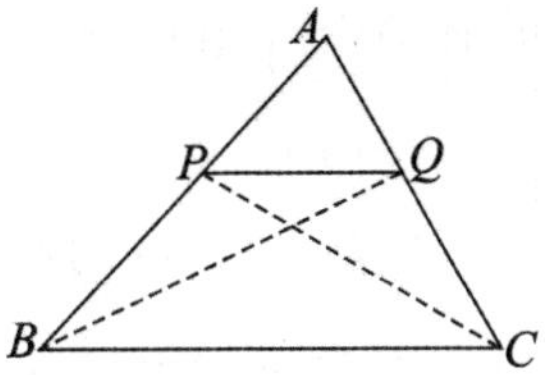

图 2-21

证明：注意到 P,Q 在直线 BC 的同侧，而且

$$\frac{\triangle PBC}{\triangle ABC}=\frac{PB}{AB}，（共边定理）$$

$$=\frac{QC}{AC}，（已知）$$

$$=\frac{\triangle QBC}{\triangle ABC}，（共边定理）$$

∴$\triangle PBC=\triangle QBC$，（等式性质）

∴$\triangle PQ/\!/BC$。（平行线面积性质）

由上例 2 可知：

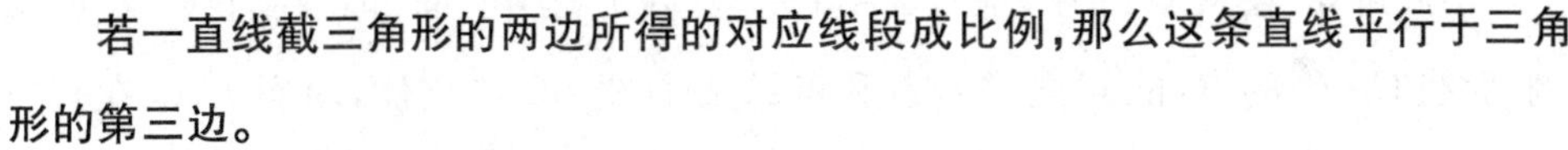

若一直线截三角形的两边所得的对应线段成比例，那么这条直线平行于三角形的第三边。

特别是，**三角形两边中点连线平行于第三边。**

关于梯形，则有

例 3 在梯形 $ABCD$ 的两腰 AB、CD 上分别取 P、Q 两点。

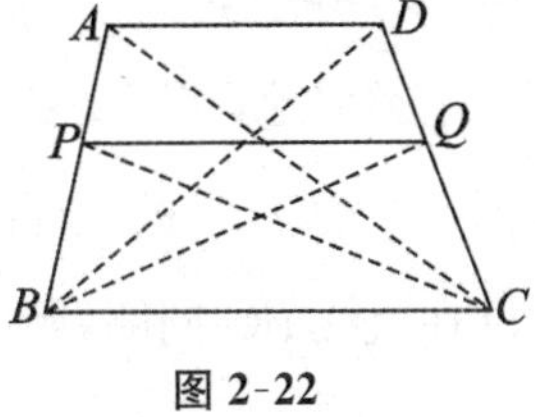

图 2-22

已知：$\frac{PB}{AB}=\frac{QC}{DC}$。

求证：$PQ/\!/BC$。

证明：注意到 P、Q 在直线 BC 的同侧，而且

$$\triangle PBC=\frac{PB}{AB}\triangle ABC（共边定理）$$

$$=\frac{QC}{DC}\cdot\triangle DBC（已知及平行线面积性质）$$

$$=\triangle QBC，（共边定理）$$

∴$PQ/\!/BC$。（平行线面积性质）

在例 2 和例 3 中，我们直观判断 P、Q 两点在直线 BC 的同侧，这种直观方法今

后还会用到，在中学几何课中，推理的某些细节还不要求完全做到天衣无缝，这里是一个例子。

实际上，P、Q 两点在直线 BC 同侧的道理是可以说清楚的，其根据是：**若两点 X、Y 在直线 l 的同侧，则线段 XY 不与 l 相交，若两点在 l 的异侧，则线段 XY 必与 l 相交，这个命题可以看成同侧、异侧**的定义。

另外，**若 A、B 点在 l 同侧，B、C 点在 l 同侧，则 A、C 点也在 l 的同侧。**这是关于同侧的公理。

由此可以推出：**若射线 AX 的端点 A 在直线 l 上，但 X 不在 l 上，则射线 AX 上除 A 之外的所有点，都在 l 的同侧。**这是因为，如果射线 AX 上有两点在 l 的异侧，则两点之间必有一点在 l 上，由于 A 也在 l 上，这与**两直线至多交于一点**相矛盾。

由此可知：在图 2-21 中，射线 BA 上的点（除 B 之外），都和正在直线 BC 的同侧，射线 CA 上的点（除 C 之外），也和点 A 在直线 BC 的同侧，因而 P、Q 在直线 BC 的同侧*。

类似地，在图 2-22 中，射线 BA 上的点（除 B 之外），都和 A 在直线 BC 的同侧，射线 CD 上的点（除 C 之外），都和 D 在直线 BC 的同侧。由于 $AD /\!/ BC$，故 A、D 在直线 BC 同侧，所以 P、Q 也在 BC 同侧*。

练习

1. 梯形 $ABCD$ 的两条对角线 AC、BD 交于 P。不用平行截割定理，试直接证明：$\dfrac{AP}{PC}=\dfrac{DP}{PB}$。

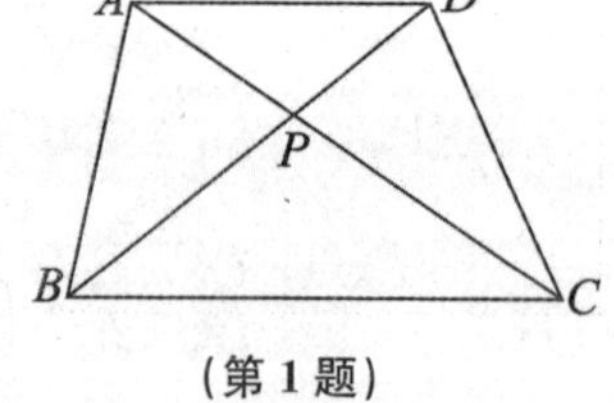

（第 1 题）

2. 求证：顺次连接任意四边形中点，所得的四边形是平行四边形。
（根据附图写出已知、求证，并写出适合(1)，(2)两情况的证明，证明可应用例 2 的结果：三角形两边中点连线平行于第三边。）

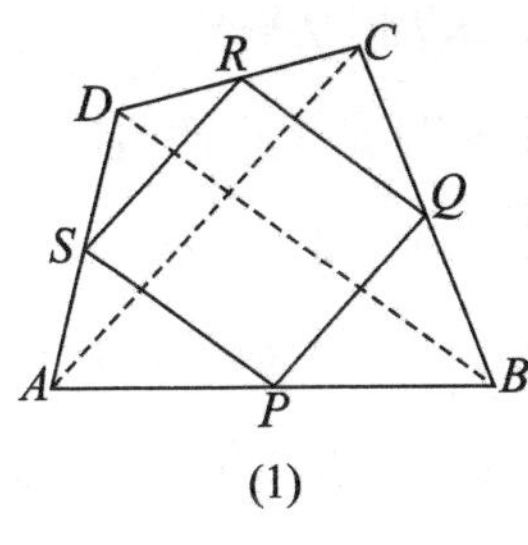

(1)

(2)

（第 2 题）

3. 利用练习本上的横格，把折摺的纸条的边线等分 5 等分、7 等分……这里根据的是什么理由？还因为横格有什么特点？

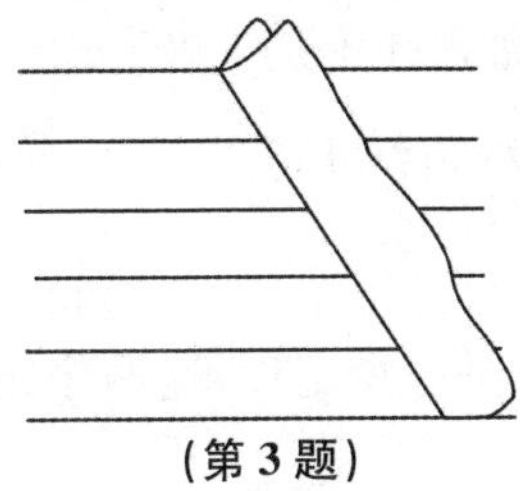

（第 3 题）

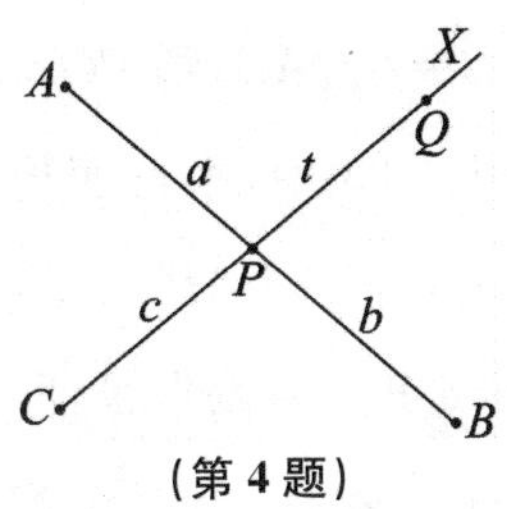

（第 4 题）

4. 线段 AB 与射线 CX 交于 P，已知 $PA=a$，$PB=b$，$PC=c$，试在 CP 的延长线上找一点 Q，$PQ=t$，使 t 满足等式 $bt=ac$.

5. 线段 AC 与 BD 交于 P，已知：$\triangle ABP=\triangle CDP$，

求证：且 $AD/\!/BC$。

6. 在图 2-16(1)中，已知 $AB=3$，$A'C'=9$，$B'C'=5$，求 BC、$A'B'$、AC。

7. 在$\triangle ABC$ 中，M 为 BC 边中点，过 M 作直线交 AC 边于 E，交 AB 的延长线于 F。

求证：$\dfrac{AE}{EC}=\dfrac{AF}{BF}$。

（提示：过 C 作 EF 的平行线交 BF 的延长线于 G，另一证法：可参看 2.2 的例 4，注意$\dfrac{\triangle AEF}{\triangle CEM}=\dfrac{\triangle AEF}{\triangle BFM}$）

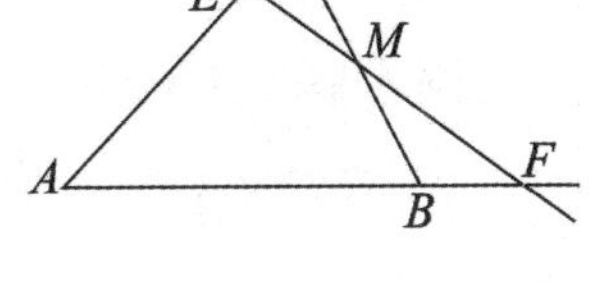

（第 7 题）

2.6 逆命题、逆定理、充要条件

在前面 2.4 小节里，我们学过这样两个命题：

(1)若 $ABCD$ 是平行四边形，则其对角线 AC、BD 相互平分。

(2) 若四边形对角线 AC、BD 相互平分，则 $ABCD$ 是平行四边形。

这里命题(1)的题设恰好是命题(2)的结论，命题(1)的结论恰好是命题(2)的题设。这样的一对命题，叫做**互逆命题**。并且命题(1)叫做命题(2)的**逆命题**，命题(2)也叫做命题(1)的逆命题，当提到甲是乙的逆命题，便说乙是甲的**原命题**。

一个真命题的逆命题可能是真的，也可能不是真的。例如，前面学过一个真命题。

若 $PQ /\!/ AB$，则 $\triangle PAB=\triangle QAB$。

它的逆命题是：

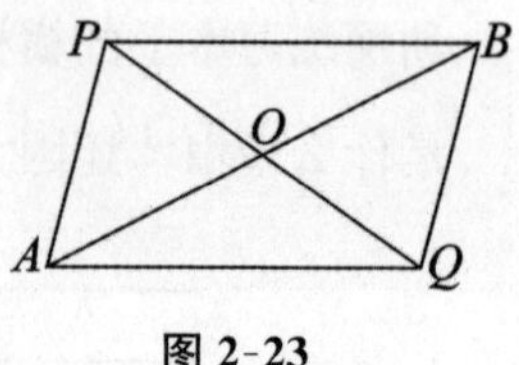

图 2-23

若 $\triangle PAB=\triangle QAB$，则 $PQ /\!/ AB$。这个逆命题并不是真，例如，在图 2-23 中，平行四边形 $AQBP$ 的对角线 PQ 与 AB 并不平行，但 $\triangle PAB=\triangle QAB$。

如果一个定理的逆命题被证明是真的，它也是一个定理，这两个定理叫做**互逆定理**，其中一个叫做另一个的**逆定理**。

并不是每个定理都有逆定理，例如，刚刚提到过的命题“若 $PQ /\!/ AB$，则 $\triangle PAB=\triangle QAB$”，它是一条定理。但因为它的逆命题不真，所以就没有逆定理。

在数学推理中，如果从条件甲能推出条件乙，便说甲是乙的充分条件，同时说乙是甲的**必要条件**，用记号“甲⇒乙”表示。记号“⇒”读作“蕴含”。如果既有“甲⇒乙”，又有“乙⇒甲”，便说甲是乙的**充分必要条件**，简称**充要条件**，记作“甲⇔乙”，显然，这时乙也是甲的**充要条件**，记号“甲⇔乙”读作“甲等价于乙”。

刚才举的例子可表达为：

$$PQ /\!/ AB \Rightarrow \triangle PAB=\triangle QAB。$$

即 $PQ /\!/ AB$ 是 $\triangle PAB=\triangle QAB$ 的充分条件，由于这个命题的逆命题不成立，$PQ /\!/ AB$ 不是 $\triangle PAB=\triangle QAB$ 的必要条件。但若假定 P、Q 在直线 AB 的同侧，就有

$$\triangle PAB=\triangle QAB \Rightarrow PR /\!/ AB。$$

所以可以有

定理：如果 P、Q 在直线 AB 同侧，则 $\triangle PAB=\triangle QAB$ 的充要条件是 $PQ /\!/ AB$。

根据我们学过的知识，可以总结出不少能用**充要条件**表达的定理。如：

(1)**两直线平行的充要条件是同位角相等。**

(2)**两直线平行的充要条件是内错角相等。**

(3)**两直线平行的充要条件是同旁内角互补。**

(4)**四边形成为平行四边形的充要条件是对角线相互平分。**

(5)**三角形两边上各取一点，两点连线平行于第三边的充要条件是它们分两边所得对应线段成比例。**

(6)**三角形三边 BC、CA、AB 上分别取点 P、Q、R，直线 AP、BQ、CR 交于一点的充要条件是：**

$BP \cdot CQ \cdot AR = PC \cdot QA \cdot RB$。

用述语"充要条件"来表达几何图形的性质，可以使语句简明，知识更加条理化。

练习

1. 说出下列命题的逆命题，并判断每个逆命题是否成立(注意先分清题设和结论)。

(1)锐角三角形的任意两角之和为钝角。

(2)直角三角形的两锐角之和为 $90°$。

(3)三角形两边中点连线平行于第三边。

(4)对顶角相等。

(5)如果 $a-b=0$，则 $a^2-b^2=0$。

(6)平行四边形的对角相等。

(7)正方形的四个角都是直角。

(8)两边一夹角对应相等的两个三角形全等。

(9)全等三角形面积相等。

(10)钝角三角形有两个锐角。

2. 填写下列括号：

(1)四边形 $ABCD$ 为矩形的充要条件是$\angle A=(\quad)=90^\circ$,并且$AD=(\quad)$。

(2)在$\triangle ABC$两边AB、AC上分别取点P、Q,又在BC的延长线上取点R,则P、Q、R三点在一直线上的充要条件是:

$(\quad)\cdot(\quad)\cdot(\quad)=1$。

(提示:参看 2.2 的例 2 及练习题 3。)

(3)直线与梯形 $ABCD$ 的两腰AB、CD分别交于P、Q,则$PQ/\!/BC$的充要条件是$AP\cdot(\quad)=(\quad)\cdot PB$。

小结

这几节中心内容是**平行线的面积性质**:若$PQ/\!/AB$,则$\triangle PAB=\triangle QAB$;反过来,当$P$、$Q$在直线$AB$的同侧时,若$\triangle PAB=\triangle QAB$,则$PQ/\!/AB$。

上述性质与共边定理相配合,用途很大。我们用它推出了**平行截割定理**,这也是一个广泛应用的定理,它有两个重要的特款,一个是关于三角形的,一个是关于梯形的。

作为平行线面积性质的应用,还给出了图形等积变换的方法(2.4 例 1)以及平行四边形对角线相互平分的性质。(2.4 例 3)

关于逆命题,逆定理和充要条件的知识,在今后的学习中会一再用到。这些都是数学推理的常识,不可不知道。

三、共角三角形及其应用

2.7 共角定理

如果三角形甲的一个角与三角形乙的一个角相等或互补,就称它们是一对共角三角形。

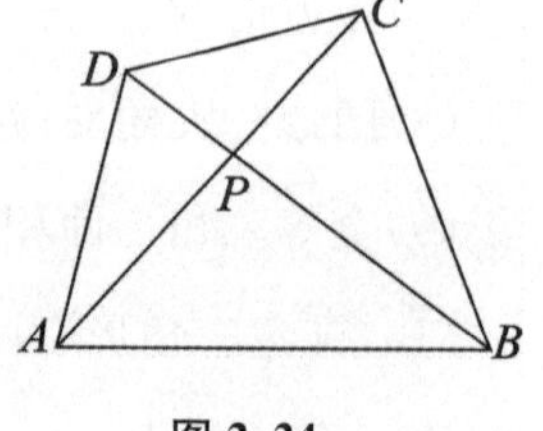

图 2-24

共角三角形在几何图形中比比皆是。例如在图 2-24

中，就有不少共角三角形（图中 P 是四边形对角形 AC 与 BD 的交点）：$\triangle PAD$ 与 $\triangle PCD$，$\triangle PAB$ 与 $\triangle BAC$，$\triangle PAB$ 与 $\triangle DPC$，等等。

关于共角三角形，下列定理十分有用。

共角定理　共角三角形面积之此，等于对应角（相等角或互补角）的两夹边乘积之比。

也就是说，若$\angle ABC$ 与$\angle A'B'C'$相等或互补，则

$$\frac{\triangle ABC}{\triangle A'B'C'}=\frac{AB\cdot BC}{BC\cdot B'C'}。$$

证明：不妨把两个三角形放在一起使两个角$\angle ABC$ 与$\angle A'B'C'$重合或互为邻补角，如图 2-25 所示，这时，连 $A'C$ 后可看出：

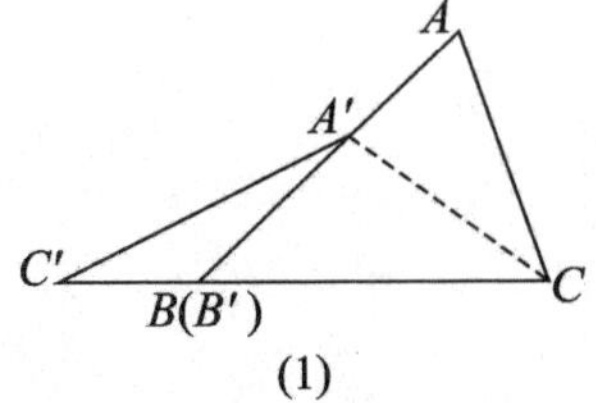

图 2-25

$$\frac{\triangle ABC}{\triangle A'B'C'}=\frac{\triangle ABC}{\triangle A'B'C}\cdot\frac{\triangle A'B'C}{\triangle A'B'C'}=\frac{AB}{A'B'}\cdot\frac{BC}{B'C'}$$

这里只用了共高三角形性质，推理适合于图 2-25 中(1)、(2)两种情形。

共角定理有很多应用，这里略举数例。

例 1　在$\triangle ABC$ 中，已知：$\angle B=\angle C$。

求证：$AB=AC$。

证明：由$\angle ABC=\angle ACD$，用共角定理即得

$$1=\frac{\triangle ABC}{\triangle ACB}=\frac{AB\cdot BC}{AC\cdot BC}=\frac{AB}{AC}$$

这就是说：有两角相等的三角形是等腰三角形。稍后我们就会知道，这个命题的逆命题也是对的。

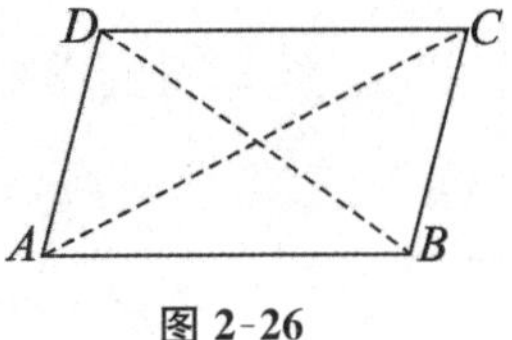

图 2-26

例 2　设 $ABCD$ 是平行四边形。

求证：$AB=CD$，$AD=BC$。

证明：(1) $\because AB /\!/ DC$，(已知)

$\therefore \angle BDC = \angle DBA$（内错角）

(2) $\therefore \dfrac{AB}{CD} = \dfrac{AB \cdot BD}{CD \cdot BD} = \dfrac{\triangle ABD}{\triangle CDB}$（共角定理）

$= \dfrac{\triangle ABD}{\triangle ABC} \cdot \dfrac{\triangle ABC}{\triangle CDB} = 1$（平行线面积性质）

同理可证　$AD = BC$。

由此可知：**平行线间所夹的平行线段相等。**

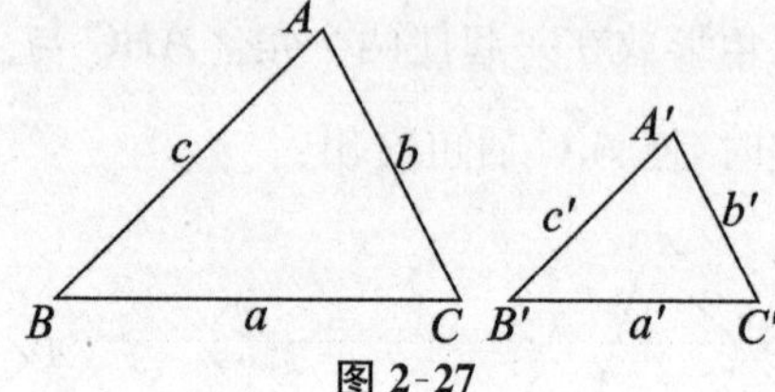

图 2-27

例 3　设$\triangle ABC$、$\triangle A'B'C'$的边分别记作 a、b、c 和 a'、b'、c'，当$\angle A = \angle A'$、$\angle B = \angle B'$时，有$\dfrac{a}{a'} = \dfrac{b}{b'} = \dfrac{c}{c'}$。试证明之。(图 2-27)

证明：由三角形内角和定理可知$\angle C = \angle C'$，分别对三个角使用共角定理可得

$$\frac{\triangle ABC}{\triangle A'B'C'} = \frac{ab}{a'b'} = \frac{bc}{b'c'} = \frac{ac}{a'c'}$$

由等式$\dfrac{ab}{a'b'} = \dfrac{bc}{b'c'}$得$\dfrac{a}{a'} = \dfrac{c}{c'}$，由$\dfrac{b}{b'c'} = \dfrac{ac}{a'c'}$则得$\dfrac{b}{b'} = \dfrac{a}{a'}$，故有$\dfrac{a}{a'} = \dfrac{b}{b'} = \dfrac{c}{c'}$。

我们把**对应角相等、对应边成此例的两个三角形叫相似三角形**。从直观上看，相似三角形就是形状相同、大小不一定相同的三角形。若$\triangle ABC$与$\triangle PQR$相似，则记作

$\triangle ABC \sim \triangle PQR$。

注意：字母顺序不能错！上述符号表明$\angle A = \angle P$，$\angle Q = \angle C$，$\angle C = \angle R$，且 $AB : BC : CA = PQ : QR : RP$。记号“$\sim$”读作“相似于”。

例 3 表明：**若一个三角形的两个角和另一个三角形的两个角对应相等，则这两个三角形相似。**

相似三角形对应边的比，叫做两三角形的**相似此**（或叫**相似系数**）。根据共角定理立刻得到一条推论：

相似三角形面积比。等于相似此的平方。

如果相似比等于 1，则两个三角形不但相似，而且全等，于是从例 3 又得到一条推论：

有两个角和一边对应相等的两个三角形全等。

这是一条有用的定理。如果定理中的"一边"夹在两角之间，则简称为："角边角"定理，或"ASA"；如果这条边是两角中一个角的对边，则简称为"角角边"定理，或"AAS"，例如，在图 2-28 中，已知 $ABCD$ 是平行四边形，根据平行线的角度性质，可知$\angle 1=\angle 2$，$\angle 3=\angle 4$，而 BD 是$\triangle ABD$ 与$\triangle CDB$ 的公共边，用一下**角边角**定理，便知$\triangle ABD\cong\triangle CDB$，从而 $AB=CD$，$AD=BC$。这里给出了例 2 的另一种证明方法。

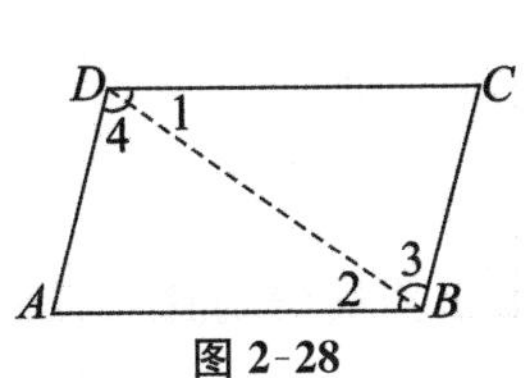

图 2-28

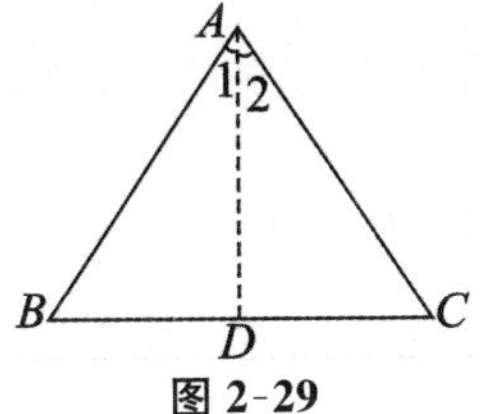

图 2-29

利用**角角边**定理，可以给例 1 另一种证明方法，如图 2-29，已知$\angle B=\angle C$，再过 A 在$\angle BAC$ 内作射线交 BC 于 D，使$\angle BAD=\angle CAD$，则$\triangle BAD$ 与$\triangle CAD$ 有两角一对边对应相等，即$\angle B=\angle C$，$\angle 1=\angle 2$，$AD=AD$，符合了角角边定理条件，可知$\angle BAD\cong\angle CAD$，从而 $AB=AC$。

这种证明方法虽不如例 1 中所述方法简捷，但也有它的好处。它有一些副产品：由$\triangle BAD\cong\triangle CAD$ 还可以推出 $BD=CD$，$\angle ADB=\angle ADC=90°$。可见，$AD$ 是$\triangle ABD$ 的高，又是中线。

如果已知条件不是$\angle B=\angle C$，而是 $AB=AC$，则在图 2-29 中，对$\triangle ABD$ 与$\triangle ACD$ 用**边角边**公理：$AB=AC$，$\angle 1=\angle 2$，$AD=AD$，仍有$\triangle ABD\cong\triangle ACD$，因而$\angle B-\angle C$，$BD=CD$、$\angle ADB=\angle ADC$ 还成立。由此可知：

在一个三角形中，两边相等的充要条件是它们的对角相等。

在图 2-29 中，从∠BAC 的顶点引出的射线 AD 把这个角分成两相等的角，这条射线叫做∠BAC 的**平分线**，线段 AD 叫做∠ABC 的**角平分线**。注意：**角的平分线和三角形的角平分线**是不同的，前者是射线，后者是线段。

我们已经指出，图 2-29 中，线段 AD 不但是△ABC 的角平分线，也是中线和高，因此得到

等腰三角形中，顶角的平分线、底边上的中线、底边上的高三条线段重合。

简单地说，这个命题可说成**等腰三角形三线合一**。

关于任意三角形，其分角线有下例所述的有趣性质：

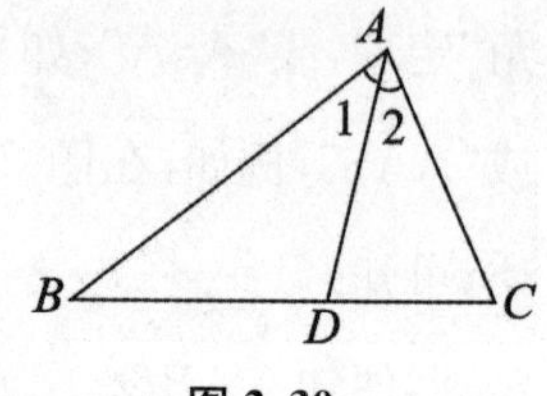

图 2-30

例 4 设 AD 是△ABC 中的角平分线，如图 2-30。

求证：$\frac{AB}{AC}=\frac{BD}{CD}$。

证明：由题设，∠BAD=∠CAD，用共角定理得

$$\frac{BD}{CD}=\frac{\triangle ABD}{\triangle ACD}=\frac{AB\cdot AD}{AC\cdot AD}=\frac{AB}{AC}。$$

这个结果可叙述为：

三角形内角平分线性质定理 三角形的内角平分线分对边所得的两条线段和这个角的两边对应成比例。

练习

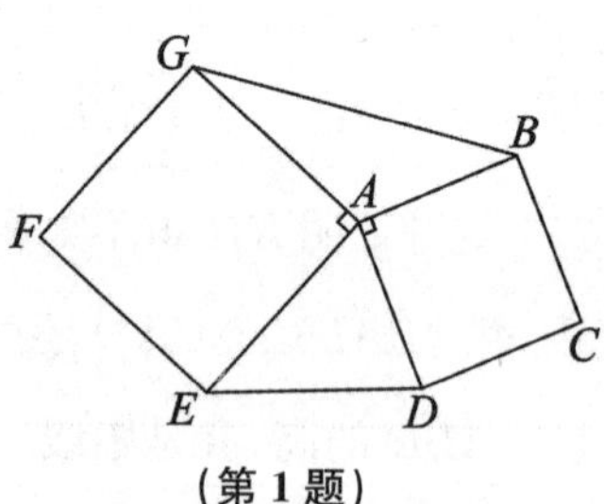

（第 1 题）

1. 图中 $ABCD$ 和 $AEFG$ 是两个正方形，求证：△ABG=△ADE。

   （提示：∠BAG+∠DAE=？）

2. 在上题中，△BAE 和△DAG 面积相等吗？为什么？

   如果 $ABCD$ 和 $AEFG$ 是两个矩形，所讨论的两三角形面积之比等于什么？

3*. 图中△ABC 是直角三角形，∠C=90°，CD 是 AB 边上的高，已知：$AB=c$，$AC=b$，$BC=a$。求证：

(1)$CD=\frac{ab}{c}$;(提示,用两种方法求$\triangle ABC$面积);

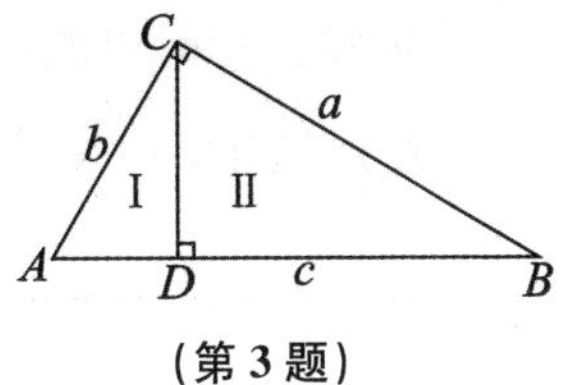

(第 3 题)

(2)$\frac{CD}{BD}=\frac{b\cdot CD}{a\cdot BD}=\frac{b\cdot AD}{a\cdot CD}$;(提示:$\angle ACD=\angle CBA$);

(3)$CD^2=AD\cdot BD$;

(4)$AD=\frac{b^2}{c}$;

(5)$BD=\frac{a^2}{c}$;

(6)$a^2+b^2=c^2$。(提示:$AD+BD=c$)

4. 如图:$\triangle ABC$的外角平分线交BC的延长线于D。求证:$\frac{AB}{AC}=\frac{BD}{CD}$。(提示:$\angle BAD$与$\angle CAD$互补)

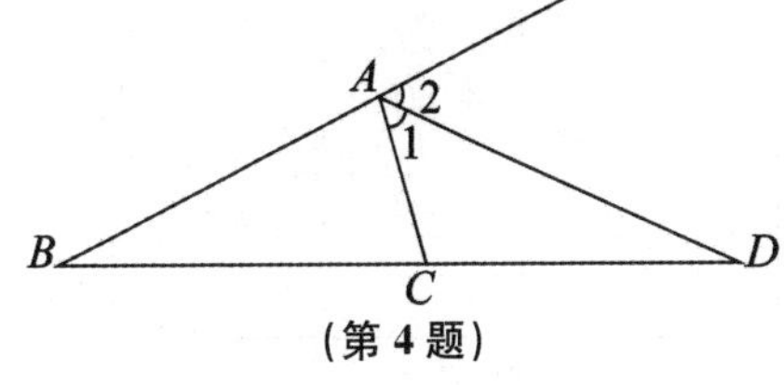

(第 4 题)

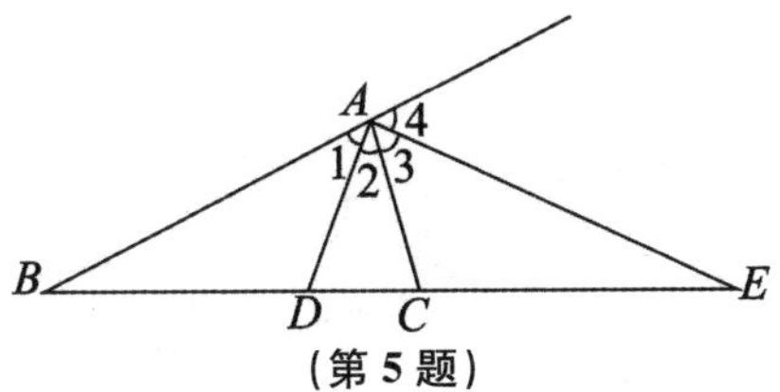

(第 5 题)

5. 设$\triangle ABC$的内角平分线和外角平分线交直线BC于D、E,如图。求证:$\frac{BD}{CD}=\frac{BE}{CE}$。

6. 设AP是$\angle BAC$的平分线,BD、CE分别是B、C到AP的垂线段。求证:

(1)P到$\angle BAC$两边等距;

(2)$\frac{BD}{CE}=\frac{AB}{AC}=\frac{AD}{AE}$。

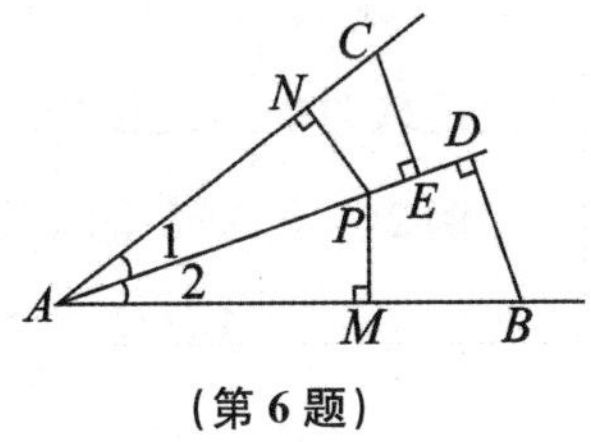

(第 6 题)

2.8 共角定理应用举例

前一节举了几个共角定理应用的例子,但都比较简单，下面举几个带点技巧性的例子。

例 1　如图 2-31，在$\triangle ABC$中，$\angle BAC=90°$，$AC=3$，$AB=4$，CM是AB边上的中线。自A向CM作垂线交CM于P，交BC于D，求$\dfrac{BD}{DC}$的比值。

解：注意到由$MA\perp AC$及$AP\perp MC$，可得

$$\angle 1=90°-\angle 4=\angle 3,$$

$$\angle 2=90°-\angle 3=\angle 4。$$

可见$\triangle AMC$与$\triangle ABD$是共角三角形，与$\triangle ADC$也是共角三角形，用共边定理及共角定理得

$$\frac{BD}{DC}=\frac{\triangle ABD}{\triangle ADC}=\frac{\triangle ABD}{\triangle AMC}\cdot\frac{\triangle AMC}{\triangle ADC}$$

$$=\frac{AB\cdot AD}{AC\cdot MC}\cdot\frac{AM\cdot MC}{AD\cdot AC}\cdot\frac{AB\cdot AM}{AC\cdot AC}=\frac{8}{9}$$

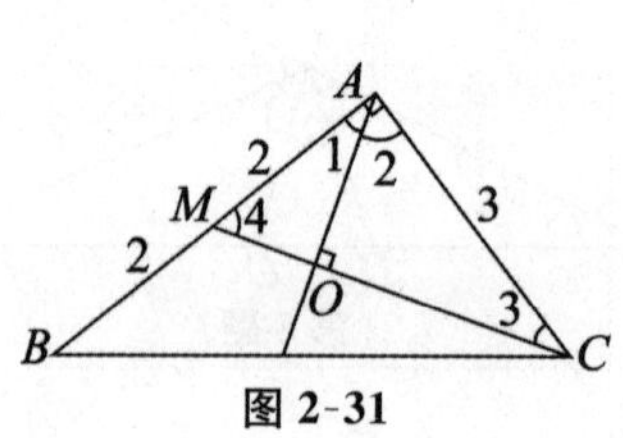

图 2-31

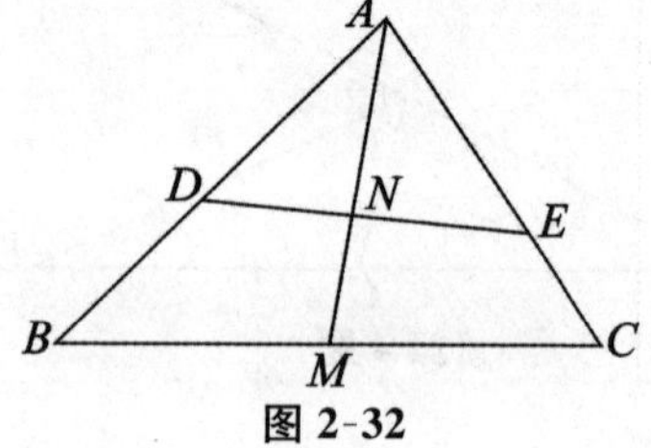

图 2-32

这里又用了"过渡"的技巧。本来$\triangle ABD$与$\triangle ADC$不是共角三角形，无法用共角定理，但我们发现$\triangle AMC$与它们两个中的每一个都是共角三角形，就用$\triangle AMC$来过渡一下，使问题迎刃而解。这种过渡方法很有用，可回顾 2.3 中使用共边定理时的过渡技巧，对比揣摩。

例 2　设AM是$\triangle ABC$的中线，在AB、AC两边上分别取D、E使$AD=AE$，连线段DE与AM交于N。(图 2-32)

求证：$\dfrac{DN}{NE}=\dfrac{AC}{AB}$。

证明：由$BM=MC$，得$\triangle ABM=\triangle ACM$，再用共角定理，有

$$\frac{DN}{NE}=\frac{\triangle ADN}{\triangle ANE}=\frac{\triangle ADN}{\triangle ABM}\cdot\frac{\triangle ACM}{\triangle ANE}$$

$$=\frac{AD\cdot AN}{AB\cdot AM}\cdot\frac{AM\cdot AC}{AN\cdot AE}$$

$$=\frac{AD}{AB}\cdot\frac{AC}{AE}=\frac{AC}{AB}。$$

这个题目也用了过渡技巧，虽图中找不到与$\triangle ADN$、$\triangle ANE$都具有共角关系的三角形，但可以找到与$\triangle ADN$共角的$\triangle ABM$及与$\triangle ANE$共角的$\triangle ACM$，而$\triangle ACM$与$\triangle ABM$之间有等积关系，也可以完成过渡。如果M不是BC中点，只要知道了BM与MC的比，仍然可以过渡。

例3 自P点作四条射线，分别与直线l_1，l_2顺次交于A、B、C、D和A'、B'、C'、D'。（图2-33）

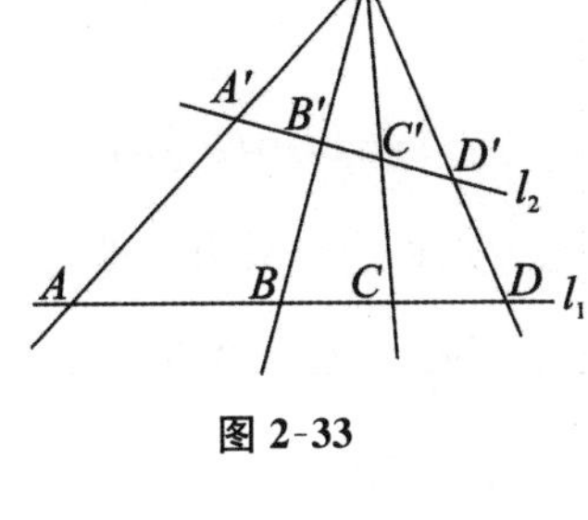

图 2-33

求证：$\frac{A'B'\cdot C'D'}{A'D'\cdot B'C'}=\frac{AB\cdot CD}{AD\cdot BC}$。

证明：用共边定理及共角定理得

$$\frac{A'B'\cdot C'D'}{A'D'\cdot B'C'}\cdot\frac{AD\cdot BC}{AB\cdot CD}$$

$$=\frac{\triangle PA'B'}{\triangle PA'D'}\cdot\frac{\triangle PC'D'}{\triangle PB'C'}\cdot\frac{\triangle PAD}{\triangle PAB}\cdot\frac{\triangle PBC}{\triangle PCD}$$

$$=\frac{\triangle PA'B'}{\triangle PAB}\cdot\frac{\triangle PC'D'}{\triangle PCD}\cdot\frac{\triangle PAD}{\triangle PA'D'}\cdot\frac{\triangle PBC}{\triangle PB'C'}$$

$$=\frac{PA'\cdot PB'}{PA\cdot PB}\cdot\frac{PC'\cdot PD'}{PC\cdot PD}\cdot\frac{PA\cdot PD}{PA'\cdot PD'}\cdot\frac{PB\cdot PC}{PB'\cdot PC'}=1。$$

这种把连乘分数重新组合以达到目的方法，是比较高级的技巧。由这个例子，可以拓宽思路。

例4 设AM是$\triangle ABC$的中线，任作直线分别交AB、AC、AM于P、Q、N，如图2-34。

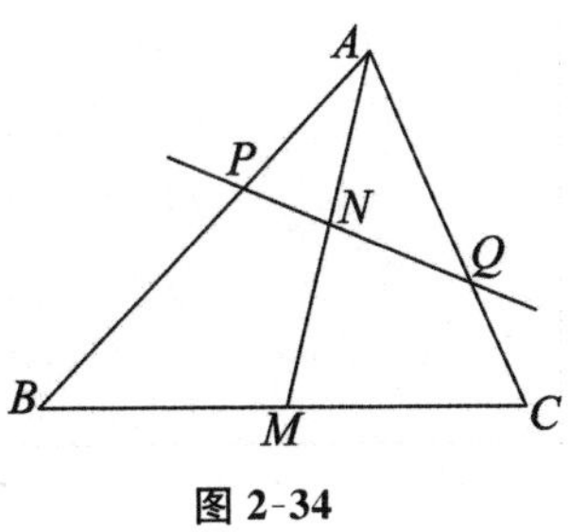

图 2-34

求证：$\frac{AM}{AN}=\frac{1}{2}\left(\frac{AC}{AQ}+\frac{AB}{AP}\right)$。

（即$\frac{AC}{AQ}$、$\frac{AM}{AN}$、$\frac{AB}{AP}$成等差数列）

证明：$\triangle ABM=\triangle ACM=\frac{1}{2}\triangle ABC$，故应用共角定理得

$$\frac{AP \cdot AQ}{AB \cdot AC}=\frac{\triangle APQ}{\triangle ABC}=\frac{\triangle APN}{2\triangle ABM}+\frac{\triangle AQN}{2\triangle ACM}$$

$$=\frac{1}{2}(\frac{AP \cdot AN}{AB \cdot AM}+\frac{\triangle AQ \cdot AN}{AC \cdot AM})$$

$$=\frac{1}{2}(\frac{AP}{AB}+\frac{AQ}{AC}) \cdot \frac{AN}{AM}。$$

由上式解出:(两端同乘$\frac{AM}{AN} \cdot \frac{AB}{AP} \cdot \frac{AC}{AQ}$)

$$\frac{AM}{AN}=\frac{1}{2}(\frac{AC}{AQ}+\frac{AB}{AC})。$$

此题解法中,先用过渡技巧得到一个等式,再从所得等式出发整理出所要的结论。这种思路具有一般性。

例 5 在$\triangle ABC$三边AB、BC、CA上分别取M、K、L,如图 2-35。

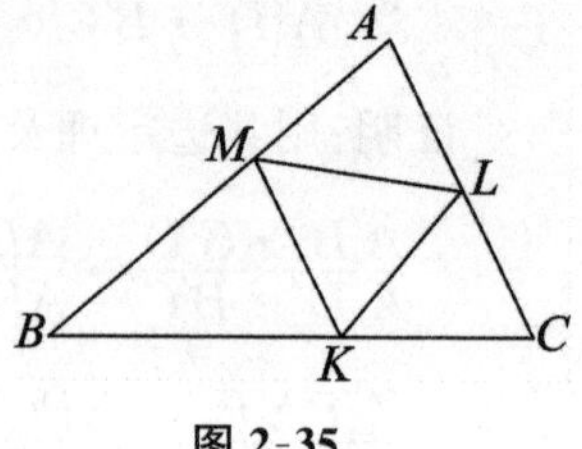

图 2-35

求证:$\triangle AML$、$\triangle BMK$、$\triangle CKL$中至少有一个,其面积不大于$\triangle ABC$的$\frac{1}{4}$。

证明:设$AM=rAB$,$BK=sBC$、$CL=tAC$,则r、s、t,都是小于的正数,而且$BM=(1-r)AB$、$CK=(1-s)BC$、$AL=(1-t)AC$,由共角定理得

$$\frac{\triangle AML}{\triangle ABC} \cdot \frac{\triangle BMK}{\triangle ABC} \cdot \frac{\triangle CKL}{\triangle ABC}$$

$$=\frac{AM \cdot AL}{AB \cdot AC} \cdot \frac{BM \cdot BK}{AB \cdot BC} \cdot \frac{CK \cdot CL}{BC \cdot AC}$$

$$=r(1-t) \cdot (1-r)s \cdot (1-s) \cdot t$$

$$=r(1-r) \cdot s(1-s) \cdot t(1-t)$$

$$\leqslant(\frac{1}{4})^3。$$

可见左端的三个比值中至少有一个不大于$\frac{1}{4}$。

在证明过程中用到了代数不等式,当x是不大于 1 的非负数时,必有$x(1-x)\leqslant\frac{1}{4}$。这个不等式的来源是:

$$x(1-x)=(\frac{1}{2}-(\frac{1}{2}-x))(\frac{1}{2}+(\frac{1}{2}-x))$$

$$=(\frac{1}{2})^2-(\frac{1}{2}-x)\leqslant(\frac{1}{2})^2=\frac{1}{4}。$$

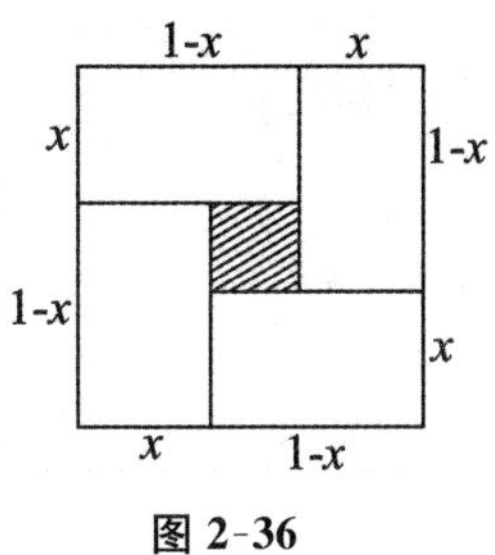

图 2-36

利用面积关系可以直观地看出这个不等式，如图 2-36，把边长为 1 的正方形分出 4 个面积为：$x(1-x)$的矩形，中间还多一块。如果 $x=1-x=\frac{1}{2}$，中间那一块没有了，不等式可用等号。

巧妙地运用共角定理，有时能解决看似很难的问题。

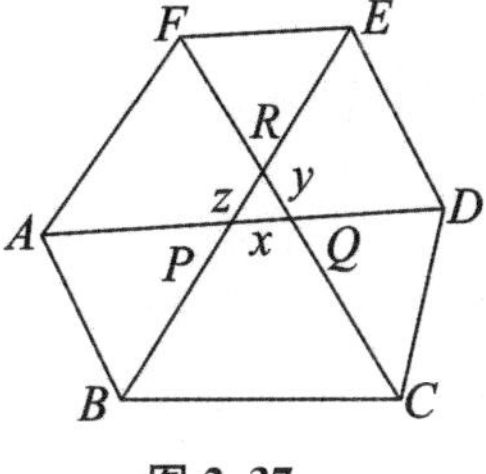

图 2-37

例 6 如图 2-37，六边形 $ABCDEF$ 的三条对角线 AD、BE、CF 都平分此六边形的面积。

求证：这三条对角线交于一点。

证明：设三条对角线交于三点 P、Q、R，如图设，$PQ=x$、$QR=y$、$RP=z$，要证明的是 P、Q、R 三点重合，即 $x=y=z=0$。

根据对角线平分六边形面积的题设条件，可推知

$\triangle PAB=\triangle PDE$、$\triangle QCD=\triangle QAF$、$\triangle REF=\triangle RBC$。

（例如：由 $S_{ABCD}=S_{BCDE}$，即得$\triangle PAB=\triangle PDE$。这里 S_{ABCD} 表示四边形 $ABCD$ 面积。）用共角定理可得

$$1=\frac{\triangle PDE}{\triangle PAB}\cdot\frac{\triangle QAF}{\triangle QCD}\cdot\frac{\triangle RBC}{\triangle REF}$$

$$=\frac{PD\cdot PE}{PA\cdot PB}\cdot\frac{QA\cdot QF}{QC\cdot QD}\cdot\frac{RB\cdot RC}{RE\cdot RF}$$

$$=\frac{(QD+x)(RE+z)}{PA\cdot PB}\cdot\frac{(PA+x)(RF+y)}{QC\cdot QD}\cdot\frac{(PB+z)(QC+y)}{RE\cdot RF}$$

$$=(1+\frac{x}{PA})(1+\frac{z}{PB})(1+\frac{y}{QC})(1+\frac{x}{QD})(1+\frac{z}{RE})(1+\frac{y}{RF})。$$

由于 x、y、z 均非负，故上式右端为 1 的充要条件是

$$x=y=z=0。$$

上面例 3、例 5、例 6 解法中，都用到了连乘因式的重组技巧。

练习

1. 在图 2-31 中，设 $AB=AC$，并保留原题条件$\angle BAC=90^{\circ}$及$AD\perp MC$。求证：$BD=\frac{1}{3}BC$。

2. 如图，设 AD 是直角三角形 ABC 的高，而$\angle BAC=90^{\circ}$。又设 AB 边上的中线 CM 与 AD 交于 P，已知 $3AC=4AB$。求比值$\frac{PM}{PC}$、$\frac{BD}{DC}$及$\frac{PA}{PD}$。（提示：分别参看本节例 1，上一节的练习题 3 及 2.3 节的例 1）

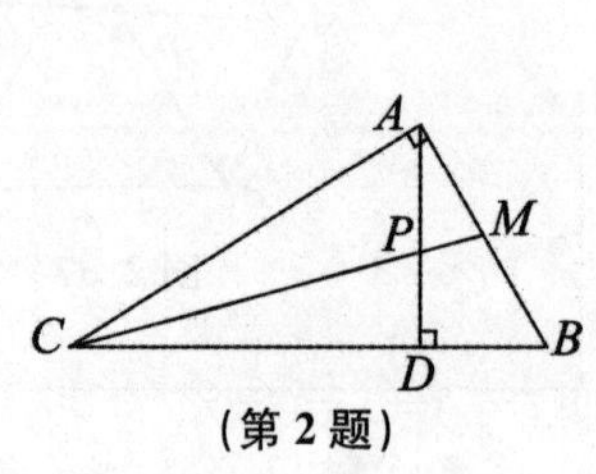

（第 2 题）

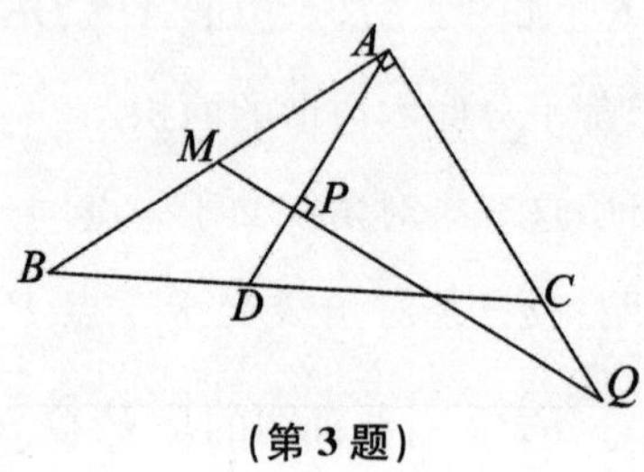

（第 3 题）

3. 如图，$\triangle ABC$ 中$\angle BAC=90^{\circ}$，$\frac{AC}{AB}=\frac{3}{5}$，$M$ 是 AB 中点，Q 是 AC 延长线上的点，$AQ=AB$，过 A 向 MQ 作垂线交 MQ 于 P，交 BC 于 D，求比值$\frac{BD}{DC}$。

4. 在$\triangle ABC$ 的一条边 BC 上取点 G 使$\frac{BG}{GC}=\frac{2}{3}$，又分别在两边 AB、AC 上取 D、E 使 $AD=AE$，连 DE 与 AG 交于点 N，若设$\frac{AC}{AB}=\frac{3}{4}$。比值$\frac{DN}{DE}$。

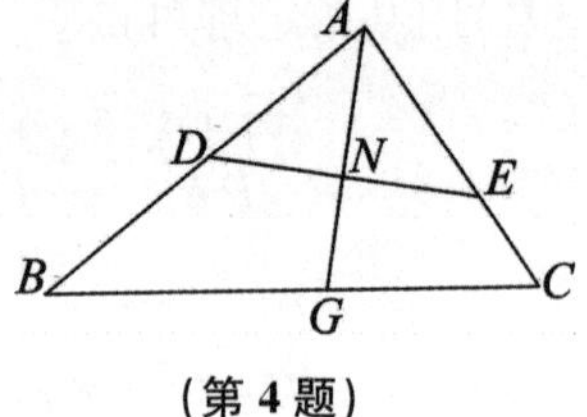

（第 4 题）

5. 如图，自 P 作四条射线分别与两直线 l_1、l_2 顺次交于 A、B、C、D 和 P、Q、M、N。已知 $AB=BC$，又设 $PQ:QM:MN=5:2:3$，求比值$\frac{CD}{AD}$。

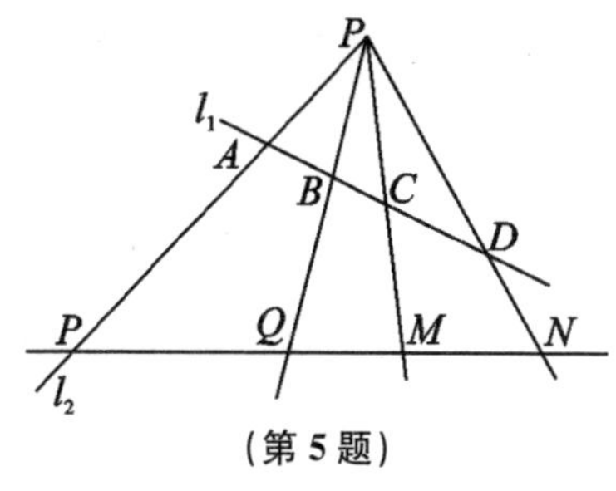

（第 5 题）

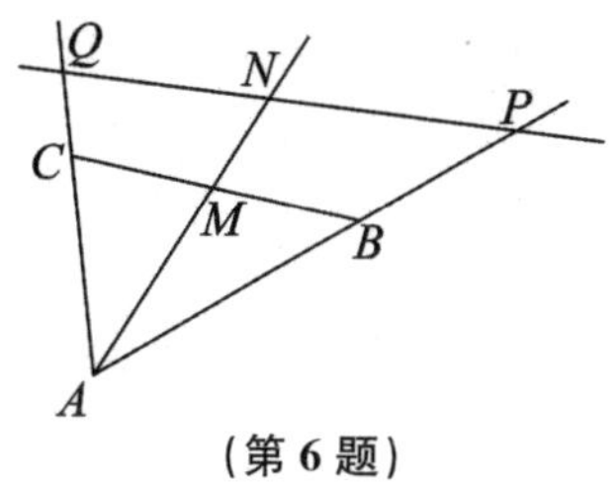

（第 6 题）

6. 设 AM 是$\triangle ABC$ 的一条中线，任作直线与 AB、AM、AC 的延长线顺次交于 P、N、Q，如图。求证：

$\frac{AM}{AN}-\frac{AC}{AQ}=\frac{AB}{AP}-\frac{AM}{AN}$

2.9 共角定理的逆定理、广义共角定理

共角定理告诉我们，如果$\angle ABC=\angle A'B'C'$，或$\angle ABC=180°-\angle A'B'C'$，则有等式

$$\frac{\triangle ABC}{\triangle A'B'C'}=\frac{AB\cdot BC}{A'B'\cdot B'C'}$$

那么，反过来，这个等式成立时，是不是一定有$\angle ABC=\angle A'B'C'$或$\angle ABC=180°-\angle A'B'C'$呢？

我们来看看，如果$\angle ABC>\angle A'B'C'$，将会有什么情况，首先，当$\angle ABC+\angle A'B'C'<180°$时，有

定理 若$\angle ABC>\angle A'B'C'$，而且$\angle ABC+\angle A'B'C'<180°$，则

$$\frac{\triangle ABC}{\triangle A'B'C'}>\frac{AB\cdot BC}{A'B'\cdot B'C'}。$$

证明：如图 2-38 那样，把$\triangle ABC$ 与$\triangle A'B'C'$放在一起，让 B 与 B' 两点重合，射线 BC 与 $B'C'$重合。这时，$\angle ABA'=\angle ABC+\angle A'B'C'<180°$，故线段 AA' 与射线 BC 相交，设交点为 D，又设 BE 是$\triangle ABA'$的一条角平分线，由于$\angle ABC>\angle A'B'C'$，故 E 在线段 AD 上。这时就有

$$\frac{\triangle ABC}{\triangle A'B'C'}=\frac{\triangle ABC}{\triangle ABD}\cdot\frac{\triangle ABD}{\triangle A'BD}\cdot\frac{\triangle A'BD}{\triangle A'B'C'}$$

$$=\frac{BC}{BD}\cdot\frac{AD}{A'D}\cdot\frac{BD}{B'C'}\text{（共边定理）}$$

$$=\frac{BC}{B'C'}\cdot\frac{AD}{A'D}>\frac{BC}{B'C'}\cdot\frac{AE}{A'E}$$

（因为 $AD>AE, A'D<A'E$）

$$=\frac{BC\cdot AB}{B'C'\cdot A'B'}\text{。（三角形分角线性质）}$$

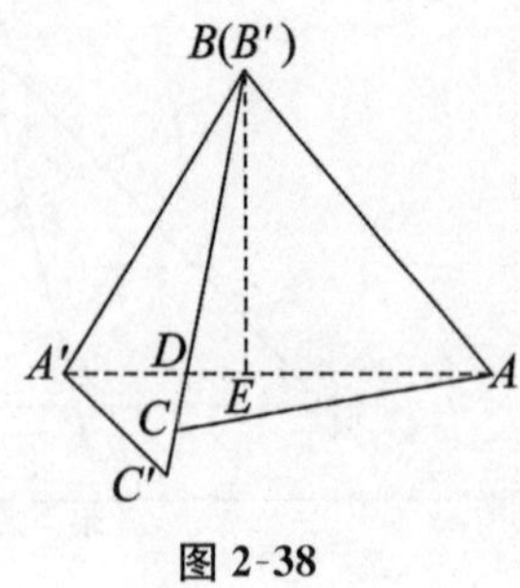

图 2-38

在证明过程中，又一次用了过渡技巧：利用$\triangle ABD$与$\triangle A'BD$作为过渡三角形，才能用上三角形的角平分线的性质。

如果$\angle ABC+\angle A'B'C'>180°$，可利用互补角转化为上述情形，得到

推论 1 若$\angle ABC>\angle A'B'C'$，而且$\angle ABC+\angle A'B'C'>180°$，则

$$\frac{\triangle ABC}{\triangle A'B'C'}<\frac{AB\cdot BC}{A'B'\cdot B'C'}$$

证明： 如图 2-39，分别延长 $AB, A'B'$ 至 D、D'，使 $AB=BD, A'B'=B'D'$，则有$\triangle ABC=\triangle DBC, \triangle A'B'C'=\triangle D'B'C'$。这时$\triangle D'B'C'>\triangle DBC$，且$\triangle DBC+\triangle D'B'C'<180°$，故得

$$\frac{\triangle D'B'C'}{\triangle DBC}>\frac{B'D'\cdot B'C'}{BD\cdot BC},$$

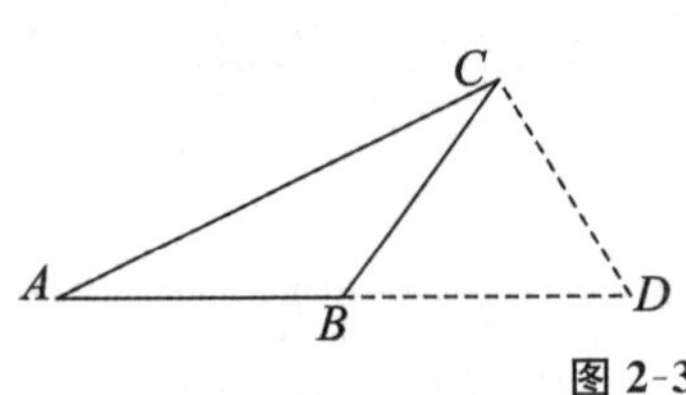

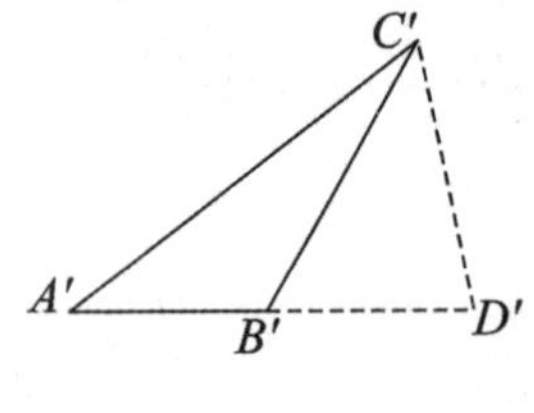

图 2-39

即$\frac{\triangle DBC}{\triangle D'B'C'}<\frac{BD\cdot BC}{B'D'\cdot B'C'}$，也就是

$$\frac{\triangle DBC}{\triangle A'B'C'}<\frac{BD\cdot BC}{A'B'\cdot B'C'}\text{。}$$

推论 2 如果$\frac{\triangle DBC}{\triangle A'B'C'}=\frac{AB\cdot BC}{A'B'\cdot B'C'}$，则$\angle ABC$与$\angle A'B'C'$相等或互补。

证明:用反证法。如果$\angle ABC \neq \angle A'B'C'$,而且$\angle ABC + \angle A'B'C' \neq 180°$,则有 4 种可能:

(1)$\angle ABC > \angle A'B'C'$,$\angle ABC + \angle A'B'C' < 180°$,

则$\dfrac{\triangle ABC}{\triangle A'B'C'} > \dfrac{AB \cdot BC}{A'B' \cdot B'C'}$,矛盾;

(2)$\angle ABC > \angle A'B'C'$,$\angle ABC + \angle A'B'C' < 180°$,

则$\dfrac{\triangle ABC}{\triangle A'B'C'} < \dfrac{AB \cdot BC}{A'B' \cdot B'C'}$,矛盾;

(3)$\angle ABC < \angle A'B'C'$,$\angle ABC + \angle A'B'C' < 180°$,

则$\dfrac{\triangle ABC}{\triangle A'B'C'} < \dfrac{AB \cdot BC}{A'B' \cdot B'C'}$,矛盾;

(4)$\angle ABC < \angle A'B'C'$,$\angle ABC + \angle A'B'C' > 180°$,

则$\dfrac{\triangle ABC}{\triangle A'B'C'} > \dfrac{AB \cdot BC}{A'B' \cdot B'C'}$,矛盾。

于是,必有$\angle ABC = \angle A'B'C'$或$\angle ABC + \angle A'B'C' = 180°$。

把共角定理与上面的定理和推论综合起来,可得

广义共角定理　对任意两个三角形$\triangle ABC$与$\triangle A'B'C'$,有

(1)$\dfrac{\triangle ABC}{\triangle A'B'C'} = \dfrac{AB \cdot BC}{A'B' \cdot B'C'}$的充要条件是$\angle ABC$与$\angle A'B'C'$相等或互补。

(2)当$\angle ABC + \angle A'B'C' < 180°$时,$\dfrac{\triangle ABC}{\triangle A'B'C'} > \dfrac{AB \cdot BC}{A'B' \cdot B'C'}$的充要条件是$\angle ABC > \angle A'B'C'$。

(3)当$\angle ABC + \angle A'B'C' > 180°$时,$\dfrac{\triangle ABC}{\triangle A'B'C'} > \dfrac{AB \cdot BC}{\triangle A'B' \cdot B'C'}$的充要条件是$\angle ABC > \angle A'B'C'$。

利用广义共角定理,我们可以对三角形的边角大小关系有更进一步的认识。

例 1　已知:$\triangle ABC$中,两边$AB = AC$。

求证:$\angle B = \angle C$。

证明:由$AB = AC$得

$$\frac{\triangle ABC}{\triangle ACB}=1=\frac{AB\cdot BC}{AC\cdot BC}。$$

根据广义共角定理可知$\angle B$与$\angle C$相等或互补，由于$\angle A+\angle B+\angle C=180°$，故$\angle B+\angle C<180°$，即$\angle B$与$\angle C$不可能互补，故$\angle B=\angle C$。

上述命题是在2.7中利用全等三角形证明过的，这里给出了又一证法。

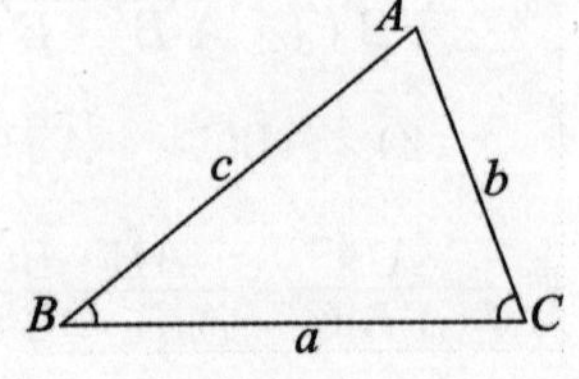

图 2-40

例2 在$\triangle ABC$中，若$AB>AC$，则$\angle C>\angle B$；反过来，若$\angle C>\angle B$，则$AB>AC$。试证明之。

证明：因为$\angle B$，$\angle C$是一个三角形的两内角，故$\angle B+\angle C<180°$，由广义共角定理可知，$\angle C>\angle B$的充要条件是：

$$1=\frac{\triangle ACB}{\triangle ABC}=\frac{AC\cdot BC}{AB\cdot BC}=\frac{AC}{AB}。$$

即 $AB>AC$，命题得证。

例2是平面几何里的一条重要不等式，可以概括地叙述为：

在任意三角形中，大边对大角，大角对大边。

由此也可以推出：**小边对小角，小角对小边；等边对等角，等角对等边。**

由例2可以推出我们早已说过的一条定理：**三角形两边之和大于第三边。**

例3 已知：$\triangle ABC$。求证：$AB+BC>AC$。

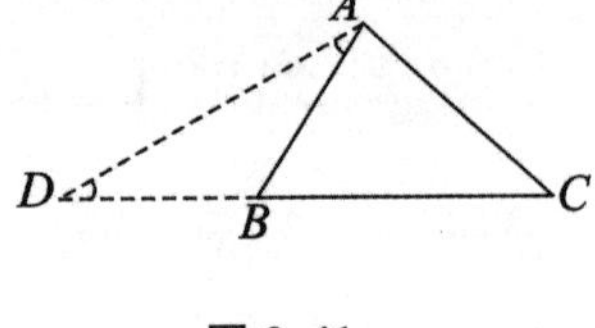

图 2-41

证明：延长CB至D使$BD=AB$，则有$\angle D=\angle BAD$(等边对等角)，因而

$$\angle CAD=\angle BAD+\angle CAB>\angle BAD=\angle D$$

再在$\triangle DAC$中应用“大角对大边”，即得

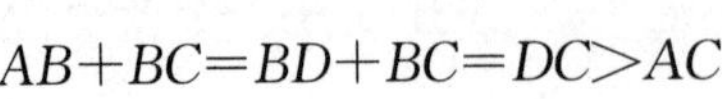

$$AB+BC=BD+BC=DC>AC$$

由此还可得

推论3 三角形两边之差小于第三边。

应用**大角对大边**，还可推出：

例4 若$\angle ACB\geqslant 90°$，点P在线段BC上，则$AC<AP<AB$。(图2-42)

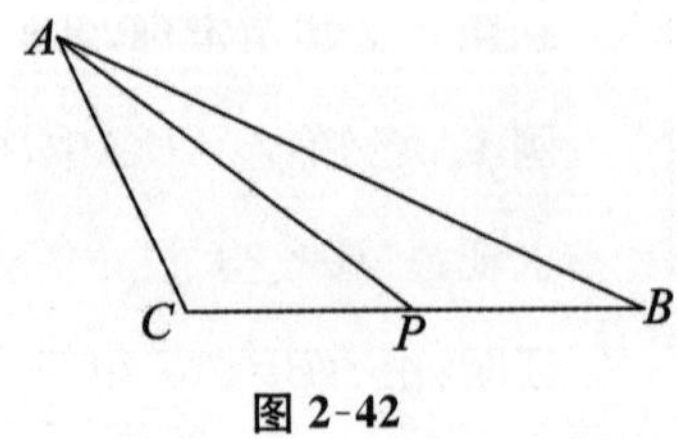

图 2-42

证明：由$\angle C \geqslant 90°$，可知$\angle APC < 90° \leqslant \angle C$，

故　$AC < AP$。

又因$\angle BPA = \angle C + \angle PAC > 90°$。

可知　$\angle ABP < 90° < \angle BPA$，

故　　$AP < AB$。

于是又得到一些有用的推论：

推论 4　直角三角形三边中，斜边最长。

推论 5　钝角三角形边中，钝角所对的边最长。

推论 6　从直线外一点到直线上各点连结的所有线段中，垂线段最短。

推论 7　从直线外一点到直线上作垂线段和两条斜线段，若两斜足与垂足等距，则两斜线段相等，否则，斜足与垂足较近的斜线较短。

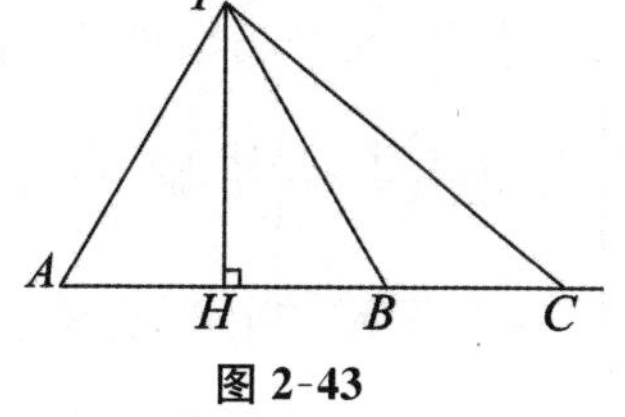

图 2-43

推论 7 所述情况见图 2-43：当 $AH = BH$ 时，用边角边公理，可知$\triangle AHP \cong \triangle BHP$，所以 $PA = PB$，再用例 4 之结论（或大角对大边），可知 $PB < PC$。

例 5　已知$\triangle ABC$与$\triangle A'B'C'$中，$AB = A'B'$，$BC = B'C'$，且$\angle ABC > \angle A'B'C'$。

求证：$AC > A'C'$。

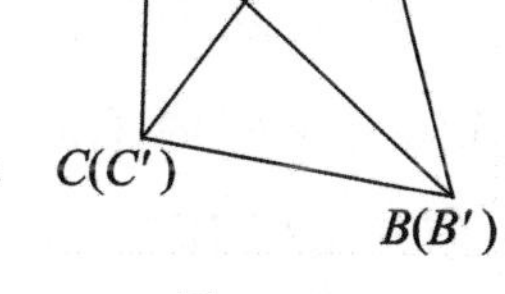

图 2-44

证明：设 $AB \geqslant BC$，如图 2-44，把$\triangle ABC$和$\triangle A'B'C'$拼一起，使 B，C 分别与 B'、C'重合。

$\because \angle AA'C > \angle AA'B = \angle A'AB > \angle A'AC$（等边对等角），

$\therefore AC > A'C = A'C'$.（大角对大边）。

上述命题可一般地表述为：

三角形两边一定时，夹角越大，第三边就越大。

由此可得

推论 8　若两个三角形三边对应相等，则三个角对应相等。

也就是说，我们又有了一条判定全等三角形的法则：

三边对应相等的两个三角形全等。

这条法则，简称**边边边**，或 SSS。它是一条有用的定理。后面还要介绍它的更多的应用。从**边边边**法则可知，三角形的三条边长固定了，三个角的大小也就定了。这叫做三角形的稳定性，是三角形的一条重要性质，它在实践中有广泛的应用。

推论 9　若两个三角形有两边对应相等，则较大的第三边所对的角较大。

推论 9 的证明是不难的，可以把例 5 的结论与边角边公理结合起来，配合反证法加以证明。

练习

1. 利用广义共角定理证明：等腰三角形底边的中线平分顶角。

2. 利用广义共角定理证明：若$\triangle ABC$ 的 BC 边上一点 P 使$\dfrac{PB}{PC}=\dfrac{AB}{AC}$，则 AP 是$\angle BAC$ 的平分线。

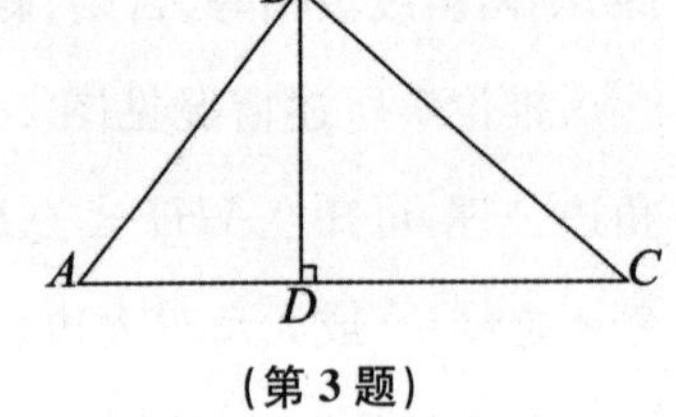

（第 3 题）

3. 参考图示，利用“直角三角形中斜边最长”的性质，证明“三角形两边之和大于第三边”。

4. 求证：联结两点的折线此线段长。
（提示：设折线由 $n(n>1)$ 条线段组成，对 n 用数学归纳法。）

5. 在$\triangle ABC$ 内任取一点 P，试证明：
(1)$AB+BC>AP+PC$；
(2)$PA+PB+PC>\dfrac{1}{2}(AB+BC+CA)$。

6. 利用长度分别为 1、2、3、4、5、6、7、8 的 8 种线段，能够组成多少种彼此不全等的三角形？（分别列出这些三角形的三边之长。）

7. 已知等腰三角形的底为 6cm，问它的腰长应在什么范围之内？

8. 求证：三角形三边相等的充要条件是三个角都是 60°。

9. 在等边三角形 ABC 内任取一点 P，在三边 BC、CA、AB 上分别取 L、M、N 三点，求证：P 到 L、M、N 三点距离之和不小于$\triangle ABC$ 的高。

10. 设在$\triangle ABC$ 中，$\angle B>\angle C$，D 是 BC 上任一点，求证：$AC>AD$。

11. 在凸四边形 $ABCD$ 中，AD 边最大，BC 边最小。求证：$\angle B>\angle D$。

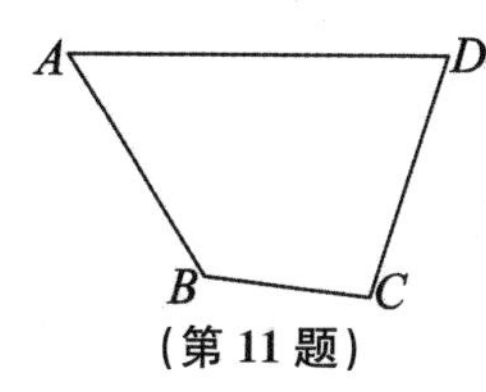

（第 11 题）

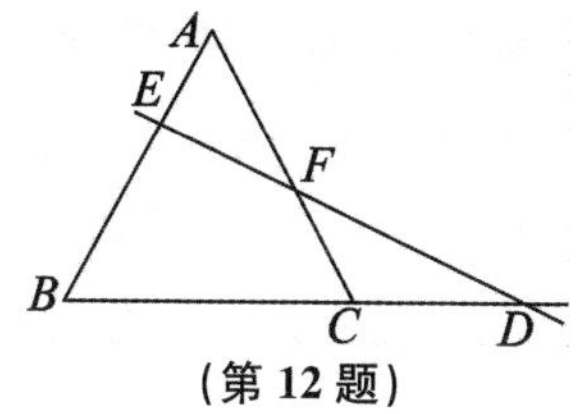

（第 12 题）

12. 一直线与等腰$\triangle ABC$ 的两腰 AB、AC 分别交于 E、F，与 BC 的延长线交于 D。求证：$AE<AF$。

13. 求证：$\triangle ABC$ 内任取两点的距离，不超过$\triangle ABC$ 的最大边的长度。

14. 求证：平行四边形内任取两点的距离，不超过此平行四边形较长对角线的长度。

小结

在 2.7～2.9 三小节中，主要介绍有关共角三角形的知识。

(1)关于共角三角形，最常用的是

共角定理 若$\angle ABC=\angle A'B'C'$或$\angle ABC+\angle A'B'C'=180°$，则

$$\frac{\triangle ABC}{\triangle A'B'C'}=\frac{AB\cdot BC}{A'B'\cdot B'C'}$$

应用它解决问题时，注意 2.8 节中例 1 与例 2 的过渡技巧。

(2)共角定理可以推广为

广义共角定理 在$\triangle ABC$ 与$\triangle A'B'C'$中，有

①$\dfrac{\triangle ABC}{\triangle A'B'C'}=\dfrac{AB\cdot BC}{A'B'\cdot B'C'}$的充要条件是$\angle ABC$ 与$\angle A'B'C'$相等或互补。

②当$\angle ABC+\angle A'B'C'<180°$时，

$\dfrac{\triangle ABC}{\triangle A'B'C'}>\dfrac{AB\cdot BC}{A'B'\cdot B'C'}$的充要条件是$\angle ABC>\angle A'B'C'$。

③当$\angle ABC+\angle A'B'C'>180°$时，

$\dfrac{\triangle ABC}{\triangle A'B'C'}>\dfrac{AB\cdot BC}{A'B'\cdot B'C'}$的充要条件是$\angle ABC<\angle A'B'C'$。

(3)应用共角定理(与边角边公理配合或应用广义共角定理)，我们研究了等腰

三角形的性质

①在$\triangle ABC$中，$AB=AC$的充要条件是$\angle B=\angle C$。

②等腰三角形顶角的平分线、底边上的高、中线互相重合。

简单地说，等腰三角形底角相等，底边上三线重合。

(4)应用共角定理，我们得到了一些关于全等三角形的新的判定法则：

两角一边对应相等的两个三角形全等。

三边对应相等的两个三角形全等。

这样，除了边角边公理外，又有了角边角、角角边、边边边三个判定两个三角形全等的法则。

(5)对应角相等，对应边成比例的两个三角形叫相似三角形。应用共角定理，我们可证明：

有两角对应相等的两个三角形相似。

相似三角形对应边之比叫相似比，相似三角形的面积比等于相似比的平方。

(6)应用广义共角定理，我们研究了三角形的边角大小关系。

主要结论是：

①同一三角形中，大边对大角，大角对大边，等边对等角，等角对等边。

②三角形中两边之和大于等三边，两边差小于第三边。

顺便得知：**点到直线的最短距离是垂线段。**

第二章提要

1. 本章引入两个最常用的解题工具：

(1)共边定理：若两直线AB与PQ交于M，则

$$\frac{\triangle PAB}{\triangle QAB}=\frac{PM}{QM}。$$

(2)共角定理：若$\angle ABC$与$\angle A'B'C'$相等或互补，则

$$\frac{\triangle ABC}{\triangle A'B'C'}=\frac{AB\cdot BC}{A'B'\cdot B'C'}。$$

2. 利用共边定理，研究了平行线间的面积性质，得到下列一些重要定理。

(1)若 P、Q 两点在直线 AB 同侧，则 $\triangle PAB=\triangle QAB$ 的充要条件是 $AB/\!/PQ$。

(2)若 $AB/\!/PQ$，则 $\triangle PAB=\triangle QAB$。

(3)平行线处处等距，反之，若 P、Q 两点在直线 AB 同侧且到 AB 等距，则 $PQ/\!/AB$。

(4)四边形 $ABCD$ 是平行四边形的充要条件是对角线 AC、BD 互相平分。

(5)三条平行线截两条直线，所得的对应线段成比例。

(6)三角形两边上各取一点，两点连线平行于第三边的充要条件是它们分两边所得对应线段成比例。

(7)梯形两腰上各取一点，两点连线平行于上、下底的充要条件是它们分两腰所得对应线段成比例。

3. 利用共角定理，得到下列重要定理：

(1)三角形两边相等的充要条件是这两边的对角相等。

(2)等腰三角形中，顶角的平分线，底边上的高和中线这三条线段重合。

(3)平行四边形对边相等。

(4)有两角对应相等的两个三角形相似。

(5)有两角和一边对应相等的两个三角形全等。

(6)三角形内角平分线分对边所得的两条线段和这个角的两边对应成比例。

4. 共角定理进一步深化，得到广义共角定理：利用它，可以引出关于三角形边角大小关系的重要定理：

(1)在任意三角形中，大边对大角，大角对大边。

(2)三角形两边之和大于第三边，两边之差小于对第三边。

(3)从直线外一点到直线上各点连结的线段中，垂线段最短。

(4)有两边对应相等的两个三角形中，两边夹角较大者所对边较大；反之，第三边较大者对应夹角较大。

(5)三边对应相等的两三角形全等。

在复习这一章时，重点是共边定理与共角定理的多种应用。关于等腰三角形性质、平行四边形性质、全等三角形与相似三角形等，在下一章还将作更系统的复习讨论，现在只不过先熟识一下。

习题二

1. 在$\triangle ABC$的两边AB、AC上，分别取P,Q两点，连PC、QB交于R，已知：$\frac{AQ}{QC}=\frac{2}{3}$，$\frac{BP}{PA}=\frac{3}{4}$，又知$\triangle ABC$面积为27。求$\triangle RAB$、$\triangle RBC$、$\triangle RCA$的面积。

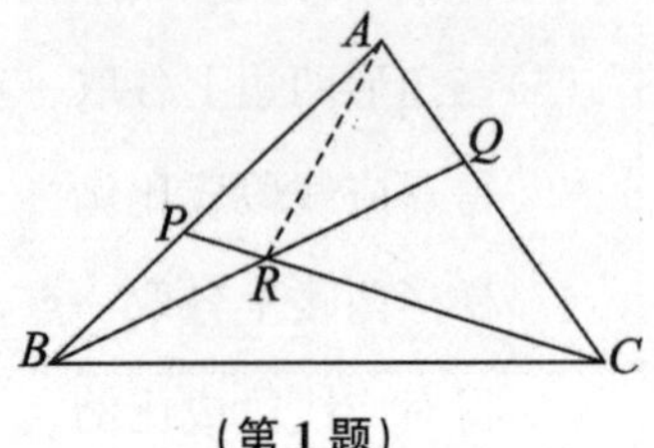

（第1题）

2. 在上题图中，若$AQ=\lambda QC$，$PB=\mu AP$。求：

(1)$\frac{\triangle RCA}{\triangle ABC}$；　(2)$\frac{RQ}{BQ}$。

3. 在$\triangle ABC$内取一点P，分别连AP、BP、CP与三边BC、CA、AB交于D、E、F。已知：$AE=\mu AC$，$AF=\nu AB$。求：比$\frac{BD}{DC}$、$\frac{PD}{AP}$及四边形$AFPE$与$\triangle ABC$面积之比。

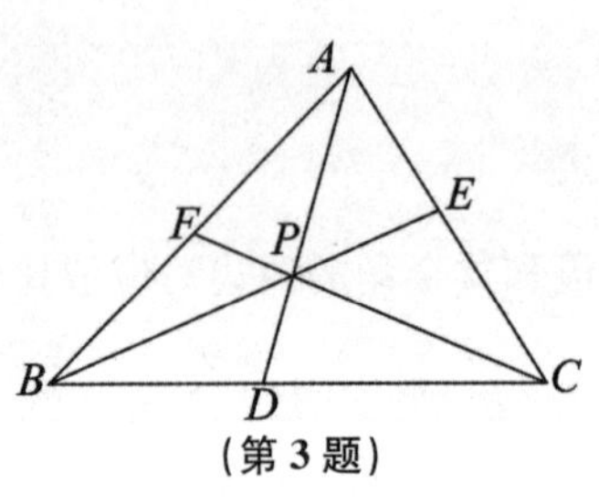

（第3题）

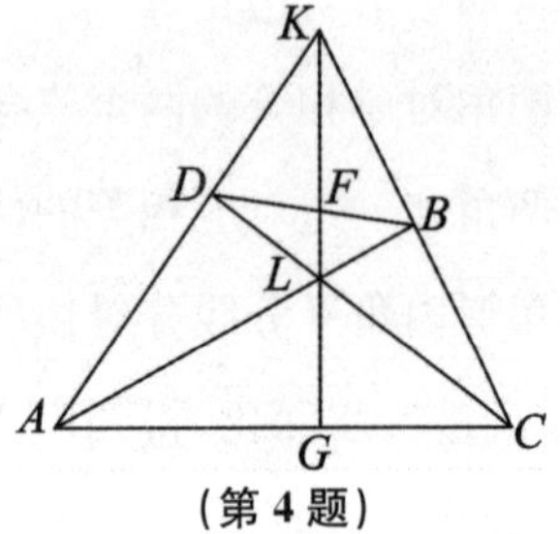

（第4题）

4. 如图，在$\triangle ACK$内取一点L，直线AL、CL、KL分别交三边于B、D、G；连BD交KL于F求证：$\frac{LF}{KF}=\frac{LG}{KG}$。（提示：参看2.3例4）

5. 四边形$ABCD$的对角线AC、BD交于P。求证：$\triangle PDC$与$\triangle PAB$之积等于$\triangle PAD$与$\triangle PBC$之积。（图(1)中只画出一种情形，另两种情形如图(2)、(3)。每种情形之下，都有相同的结论）

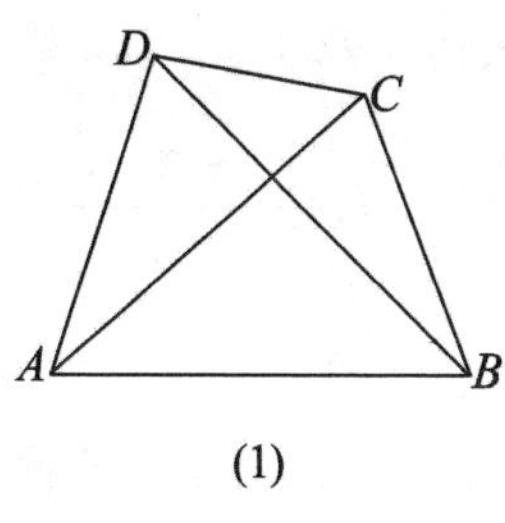

(1)

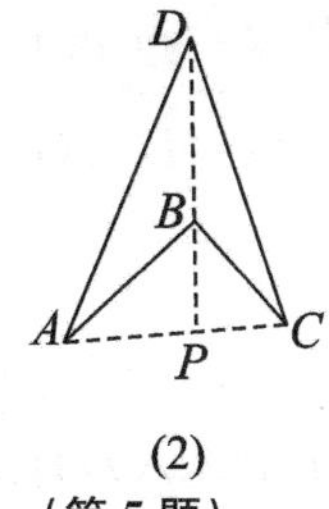

(2)

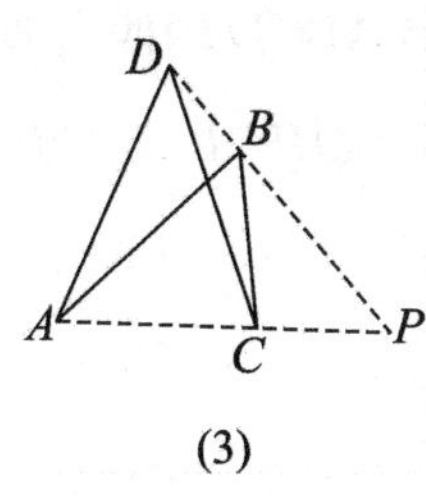

(3)

（第 5 题）

6. 在三角形内任取一点 P，则 P 到三角形周界的最大距离与最小距离之比不小于 2，试证明之。（提示：参看 2.2 的练习 1）

7. 设 G 是 $\triangle ABC$ 的重心，过 G 任作一直线与两边 AB、AC 交于 P、Q。求证：$\frac{1}{2}\leqslant\frac{GP}{GQ}\leqslant 2$。

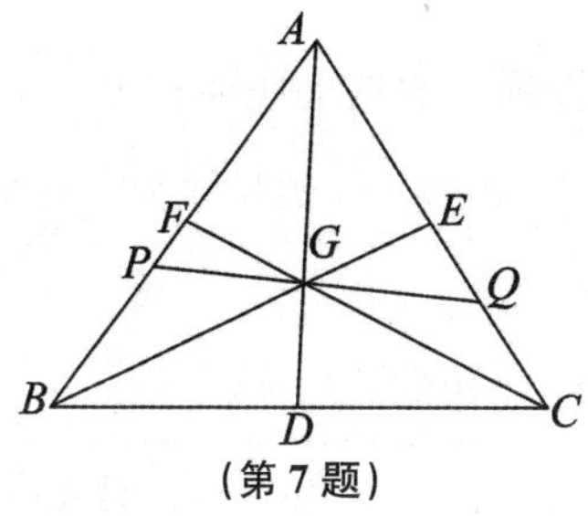

（第 7 题）

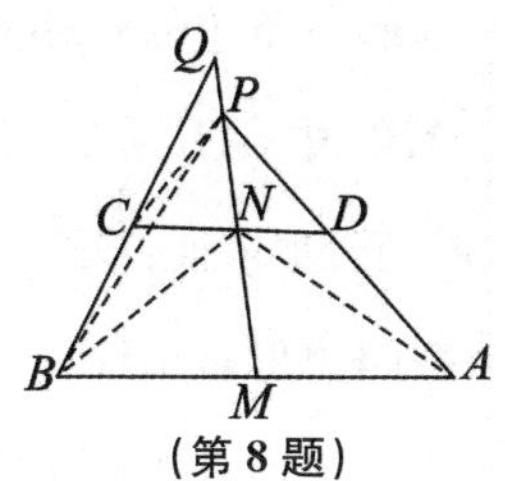

（第 8 题）

8. 在四边形 $ABCD$ 中，$AD=BC$，连接两边 AB、CD 之中点 M、N 的直线，分别与 AD、BC 之延长线交于 P、Q。

求证：

(1) $\frac{AP}{DP}=\frac{BQ}{CQ}$；

(2) $PD=CQ$。

（提示：注意 $\triangle PDN=\triangle PCN$，$\triangle PAN=\triangle PBN$。）

（第 9 题）

9. 在四边形 $ABCD$ 中，在两边 AB、CD 上分别取 M、N，使 $AM=3MB$，$DN=3NC$，直线 MN 与直线 AD、BC 分别交于 P、Q，如图。

求证：$\frac{AP}{DP}=\frac{BQ}{CQ}$。

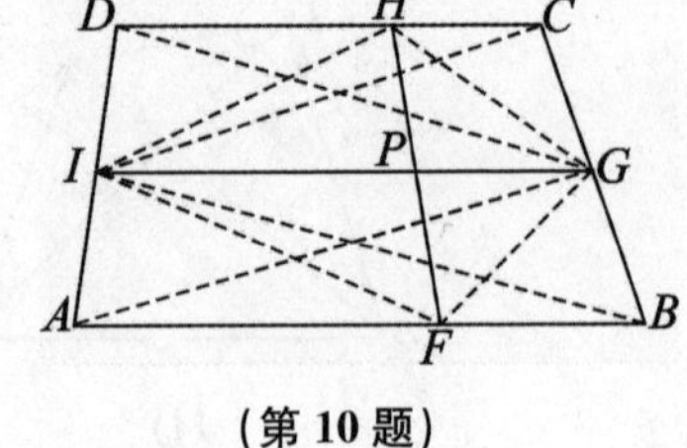

(第 10 题)

10*. 四边形 $ABCD$ 的四边形上各取一点 F、G、H、I 使 $AF=2BF$，$DH=2CH$，$AI=ID$，$BG=GC$，如图。连 HF、GI 交于 P。

求证：$PH=PF$，$PI=2PG$。

（提示：$\triangle HIG=S_{IGCD}-\triangle HGC-\triangle HID$，

$\triangle HGC=\frac{1}{3}\triangle DGC=\frac{1}{3}(S_{IGCD}-\triangle IGD)$，

$\triangle HID=\frac{2}{3}\triangle CID=\frac{2}{3}(S_{IGCD}-\triangle IGC)$，

由此可得 $\triangle HIG=\frac{1}{3}\triangle IGD+\frac{2}{3}\triangle IGC$。类似地可计算 $\triangle FIG$、$\triangle GHF$、$\triangle IHF$ 以得到所要的结论。）

11. 求证：三角形一条边的两端到这边上的中线所在直线的距离相等。

12. 已知：$\triangle ABC$ 中，$AB=AC$，E 是 AB 上一点，F 是 AC 延长线上一点，$BE=FC$，EF 交 BC 于 D，求证：$DE=DF$。

13. 求证：平行四边形对角线交点到一组对边距离相等。

14. 求证：平行四边形一条对角线的两个端点到另一条对角线的距离相等。

15. 已知：M、N 分别是平行四边形 $ABCD$ 的两边 AB、CD 的中点。CM 交 BD 于 E，MN 交 BD 于 F，求证：$BE=EF=FD$。

（提示：$\frac{BE}{DE}=\frac{\triangle BMC}{\triangle DMC}$）

16. 设 $\triangle ABC$ 的一条中线为 AQ，AB、AC 两边中点分别为 M、N，MN 与 AQ 交于 P。求证：MN 与 AQ 互相平分。

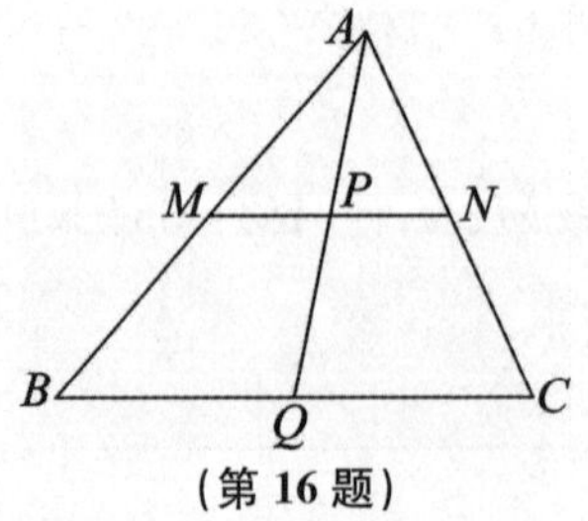

(第 16 题)

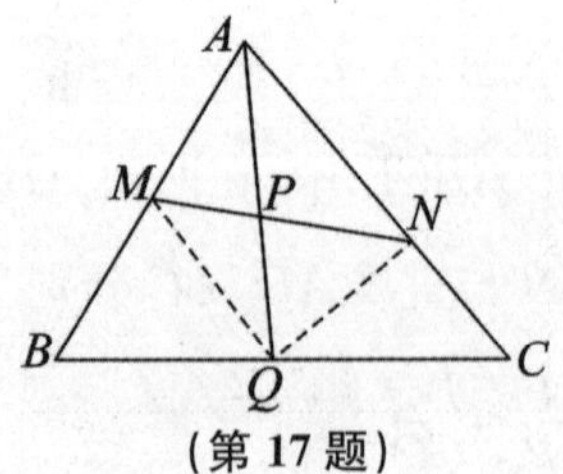

(第 17 题)

17. 在$\triangle ABC$的三边BC、CA、AB上分别取点Q、N、M，若$BQ=\lambda BC$，$CN=\mu CA$，$AM=\rho AB$，连MN与AQ交于P。求：$\frac{AP}{PQ}$、$\frac{MP}{PN}$。

（提示：设$\triangle ABC$面积为s，分别计算图中$\triangle AMN$、$\triangle BMQ$、$\triangle CNQ$、$\triangle MNQ$、$\triangle ANQ$、$\triangle AMQ$之面积）

18. 在$\triangle ABC$的两边AB、AC上分别取M、N，在BC边上取P、Q，连MQ与NP交于R，若$BP=CQ=\frac{1}{4}BC$，$AN=\lambda AC$，$AM=\mu AB$。求比值$\frac{MR}{RQ}$。

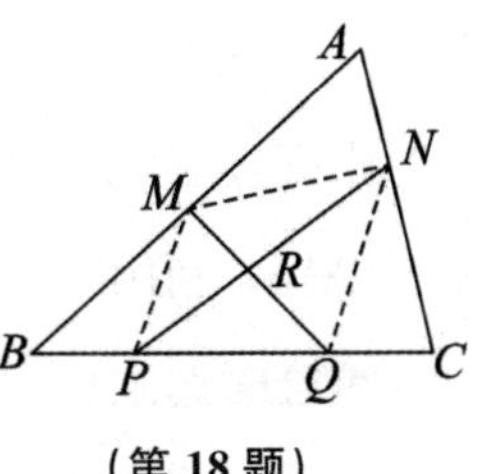

（第18题）

19. 设P、R在直线AB的同侧，在线段PR上任取一点Q，求证$(\triangle PAB-\triangle QAB)\cdot QR=(\triangle QAB-\triangle RAB)\cdot PQ$。

（提示：分两种情形讨论：(1) $PR /\!/ AB$，(2) PR与AB相交）

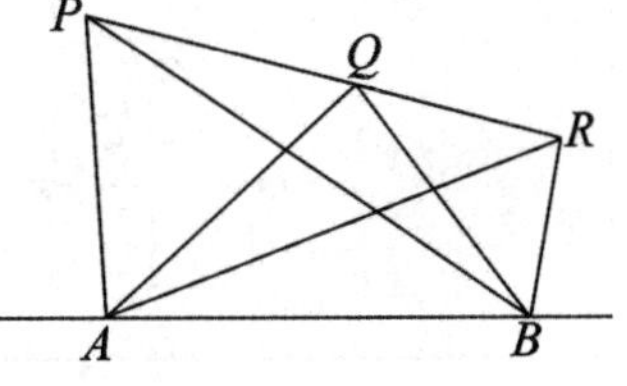

（第19题）

20. 设P、Q、R在一直线上，Q在P、R之间，AB是平面上任意两点，求证：下列两个不等式中至多只能有一个成立

(1) $\triangle QAB>\triangle PAB$，

(2) $\triangle QAB>\triangle RAB$。

21. 在$\triangle ABC$的边AC上任取一点P，过P作BC的平行线与AB交于Q，作AB的平行线与BC交于R。求证：四边形$BRPQ$的面积不大于$\triangle ABC$的$\frac{1}{2}$。

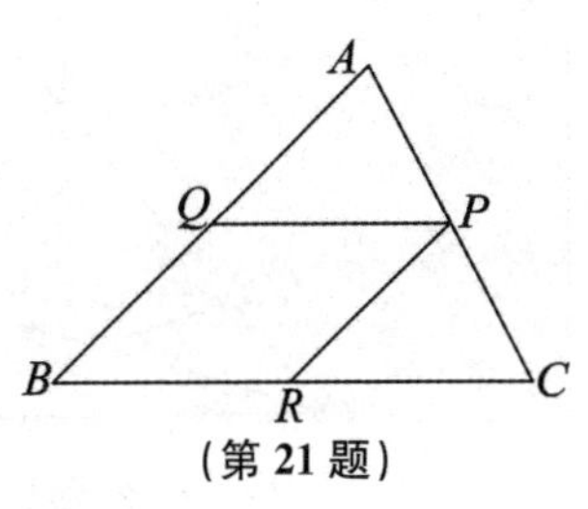

（第21题）

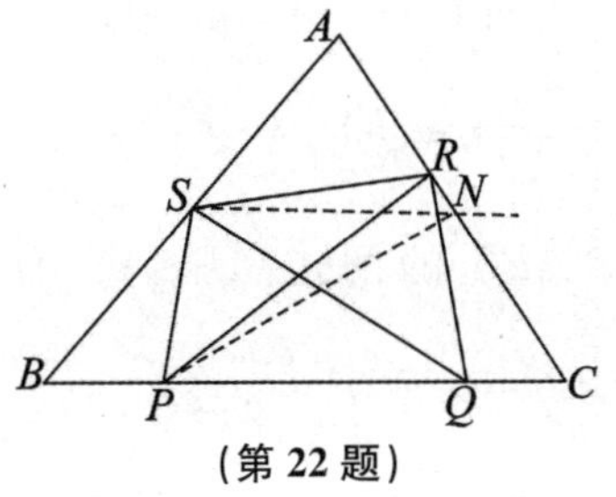

（第22题）

22. 在$\triangle ABC$的AB、AC边上分别取点S、R，在BC边上取两点P、Q。求证：四个三

角形$\triangle PQS$、$\triangle PQR$、$\triangle PRS$、$\triangle QRS$中面积最小者，其面积不大于$\triangle ABC$的$\frac{1}{4}$。

（提示：设S到BC距离较R到BC的距离为小，过S作BC的平行线交AC于N，则$\triangle PSR$、$\triangle QPS$中面积较小者，其面积不大于$\triangle PSN$）

23. 如图，$ABCD$、$CEFG$、$FHIJ$都是面积为1的正方形，而且D、C、E在一直线上，G、F、H在一直线上。在三个正方形内各取一点P、Q、R。

求证：$\triangle PQR\leqslant 2$。

（提示：利用第20题可知，$\triangle PQR$的最大值只能在P、Q、R与正方形某些顶点重合时达到）

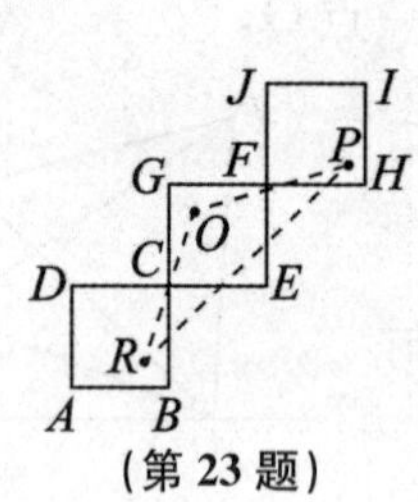

（第23题）

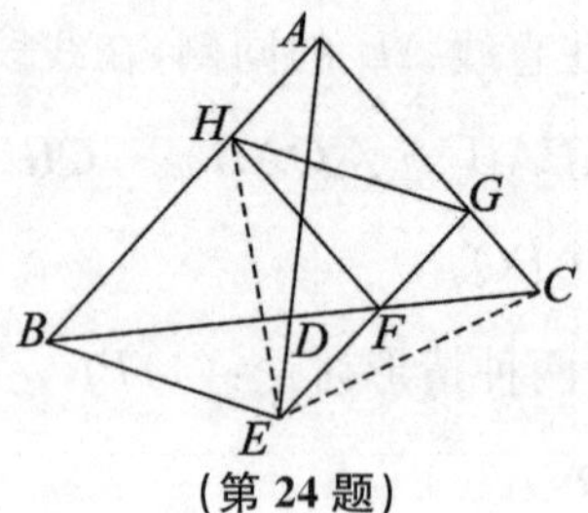

（第24题）

24*. 设AD是$\triangle ABC$的中线，过DC上任意点F作AB的平行线，与AC交于G，与AD的延长线交于E，过F作AC的平行线与AB交于H。

求证：$HG=BE$。

（提示：只要证明$BEGH$是平行四边形即可，为此，只要证明$\triangle BHE=\triangle GHE$，观察下列等式可得此结论：

$\frac{\triangle BHE}{\triangle ABE}=\frac{BH}{(\quad)}=\frac{(\quad)}{BC}=\frac{AG}{(\quad)}=\frac{\triangle AGE}{(\quad)}=\frac{\triangle GHE}{\triangle ACE}$）

25. 设在$\triangle ABC$与$\triangle A'B'C'$中，$\angle A=\angle A'$，$\angle B$与$\angle B'$互补。

求证：$\frac{AC}{A'C'}=\frac{BC}{B'C'}$。

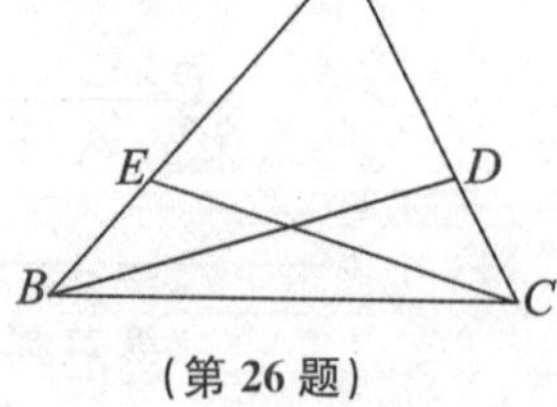

（第26题）

26. 在$\triangle ABC$的两边AB、AC上分别取点E、D，若$\angle DBC=\angle ECB=\frac{1}{2}\angle A$。

求证：$BE=CD$。

（提示：$\triangle DBC$ 与 $\triangle ECB$ 中，$\angle BEC+\angle BDC=$？）

27. 设四边形 $ABCD$ 的对角线 AC、BD 的交角为 θ_1，四边形 $A'B'C'D'$ 的对角线 $A'C'$、$B'D'$ 的交角为 θ_2，S_{ABCD}，$S_{A'B'C'D'}$ 分别记两个四边形的面积。已知：θ_1 与 θ_2 相等或互补。求证：

$\frac{S_{ABCD}}{S_{A'B'C'D'}}=\frac{AC\cdot BD}{A'C'\cdot B'D'}$。

28. 设 $\triangle ABC$ 的 BC 边上有一点 P，$\triangle A'B'C'$ 的 $B'C'$ 边上有一点 P'，已知 $\angle APC$ 与 $\angle A'P'C'$ 相等或与互补。

求证：$\frac{\triangle ABC}{\triangle A'B'C'}=\frac{AP\cdot BC}{A'P'\cdot B'C'}$。

29. 在平行四边形 $ABCD$ 的两边 AD、BC 上分别取点 P、Q，PQ 与对角线 BD 交于 R，已知 $AP=\lambda AD$，$CQ=\mu BC$。

求比 $\frac{PR}{RQ}$、$\frac{DR}{RB}$。

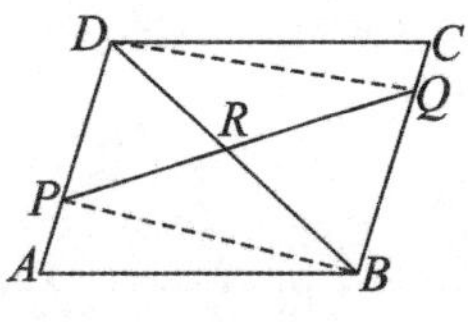

（第 29 题）

30. 设在四边形 $ABCD$ 中，$AB/\!/CD$。

求证：$\frac{\triangle ABC}{\triangle DBC}=\frac{AB}{CD}$。

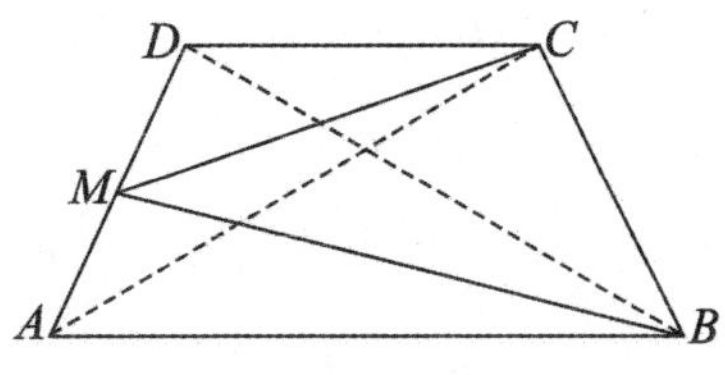

（第 31 题）

31. 在梯形 $ABCD$ 的一腰 AD 上取一点 M，若 M 是 AD 中点。

求证：$\triangle MBC$ 的面积是梯形 $ABCD$ 面积之半。

32. 在 31 题中，若 $\frac{DC}{AB}=\frac{5}{8}$，$\frac{AM}{AD}=\frac{2}{5}$。求：$\triangle MBC$ 的面积与梯形 $ABCD$ 的面积之比。

33. 设 AB、CD 两线段交于 O，且 $AB\perp CD$，过 O 作 BD 之垂线分别交 BD、AC 于 P、Q 如图，若 $AO=\lambda CO$，$BD=\mu DO$。求比值 $\frac{AQ}{CQ}$。

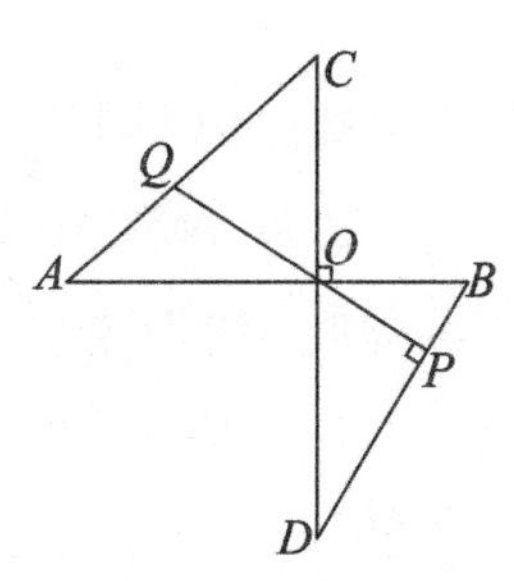

（第 33 题）

34. 在 33 题图中，若 $AO=5$，$CO=4$，$BO=3$，$DO=6$，试求：

$\frac{AQ}{CQ}$、$\frac{QO}{PO}$。

35. 四边形 $ABCD$ 的对角线 AC、BD 交于 O，过 O 作直线分别与两边 AB、CD 交于 P、Q。已知 $AO=a$，$BO=b$，$CO=c$，$DO=d$，$\frac{PA}{PB}=\lambda$。求 $\frac{QC}{QD}$。

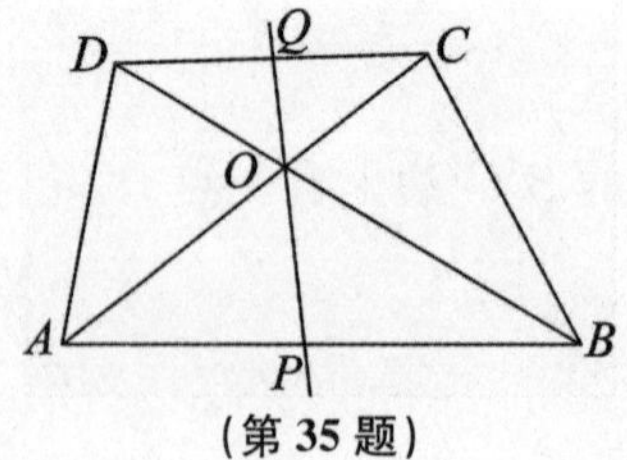

（第 35 题）

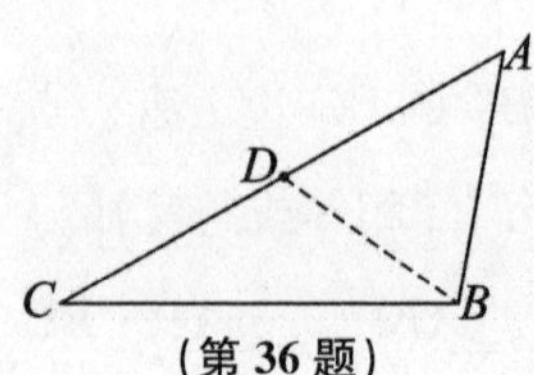

（第 36 题）

36. 不用广义共角定理，直接证明命题“在三角形中，大角对大边”。（提示：如图，设 $\angle ABC>\angle C$，在边 AC 上取 D 使 $\angle ABD=\frac{1}{2}(\angle ABC+\angle C)$，则 $AB=AD$。）

37. 已知，在 $\triangle ABC$ 中，P 是 AB 上一点，且 $\angle APC=\angle ACB$。
求证：$AB\cdot CP=AC\cdot BC$。

38. 在 $\triangle ABC$ 中，AD 是一条中线，$\angle ADB$、$\angle ADC$ 的平分线分别交 AB、AC 于 M、N。求证：$MN/\!/BC$。

39. 设 $ABCD$ 是边长为 1 的正方形，E 是 AB 边的中点，过 B 作 CE 的垂线交 CE 于 F。求三角形 BEF 的面积。

40. 梯形的两底为 AB、CD，对角线 AC、BD 交于 O；已知：$AO>BO$。求证：$CO>DO$。

41. 设 AD 是 $\triangle ABC$ 的中线，已知：$\angle BAD>\angle DAC$。求证：$AC>AB$。
（提示：直接用广义共角定理，也可以作 $\angle BAC$ 的角平分线，利用角平分线性质）

42. 设在 $\triangle ABC$ 中，$AB\neq AC$，AH、AM 和 AE 分别是高、中线和分角线，求证：(1) E 在 H 和 M 之间；(2) $AH<AE<AM$。

43. 梯形 $ABCD$ 的对角线 AC、BD 交于 P，过 P 作与底平行的直线交两腰于 G、H。求证：$PG=PH$。
（提示：证明 $\triangle AHC=\triangle AGC$）

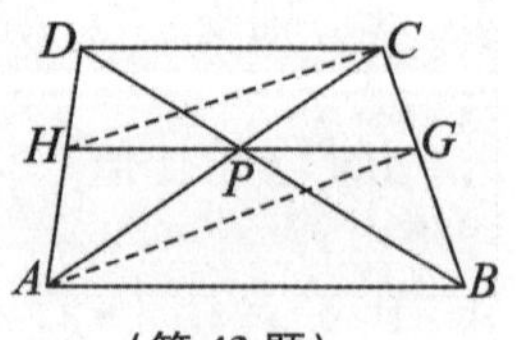

（第 43 题）

44. 平行四边形 $ABCD$ 对角线交点为 O，在 AB 的延长线上

任取一点 E，连 OE 交 BC 于 F，已知：

$AB=a, AD=c, BE=b$。求 BF。

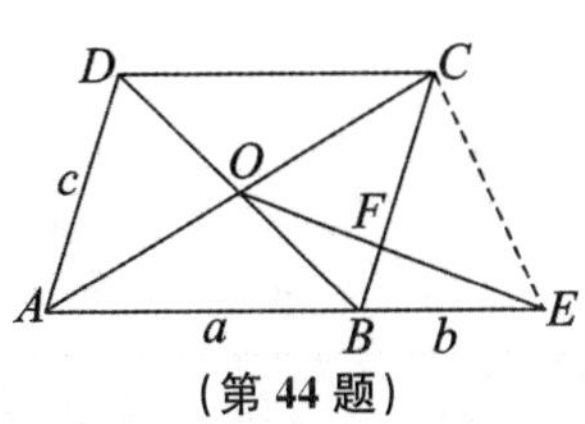

（第 44 题）

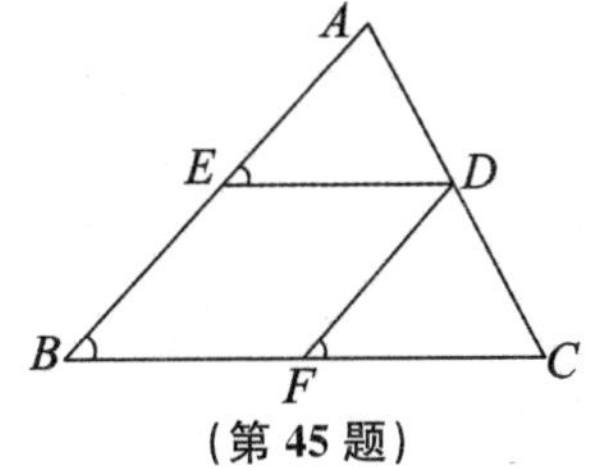

（第 45 题）

45. 在$\triangle ABC$三边 AC、AB、BC 上分别取 D、E、F 三点，已知：$DE /\!/ BC$，$DF /\!/ AB$，$DE=DF$，$AB=c$，$BC=a$。求 DE。

（提示：利用等式$\triangle ABC=\triangle ADE+\triangle DFC+2\triangle BFE$）

46. 在$\triangle ABC$中，AM 是中线，$AB=12$，$AC=16$，E 和 F 分别在两边 AC、AB 上，EF 与 AM 交于 G，若 $AE=2AF$，求$\dfrac{EG}{GF}$。

47. 在平行四边形 $ABCD$ 的两边 AD、AB 上分别取 E、F 使 $DF=BE$，DF 与 BE 交于 P。求证：$\angle DPC=\angle BPC$。

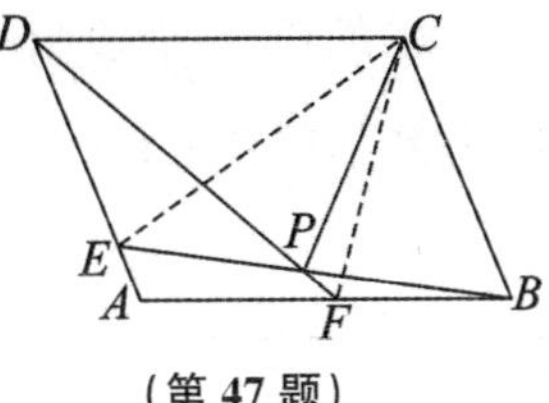

（第 47 题）

（提示：$\dfrac{\triangle DPC}{\triangle BPC}=\dfrac{\triangle DPC}{(\quad)}\cdot\dfrac{(\quad)}{\triangle BPC}=\dfrac{DP}{DF}\cdot\dfrac{(\quad)}{BP}$

$=\dfrac{DP\cdot PC}{(\quad)\cdot PC}$）

第三章

常见的特殊图形

共边定理和共角定理,适用于解决一般图形中的有关问题。如果图形中有多组相等的角或线段,则可以利用这些特殊性质,更简捷地解决某些问题。全等三角形与相似三角形,是处理一些特殊图形中的问题的常用工具。

一、全等三角形与相似三角形

3.1 全等三角形

我们系统地复习一下已学过的关于全等三角形的知识。

直观地说,**能够相互重合的两个三角形叫全等三角形。**

严格地说,若$\triangle ABC$与$\triangle A'B'C'$中,$\angle A=\angle A'$,$\angle B=\angle B'$,$\angle C=\angle C'$,$AB=A'B'$,$BC=B'C'$,$CA=C'A'$,则称这两个三角形全等。概括为一句话:**对应边和对应角都相等的两个三角形叫全等三角形。**

这里涉及"对应边"和"对应角"的概念,这个概念在讲相似三角形时还会用到。本来,三角形的三个顶点的先后顺序并不重要。例如,$\triangle ABC$、$\triangle ACB$、$\triangle BAC$

……，我们知道都代表同一个三角形，但如果要比较两个三角形的边、角大小时，不排顺序就很不方便。当把两个三角形的顶点顺序分别固定时，就在它们的顶点之间建立起一个一一对应的关系：第一个对应第一个，第二个对应第二个，第三个对应第三个。例如，提到$\triangle ABC$与$\triangle DFE$时，A与D、B与F、C与E互为对应顶点。顶点对应好了，边和角自然也对应好了。AB对应DF、BC对应FE、CA对应ED、$\angle A$对应$\angle D$、$\angle B$对应$\angle F$、$\angle C$对应$\angle E$。因此，提到两三角形的对应顶点，对应边或对应角时，就表明对两个三角形的顶点已分别规定了先后顺序。

因此，说$\triangle ABC$与$\triangle A'B'C'$全等时，顶点顺序不能搞乱。$\triangle ABC$与$\triangle A'B'C'$全等，但$\triangle ABC$与$\triangle A'B'C'$就不一定全等了。

如果$\triangle ABC$与$\triangle A'B'C'$全等，写作$\triangle ABC\cong\triangle A'B'C'$，记号“$\cong$”读作“全等于”。

我们已学过四条判定两个三角形是否全等的法则：

(1)边角边公理 有两边和它们的夹角对应相等的两个三角形全等。(简称边角边或 SAS)

(2)角边角定理 有两角和它们的夹边对应相等的两个三角形全等。(简称角边角或 ASA)

(3)角角边定理 有两角和其中一角的对边对应相等的两个三角形全等。(简称角角边或 AAS)

(4)边边边定理 有三边对应相等的两个三角形全等。(简称边边边或 SSS)

这四条法则中，边角边是最常用的，前面已用了多次了。下面再举几个例。

例 1 用全等三角形证明：在任意三角形中，等边对等角，等角对等边。

已知：$\triangle ABC$。

求证：(1)若$AB=AC$，则$\angle B=\angle C$。

(2)若$\angle B=\angle C$，则$AB=AC$。

证明：(1)把一个三角形看成两个：$\triangle ABC$与$\triangle ACB$，则

$$\begin{cases} AB=AC,(\text{已知}) \\ \angle A=\angle A,(\text{公共角}) \\ AC=AB,(\text{已知}) \end{cases}$$

$\because \triangle ABC \cong \triangle ACB$,(SAS)

$\therefore \angle B=\angle C$。(全等三角形的对应角)

(2)类似地考虑$\triangle ABC$与$\triangle ACB$

$$\begin{cases} \angle B=\angle C,(\text{已知}) \\ BC=CB,(\text{公共角}) \\ \angle C=\angle B,(\text{已知}) \end{cases}$$

$\because \triangle ABC \cong \triangle ACB$,(ASA)

$\therefore AB=AC$。(全等三角形的对应角)

上面这个命题,在前一章已证明过了,比较两种证法的不同之处,可以看到:用全等三角形证题,比较形象直观,有鲜明的几何背景。用面积方法,则体现出简捷的代数风格。

用全等三角形证题时,为证明一对三角形全等,要列出三个条件。为了清楚,常把这一组条件用大的花括号连在一起,以便阅读。

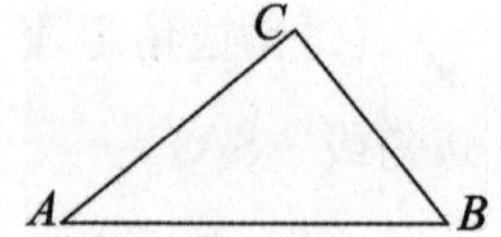

例 2 从边角边公理出发,直接证明边边边定理。

已知:在$\triangle ABC$和$\triangle A'B'C'$中,$AB=A'B'$,$BC=B'C'$,$CA=C'A'$。(图 3-1)

求证:$\triangle ABC \cong \triangle A'B'C'$。

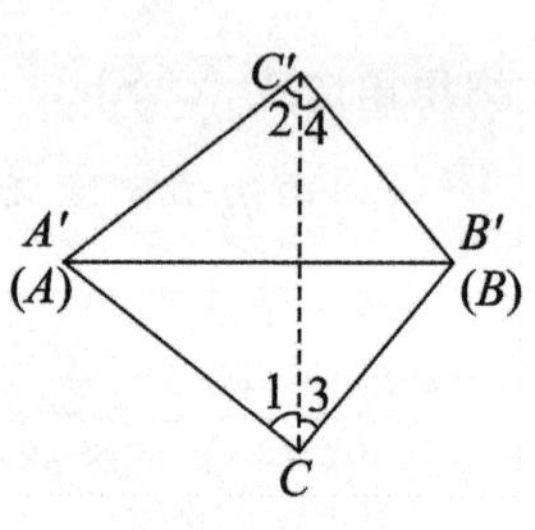

图 3-1

证明:把$\triangle ABC \cong \triangle A'B'C'$拼在一起,如图 3-1 所示,让$A$与$A'$重合、$B$与$B'$重合,连结$C'C$。

(1)$\because AC=A'C'$,(已知)

$\therefore \angle 1=\angle 2$。(等边对等角)

(2)$\because BC=B'C'$,(已知)

$\therefore \angle 3=\angle 4$。(等边对等角)

(3)$\therefore \angle ACB=\angle A'C'B'$。(由(1)、(2)及等式性质)

(4)在$\triangle ABC$和$\triangle A'B'C'$中

$$\begin{cases} AB=A'C',(\text{已知}) \\ \angle ACB=\angle A'C'B',(\text{由(3)}) \\ BC=B'C',(\text{已知}) \end{cases}$$

$\therefore \triangle ABC \cong \triangle A'B'C'$。(SAS)

这种把两个三角形拼在一起的办法,前面已用过几次了。这是一种很有用的方法,它使已知条件集中在一起,便于利用。

例 3 设$\triangle ABC \cong \triangle A'B'C'$,分别在边 BC 及 $B'C'$ 上取点 P 和 P',使$\angle BAP=\angle B'A'P'$。(图 3-2)

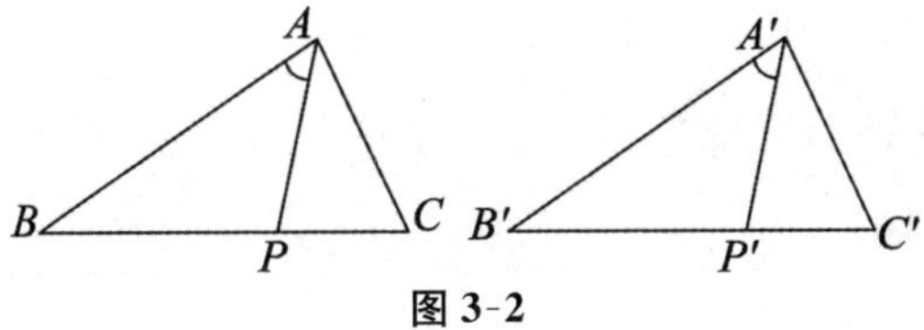

图 3-2

求证:$AP=A'P'$。

证明:在$\triangle ABP$与$\triangle A'B'P'$中

$$\begin{cases} \angle BAP=\angle B'A'P',(\text{已知}) \\ AB=A'B',(\text{全等三角形}\triangle ABC\text{与}\triangle A'B'C'\text{对应边}) \\ \angle B=\angle B',(\text{全等三角形}\triangle ABC\text{与}\triangle A'B'C'\text{对应角}) \end{cases}$$

$\therefore \triangle ABP \cong \triangle A'B'P'$。(ASA)

$\therefore AP=A'P'$。(全等三角形的对应边)

这个题目,可以用共角定理来做。考虑两个三角形$\triangle ABP$、$\triangle A'B'P'$面积比,由内角和定理可知

$$\angle BPA=\angle B'P'A'。$$

故$\dfrac{AB \cdot BP}{A'B' \cdot B'P'}=\dfrac{\triangle ABP}{\triangle A'B'P'}=\dfrac{AP}{A'P'} \cdot \dfrac{BP}{B'P'}$。

两端约去$\dfrac{BP}{B'P'}$,再由 $AB=A'B'$,即得 $AP=A'P'$。一般说来,凡是应用角边

角或角角边的地方，都可以用共角定理简单地代替。

例 4 已知：如图 3-3，$AE=CD$，$BC=DA$，E、F 是 AC 上两点，且 $AE=CF$。

求证：$BF=DE$。

证明：在△ABC 和△CDA 中，

$$\begin{cases}AB=CD,(\text{已知})\\BC=DA,(\text{已知})\\CA=AC,(\text{公共边})\end{cases}$$

图 3-3

∴△ABC≌△CDA。(SSS)

∴∠BCA=∠DAC。(全等三角形对应角)

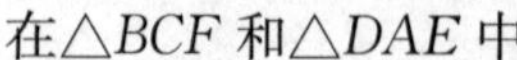

在△BCF 和△DAE 中

$$\begin{cases}BC=DA,(\text{已知})\\\angle BCF=\angle DAE,(\text{已证})\\CF=AE,(\text{已知})\end{cases}$$

∴△BCF≌△DAE。(SAS)

∴$BF=DE$。(全等三角形的对应边)

练习

1. (填空)在△BAC 与△LMN 中，顶点 B 与顶点(　　)对应，边 BC 与边(　　)对应，边(　　)与边 MN 对应，∠ACB 与(　　)对应，(　　)与∠CBA 与对应。

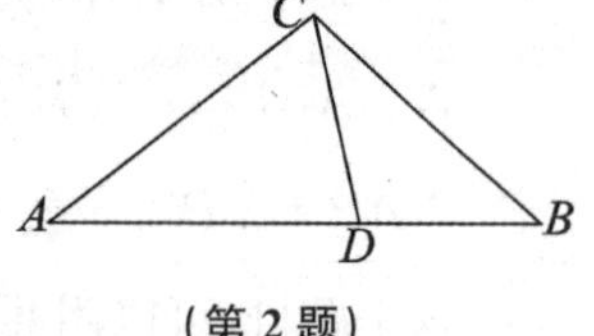

(第 2 题)

2. 看图，找出△ABC、△ADC、△DAC、△CDB 的对应边与对应角，填写下表。

三角形	对应边			对应角		
△ABC	BC	CA	AB	∠BAC	∠ABC	∠ACB
△ADC						
△DAC						
△CDB						

3.(讨论并回答)在第一章和第二章,哪些地方用到了边角边公理?

4.已知:$AD /\!/ BC$,$AD=CB$,如图。求证:$\triangle ADC \cong \triangle CBA$。

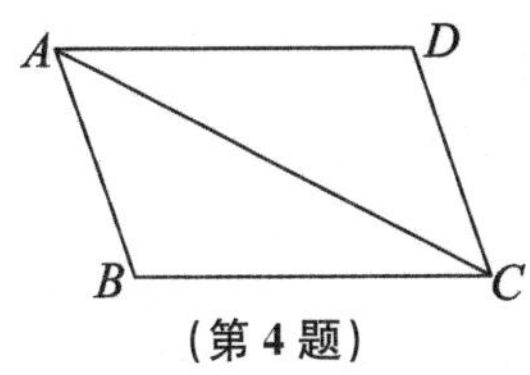

(第 4 题)

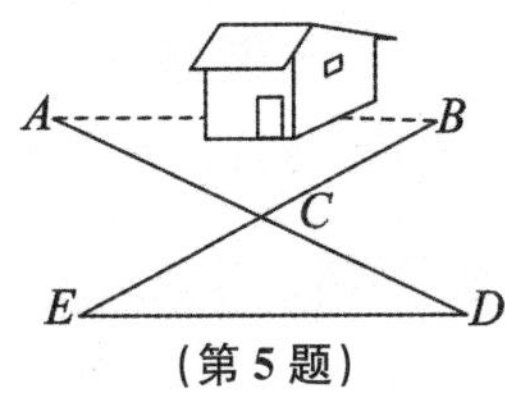

(第 5 题)

5.如图,A、B 两点的距离无法直接测量。在平地上取可以直接到达 A、B 的点,连 AC 并延长至 D,使 $CD=CA$。连 BC 延长至 E,使 $CE=CB$。连 DE,测量出 DE 的长,它就等于 A、B 的距离,为什么?写出已知、求证,并证明。

6.在 AB、AC 两线段上,分别取点 D、E。连 DC、EB 交于 O。若 $AB=AC$,$\angle B=\angle C$。求证:$CE=BD$。

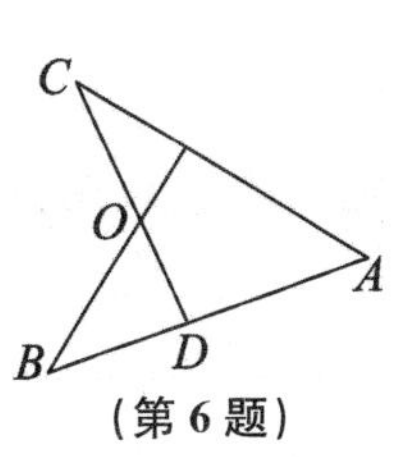

(第 6 题)

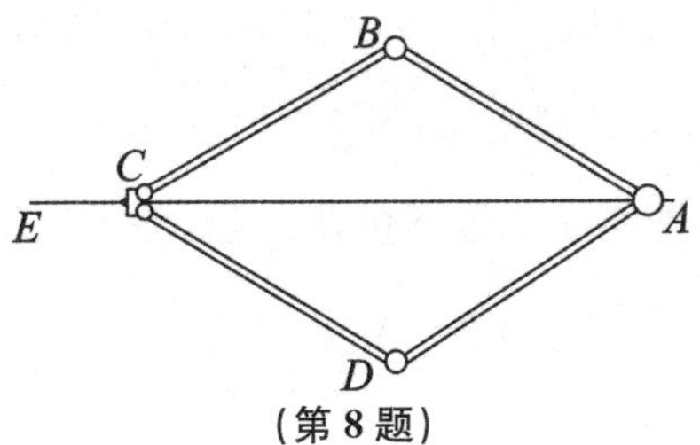

(第 8 题)

7.在 3.1 的例 4 中,如果 $ABCD$ 是简单四边形,试画出图形,在同样条件下证明同样的结论。

8.如图是一个平分角的仪器。其中 $AB=AD$,$BC=DC$,当 C 点沿 AE 滑动时,$\angle BAD$ 能够变化。把 A 放在一个角的顶点,AB、AD 沿角的两边放置,则沿 AC 可画出这个角的角平分线。为什么?写出已知、求证和证明。

9.已知:如图 $AB=AC$,$BD=CD$,BC 与直线 AD 交于 P,E 是 AP 上任一点。求证:

(1)$AP\perp BC$;

(2)$BE=CE$。

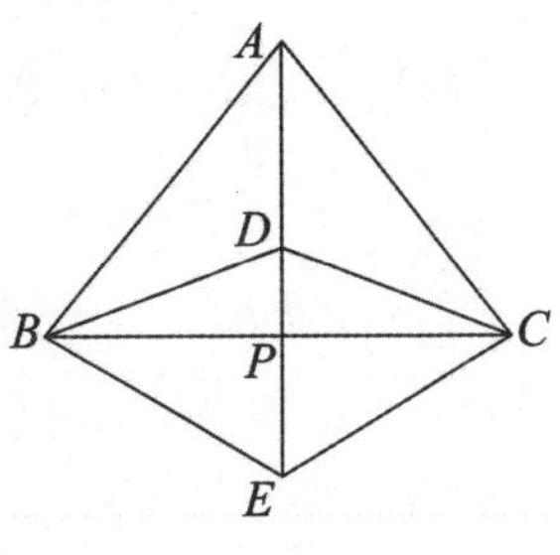

(第 9 题)

10.求证:如果两个三角形有两条边和其中一边上的中线对应相等,则这两个三角形全等,再进一步思考:如果是“两条边和第三边上的中线对应相等”呢？

11.（思考与讨论）有两边和其中一边的对角对应相等的两个三角形是否一定全等？（看图（1），D 是等腰三角形 ABC 底边延长线上的任一点，则在$\triangle ADB$ 与$\triangle ADC$ 中，$AD=AD$，$AB=AC$，$\angle ADB=\angle ADC$。两个三角形全等吗？那么，下面的：“证明”错在什么地方？

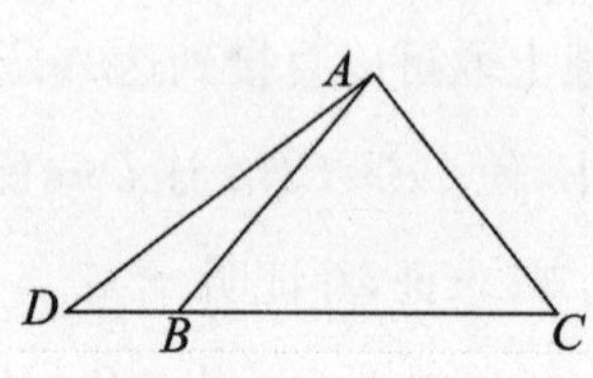

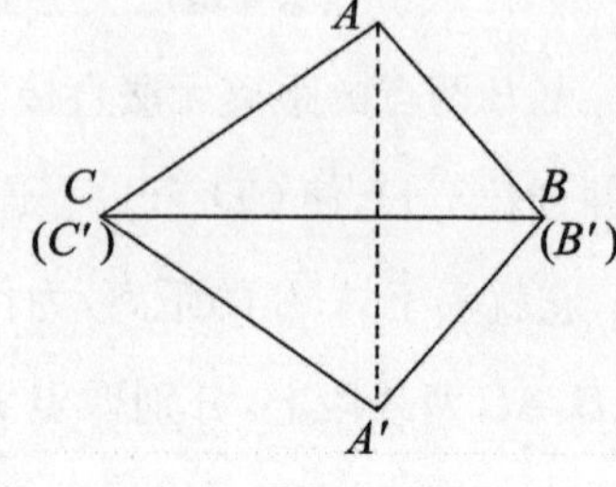

（第 11 题）

已知：$\triangle ABC$ 与$\triangle A'B'C'$中，$AB=A'B'$，$BC=B'C'$，$\angle A=\angle A'$。

求证：$\triangle ABC\cong\triangle A'B'C'$。

证明：把两个三角形拼在一起，使 BC 边与 $B'C'$ 边重合，A 与 A' 在直线 BC 两侧，连 AA'。如图（2）

（1）$\because AB=A'B'$，（已知）

$\therefore\angle BAA'=\angle B'A'A$。（等边对等角）

（2）$\because\angle BAC=\angle B'A'C'$，（已知）

$\therefore\angle C'A'A'=\angle BAC-\angle BAA'=\angle B'A'C'-\angle B'A'A=\angle C'A'A$。（由（1）及等量关系）

（3）$\therefore AC=A'C=A'C'$。（等角对等边）

（4）在$\triangle ABC$ 与$\triangle A'B'C'$中

$$\begin{cases}AB=A'B',（已知）\\ \angle BAC=\angle B'A'C',（已证）\\ AC=A'C',（已知）\end{cases}$$

$\therefore\triangle ABC\cong\triangle A'B'C'$。（SAS）

但是，图（1）已告诉我们，所要证的命题不成立。这证明过程中必有漏洞。找一找,漏洞在哪里?找到后,试证命题:**有两边和其中一边的对角对应相等,但其中另一边的对角不互补的两个三角形全等。**

3.2 相似三角形

我们已学过,相似三角形是形状相同,但大小不一定相同的三角形。准确地说,**对应角相等、对应边成比例的两个三角形叫相似三角形。**

当$\triangle ABC$与$\triangle A'B'C'$相似时,记作$\triangle ABC \sim \triangle A'B'C'$,记号"$\sim$"读作"相似于"。

相似三角形对应边的比,叫做相似比。如果$\triangle ABC \sim \triangle A'B'C'$,而且相似比等于1,显然有$\triangle ABC \cong \triangle A'B'C'$。可见,全等是相似的特殊情形。

我们已学过一条判定两个三角形是否相似的法则:

相似三角形判定定理1　若一个三角形的两角和另一个三角形的两角对应相等,则这两个三角形相似。(简称角角,或AA)

复习一下,怎样从共角定理推出这个判定定理。

这个判定定理相当于全等三角形判定法则中的ASA和AAS两条。与SAS相照应,则有:

相似三角形判定定理2　如果一个三角形的两条边和另一个三角形的两条边对应成比例,并且夹角相等,那么这两个三角形相似。(简称边角边,或SAS)

已知:在$\triangle ABC$与$\triangle A'B'C'$中,$\frac{AB}{A'B'}=\frac{BC}{B'C'}$,且$\angle B=\angle B'$。

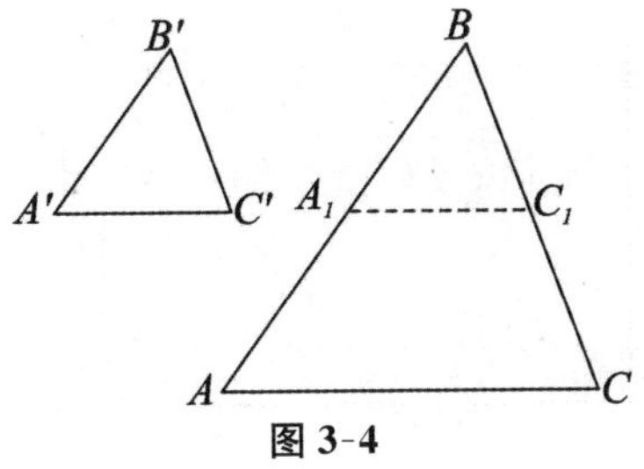

图3-4

求证:$\triangle ABC \sim \triangle A'B'C'$。

证明:在射线BA、BC上分别取A_1和C_1,使

$$A_1B=A'B',C_1B=C'B'$$

(1) $\because \dfrac{AB}{A_1B}=\dfrac{AB}{A'B'}=\dfrac{BC}{B'C'}=\dfrac{BC}{BC_1}$,(已知)

$\therefore A_1C_1/\!/AC$。(参见 2.5 的例 2)

(2) $\therefore \angle BA_1C_1=\angle BAC$。(平行线的同位角)

(3) $\begin{cases}\angle BA_1C_1=\angle BAC, & \text{(已证)}\\ \angle B=\angle B, & \text{(公共角)}\end{cases}$

$\therefore \triangle A_1B_{C1}\sim\triangle ABC$。(AA)

(4) $\begin{cases}A_1B=A'B', & \text{(已知)}\\ \angle B=\angle B', & \text{(已知)}\\ C_1B=C'B', & \text{(已知)}\end{cases}$

$\therefore \triangle A'B'C'\cong\triangle A_1BC_1$。(SAS)

(5) $\therefore \triangle ABC\sim\triangle A'B'C'$。(由(3)及(4))

我们把这个判定定理也叫做边角边,或者 SAS,在具体使用时,由上下文容易知道,是证明三角形全等还是相似,不会混淆。

类似地,与 SSS 相对应,又有:

相似三角形判定定理 3　若一个三角形的三边与另一个三角形的三边对应成比例,则这两个三角形相似。(简称**边边边**,或 SSS)

已知:在$\triangle ABC$与$\triangle A'B'C'$中,$\dfrac{AB}{A'B'}=\dfrac{BC}{B'C'}=\dfrac{CA}{C'A'}$。

求证:$\triangle ABC\sim\triangle A'B'C'$。

证明:参考图 3-4,在射线 BA、BC 上分别取 A_1 和 C_1,使 $A_1B=A'B'$,$C_1B=C'B'$。

(1) $\begin{cases}\angle B=\angle B, & \text{(公共角)}\\ \dfrac{AB}{A_1B}=\dfrac{AB}{A'B'}=\dfrac{BC}{B'C'}=\dfrac{BC}{BC_1}, & \text{(已知)}\end{cases}$

$\therefore \triangle ABC\sim\triangle A_1BC_1$。(SAS)

(2) $\begin{cases} \dfrac{A_1C_1}{AC}=\dfrac{A_1B}{AB}, \text{（相似三角形对应边）} \\ \dfrac{A_1B}{AB}=\dfrac{A'B'}{AB}=\dfrac{A'C'}{AC}, \text{（已知）} \end{cases}$

$\therefore A_1C_1=A'C'$。（等式性质）

(3) $\begin{cases} A_1C_1=A'C' \text{（已证）} \\ A_1B=A'B' \text{（已知）} \\ C_1B=C'B' \text{（已知）} \end{cases}$

$\therefore \triangle A_1BC_1 \cong \triangle A'B'C'$。(SSS)

(4) $\therefore \triangle ABC \sim \triangle A'B'C'$。（由(1)及(3)）

以上三个判定定理中，AA 用得最多。但 AA 容易被共角定理所代替，相比之下，SAS 更重要，因为它不易被代替，而且用到的机会又比 SSS 多。

关于相似三角形的性质，我们已学过。

相似三角形的面积比，等于相似比的平方。

此外，显然有

相似三角形的周长比，等于相似比。

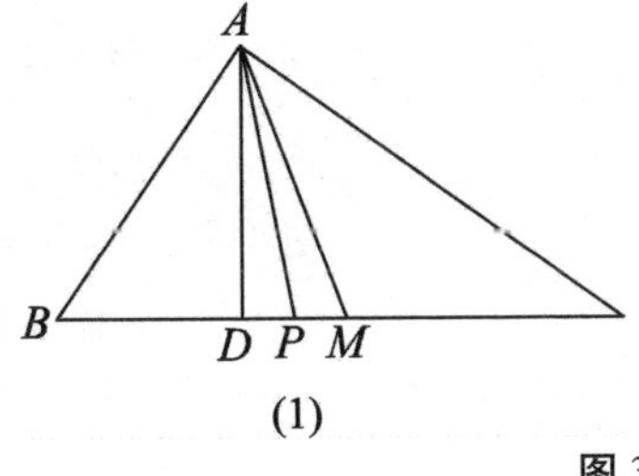

(1)

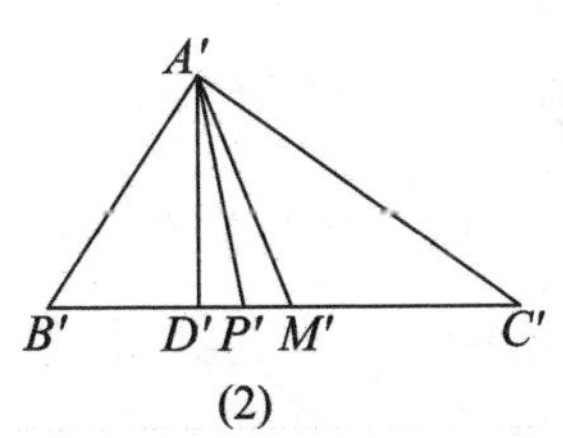

(2)

图 3-5

我们进一步研究相似三角形的对应高，对应中线、对应分角线长度的比。如图 3-5，已知 $\triangle ABC \sim \triangle A'B'C'$，$AD$ 与 $A'D'$、AM 与 $A'M'$、AP 与 $A'P'$ 分别是 $\triangle ABC$ 与 $\triangle A'B'C'$ 的高、中线和角平分线。于是：

(1) $\begin{cases} \angle B=\angle B' \\ \angle ADB=\angle A'D'B' \end{cases} \Rightarrow \triangle ABD \sim \triangle A'B'D'$

$$\Rightarrow \frac{AD}{A'D'}=\frac{AB}{A'B'};$$

$$(2)\begin{cases}\angle B=\angle B' \\ \angle BAP=\angle B'A'P'\end{cases}\Rightarrow\triangle ABP\sim\triangle A'B'P'$$

$$\Rightarrow\frac{AP}{A'P'}=\frac{AB}{A'B'};$$

$$(3)\begin{cases}\angle B=\angle B' \\ \dfrac{AB}{A'B'}=\dfrac{BC}{B'C'}=\dfrac{BM}{B'M'}\end{cases}\Rightarrow\triangle ABM\sim\triangle A'B'M'$$

$$\Rightarrow\frac{AM}{A'M'}=\frac{AB}{A'B'}。$$

这就表明：**相似三角形的对应高、对应中线及对应角平分线的比，都等于相似比。**

上述证明中，我们简单地用"…⇒…"来代替"∵…，∴…"，并且略去了关于推理根据的说明。当推理的根据很明显，涉及的是常用定理（如平行线的性质，三角形内角和为 180°，全等三角形与相似三角形的判别准则，三角形中的边角大小及相等关系，共边定理与共角定理等）时，这样省略说明并不影响推理的清晰与严谨。

例 1 设$\triangle ABC$两边AB、AC中点分别为M、N，连MN。

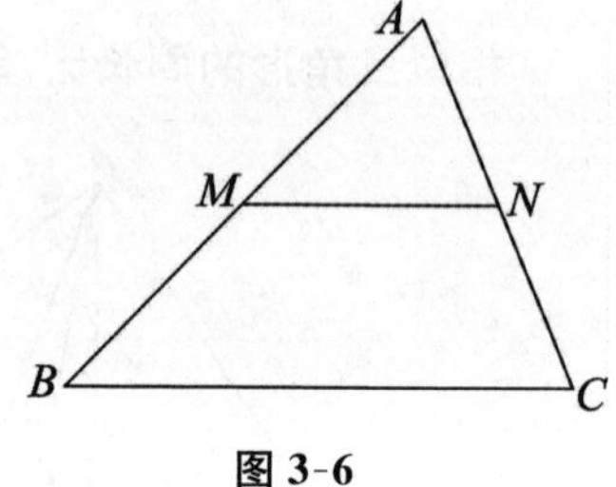

图 3-6

求证：$MN /\!/ BC$，且$MN=\frac{1}{2}BC$。

证明：在$\triangle ABC$与$\triangle AMN$中，

$$(1)\because\begin{cases}\angle A=\angle A,\text{（公共角）} \\ \dfrac{AM}{AB}=\dfrac{AN}{AC}=\dfrac{1}{2},\text{（已知）}\end{cases}$$

$\therefore\triangle ABC\sim\triangle AMN$。（SAS）

(2) $\therefore\angle AMN=\angle ABC$。（相似三角形的对应角）

(3) $\therefore MN /\!/ BC$。（同位角相等，两直线平行）

(4) $\therefore\frac{MN}{BC}=\frac{AM}{AB}=\frac{1}{2}$。（相似三角形的对应边）

$\therefore MN=\frac{1}{2}BC$。

连结三角形两边中点的线段，叫做三角形的一条中位线。例 1 的结果可以一般地表述为：

定理 （三角形中位线定理）三角形的中位线平行于第三边，并且等于它的一半。

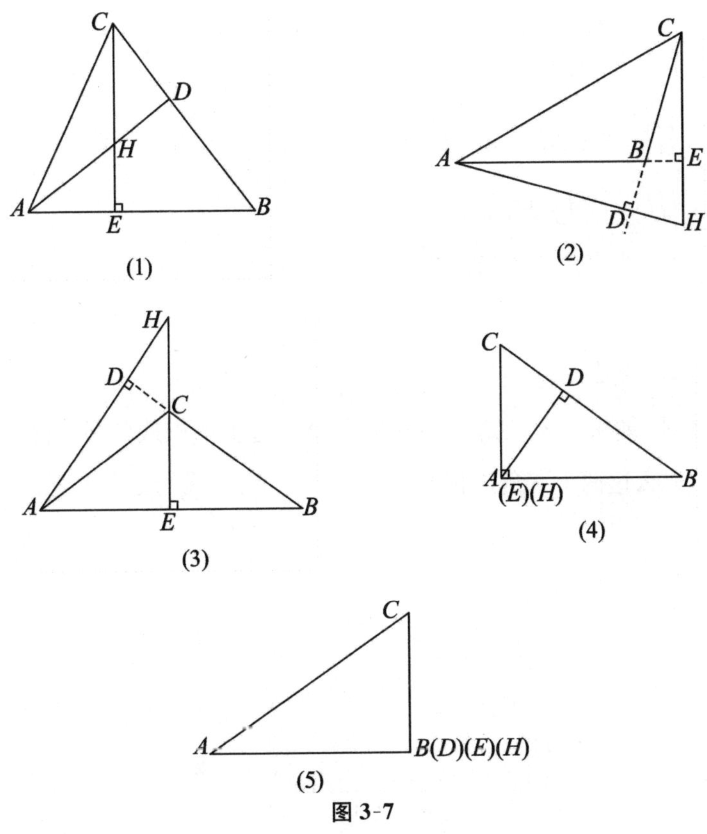

图 3-7

在 2.5 的例 2 中，已证明过三角形两边中点连线平行于第三边。那时是直接利用面积关系证明的。至于中位线等于第三边的一半这个事实，也可以利用共角三角形来证明。只要利用$\angle AMN=\angle ABC$，使得

$$\frac{AM\cdot MN}{AB\cdot BC}=\frac{\triangle AMN}{\triangle ABC}=\frac{AM\cdot AN}{AB\cdot AC},$$

两端约去$\frac{AM}{AB}$，再用条件$AN=\frac{1}{2}AC$，便得$MN=\frac{1}{2}BC$。

例 2 设$\triangle ABC$的两高AD、CE所在直线交于H。

求证：$AH \cdot HD = CH \cdot HE$。

证明：如果$\triangle ABC$不是直角三角形，如图 3-7 中(1)、(2)、(3)所示，在$\triangle AHE$与$\triangle CHD$中

$$\begin{cases}\angle DHC = \angle EHA, & \text{(对顶角或公共角)} \\ \angle HDC = \angle HEA, & \text{(直角)}\end{cases}$$

$\therefore \triangle AHE \sim \triangle CHD$。(AA)

$\therefore \dfrac{AH}{CH} = \dfrac{HE}{HD}$。(相似三角形对应边)

$\therefore AH \cdot HD = CH \cdot HE$。

至于$\triangle ABC$为直角三角形的情形，如图 3-7 的(4)、(5)所示：若$\angle A$、$\angle C$中有一个为直角时，H与A(或C)重合，若$\angle B$为直角时，H与D、E重合，要证明的等式两端都是 0，当然成立。

例 3　求证：如果一个三角形的两边和第三边上的中线与另一个三角形中的线段成比例，那么这两个三角形相似。

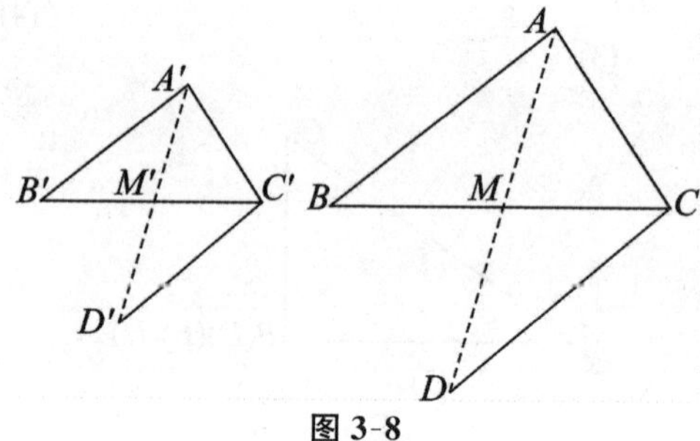

图 3-8

已知：在$\triangle ABC$和$\triangle A'B'C'$中，M、M'分别是BC、$B'C'$边的中点，并且有$\dfrac{AB}{A'B'} = \dfrac{AC}{A'C'} = \dfrac{AM}{A'M'}$。(图 3-8)

求证：$\triangle ABC \sim \triangle A'B'C'$。

证明：延长AM至D，延长$A'M'$到D'，使$DM = AM$，$D'M' = A'M'$，则在$\triangle ABM$与$\triangle DCM$中以及$\triangle A'B'M'$与$\triangle D'C'M'$中有

$$\begin{cases}AM=MD,(\text{已知})\\BM=MC,(\text{已知})\\\angle AMB=\angle DMC,(\text{对顶角})\end{cases}\Rightarrow\triangle AMB\cong\triangle DMC\Rightarrow CD=AB,$$

$$\begin{cases}A'M'=M'D',(\text{已知})\\B'M'=M'C',(\text{已知})\\\angle A'M'B'=\angle D'M'C'。(\text{对顶角})\end{cases}\Rightarrow\triangle A'M'B'\cong\triangle D'M'C'\Rightarrow C'D'=A'B',$$

于是在$\triangle ADC$与$\triangle A'D'C'$中$\frac{AC}{A'C'}=\frac{AD}{A'D'}=\frac{CD}{C'D'}$。(由题设及$\frac{CD}{C'D'}=\frac{AB}{A'B'}$，$\frac{AD}{A'D'}=\frac{AM}{A'M'}$)

$\therefore\triangle ADC\sim\triangle A'D'C'$。(SSS)

$\therefore\triangle AMC\sim\triangle A'M'C'$。

($\angle MAC=\angle M'A'C'$，$\frac{AC}{A'C'}=\frac{AM}{A'M'}$)

$\therefore\frac{MC}{M'C'}=\frac{AC}{A'C'}\Rightarrow\frac{BC}{B'C'}=\frac{AC}{A'C'}$。($M$、$M'$是中点)

$\therefore\frac{AB}{A'B'}=\frac{BC}{B'C'}=\frac{AC}{A'C'}$。(已知及已证)

$\therefore\triangle ABC\sim\triangle A'B'C'$。(SSS)

例4 (相似三角形补充判定法则)如果一个三角形的两边和另一个三角形两边对应成比例，其中一边的对角对应相等，另一边的对角不互补，则这两个三角形相似。

已知：在$\triangle ABC$与$\triangle A'B'C'$中，$\frac{AB}{A'B'}=\frac{BC}{B'C'}$，且$\angle A=\angle A'$，$\angle C+\angle C'\neq180°$。

求证：$\triangle ABC\sim\triangle A'B'C'$。

证明：由共角定理及题设条件

$$\frac{\triangle ABC}{\triangle A'B'C'}=\frac{AB\cdot AC}{A'B'\cdot A'C'}=\frac{BC\cdot AC}{B'C'\cdot A'C'},$$

$\therefore\angle C$与$\angle C'$相等或互补。(广义共角定理)

∵$\angle C$与$\angle C'$不互补,(已知)

∴$\angle C=\angle C'$。

$\triangle ABC\sim\triangle A'B'C'$。(AA:已知$\angle A=\angle A'$,又证$\angle C=\angle C'$)

作为这个补充判定法则的推论,得到

三角形全等的补充判定法则 **有两边及其中一边对角对应相等,而其中另一边对角不互补的两个三角形全等。**

直角三角形全等补充判定法则 **斜边及一条直角边对应相等的两个直角三角形全等。(简称 HL)**

直角三角形相似补充判定法则 **如果一个直角三角形的斜边和一条直角边与另一个直角三角形的斜边和一条直角边对应成比例,那么这两个直角三角形相似。(简称 HL)**

练习

1. (讨论口头回答)任意两个等边三角形是不是一定相似?有一个角相等的两个等腰三角形是不是一定相似?有一个锐角相等的两个直角三角形是不是一定相似?
2. 在$\triangle ABC$中$\angle A$的两边上分别取M、N。如果$\triangle ABC\sim\triangle AMN$,是否一定有$MN/\!/BC$?
3. 四边形$ABCD$中,$AB/\!/CD$,对角线AC与BD交于P,求证:$AB\cdot PD=CD\cdot PB$。

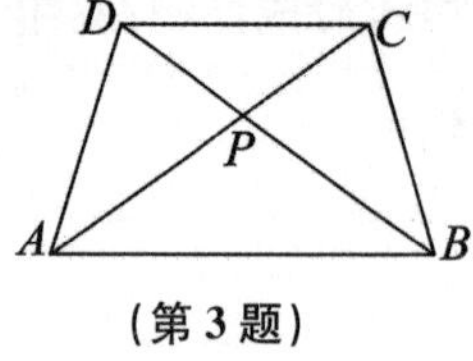

(第 3 题)

4. 在$\triangle ABC$中,$\angle C=90°$。设CD是AB上的高。求证:$\triangle ABC\sim\triangle ACD\sim\triangle CBD$。
5. 设D、E、F分别是$\triangle ABC$三边BC、CA、AB的中点,求证:$\triangle DEF\sim\triangle ABC$。
6. 直线l与$\triangle ABC$的两边AB、AC分别交于M、N。已知$MN/\!/BC$,$AB=12\text{cm}$,$AC=18\text{cm}$,$\triangle AMN$的面积是$\triangle ABC$的一半。求AM、AN之长。
7. 在$\triangle ABC$的边BC上取一点P。画图并讨论:

(1)如果图中的三个三角形两两相似,则$\triangle ABC$和点P应满足什么?

(2)如果$\triangle ABC$被分成两个相似三角形,则$\triangle ABC$和点P应满足什么条件?

(3)如果$\triangle ABC$和分割得到的某一个三角形相似,$\triangle ABC$和点P应满足什么条件?

8. 一个三角形有三条边、三个角,它们是三角形的六个元素。如果一个三角形的五个元素和另一个三角形的五个元素分别相等(不一定对应相等),这两个三角形是否一定全等?

9. 设由一点O作射线OA、OB、OC;分别在三射线上取A'、B'、C',使$\frac{OA}{OA'}=\frac{OB}{OB'}=\frac{OC}{OC'}$。

求证:$\triangle ABC\sim\triangle A'B'C'$。

10. 设$\triangle ABC\sim\triangle A'B'C'$,$AB\neq AC$;$AE$,$AM$和$A'E'$、$A'M'$分别是$\triangle ABC$和$\triangle A'B'C'$的分角线和中线。

求证:$\triangle AEM\sim\triangle A'E'M'$。

11. 设AD、BE,是$\triangle ABC$的两条高,用相似三角形性质证明:$AD\cdot BC=BE\cdot CA$(分$\triangle ABC$为锐角、直角、钝角三角形三种情形画图加以证明)。

12. 设在$\triangle ABC$中,$AB=AC$,$\angle A=36°$,BD是角平分线。

求证:

(1)$BD=AD$;

(2)$\triangle ABC\sim\triangle BCD$;

(3)$\frac{BC}{AB}=\frac{\sqrt{5}-1}{2}\approx 0.618$。

13. 在12题条件下,不用相似三角形性质,直接用共角定理和面积关系$\triangle ABC=\triangle ABD+\triangle BDC$,求比值$\frac{BC}{AB}$。

14. 在$\triangle ABC$内任取一点P,P到AC、AB的距离分别为y、z。设BC、CA、AB之长分别为a、b、c。

求证:$PA\cdot a\geqslant cy+bz$。

（提示：延长 AP 交 BC 于 Q，则 $AQ\cdot a\geqslant 2\triangle ABC$。由此可推出 $PA\cdot a\geqslant 2(\triangle ABC-\triangle PBC)$）

3.3 相似多边形

两个边数相同的多边形，把顶点顺序确定之后，便可以认定对应顶点、对应边。对应角。

对应角相等、对应边成比例的两个多边形叫做相似多边形。当 $A_1A_2\cdots A_n$ 与 $B_1B_2\cdots B_n$ 是相似多边形时，写作 $A_1A_2\cdots A_n\sim B_1B_2\cdots B_n$。

例如，图 3-9 画出了四边形 $ABCD$。分别在 AB、AC、AD 上取 B'、C'、D'，使 $AB'=\frac{2}{3}AB$，$AC'=\frac{2}{3}AC$，$AD'=\frac{2}{3}AD$。利用相似三角形性质，可以证明：

$$\frac{AB'}{AB}=\frac{B'C'}{BC}=\frac{C'D'}{CD}=\frac{D'A}{DA}=\frac{2}{3}$$

并且$\angle D'AB'=\angle DAB$，$\angle AB'C'=\angle ABC$，$\angle B'C'D'=\angle BCD$，$\angle C'D'A=\angle CDA$，因此，四边形 $A'B'C'D'\sim$四边形 $ABCD$。

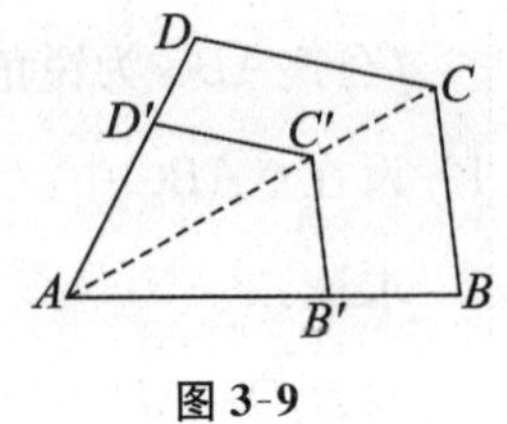

图 3-9

相似多边形的对应边的比叫相似此（或相似系数）。在图 3-9 中，四边形 $A'B'C'D'$ 与 $ABCD$ 的相似比是$\frac{2}{3}$。

从 n 边形的一个顶点出发，可以与其他顶点连结成 $n-1$ 条线段。这些线段中有两条是边，其余 $n-3$ 条是 n 边形的对角线，它们把 n 边形分成 $n-2$ 个三角形。

例如，图 3-10 中的两个相似的六边形 $A_1A_2A_3A_4A_5A_6$ 与 $B_1B_2B_3B_4B_5B_6$，分别被经过 A_1、B_1 的边和对角线，各分成四个三角形，容易看出这些三角形对应相似。设两个六边形 $A_1A_2A_3A_4A_5A_6$ 与 $B_1B_2B_3B_4B_5B_6$ 的相似比为 k，则：

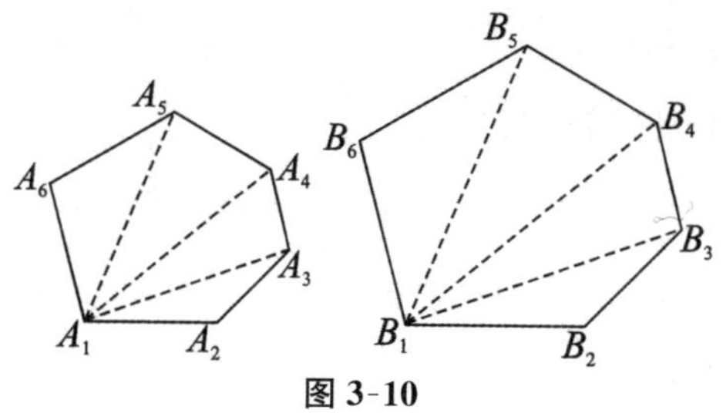

图 3-10

$\because A_1A_2A_3A_4A_5A_6 \sim B_1B_2B_3B_4B_5B_6$，

$$\begin{cases}\angle A_2=\angle B_2 \\ \dfrac{A_1A_2}{B_1B_2}=\dfrac{A_2A_3}{B_2B_3}=k\end{cases} \Rightarrow \triangle A_1A_2A_3 \sim \triangle B_1B_2B_3 \Rightarrow \begin{cases}\angle A_1A_2A_3=\angle B_1B_2B_3 \\ \dfrac{A_1A_3}{B_1B_3}=k\end{cases}$$

$$\therefore \begin{cases}\angle A_1A_3A_4=\angle B_1B_3B_4 \\ \dfrac{A_1A_3}{B_1B_3}=\dfrac{A_3A_4}{B_3B_4}=k\end{cases} \Rightarrow \triangle A_1A_3A_4 \sim \triangle B_1B_3B_4$$

$$\Rightarrow \begin{cases}\angle A_1A_4A_3=\angle B_1B_4B_3 \\ \dfrac{A_1A_4}{B_1B_4}=k\end{cases}$$

$$\therefore \begin{cases}\angle A_1A_4A_5=\angle B_1B_4B_5 \\ \dfrac{A_1A_4}{B_1B_4}=\dfrac{A_4A_5}{B_4B_5}=k\end{cases} \Rightarrow \triangle A_1A_4A_5 \sim \triangle B_1B_4B_5 \Rightarrow \dfrac{A_1A_5}{B_1B_5}=k。$$

也就是说，对应对角线的比也等于相似比。对于 n 边形，仿照上述推理并使用数学归纳法，可得

两个相似多边形对应对角线的比等于相似比。

两个多边形中，对应的顶点构成的三角形为对应三角形。对应三角形的对应边，或者是多边形的对应边，或者是多边形的对应对角线。因此，相似多边形的对应三角形的三边对应成比例，因而它们是相似三角形。于是有定理：

相似多边形中的对应三角形相似，其相似比等于相似多边形的相似比。

于是可以推得

相似多边形的面积比，等于相似比的平方。

至于周长的比，自然有

相似多边形的周长比，等于相似比。

在图 3-9 中，多边形 $ABCD$ 与 $AB'C'D'$ 不但相似，而且对应顶点分别在一条条从同一点引出的射线上。这给我们提供出一类特殊形式的相似多边形——**位似多边形**。

一般说来，可以引入**位似图形**的概念。设图形甲由点 $X_1X_2\cdots X_n$ 构成，图形乙由点 $Y_1Y_2\cdots Y_n$ 构成，根据顺序把甲中的点和乙中的点一一对应起来：X_1 对 Y_1，X_2 对 Y_2，…，X_n 对 Y_n。如果每一对对应点的连线都经过同一点 O，并且

(1) $\dfrac{OX_1}{OY_1}=\dfrac{OX_2}{OY_2}=\cdots=\dfrac{OX_n}{OY_n}=K$

(2) 对 $K=1,2,\cdots,n$，X_K 与 Y_K 都在 O 的同侧，或都在 O 的异侧。

这时，称图形甲与图形乙位似，数 K 叫做位似比。当所有的 X_K 与 Y_K 在 O 的同侧时，叫做外位似，都在 O 的异侧时，叫做内位似，点 O 叫做位似中心。

显然，位似的对应线段平行，对应线段的比等于位似比。由此可知，位似的多边形一定相似，位似比也就是相似比。反过来，相似多边形不一定位似。

图 3-11 中，两个五边形外位似；图 3-12 中，两个五边形内位似。

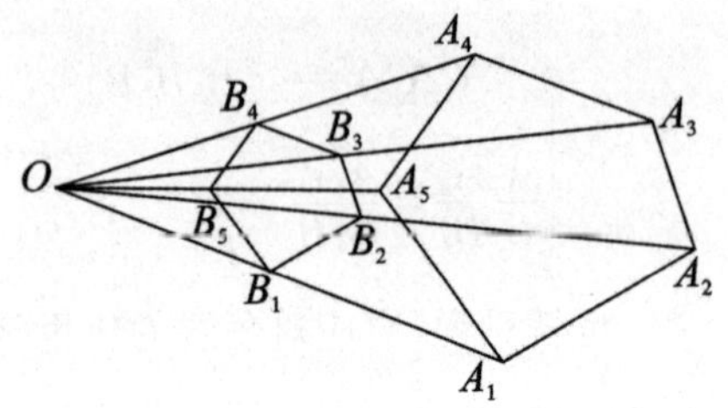

图 3-11

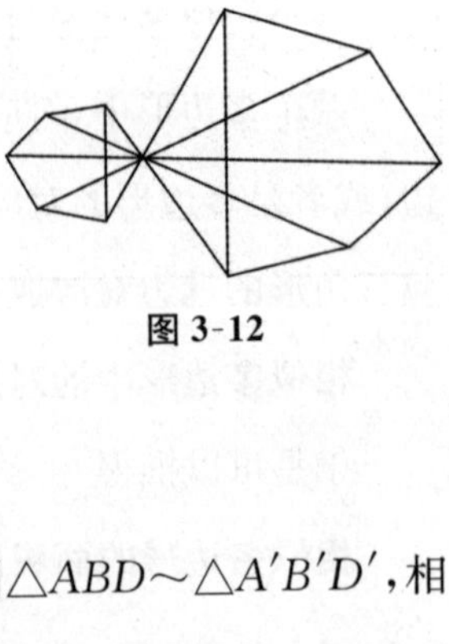

图 3-12

利用位似图形必相似的道理，可以把小的图形按一定的比例系数放大，也可以把大的图形按一定的比例系数缩小。还可以在不大的范围内，在地形比较平坦的地方测绘平面图，根据实际的需要，人们设计出放缩尺用于放大缩小图形，设计出小平板仪用于平面图的测绘。

例 1 四边形 $ABCD\sim A'B'C'D'$，它们的对角线分别交于 O、O'。（图 3-13）

求证：$\dfrac{AO}{CO}=\dfrac{A'O'}{C'O'}$。

证明：设四边形 $ABCD$ 与 $A'B'C'D'$ 的相似比为 k，则 $\triangle ABD\sim\triangle A'B'D'$，相

似比为 $k\Rightarrow\triangle ABD=k^2\triangle A'B'D'$；

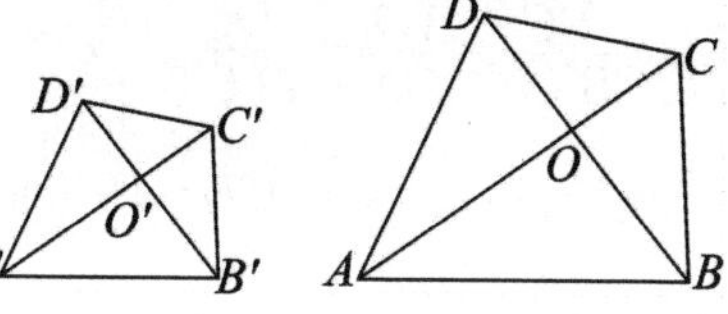

图 3-13

$\triangle CBD\sim\triangle CB'D'$，相似比为 $k\Rightarrow\triangle CBD=k^2\triangle C'B'D'$；

$\therefore\dfrac{AO}{CO}=\dfrac{\triangle ABD}{\triangle CBD}=\dfrac{k^2\triangle A'B'D'}{k^2\triangle C'B'D'}=\dfrac{A'O'}{C'O'}$

例 2 参考图 3-13，设$\angle AOB=\angle A'O'B'$，并且

$$\frac{AO}{A'O'}=\frac{BO}{B'O'}=\frac{CO}{C'O'}=\frac{DO}{D'O'}=k$$

求证：四边形 $ABCD\sim A'B'C'D'$四边形，相似比为 k。

证明：(1)在$\triangle AOB$ 和$\triangle A'O'B$ 中

$$\left\{\begin{array}{l}\angle AOB=\angle A'O'B'\\ \dfrac{AO}{A'O'}=\dfrac{BO}{B'O'}=k\end{array}\right.\Rightarrow\triangle AOB\sim\triangle A'O'B'\Rightarrow\frac{AB}{A'B'}=k$$

(2)同理可得

$$\frac{AB}{A'C'}=\frac{BC}{B'C'}=\frac{CD}{C'D'}=\frac{DA}{D'A'}=k,$$

(3)又由假设得

$$\frac{AC}{A'C'}=\frac{AO+OC}{A'O'+O'C'}=k,\frac{BD}{B'D'}=\frac{BO+OD}{B'O'+O'D'}=k,$$

$\therefore\triangle ABC\sim\triangle A'B'C'\Rightarrow\triangle ABC=\triangle A'B'C'$。

(4)同理得

$$\angle BCD=\angle B'C'D',\angle CDA=\angle C'D'A',\angle DAB=\angle D'A'B'$$

综合(2)、(3)、(4)，得知四边形 $ABCD\sim$四边形 $A'B'C'D'$。

练习

1. 已知：四边形 $ABCD\sim$四边形 $A'B'C'D'$，它们的对角线分别交于点 O、O'。求证：$\triangle AOB\sim\triangle A'O'B'$。

2. 已知：在两个四边形 $ABCD$ 与 $A'B'C'D'$ 中，$\angle B=\angle B'$，$\angle D=\angle D'$，并且：$\dfrac{AB}{A'B'}$

$=\frac{BC}{B'C'},\frac{AD}{A'D'}=\frac{DC}{D'C'}$。

求证：四边形 $ABCD$～四边形 $A'B'C'D'$。

3. 求证：在四边形 $ABCD$ 及 $A'B'C'D'$ 中，如果 $\angle B=\angle B'$，$\angle C=\angle C'$，$\frac{AB}{A'B'}=\frac{BC}{B'C'}=\frac{CD}{C'D'}$，则这两个四边形相似。

4. 在四边形 $ABCD$ 的对角线 AC 上任取一点 O，过 O 作 BC 的平行线交 AB 于 E，作 DC 的平行线交 AD 于 F。

求证：四边形 $ABCD$～四边形 $AEOF$。

5. 放缩尺的构造如图示：把四条上有一些小孔的直尺用螺栓分别在 A、B、C、D 处连接起来，使直尺可以绕这些点转动，并使 $OD=DA=CB$，$DC=AB=BA'$。试证：不管如何变动 $\angle C$，O、A、A' 三点总在一直线上，而且总有 $\frac{OA}{OA'}=\frac{OD}{OC}$。（因此，当 O 点固定时，点 A' 处的笔画出的图形与点 A 处的笔画出的图形是位似形。）

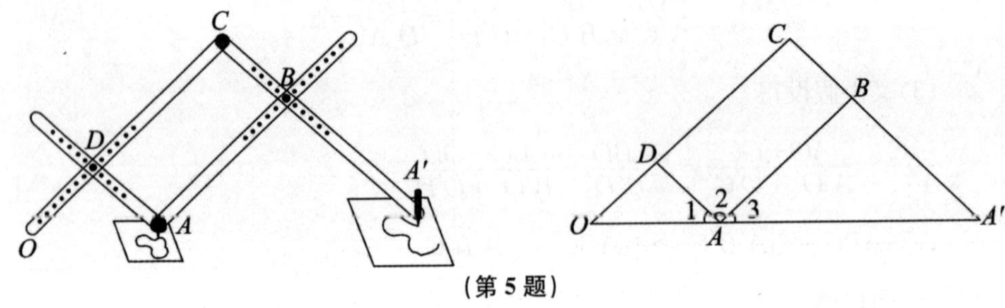

（第 5 题）

提示：要证 O、A、A' 在一直线上，只要证明 $\angle 1+\angle 2+\angle 3=180°$ 就可以了。

小结

一个几何图形可以用一列点表示。如果两个图形分别都用同样数目的点表示，而且分别指定了点之间的顺序，便可以确定两个图形之间的对应点，对应线段、对应边、对应角，这为引入全等、相似概念提供了基础。

全等是相似的特殊情形。掌握了相似三角形的判定法则，全等三角形判定法

则也可以顺便得到。判定两个三角形相似的条件有

(1)两边对应成比例,夹角相等(SAS);

(2)两角对应相等(AA);

(3)三边对应成比例(SSS);

(4)(补充法则)两边对应成比例,其中一边的对角对应相等,另一边对角不互补。

第4条有一个很有用的推论:两个直角三角形的斜边和一条直角边对应成比例,则这两个直角三角形相似。

当相似比为1时,上述判定三角形相似的法则,就成为相应的判定三角形全等的法则,其中(1)、(3)仍为SAS和SSS,(2)成为ASA或AAS,当(4)用于直角三角形时,简称为“斜边、直角边”。

相似三角形对应边的比叫相似比。对应中线、高,角平分线及周长的比,等于相似比,面积比等于相似比的平方。

边数相等的两个多边形。当对应边成比例,对应角相等时,叫做相似多边形。相似多边形对应边的比叫相似比。其对应对角线的比和周长的比等于相似比。面积比等于相似比的平方。以对应顶点为顶点的对应三角形相似。

两个图形的对应点连线交于同一点,对应点到这点的距离成比例。并且对应点同在这一点的异侧或同侧时,称这两个图形为位似图形。位似图形一定相似,是具有特殊位置的相似形。位似理论是测绘的基础。

二、特殊的三角形

3.4 等腰三角形

在小学里,已学过什么是等腰三角形。现在,系统地总结一下等腰三角形的性质以及如何判定一个三角形是等腰三角形。

有两条边相等的三角形叫等腰三角形。相等的两边都叫做等腰三角形的腰,

第三边叫做等腰三角形的**底**。两腰所对的角叫做等腰三角形的**底角**,底所对的角叫做等腰三角形的**顶角**。

等腰三角形的基本性质有两条。

等腰三角形性质定理 1　等腰三角形的两个底角相等。(简写为等边对等角)

等腰三角形性质定理 2　等腰三角形顶角的平分线垂直平分底边。

性质定理 2 说明,等腰三角形的顶角平分线、底上的中线和底上的高相互重合。

前面,已经不止一次地给出性质定理 1 的证明(2.7 中的图 2-29,2.9 中的例 1,3.1 中的例 1)。至于性质定理 2,在 2.7 中的图 2-29 的说明中也给出了证法。作为练习,请再写出它的证明的详细步骤。

性质定理 2 常被简述为:“等腰三角形三线合一。”

与性质定理相对应,有等腰三角形的判定定理:

等腰三角形判定定理 1　若一个三角形两角相等,则这两个角的对边也相等。(简写成“等角对等边”)

等腰三角形判定定理 2　若三角形中某个角的平分线平分对边或垂直于对边,则这个角的两夹边相等。

关于判定定理 1,前面也曾三次给出证明。(参看 2.7 中的例 1,图 2-29 及 3.1 中的例 1)。下面给出判定定理 2 的证明。判定定理 2 实际上包含两个命题:

一个命题是:**若三角形中某个角的平分线平分对边,则这个角的两夹边相等。**

已知:三角形 ABC 中 AD 是角平分线,$BD=CD$。

求证:$AB=AC$。

证明:对$\triangle ABD$与$\triangle ACD$用共角及共边定理:

$$1=\frac{BD}{CD}=\frac{\triangle ABD}{\triangle ACD}=\frac{AB\cdot AD}{AC\cdot AD},$$

约简后得　$AB=AC$。

如应用角平分线性质定理,证明更简单。

另一个命题是:**若三角形中某个角的平分线垂直于对边,则这个角的两夹边**

相等。

已知：$\triangle ABC$ 的角平分线 $AD \perp BC$。

求证：$AB=AC$。

证明：由已知条件 $\angle BAD=\angle CAD$，$\angle ADB=\angle ADC$，

$$\therefore \angle B = 180^\circ - \angle BAD - \angle ADB$$

$$= 180^\circ - \angle CAD - \angle ADC = \angle C。$$

$\therefore AB=AC$。（等角对等边）

根据等腰三角形的性质可知：**如果三角形三边相等，则三个角相等。**反过来，由等腰三角形的判定定理可知：**如果三角形的三个角相等，那么三边也相等。**

由此可知，**等边三角形的三个角都等于** 60°。此外，**若等腰三角形有一个角为** 60°**，则它是等边三角形。**等边三角形也叫正三角形。

在第一章中已经知道：**等腰三角形两腰上的高相等**，反过来，**若三角形某两边上的高相等，则这两条边相等。**关于中线和分角线，也有类似的性质。

例 1 求证：等腰三角形两腰上的中线相等。

已知：在 $\triangle ABC$ 中，$AB=AC$，BD 和 CE 是两条中线。

求证：$BD=CE$。

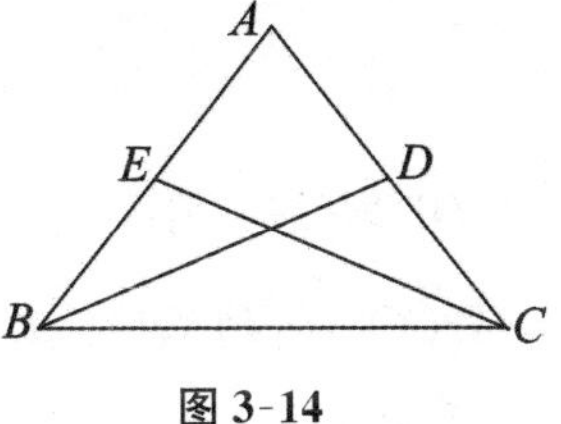

图 3-14

证明：$\because AB=AC$，（已知）

$\therefore AD=\frac{1}{2}AC=\frac{1}{2}AB=AE$。（等式性质）。

在 $\triangle ABD$ 与 $\triangle ACE$ 中，

$$\begin{cases} AB=AC，（已知）\\ \angle BAD=\angle CAE，（公共角）\\ AD=AE，（已证）\end{cases}$$

$\therefore \triangle ABD \cong \triangle ACE$。（SAS）

$\therefore BD=CE$。（全等三角形对应边）

例 2 求证：若三角形某两角的平分线相等，则这两角相等。

已知：BD 和 CE 是$\triangle ABC$的两条角平分线，并且 $BD=CE$。

求证：$\angle ABC=\angle ACB$。

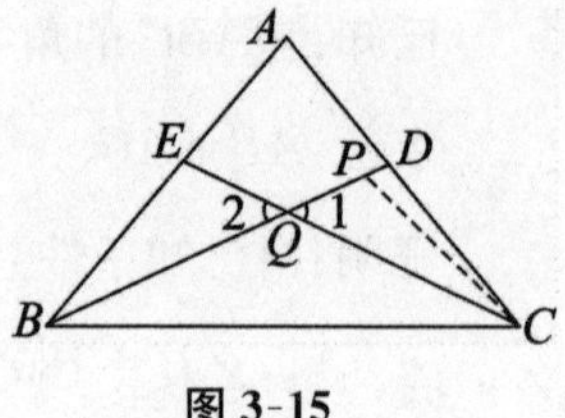

图 3-15

证明：两个不等式$\angle ABC\leqslant\angle ACB$和$\angle ABC\geqslant\angle ACB$中总有一个成立。不妨设$\angle ABC\leqslant\angle ACB$，则有

(1)$\angle ABD=\frac{1}{2}\angle ABC\leqslant\frac{1}{2}\angle ACB=\angle ACE$，在线段 DQ 上取 P 使$\angle PCQ=\angle EBQ$，则

(2)$\angle BPC=180^\circ-\angle 1-\angle PCQ$

$=180^\circ-\angle 2-\angle EBQ=\angle CEB$，

(3)$\angle PCB=\angle PCQ+\angle QCB\geqslant\angle EBQ+\angle QBC=\angle EBC$。

对$\triangle BPC$与$\triangle CEB$用共角定理与广义共角定理：

$$\frac{BP\cdot PC}{CE\cdot EB}=\frac{\triangle BPC}{\triangle CEB}\geqslant\frac{PC\cdot BC}{EB\cdot BC},(\text{由}(2)(3))$$

约简后得

$$\frac{BP}{CE}\geqslant 1$$

即 $BP\geqslant CE$。另一面有 $BP\leqslant BD=CE$，故 $BP=CE=BD$，即 P 与 D 重合，即$\angle DCQ=\angle PCQ=\angle EBQ$。这表明$\angle ABC=\angle ACB$。

例 3 已知：D、E，在等腰$\triangle ABC$的底边 BC 上，并且 $AD=AE$。（图 3-16）

求证：$BD=CE$。

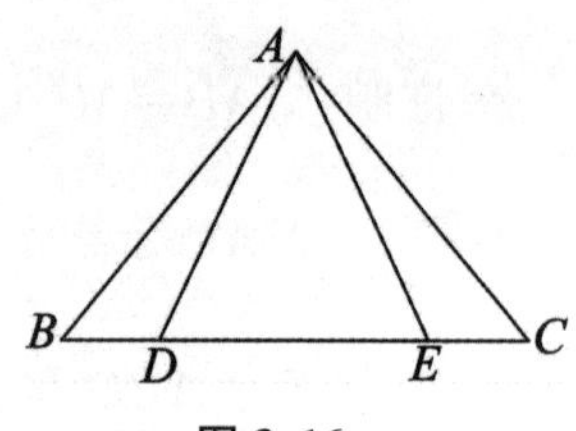

图 3-16

证明：在$\triangle ABD$与$\triangle ACE$中

$$\begin{cases}\angle B=\angle C,(\text{因 }AB=AC)\\ \angle ADB=\angle AEC,(\text{因 }AD=AE)\end{cases}$$

$\therefore\triangle ABD\sim\triangle ACE$。(AA)

$\therefore\frac{BD}{CE}=\frac{AB}{AC}=1$。（相似三角形对应边；及已知）

$\therefore BD=CE$。

等腰三角形两底角相等是用途很广的命题之一。它特别被用于角度大小的计算中。

例 4 已知：$OA=OB=OC$。（图 3-17）

求证：$\angle BAC=\frac{1}{2}\angle BOC$。

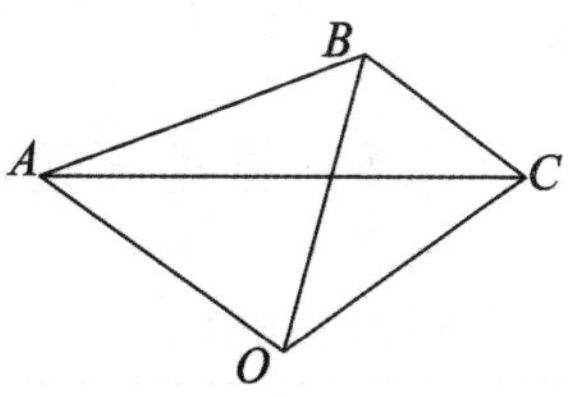

图 3-17

证明：$\because OA=OB=OC$，

$\because \angle OAB=\angle OBA$，（等腰三角形底角）

$\therefore \angle OAC=\angle OCA$。（同理）

$$\begin{cases}\angle OAB=\frac{1}{2}(180^\circ-\angle AOB)\\ \angle OAC=\frac{1}{2}(180^\circ-\angle AOC)\end{cases}$$

（三角形内角和定理）

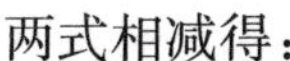

两式相减得：

$$\angle BAC=\angle OAB-\angle OAC$$

$$=\frac{1}{2}(\angle AOC-\angle AOB)=\frac{1}{2}\angle BOC。$$

练习

1. 求证：等腰三角形两底角的角平分线相等。
2. 求证：若三角形某两边上的中线相等。则这两边相等。
3. 在等腰三角形底边上任取一点 P，求证：P 到两腰距离之和等于一腰上的高。
4. 求证：如果三角形一个外角的平分线平行于三角形的一边，那么这个三角形是等腰三角形。
5. 如图：在海岸上两点 E、B 处测得岛上一处 C 的位置有关角度为 $\angle CAB=41^\circ$，$\angle CBA=98^\circ$，又测得 $AB=25\text{km}$，求 B 到 C 的距离。

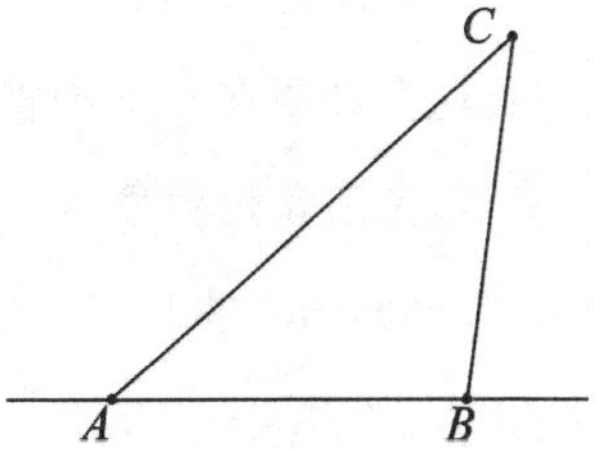

（第 5 题）

6. 在例 4 中，若 O 在 ABC 之内，试证明仍有等式

$\angle BAC=\frac{1}{2}\angle BOC$。

7. 在例 4 中，若 O 在线段 AC 上，试证：$\angle ABC$ 为直角。

3.5 直角三角形

我们已知道，有一个角为直角的三角形叫直角三角形。直角三角形 ABC 可以简记作 Rt$\triangle ABC$，记号“Rt$\triangle$”读作“直角三角形”。

任意三角形可以分成两个直角三角形，所以直角三角形很有用。

在直角三角形中，直角对的边叫斜边，直角的两夹边叫直角边。

关于直角三角形的性质，我们已经知道：

直角三角形性质 1　直角三角形的两锐角互为余角。（第一章，1.12）

直角三角形性质 2　直角三角形三边中，斜边最大。（第二章，2.9）

直角三角形性质 3　直角三角形斜边上的高，是其垂足分斜边所得两线段的比例中项。

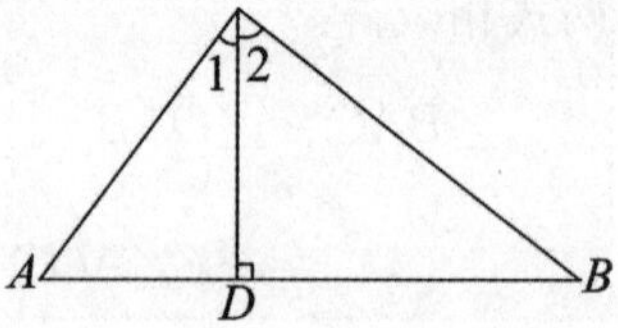

已知：CD 是 Rt$\triangle ABC$ 斜边 AB 上的高。

求证：$CD^2=AD\cdot BD$。

证明：由直角三角形两锐角互余，得：

$\angle 1=90°-\angle A=\angle B$，

$\angle 2=90°-\angle B=\angle A$。

图 3-18

于是对$\triangle AOC$ 与$\angle CDB$ 可用共角定理：

$$\frac{CD\cdot AC}{BD\cdot BC}=\frac{\triangle ADC}{\triangle BDC}=\frac{AC\cdot AD}{BC\cdot CD},$$

约简后得$\frac{CD}{BD}=\frac{AD}{CD}$，即 $CD^2=AD\cdot BD$。

这个性质在 2.7 中曾作为练习提到过，它也是 3.2 中练习题 4 的推论。

直角三角形性质 4　直角三角形斜边上的中线等于斜边的一半。

已知：CM 是 Rt$\triangle ABC$ 斜边 AB 上的中线。

求证：$CM=\frac{1}{2}AB$。

证明:如图 3-19 延长 BC 至 D 使 $CD=BC$,则$\triangle ACD \cong \triangle ACB$。

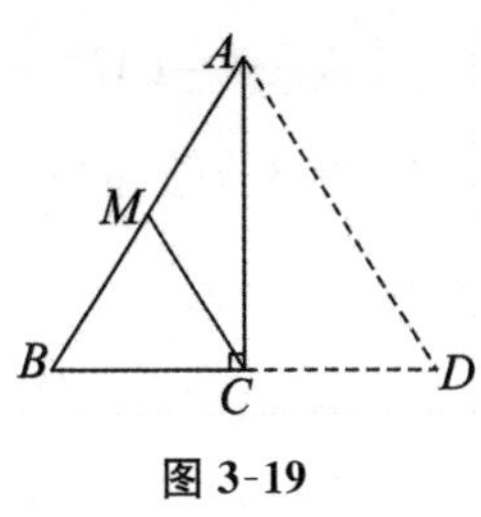

图 3-19

$\therefore AD=AB$。

$\because M$、C 分别是 AB、BD 中点,

$\therefore MC=\frac{1}{2}AD=\frac{1}{2}AB$。

从图 3-19 顺便看出,如果$\angle BAC=30°$,则$\angle B=\angle D=\angle BAD=60°$。因而 $BD=BA$,$BC=\frac{1}{2}AB$。反过来,如果 $BC=\frac{1}{2}AB$,则 $AB=BD=AD$。从而$\angle BAC=30°$。这样,有一角为 30°的特殊直角三角形。它可以看成是半个等边三角形。

直角三角形性质 5　直角三角形中,一锐角为 30°的充要条件是:此角的对边是斜边的一半。

要判定两个直角三角形相似,只要有一锐角对应相等(AA),或两直角边对应成比例(SAS),或一直角边、斜边对应成比例(HL)就可以了。如再有相似比等于 1,即可判定其为全等。

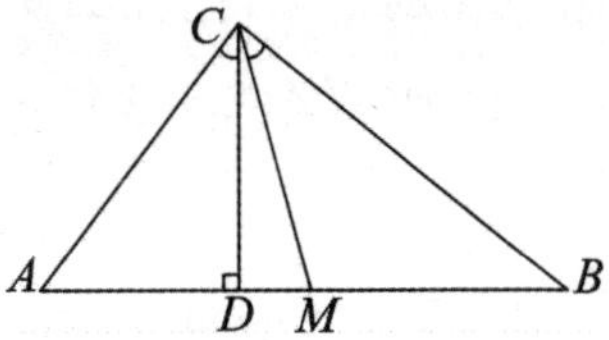

例 1　已知 CD、CM 分别是 Rt$\triangle ABC$ 斜边 AB 上的高和中线。(图 3-20)

图 3-20

求证:$\angle ACD=\angle BCM$。

证明:$\because M$ 是斜边中点,

$\therefore MC=MB$。(Rt△斜边上中线性质)

$\therefore \angle BCM=\angle B$。(等腰三角形性质)

$\because \angle B=90°-\angle A=\angle ACD$。(Rt△锐角互余)

$\therefore \angle BCM=\angle ACD$。

例 2　在图 3-20 中,若$\angle B=30°$,求证:$AB=4AD$。

证明:$\because \angle B=30°$,

$\therefore AB=2AC$。(Rt△中,30°角对边是斜边之半),

$\because \angle ACD=90°-\angle A=\angle B=30°$,(Rt△中锐角互余)

$\therefore \angle AC=2AD$。(Rt△中,30°角对边是斜边的一半)

$\therefore AB=4AD$。

例 3　已知：BD、CE 是 $\triangle ABC$ 的两高，M、N 分别是 BC、DE 中点。（图 3-21）

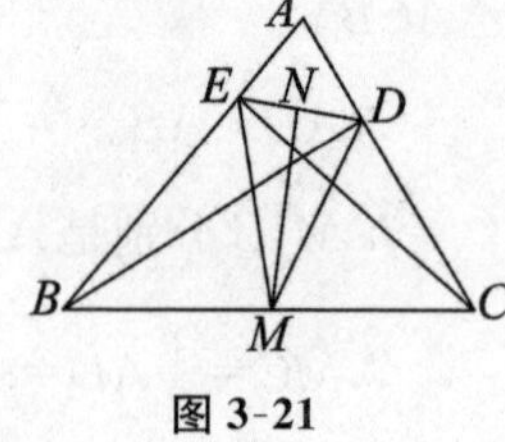

图 3-21

求证：$MN\perp DE$。

证明：$\because M$ 是 $\mathrm{Rt}\triangle BCE$ 和 $\mathrm{Rt}\triangle BCD$ 斜边中点，

$\therefore ME=\frac{1}{2}BC=MD$（Rt△斜边上中线等于斜边的一半）

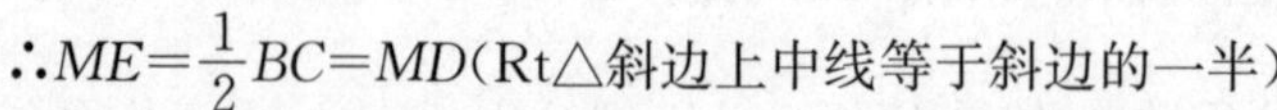

$\because MN$ 是等腰 $\triangle MDE$ 底边上中线，

$\therefore MN\perp DE$（等腰三角形底边上中线与高重合）

练习

1. 如图的框架，已知 $AB=8\text{m}$，D 是 AB 中点，$DE\perp AC$、$BC\perp AC$，$\angle BAC=30°$。求支撑梁 DE、DC、BC 的长。

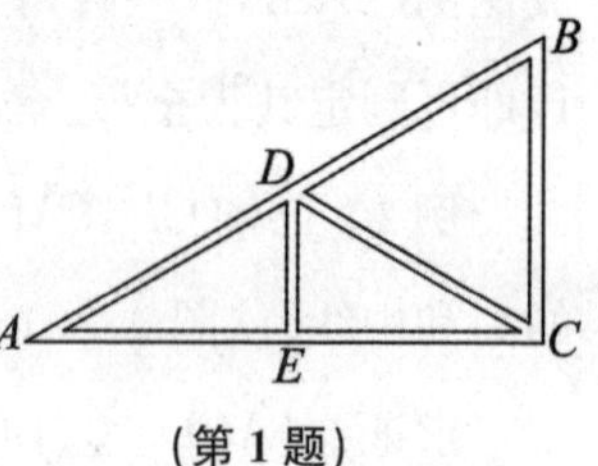

（第 1 题）

2. 设 CE、CD 分别是 $\mathrm{Rt}\triangle ABC$ 斜边 AB 上的中线和高。若 $AB=2AC$，求 $\angle DCE$。
3. 设 M 是 $\triangle ABC$ 中 BC 边的中点，M 到 AB、AC 距离相等。求证：$AB=AC$。

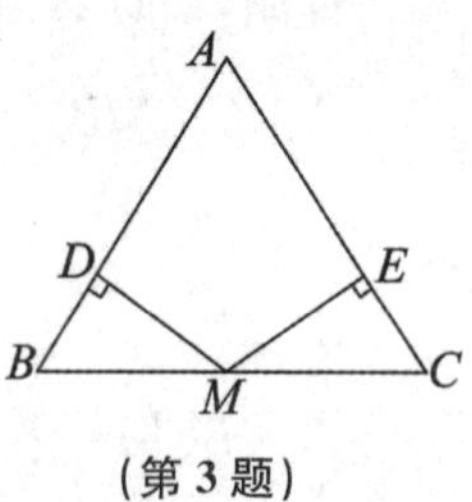

（第 3 题）

4. 求证：若 $\triangle ABC$ 中 AB 边上的中线等于 AB 的一半，则 $\angle ACB=90°$。
5. 若三角形三个角度数之比为 $1:2:3$，其最大边长为 16cm，求最小边的长度。
6. 等腰三角形底角等于 15°，腰长为 26cm，求三角形的面积。（提示：观察附图，看 $\angle DAC=$？求出腰上的高 CD。）

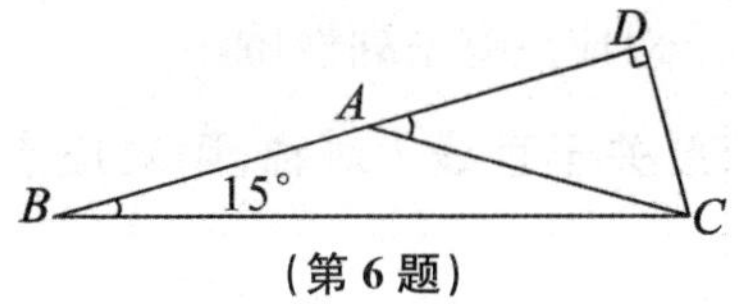

（第 6 题）

7. 设 CD 是 Rt△ABC 的斜边 AB 上的高，若∠CAB=60°，BC=10，求 CD。

8. 求证：有一条直角边和斜边上的高对应相等的两个直角三角形全等。

9. 设 CD 是 Rt△ABC 的斜边 AB 上的高，

求证：$\frac{1}{CD^2}=\frac{1}{AC^2}+\frac{1}{BC^2}$。

（提示：利用△ABC=△ADC+△BDC，两端除以△ABC，用共角定理或相似比，及等式 $AB\cdot CD=AC\cdot BC$）

3.6 反射、轴对称与轴对称图形

在平面上给了一个点 P 和直线 l，自 P 向 l 引垂线 PP'，如果 l 平分 PP'，便称 P' 是 P 关于直线 l 的反射对称点，或轴对称点。当然，P 也是 P' 的关于 l 的轴对称点。简单地说：P 与 P' 关于直线 l 对称，l 叫做两点 P、P 的对称轴。（图 3-22）

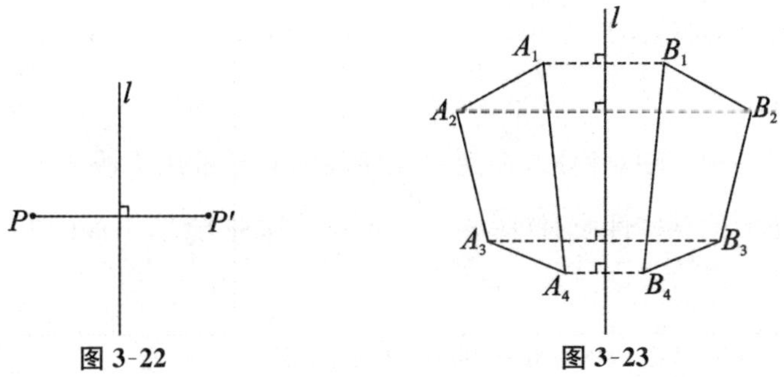

图 3-22　　图 3-23

如果在图形 $A_1A_2\cdots A_n$ 和 $B_1B_2\cdots B_n$ 中，对 $k=1,2,\cdots,n$，A_k 与 B_k 都关于直线 l 对称，便称这两个图形关于直线 l 对称。如果把图形沿直线 l 折过来，A_k 便与 B_k 重合，两个图形便会重合（图 3-23），由此可见，关于直线对称的两个图形是全等的。

在关于直线 l 对称的两个图形中，沿 l 折叠时相互重合的两点，也就是关于 l

对称的两点叫对应点。关于对应点有下列性质：

性质 1　如果两个图形关于直线 l 对称，则对应点的连线与 l 垂直，且被 l 平分。

性质 2　两个图形关于直线 l 对称，如果它们的对应线段或其延长线相交，那么交点在对称轴上。

性质 1 就是轴对称的定义，性质 2 可利用全等三角形及等腰三角形性质来证明。

如果一个图形能够被某条直线分成关于直线对称的两部分；也就是说，沿这直线对折时图形在直线两旁的部分互相重合，便称这个图形为**轴对称图形**。这条直线便叫做这个图形的一条对称轴。例如：

线段是轴对称图形。通过它的中点并垂直于它的直线，即线段的**垂直平分线**是它的一条对称轴。（线段所在的直线，也是一条对称轴。）

直线是轴对称图形　它的每条垂线都是对称轴。它本身也是对称轴。

角是轴对称图形　它的角平分线是对称轴。

等腰三角形是轴对称图形　它的底边的垂直平分线是对称轴。

很多建筑物，从正面看是轴对称图形。很多运输工具，如车，船、飞机，从上俯视时，其外形是轴对称图形。在自然界里，很多动物，很多种植物的叶子，也呈轴对称形。

利用反射法构造轴对称形，在解决几何问题时是常用手段之一。在 3.5 节中证明直角三角形的某些性质时（图 3-19），便用了这种方法，下面的例 2 中也用了反射法。

例 1　设 MN 是线段 AB 的垂直平分线。求证：点 P 在直线 MN 上的充分必要条件是 $PA=PB$。（图 3-24）

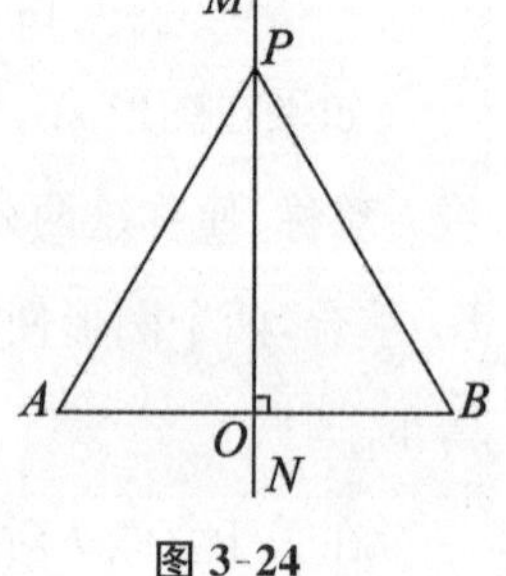

图 3-24

证明：充分性：已知 $PA=PB$，要证 P 在 MN 直线上。

设 MN 与 AB 交于 O，则 PO 是等腰$\triangle PAB$ 底边 AB 上的中线，故 $PO\perp AB$，故 P 在 MN 上。

必要性：已知 P 在 MN 上，要证 $PA=PB$。

在$\triangle PAO$与$\triangle PBO$中

$$\begin{cases}AO=BO,\\PO=PO,\\\angle POA=\angle POB=90^\circ,\end{cases}$$

$\therefore\triangle PAO\cong\triangle PBO$。(SAS)

$\therefore PA=PB$。

例 1 可概括为

平面上到两点等距的所有的点的集合，组成连结这两点的线段的垂直平分线。

例 2 如图 3-25，河流 l 的北岸有两座仓库 A、B。要在河边建一码头 C，使 C 到两仓库距离之和最小，如何确定 C 的位置？

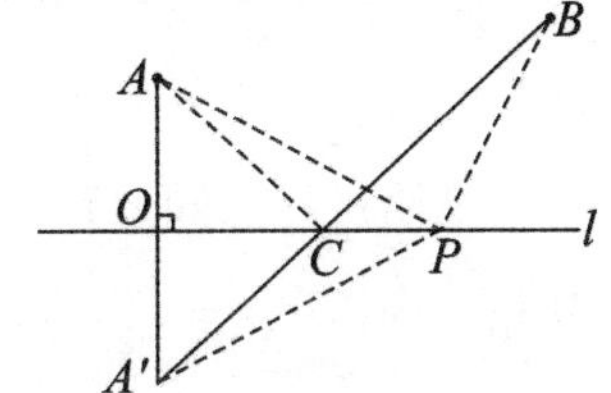

图 3-25

已知：两点 A、B 在直线 l 的同侧。

求：在直线 l 上找一点 C，使 $AC+BC$ 最小。

解：作出 A 的关于 l 的对称点 A'。(自 A 向 l 作垂线，垂足为 O，延长 AO 至 A' 使 $A'O=AO$，)连结 A，B 与 l 交于 C，C 点即为所求。

以下证明 $AC+BC$ 确为最小：

在 l 上另取一点 P。因为 l 是 AA' 的垂直平分线，故 $AC=A'C$，$AP=A'P$。根据“三角形两边之和大于第三边”，得

$$AC+BC=A'C+BC=A'B<A'P+PB=AP+BP。$$

即 $AC+BC$ 最小。

例 3 求证三角形三边的垂直平分线交于一点。

已知：l_1、l_2、l_3 分别是 BC、CA、AB 的垂直平分线。

求证：l_1、l_2、l_3 交于一点。

证明：设$_l$ 与 l_2 交于 O，只要证明 O 在 l_3 上即可。

$\because O$ 在 l_1 上，$\therefore OB=OC$。(垂直平分线性质)

$\because O$ 在 l_2 上，$\therefore OC=OA$。(垂直平分线性质)

$\therefore OB=OA$。

$\therefore O$ 在 l_3 上。(垂直平分线性质)

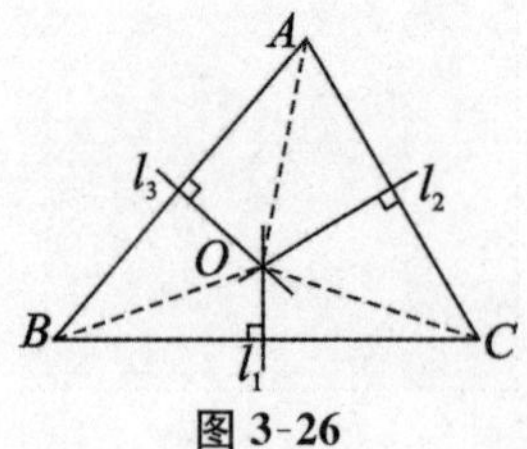

图 3-26

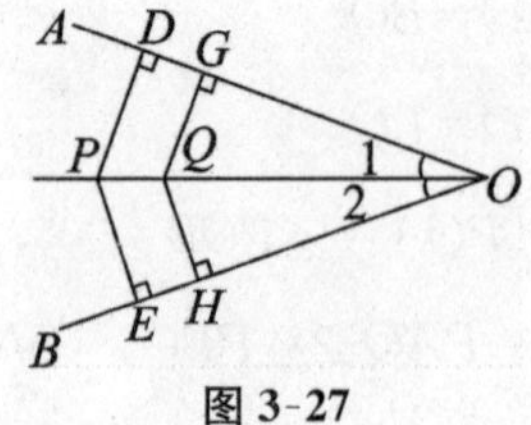

图 3-27

例 4 设 OP 是 $\angle AOB$ 的平分线,求证:

(1) P 到 OA、OB 两直线距离相等;

(2)设 Q 是 $\angle AOB$ 内任一点,如果 Q 到 OA、OB 距离相等,则 Q 在射线 OP 上。

证明:(1)已知 $\angle 1=\angle 2$,要证 P 到 $\angle AOB$ 两边的垂线段 PD 与 PE 相等。由共角定理:

$$\frac{OP \cdot OD}{OP \cdot OE}=\frac{\triangle POD}{\triangle POE}=\frac{PD \cdot OD}{PE \cdot OE},$$

约简后得 $PD=PE$。

(2)设 Q 在 $\angle AOB$ 内任一点,已知 Q 到 OA、OB 的垂线段 QG 与 QH 相等,要证 Q 在分角线 OP 上。

只要证明 $\angle GOQ=\angle HOQ$ 即可。

$$\because \frac{\triangle GOQ}{\triangle HOQ}=\frac{QG \cdot OG}{QH \cdot OH}=\frac{OG}{OH}=\frac{OG \cdot OQ}{OH \cdot OQ},$$

$\therefore \angle GOQ$ 与 $\angle HOQ$ 相等或互补。(广义共角定理)

因 $\angle GOQ+\angle HOQ=\angle GOH<180^{\circ}$,

故 $\angle GOQ=\angle HOQ$。

例 4 也可以用全等三角形来证明。

例 4 的结论可以概括地说成:

在一个角内的到角的两边等距离的所有点的集合,组成这个角的平分线。

例 5 求证:三角形的三条角平分线交于一点。

已知：AM、BN、CP 是$\triangle ABC$ 的三条角平分线(图 3-28)。

求证：AM、BN、CP 交于一点。

证明：设 AM、BN 交于 O，只要证明 O 在 CP 上即可。设 O 到 BC、CA、AB 的垂足分别为 D、E、F。

图 3-28

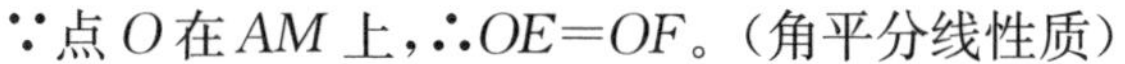

∵点 O 在 AM 上，∴$OE=OF$。(角平分线性质)

∵点 O 在 BN 上，∴$OF=OD$。(角平分线性质)

∴$OE=OD$。

∵O 在$\triangle ABC$ 内，故在$\angle ACB$ 内，

∴点 O 在 CP 上，(角内到角的两边等距离的点，在这个角的平分线上。)

练习

1. 设直线 l 垂直平分线段 AB 和 CD，直线 AC 与 BD 交于 P，AD 与 BC 交于 Q。求证：P、Q 都在直线 l 上。
(提示：有两种证法：①利用全等三角形及等腰三角形性质，证明 $AQ=BQ$，$AP=BP$。②在 $AB/\!/C0$ 的条件下，证明直线 PQ 通过 AB、CD 的中点。证法参看 2.3 中的例 4。)

(第 1 题)

2. 已知$\triangle ABC$，以边 BC 所在直线为对称轴，画出和它对称的三角形。
3. 等边三角形是不是轴对称图形？如果是，它有几条对称轴？在图上画出一个等边三角形和它的所有对称轴。
4. 画一个不等边三角形 ABC，画出它的在 BC 边上的高，以高所在的直线为对称轴，画出和它对称的三角形。
5. 如图，有了一条直线 l 和两点 M、N，要在 l 上找一点 P，使 $PM=PN$，应如何找？
6. 条件与上题相同。要在 l 上找一点 Q，使图中$\angle 1=\angle 2$，应如何找？

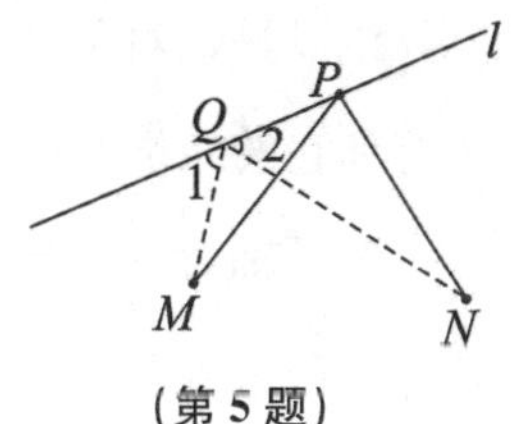

(第 5 题)

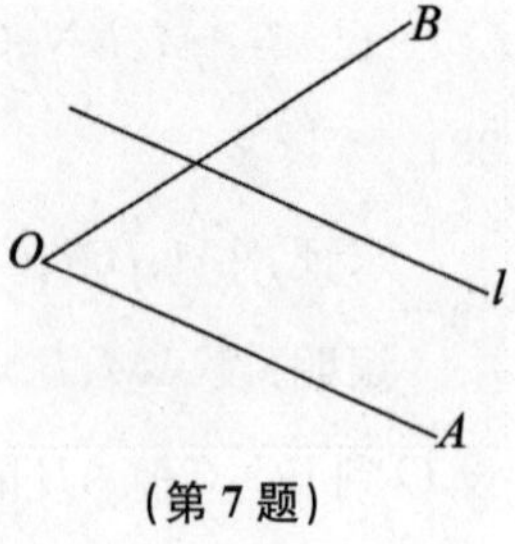

(第7题)

7. 如图，要在 l 上找一点 P，使 P 在 $\angle AOB$ 内，并且到 OA、OB 两边距离相等，应如何找？

8. 在 $\angle AOB$ 外部，有没有到两直线 OA、OB 距离相等的点？所这些点组成什么样的图形？

小结

对三角形的边角加上一些等式约束，三角形就成了特殊的三角形。比较重要的特殊三角形是等腰三角形和直角三角形。

特殊三角形除具有一般三角形的性质外，还有些特殊性质。特殊性质中比较重要的是：等腰三角形底角相等，顶角平分线，底边上的高，中线互相重合。

直角三角形两锐角互余，斜边上的中线等于斜边的一半。斜边上的高，是它分斜边所得两线段的比例中项。

等边三角形是特殊的等腰三角形，特点是三个角都是 60°。半个等边三角形是特殊的直角三角形，是有一个锐角为 30°的直角三角形，它的特殊性质是：30°角对的边是斜边的一半。反过来，如果直角三角形中一条直角边是斜边的一半，那么这条直角边对的角一定是 30°。

等腰三角形的一个重要特点，是它具有轴对称性。对称轴是底边的垂直平分线，也是顶角的平分线所在的直线。从等腰三角形的轴对称性说起，延伸到轴对称、轴对称图形的一般概念，是十分自然，并符合逻辑的。

要注意的是：关于某直线对称，指的是两个图形之间的关系：轴对称图形，说的是某一个图形的性质。两个概念之间虽有联系，但并不相同。

线段是轴对称图形。它的垂直平分线是对称轴。线段的垂直平分线是平面上所有到它的两端等距离的点的集合。

角是轴对称图形，它的平分线所在的直线是对轴称。角的平分线是角内所有到它的两边等距离的点的集合。

从线段的垂直平分线的性质和角平分线的性质推出：三角形三边的垂直平分线交于一点，三角形三内角的平分线交于一点。

三、特殊的四边形

3.7 简单多边形和凸多边形

在第一章里，已提到过多边形的概念：由一些线段首尾顺次连结组成的图形叫**多边形**。构成多边形的线段，叫**多边形的边**；边的端点叫**多边形的顶点**。同一条边的两个端点，叫做相邻的顶点；具有一个公共端点的两条边，叫做相邻的边。连结多边形的不相邻的两个顶点的线段，叫**多边形的对角线**；多边形各边长度的和叫做**多边形的周长**。

多边形用表它的顶点的字母来表示。相邻的字母表示相邻的顶点，第一个字母和末尾的字母也表示相邻的顶点。例如：图 3-29 所示的多边形可记作 $ABCDE$，或 $BCDEA$、$CDEAB$、$BAEDC$，等等。但不能记作 $ACEBD$。如记作 $ACEBD$，就成了虚线所表示的五星样子的多边形了。

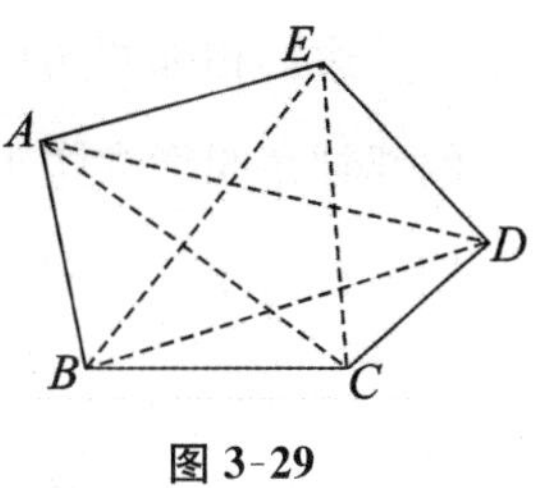

图 3-29

一个多边形至少有三条边。有 n 条边的多边形叫做 n 边形，如四边形、五边形、六边形。但有三条边的通常不叫三边形而叫三角形。

多边形的边可能互相交叉，也可能有部分重合，也可能两条以上的边具有公共端点。如图 3-30 所示。

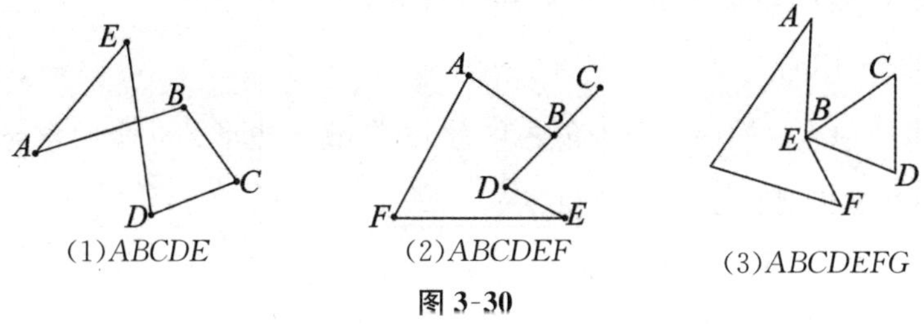

图 3-30

我们不去讨论上图中那些奇形怪状的多边形，只讨论平面上的简单多边形，如果多边形的每条边只和两条边有公共点，而且这公共点一定是端点，便称这个多边形为简单多边形。三角形一定是简单多边形。图 3-31 画出了几个简单多边形。

一个简单多边形，把平面上其他点分成两部分：内部和外部。内部部分的大小，可以用这个多边形的面积来表示。

如果多边形的任一条边所在的直线都不穿过它的内部（也就是说，多边形的其他各边都在这条直线的同侧），这样的多边形叫凸多边形，否则，叫凹多边形。本书以后提到的多边形。如不特别说明，都指凸多边形。

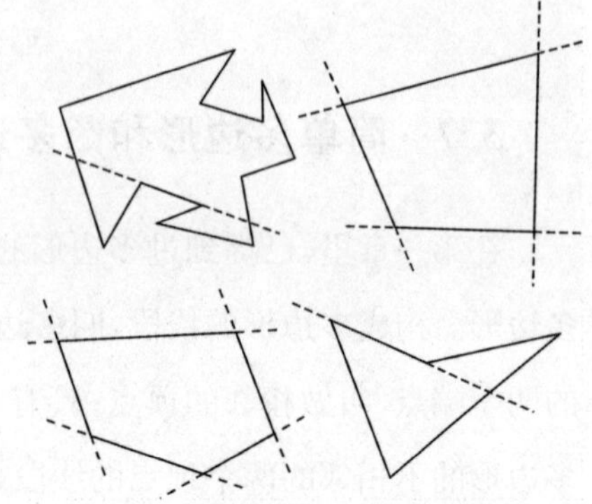

图 3-31

图 3-31 中，有两个凸多边形，两个凹多边形。

多边形相邻两边所组成的角，叫做多边形的内角，简称多边形的角。多边形内角的邻补角叫做多边形的外角。与多边形的一个内角有公共顶点的外角有两个，它们是对顶角，大小相等。多边形的边数，顶点数、内角数相等。

从 n 边形的一个顶点出发，与另外 $n-1$ 个顶点连结，得到 $n-1$ 条线段。这 $n-1$ 条线段中，有两条是多边形的边，其余 $n-3$ 条是对角线，如图 3-32。由此可知，**n 边形共有 $\frac{1}{2}n(n-3)$ 条对角线。**

从图 3-32 看出。从一个顶点发出的 $n-3$ 条对角线，把 n 边形分成 $n-2$ 个三角形。这 $n-2$ 个三角形的内角和加起来，就是 n 边形的 n 个内角和。因此得到

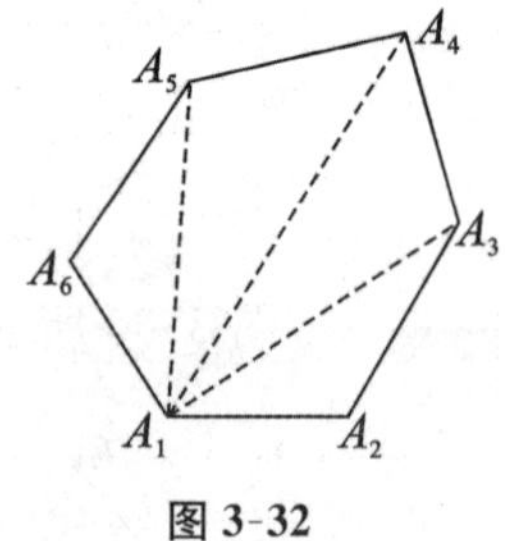

图 3-32

多边形内角和定理 **n 边形的内角和等于 $(n-2)$ 个平角，即** $(n-2)\cdot 180°$。

由于每个顶点处的内角与外角之和为 $180°$，故 n 边形的 n 个内角与 n 个外角之和是 $n\cdot 180°$。因此，n 个外角和等于

$n\cdot 180°-(n-2)\cdot 180°=360°$。

因而得到

多边形外角和定理 任意多边形的外角和等于 360°。

外角和定理比内角和定理更简明。它有鲜明的直观意义。设想一辆汽车在多边形的边界上绕圈子，如图3-33。每经过一个顶点，前进的方向就要政变一次，改变的角度恰是这个顶点处的外角。绕了一圈，回到原处，方向与当初出发时一致了，角度改变量之和当然是 360°。

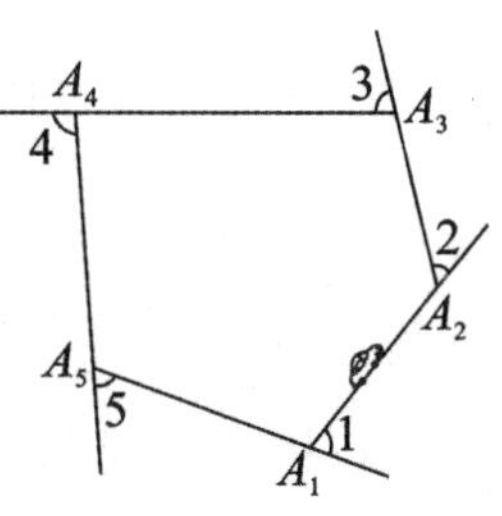

图 3-33

例 1 已知一个多边形，它的内角和比外角和大 360°，求这个多边形的边数。

解：设它的边数为 n，根据多边形内角和及外角和定理，由题意得

$(n-2)\cdot 180°-360°=360°$；

解得 $n=6$，故这个多边形的边数是 6。

例 2 已知：四边形 $ABCD$ 中，$\angle ABC=\angle CDA=90°$。对角线 AC、BD 交于 P。（图 3-34）

求证：$AB\cdot AD\cdot CP=CB\cdot CD\cdot AP$。

图 3-34

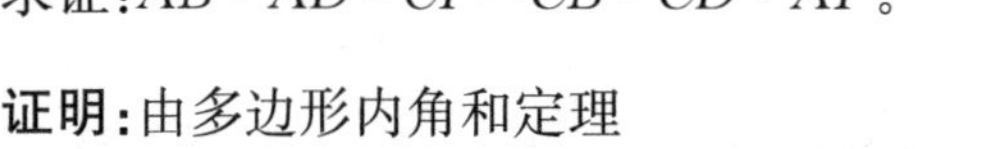

证明：由多边形内角和定理

$\angle BAD+\angle BCD+\angle ABC+\angle ADC=(4-2)\cdot 180°$。

$\because \angle ABC+\angle ADC=180°$，

$\therefore \angle BAD+\angle BCD=180°$。

$\therefore \dfrac{AP}{CP}=\dfrac{\triangle BAD}{\triangle BCD}=\dfrac{AB\cdot AD}{CB\cdot CD}$（共边定理、共角定理）。

$\therefore AB\cdot AD\cdot CP=CB\cdot CD\cdot AP$。

练习

1. 若 n 边形内角和等于外角和，n 等于几？
2. 若 n 边形内角和是外角和的 2 倍，n 等于多少？如果内角和比外角和多 3 倍，n 等于多少？

3. 各角相等的六边形，每个角是多少度？各角相等的八边形呢？

4. 六边形有几条对角线？

5. 一个多边形的边数是对角线数目的$\frac{1}{7}$，这个多边形有多少条边？

6. 思考与讨论：用一批大小形状一样的四边形木板，可以拼成大面积的地板，这用到了四边形的什么性质？

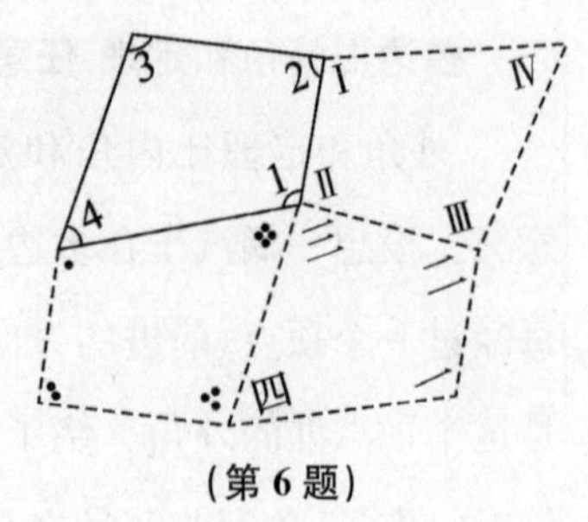

（第6题）

3.8 平行四边形

我们已经知道，两组对边相互平行的四边形叫平行四边形。平行四边形 $ABCD$ 可以简记为$\square ABCD$，读作“平行四边形 $ABCD$”。

观察图 3-35。如果 $ABCD$ 是平行四边形，按定义 $AB /\!/ CD$，故$\angle A+\angle D=180°$，又因 $AD /\!/ BC$，得$\angle A+\angle B=180°$。于是得

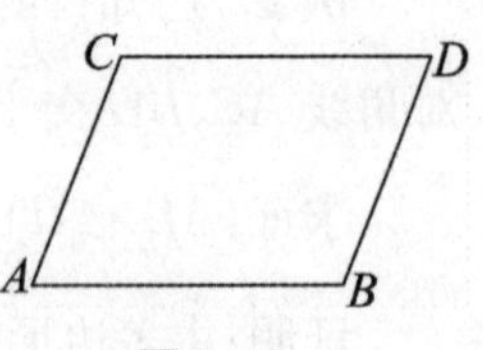

图 3-35

平行四边形性质定理 1　平行四边形的相邻两角互补。

由于$\angle B$ 和$\angle D$ 都是$\angle A$ 的补角，故$\angle B=\angle D$。同理可知$\angle A=\angle C$。这就得到

平行四边形性质定理 2　平行四边形的对角相等。

我们前面还证明过：若 $ABCD$ 是平行四边形，则 $AB=CD$，$AD=BC$（2.7 的例 2）。即有

平行四边形性质定理 3　平行四边形的对边相等。

在前面还证明过：若$\square ABCD$ 的对角线 AC、BD 交于 P，则 $AP=PC$，$BP=PD$（2.4 的例 3）。这就是

平行四边形性质定理 4　平行四边形的对角线互相平分。

概括地说：平行四边形的对边平行而且相等，邻角互补，对角相等，对角线互相

平分。

把上述四条性质定理的前提与结论交换一下，可得到平行四边形的判定定理：

平行四边形判定定理 1　有一角和它的两邻角都互补的四边形是平行四边形。

道理很简单，在四边形 $ABCD$ 中，若 $\angle A$ 与 $\angle B$ 互补，则 $AD /\!/ BC$；若又有 $\angle A$ 与 $\angle D$ 互补，那么 $AB /\!/ CD$，所以 $ABCD$ 是平行四边形。（这里用到了同旁内角互补，则两直线平行）

平行四边形判定定理 2　两组对角分别相等的四边形是平行四边形。

这是因为。如果在四边形 $ABCD$ 中，$\angle A=\angle C$ 并且 $\angle B=\angle D$，加上条件

$$\angle A+\angle B+\angle C+\angle D=360^\circ,$$

便得 $\angle A+\angle B=\angle B+\angle C=\angle C+\angle D=\angle D+\angle A=180^\circ$，亦即邻角互补，故对边平行。

平行四边形判定定理 3　两组对边分别相等的四边形是平行四边形。

已知：四边形 $ABCD$ 中，$AB=CD$，$AD=BC$。（图 3-36）

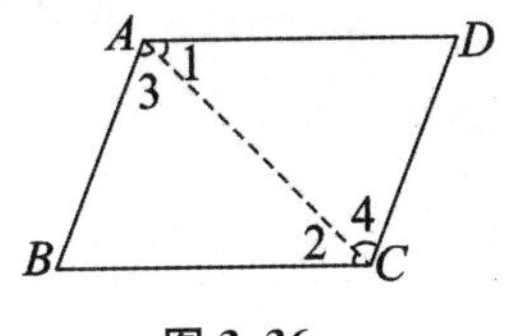

图 3-36

求证：$ABCD$ 是平行四边形。

证明：连 AC，在 $\triangle ABC$ 和 $\triangle CDA$ 中

$$\begin{cases} AB=CD, \\ AC=CA, \\ BC=DA. \end{cases}$$

$\therefore \triangle ABC \cong \triangle CDA$。（SSS）

$\therefore \angle 1=\angle 2$，$\angle 3=\angle 4$。（全等三角形对应角）

$\therefore AD /\!/ BC$，$AB /\!/ CD$。（内错角相等，两直线平行）

∴是平行四边形。

在前面（2.4 的练习题 4）我们曾证明过：若两线段 AC、BD 交于 P，且 P 是 AC 中点，又是 BD 中点，则 $AB /\!/ CD$，$AD /\!/ BC$，也就是证明了

平行四边形判定定理 4　对角线互相平分的四边形是平行四边形。

利用全等三角形，也容易证明上述判定定理。此外，还有

平行四边形判定定理 5　一组对边平行且相等的四边形是平行四边形。

已知：四边形 $ABCD$ 中，$AB /\!/ CD$，$AB=CD$。（图 3-37）

求证：四边形 $ABCD$ 是平行四边形。

证明：$\because AB /\!/ CD$，

$\therefore \angle ABC$ 与 $\angle BCD$ 互补。

$\therefore \dfrac{\triangle ABC}{\triangle BCD}=\dfrac{AB \cdot BC}{BC \cdot CD}=1$。

$\therefore AD /\!/ BC$。

$\therefore$ 四边形 $ABCD$ 是平行四边形。

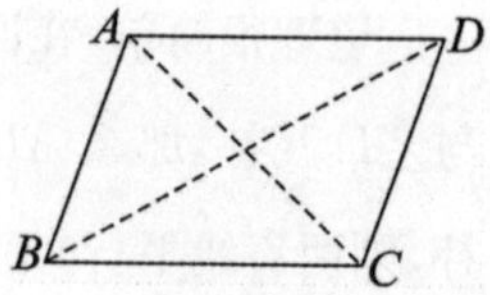

图 3-37

为了简便，用记号 $AB \mathrel{\underline{/\!/}} CD$ 表示“AB 平行且等于 CD”。

由前面学过的平行线面积性质，还得到

若 $ABCD$ 是平行四边形，则 $\triangle ABC=\triangle BCD=\triangle CDA=\triangle DAB$。

反过来，对四边形 $ABCD$，如果 $\triangle ABC=\triangle BCD=\triangle CDA$，则它是平行四边形。

平行四边形的一条对角线，把平行四边形分成两个面积相等的三角形，进一步观察容易看到，这两个三角形不但面积相等，而且全等。利用这一点，可以从三角形面积公式导出平行四边形面积公式：把平行四边形的一边叫底，底边到对边的距离叫高，便得到

定理　平行四边形面积等于它的底与高的乘积。

把平行四边形的判定定理与性质定理综合在一起，可以得到下列特征性质定理。（这里说的特征性质，是指可以作为判定条件的性质，即某种图形独有的性质）

平行四边形特征性质定理　平行四边形有下列特征性质：

(1)两组对边分别平行；

(2)两组对边分别相等；

(3)一组对边平行且相等；

(4)有一角与两邻角都互补；

(5)两组对角分别相等；

(6)两组对角线互相平分；

(7)两条对角线都平分其面积。

任一四边形，只要满足上述七条中某一条，就一定是平行四边形，而且满足其余六条。这样，就可以简明而全面地掌握平行四边形的有关定理。

例 1 过$\triangle ABC$的顶点A、B、C，分别作与对边平行的直线，它们两两交于A'、B'、C'。

求证：$\triangle ABC$的高AD垂直平分$B'C'$，高BE，垂直平分$A'C'$，高CF垂直平分$A'B'$。

已知：如图 3-38，$B'C' \parallel BC$，$C'A' \parallel CA$，$A'B' \parallel AB$，$AD \perp BC$，$BE \perp AC$，$CF \perp AB$。

求证：AD、BE、CF分别是$B'C'$、$C'A'$，$A'B'$的垂直平分线。

证明：$\because C'A \parallel BC$，$C'B \parallel AC$，

$AB' \parallel BC$，$AB \parallel B'C$，

$\therefore C'A=BC$，$BC=AB'$。(平行四边形对边相等)

$\therefore C'A=AB'$，

$\because AD \perp BC$，

$\therefore AD \perp B'C'$，

$\therefore AD$是$B'C'$的垂直线平分线。

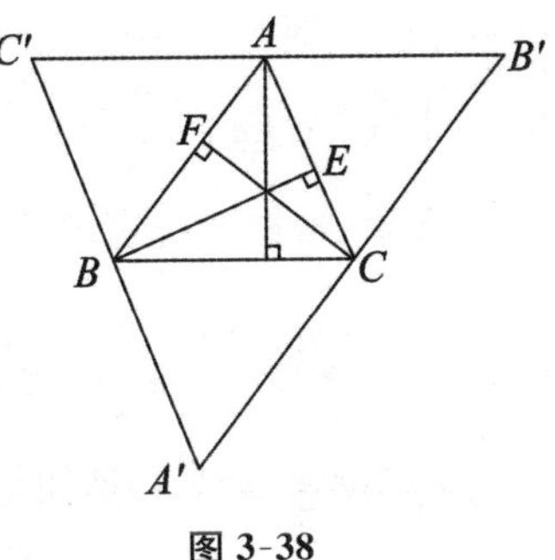

图 3-38

同理，BE、CF分别是$C'A'$、$A'B'$的垂直平分线。

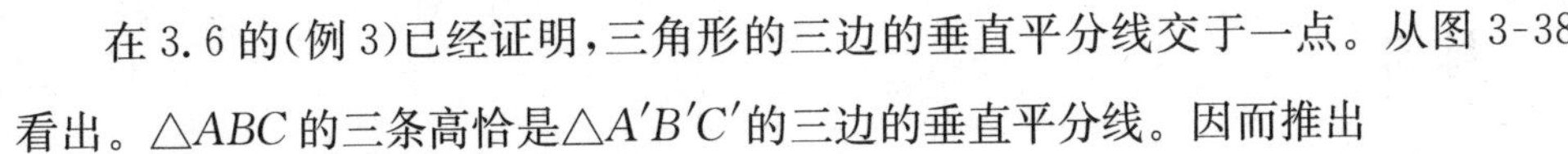

在 3.6 的(例 3)已经证明，三角形的三边的垂直平分线交于一点。从图 3-38 看出。$\triangle ABC$的三条高恰是$\triangle A'B'C'$的三边的垂直平分线。因而推出

定理　三角形的三条高交于一点。

例 2 已知：在▱$ABCD$两边AB，BC上，向外作等边三角形$\triangle ABE$、$\triangle BCF$。(图 3-39)

求证：$\triangle DEF$是等边三角形。

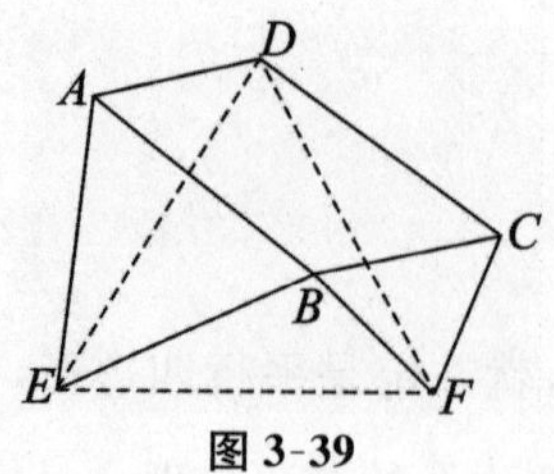

图 3-39

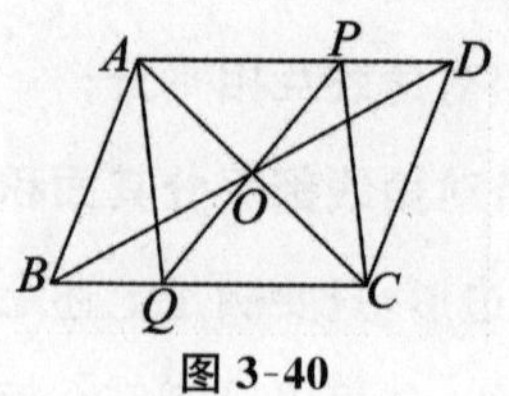

图 3-40

证明:在$\triangle ADE$、$\triangle BFE$、$\triangle CFD$中,

$$\begin{cases} AD=BF=CF, \text{(平行四边形对边相等及已知)} \\ \angle DAE=\angle FBE=\angle FCD, \text{(为什么?)} \\ AE=BE=CD, \text{(为什么?)} \end{cases}$$

$\therefore \triangle ADE \cong \triangle BFE \cong \triangle CFD$。(为什么?)

$\therefore DE=FE=FD$。

例3 已知:O是▱$ABCD$的对角线交点。过O的一条直线分别与AD、BC交于P、Q。(图 3-40)

求证:$AQ \mathrel{\underline{\parallel}} PC$。

证明:根据共边定理及平行线面积性质得

$$\frac{PO}{QO}=\frac{\triangle APC}{\triangle AQC}=\frac{\triangle APQ}{\triangle CPQ}=\frac{AO}{CO}=1, \text{(平行四边形对角线互相平分)}$$

$\therefore AQCP$是平行四边形。(对角线互相平分的四边形)

$\therefore AQ \mathrel{\underline{\parallel}} PC$。(平行四边形对边平行且相等)

练习

1. (讨论)知道了平行四边形或任意四边形的四条边,能不能确定它的形状?如果不能,再加上什么条件才能确定它的形状?
2. 在平行四边形特征性质定理中,如果说的是四边形$ABCD$,如何用字母和符号具体叙述互相等价的七个条件?(例如:第 2 条可表述为:"(2)$AB \parallel CD$,并且$AD \parallel BC$。")

3. 已知：▱$ABCD$ 的对角线 AC、BD 交于 O，M、N 分别是 OA、OC 的中点。

求证：$\angle BND=\angle BMD$。

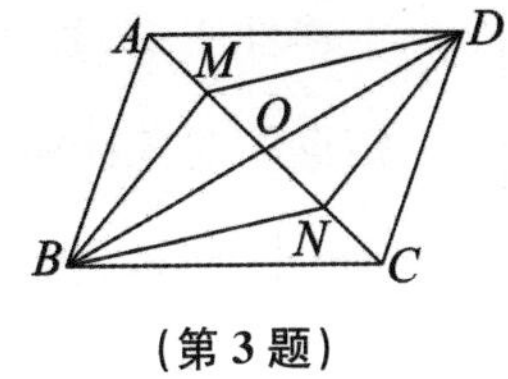

（第 3 题）

4. 在▱$ABCD$ 中，自 A、C 分别向 BC、AD 引垂线段 AE，CF。求证：$\triangle ABE\cong\triangle CDF$。

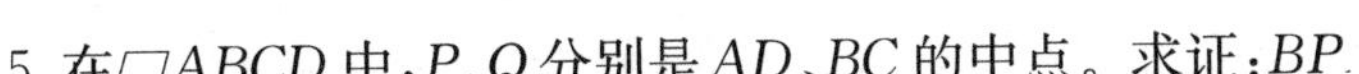
5. 在▱$ABCD$ 中，P、Q 分别是 AD、BC 的中点。求证：BP

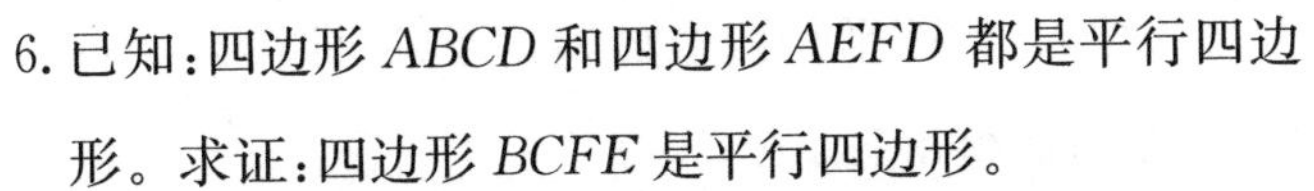
6. 已知：四边形 $ABCD$ 和四边形 $AEFD$ 都是平行四边形。求证：四边形 $BCFE$ 是平行四边形。

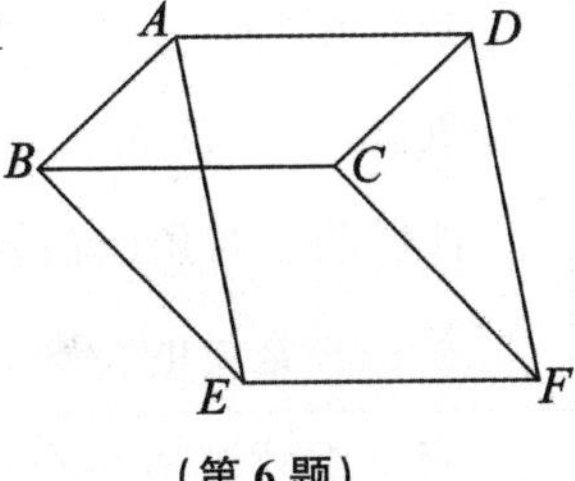

（第 6 题）

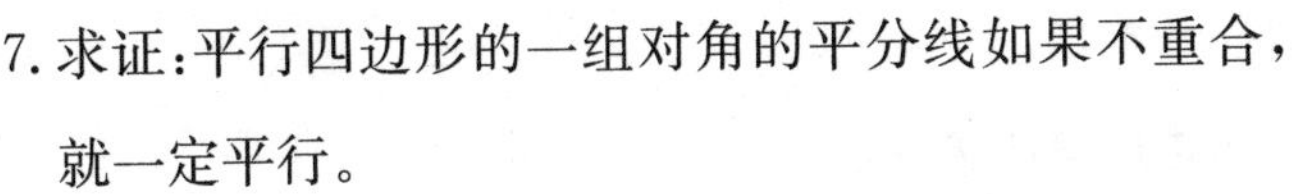
7. 求证：平行四边形的一组对角的平分线如果不重合，就一定平行。

8. 在图 3-38 中，若$\triangle ABE$、$\triangle CBF$、$\triangle DEF$ 都是等边三角形。试证四边形 $ABCD$ 是平行四边形。

3.9 特殊的平行四边形

矩形、菱形和正方形，是常见的特殊平行四边形。

矩形也就是长方形，在第一章里提到过，长方形是对边相等，四个角都是直角的四边形。对边相等，它一定是平行四边形。想要平行四边形四个角都是直角，只要求它有一个角是直角就够了。因此，可以这样引入矩形的定义：

有一个角是直角的平行四边形是矩形。

矩形除具有平行四边形的性质外，还有自己的特殊性质。这些特殊性质可总结为

矩形特征性质定理 矩形有下列特征性质：

(1)是具有一个直角的平行四边形；

(2)四个角都是直角；（当然，只要知道有三个角是直角就够了）

(3)是对角线相等的平行四边形；

(4)两条对角线相等且互相平分。

上述性质中,要证明的只是

矩形的对角线相等。反过来,**对角线相等的平行四边形是矩形。**

如图 3-41。$ABCD$ 是矩形,即四个角均为直角的平行四边形。由 $AB=CD$,$\angle ABC=\angle BCD=90°$,$BC=CB$ 即知 $\triangle ABC \cong \triangle DCB$,因而 $AC=DB$,这证明了矩形对角线相等。

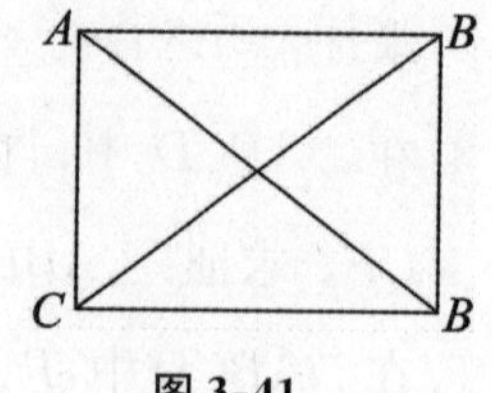

图 3-41

反过来,若▱$ABCD$ 中 $AC=BD$,用 SSS 判定条件可知 $\triangle ABC \cong \triangle DCB$,故 $\angle ABC=\angle DCB$。又因平行四边形邻角互补,即得 $\angle ABC=90°$,这证明了**对角线相等的平行四边形是矩形。**

另一种常见的特殊四边形是菱形。

有一组邻边相等的平行四边形就叫菱形。

因为平行四边形对边相等,有一组邻边相等的平行四边形也就是四边相等的平行四边形。反过来,四边相等的四边形一定是平行四边形。可见,**菱形也就是四边相等的四边形。**(图 3-42)

在图 3-42 中,设菱形对角线 AC、BD 交于 O,则 O 是等腰三角形 ABC 的底边 AC 的中点,可见 $BD \perp AC$,而且 BD 平分 $\angle ABC$,同理可知,BD 也平分 $\angle ADC$,AC 平分 $\angle BAD$ 和 $\angle BCD$,也就是说:

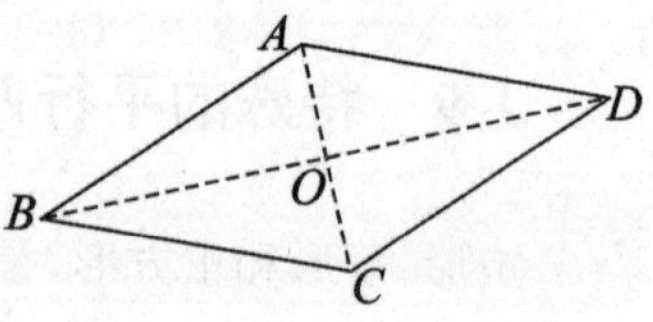

图 3-42

菱形的对角线互相垂直,并且每一条对角线平分一组对角。

反过来,若两线段 AC、BD 互相垂直平分,由垂直平分线性质可知 $AB=BC=CD=DA$。因而 $ABCD$ 是菱形(图 3-43),于是就得到

对角线互相垂直平分的四边形是菱形。

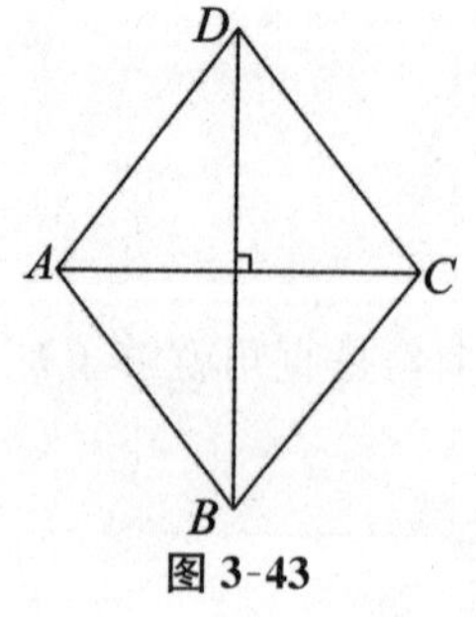

图 3-43

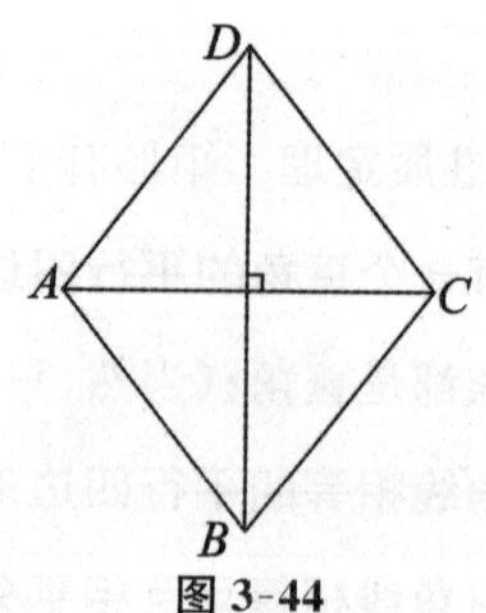

图 3-44

从另一方面看，如果在四边形 $ABCD$ 中，对角线 AC 平分 $\angle BAD$ 和 $\angle BCD$，对角线 BD 又平分 $\angle ABC$ 和 $\angle ADC$，则 $\triangle ABD \cong \triangle CBD$，$\triangle ABC \cong \triangle ADC$ (ASA)，于是 $AB=CB$，$AD=CD$，$AB=AD$。可见 $ABCD$ 是菱形(图 3-44)，也就是说

两条对角线分别平分两组对角的四边形是菱形。

总结起来，得到菱形特征性质：

菱形特征性质定理 菱形具有下列特征性质：

(1)是有一组邻边相等的平行四边形；

(2)四边相等；

(3)是对角线互相垂直的平行四边形；

(4)对角线互相垂直平分；

(5)两条对角线分别平分两组对角。

根据菱形对角线互相垂直的特点可知

菱形面积等于它的两条对角线乘积的一半。

如果菱形的一个角是直角，那么它的四个角都是直角。这样的菱形是正方形。我们对正方形很早就熟悉了。在第一章里说，正方形是四边相等，四角都是直角的四边形，现在，在研究了平行四边形的性质之后，也可以联系着平行四边形来定义正方形：有一组邻边相等并且有一角是直角的平行四边形叫做正方形。

也可以说，有一组邻边相等的矩形是正方形，正方形既是菱形，又是矩形。(图 3-45)

正方形特征性质定理 正方形有下列特征性质：

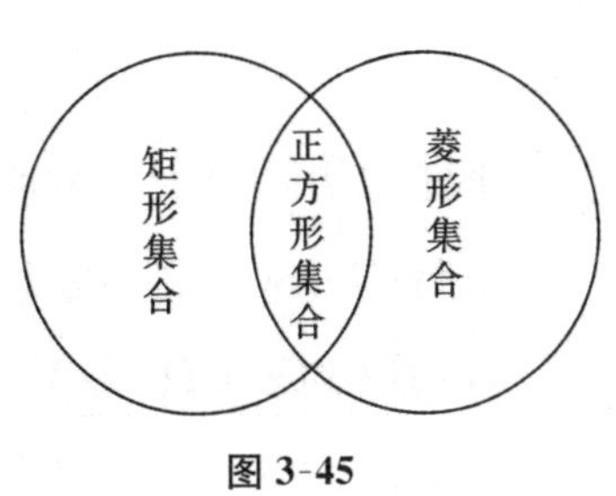

图 3-45

(1)四边相等，并且四个角都是直角；

(2)两条对角线相等，并且互相垂直平分；

(3)是有一个直角的菱形；

(4)是有一组邻边相等的矩形；

(5)是菱形又是矩形。

这些性质都可以从正方形定义及菱形，矩形性质直接推出，证明从略。

正方形面积等于边长的平方；矩形面积等于它的长与宽的乘积；这是我们早知道的。

例 1 已知：矩形 $ABCGD$ 的一条对角线 $AC=12\text{cm}$，$\angle CAB=15°$。求矩形的面积。（图 3-46）

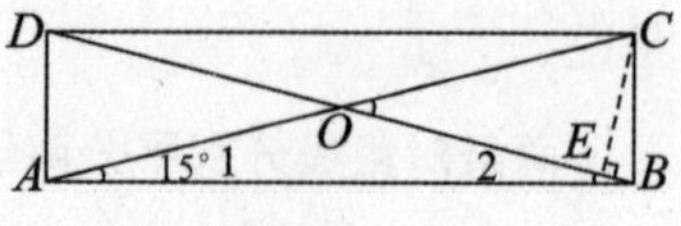

图 3-46

解：设 O 是两条对角线交点，由矩形性质可知，$OA=OB$，故 $\angle 2=\angle 1=15°$，所以 $\angle COB=30°$。设 CE 是 $\triangle CDB$ 的高，则：

$$CE=\frac{1}{2}CO=\frac{1}{2}AC=3\text{cm}。$$

∴矩形 $ABCD$ 面积 $=2\triangle DBC=DB\cdot CE=36\text{cm}^2$。

例 2 已知：在四边形 $ABCD$ 中，$AB/\!/BC$，对角线 AC 的垂直平分线分别与直线 AD、BC 交于 E、F。（图 3-47）

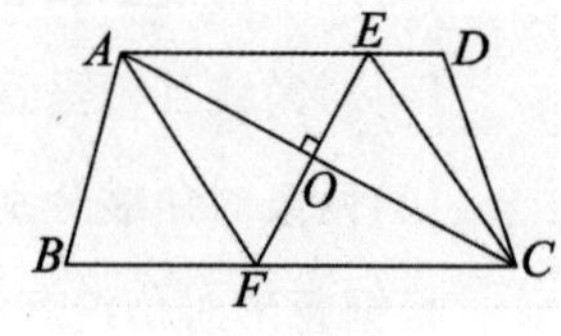

图 3-47

求证：四边形 $AFCD$ 是菱形。

证明：∵ $AB/\!/BC$，

$$\therefore \frac{EO}{FO}=\frac{\triangle ACE}{\triangle ACF}=\frac{\triangle AFE}{\triangle CFE}=\frac{AO}{CO}=1。$$

又由　$AC\perp EF$，得 AC 与 EF 互相垂直平分，

∴四边形 $AFCE$ 是菱形。

例 3 已知：在正方形 $ABCD$ 四边形 AB、BC、CD、DA 上顺次取 A'、B'、C'、D' 使 $AA'=BB'=CC'=DD'$。（图 3-48）

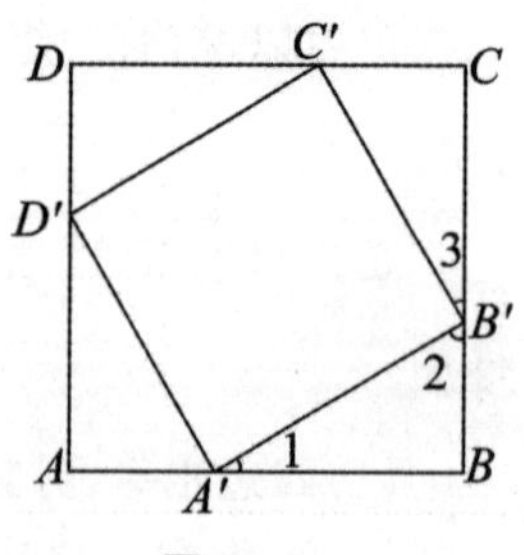

图 3-48

求证：$A'B'C'D'$ 是正方形。

证明：∵ $ABCD$ 是正方形，

∴ $AB=BC=CD=DA$。（正方形四边相等）

∵ $AA'=BB'=CC'=DD'$，

∴ $AD'=BA'=CB'=DC'$。

∴ $\angle A=\angle B=\angle C=\angle D$。（正方形四个角是直角）

$\therefore \triangle AA'D' \cong \triangle BB'A' \cong \triangle CC'B' \cong \triangle DD'C'$。(SAS)

$\because A'D' = B'A' = C'B' = D'C'$，

$\therefore A'B'C'D'$是菱形。

又 $\because \angle A'B'C' = 180° - (\angle 2 + \angle 3) = 180° - (\angle 2 + \angle 1) = 90°$，

$\therefore A'B'C'D'$是正方形。

练习

1. 用钢卷尺如何检查课桌桌面的四个角是不是都是直角？
2. 利用矩形性质，证明直角三角形斜边上的中线等于斜边的一半。
3. 求证：矩形四边中点的连结线段构成菱形。
4. 求证：菱形四边中点的连结线段构成矩形。
5. 在图 3-48 中，正方形 $A'B'C'D'$ 的面积不小于正方形 $ABCD$ 面积的一半，试证明。
6. 求证：有一条对角线平分一个内角的平行四边形是菱形。
7. 已知菱形周长为 24cm，求连结其对角线交点与一边中点的线段之长。
8. 从菱形某边中点到它的一顶点连直线。若这条直线与菱形的某条边垂直，求菱形各角的度数。(提示：有两种情形)
9. 求证：两条对角线相等的菱形是正方形。
10. 求证：有一条对角线平分一内角的矩形是正方形。

3.10 梯形

一组对边平行而另一组对边不平行的四边形叫**梯形**。平行的两边叫做**梯形的底**(通常把其中较短的叫上底，较长的叫下底)，不平行的两边叫做**梯形的腰**，两底的距离叫做**梯形的高**。

图 3-49 画出一个梯形 $ABCD$，它的上下底分别是 CD、AB。两腰是 AD、BC，高是 EF 的长。

如果梯形 $ABCD$ 的上底为 CD，则显然有 $\triangle DAB = \triangle CAB > \triangle ACD$。这三个

三角形面积之间的关系,可以看成是梯形的特征性质。

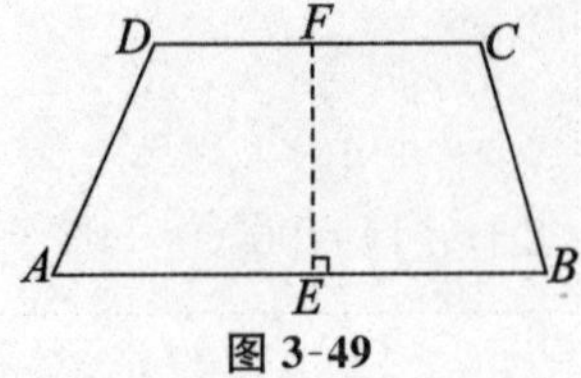

图 3-49

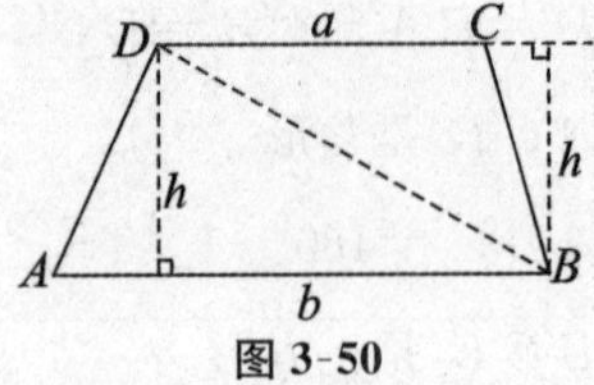

图 3-50

如图 3-50,作梯形 $ABCD$ 的对角线 BD,把它分成两个三角形。设梯形上底 $CD=a$,下底 $AB=b$,高为 h,则

梯形 $ABCD$ 面积$=\triangle ABD+\triangle BDC=\frac{bh}{2}+\frac{ah}{2}=\frac{1}{2}(a+b)h$。因此得到

定理　梯形面积等于它的两底的和与高的乘积的一半。

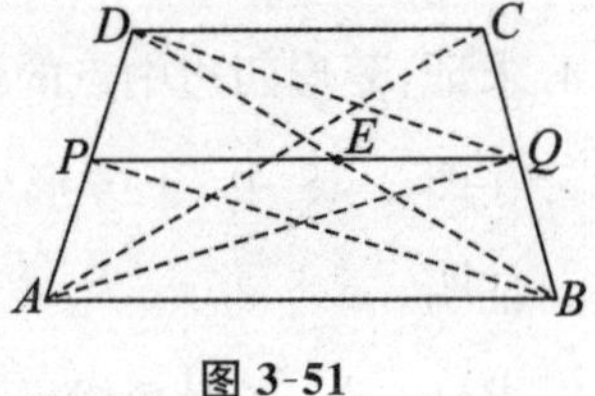

图 3-51

在前面已经学过,经过梯形一腰中点而平行于底的直线必平分梯形的另一腰。(2.5 中例 1 的推论 3。)这样的直线,是梯形两腰中点的连线,我们把连结梯形两腰中点的线段叫做**梯形的中位线**。在第二章中,我们已经知道梯形中位线平行于底(2.5 中例 3 的特殊情形),这是因为,若 P、Q 分别是梯形 $ABCD$ 两腰 AD、BC 的中点时,如图 3-51 有:

$$\triangle PAB=\frac{1}{2}\triangle DAB=\frac{1}{2}\triangle CAB=\triangle QAB。$$

故得　$PQ /\!/ AB$。

设　PQ 与梯形对角线 BD 交于 E,则

$$\frac{DE}{BE}=\frac{\triangle DPQ}{\triangle BPQ}=\frac{\triangle DPQ}{\triangle APQ}=\frac{DP}{AP}=1,$$

故　PE、QE 分别是$\triangle DAB$、$\triangle BDC$ 的中位线,

$$\therefore PE=\frac{1}{2}AB, QE=\frac{1}{2}DC。\text{(三角形中位线定理)}$$

$$\therefore PQ=PE+QE=\frac{1}{2}(AB+DC)。$$

如不用三角形中位线定理,也就可由共角定理得

$$\frac{PD\cdot PE}{DA\cdot AB}=\frac{\triangle DPE}{\triangle DAB}=\frac{PD\cdot DE}{DA\cdot DB}=\frac{PD}{DA}\cdot\frac{1}{2},$$

约简得 $PE=\frac{1}{2}AB$，同理 $QE=\frac{1}{2}CD$，总之可得到。

梯形中位线定理　梯形的中位线平行于两底，并且等于上下底的和的$\frac{1}{2}$。

这个定理还有更直观的证明方法：如图 3-52，把两个全等的梯形上下颠倒地拼在一起为平行四边形，就清楚地看出：中位线正好是上下底的和的一半。

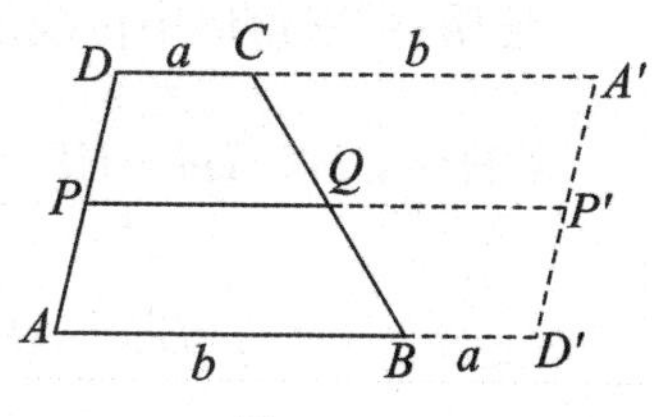

图 3-52

在几何问题中有时碰到一些特殊的梯形。常见的有**直角梯形与等腰梯形**。直角梯形是一腰垂直于底的梯形，等腰梯形是两腰相等的梯形。（图 3-53）。

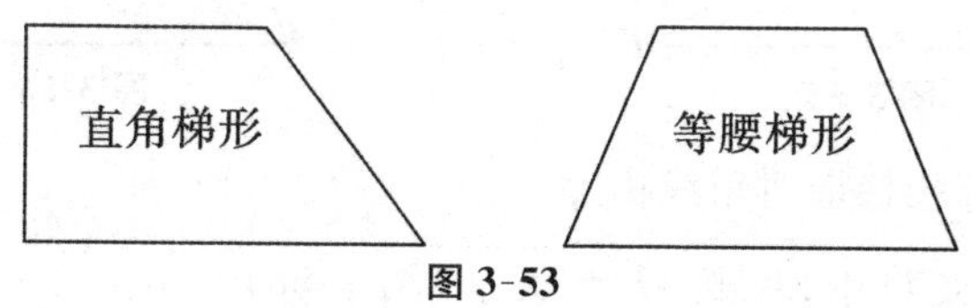

图 3-53

我们来研究一下等腰梯形的性质。如图 3-54，如果梯形两腰 AD、BC 相等可得

$$\frac{\triangle DAB}{\triangle CBA}=1=\frac{AD\cdot AB}{BC\cdot AB}。$$

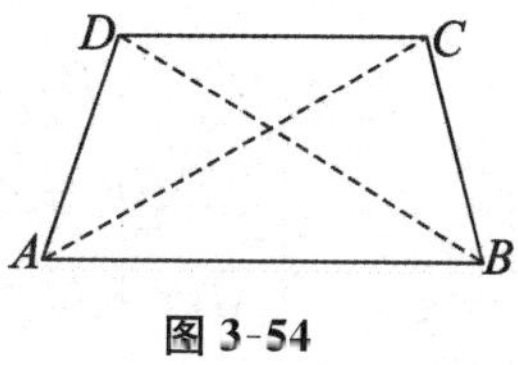

图 3-54

由广义共角定理，$\angle A$ 与 $\angle B$ 相等或互补，但因两腰 AD、BC 不平行，故 $\angle A$ 与 $\angle B$ 不能互补，故得 $\angle A=\angle B$，即等腰梯形在同一底上两角相等。

反过来，如果梯形 $ABCD$ 在同一底 AB 上的两角相等，即 $\angle A=\angle B$，用共角定理得

$$\frac{AD}{BC}=\frac{AD\cdot AB}{BC\cdot AB}=\frac{\triangle BAD}{\triangle ABC}=1。$$

故 $AD=BC$。也就是说：**在同一底上两角相等的梯形是等腰梯形。**综合起来得到

等腰梯形特征性质定理　梯形的两腰相等的充要条件是同一底上的两角相等。

例 1　已知在梯形 $ABCD$ 中，中位线 EF 分别与对角线 BD、AC 交于 G、H。

（图 3-35）

求证：$GH=\frac{1}{2}(BC-AD)$。

证明：由三角形中位线定理及梯形中位线定理得

$$GH=GF+GH-EF=\frac{1}{2}BC+\frac{1}{2}BC-\frac{1}{2}(BC+AD)$$

$$=\frac{1}{2}(BC-AD)。$$

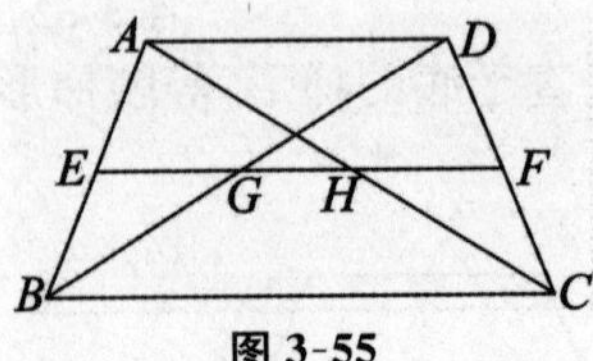

图 3-55

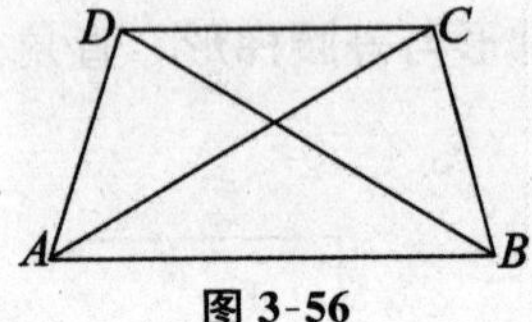

图 3-56

例 2 求证：等腰梯形对角线相等。

已知：梯形 $ABCD$ 中，两腰 $AD=BC$。（图 3-56）

求证：$AC=BD$。

证明：$\triangle DAB$ 与 $\triangle CBA$ 中

$$\begin{cases}DA=CB,\\ \angle DAB=\angle CBA,\text{（等腰梯形同底上两角相等）}\\ AB=BA,\end{cases}$$

$\therefore\triangle DAB\cong\triangle CBA$，(SAS)

$\therefore AC=BD$。

例 3 已知：梯形 $ABCD$ 中 $\angle A=90°$，一腰 $BC=AB+CD$，P、Q 分别是 AD、BC 的中点。（如图 3-57）

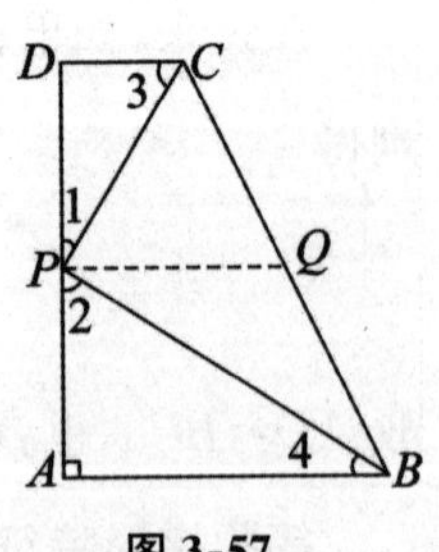

图 3-57

求证：$AD^2=4AB\cdot CD$。

证明：在 $\triangle BPC$ 中，中线

$PQ=\frac{1}{2}(AB+CD)=\frac{1}{2}BC$。（梯形中位线定理）

$\therefore\angle BPC=90°$。（为什么？）

$\therefore\angle 1+\angle 2=90°$。

$\therefore \angle 4 = 90^\circ - \angle 2 = \angle 1$。

$\therefore \triangle PAB \sim \triangle CDP$。(AA)

$\therefore \dfrac{CD}{DP} = \dfrac{PA}{AB}$。(相似三角形对应边成比例)

$\therefore AD^2 = 4DP \cdot PA = 4AB \cdot CD$。

此题还有一较简单的证法:自 P 向 BC 引垂线 PK,则可证 $PK = \dfrac{1}{2}AD$。并且 $PK^2 = BK \cdot CK = AB \cdot CD$。

练习

1. 设梯形 $ABCD$ 的上底为 AD,过 D 作 AB 的平行线交下底于 E。证明等腰梯形在同一底上的两角相等。

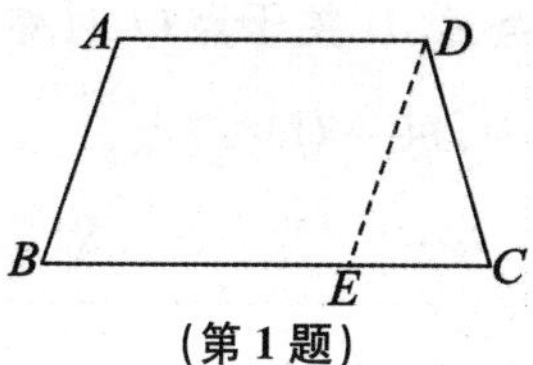

(第 1 题)

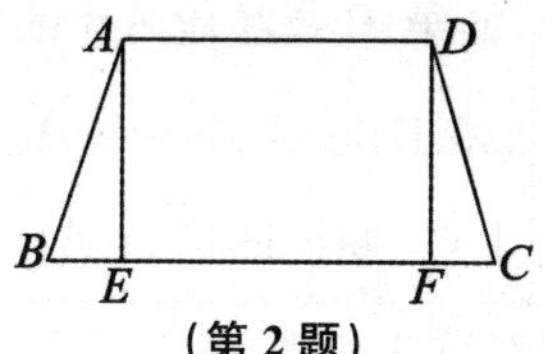

(第 2 题)

2. 已知:等腰梯形 $ABCD$ 上底为 AD,分别过 A、D 向下底引垂线段 AE、DF。求证:$BE = CF$。

3. 已知等腰梯形有一角为 120°,上底为 12cm,腰长为 10cm,求下底的长度。

4. 设 P、Q 分别是梯形 $ABCD$ 两腰 AD、BC 的中点。直线 DQ 与直线 AB 交于 E。求证:$CD = BE$。再利用这个结果证明梯形中线等于两底和的一半。

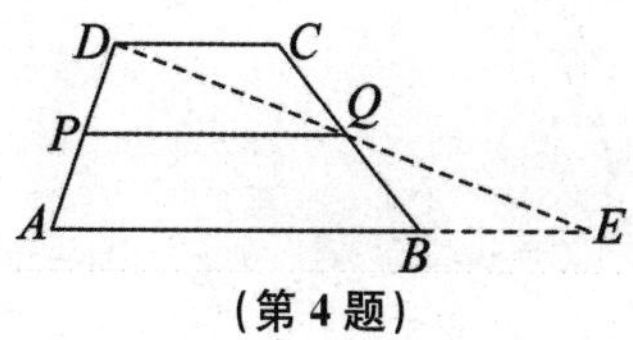

(第 4 题)

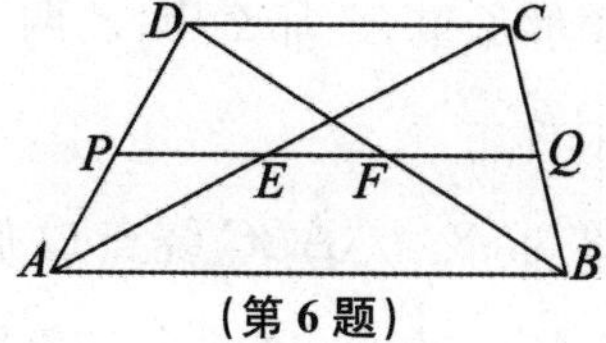

(第 6 题)

5. 设 P、Q 分别是梯形 $ABCD$ 两腰 AD、BC 上的点,并且 $\dfrac{PD}{PA} = \dfrac{QC}{QB} = \dfrac{1}{2}$。求证:$PQ$

$=\frac{1}{3}(AB+2CD)$。

6. 已知：一直线平行于梯形的底而与两腰交于 P、Q，与两对角线分别交于 E、F。求证：$PE=QF$。

7. 已知梯形上底为 AD，两腰 $AB>CD$，试把梯形的四个角 $\angle A$、$\angle B$、$\angle C$、$\angle D$ 按自小而大的顺序排列。

8. 在梯形 $ABCD$ 一腰 AD 上取一点 P，已知 $\triangle PCD\sim\triangle BPA$，求证：$ABCD$ 是直角梯形。

3.11 中心对称与中心对称图形

我们已知道，当 l 是线段 AB 的垂直平分线时，称两点 A、B 关于直线对称，并且说 A 是 B 的关于直线 l 的对称点，B 是 A 的关于直线 l 的对称点，也可以说：取 l 为对称轴时，A、B 互为对称点。

类似地，**如果 P 是线段 AB 的中点，便说两点 A、B 关于点 O 对称，点 O 叫做对称中心**。如果图形 $A_1A_2\cdots\cdots A_n$ 与 $B_1\cdots\cdots B_n$ 中，每一对对应点 A_k、B_k 连成的线段都以 O 为中点，便说图形 $A_1A_2\cdots\cdots A_n$ 与 $B_1B_2\cdots\cdots B_n$ 关于点 O 对称，点 O 是这两个图形的对称中心。

把线段 AB 绕它的中点 O 旋转 $180°$ 后，A 点变成了 B，B 点变成了 A。由此可见，如果图形 $A_1A_2\cdots\cdots A_n$ 与 $B_1B_2\cdots\cdots B_n$ 关于点 O 对称，让图形绕点 O 旋转 $180°$ 后，$A_1A_2\cdots\cdots A_n$ 真就变成 $B_1B_2\cdots\cdots B_n$，$B_1B_2\cdots\cdots B_n$ 变成 $A_1A_2\cdots\cdots A_n$，这表明：关于一点对称的两个图形可以重合，它们是全等形。

反过来，如果图形甲绕点 O 旋转 $180°$ 后便与图形乙重合，那么甲，乙两个图形关于点 O 对称。

如图 3-58。$\triangle ABC$ 绕点 O 旋转 $180°$ 后与 $\triangle A'B'C'$ 重合，这两个三角形关于点 O 对称。

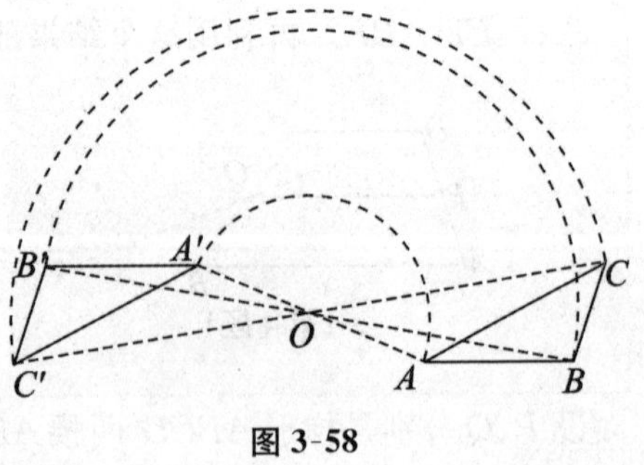

图 3-58

关于中心对称的两个图形中，互相对称两点叫对应点，也叫对称点，由定义可知：**关于中心对称的两个图形，对应点(对称点)连结成的线段的中点是对称中心。**

也就是说：对称点连线经过对称中心，并且被对称中心平分。

设 A、A' 和 B、B' 是两对对称点，由于线段 AA' 与 BB' 有公共中点 O，故 AA' 与 BB' 互相平分，故 $ABA'B'$ 是平行四边形(如果 A、A'、B、B' 不在同一直线上的话)。因而有

关于中心对称的两个图形，对应线段平行(或在同一条直线上)且相等。

如果一个图形绕某点旋转 $180°$ 后能和原图形重合，便称它为中心对称图形。也就是说：**若图形上的每个点关于点 O 的对称点也在图形上，便称它为中心对称图形。**

简单地说，和本身关于一点对称的图形叫中心对称图形。

平行四边形是中心对称图形。对称中心是两条对角线的交点。几种特殊的平行四边形：矩形、菱形和正方形，不但是中心对称图形，也是轴对称图形，它们都有不只一条对称轴。对称轴的交点，恰是对称中心。

练习

1. 已知△ABC，以它的重心为对称中心，画出它的对称图形。
2. (口头讨论)举出几个中心对称图形的实际例子。
3. 判断下列图形是不是中心对称图形。如果是，指出其对称中心。

   a・直线；b・线段；c・射线；d・两个点；e・两条相交直线；f・两条平行线；g・三角形；h・正三角形；i・五角星；j・等腰梯形。

小结

以上几小节研究一些特殊的四边形：平行四边形(包括矩形、菱形和正方形)和梯形。

特殊的四边形也是四边形，四边形是一种多边形。多边形的一般性质，也一定是四边形的性质，当然也是特殊的四边形的性质。

本书所提到的多边形，一般指凸多边形。具有 n 条边的多边形叫 n 边形，它的内角和是 $(n-2)\cdot180°$，外角和是 360°。因此，四边形内角和是 360°。

有两组对边平行的四边形叫平行四边形。有一个角是直角的平行四边形叫矩形。有一组邻边相等的平行四边形叫菱形。有一个角是直角而且有一组邻边相等的平行四边形叫正方形。

有且仅有一组对边平行的四边形叫梯形，两腰相等的梯形叫等腰梯形。有一个角是直角的梯形叫直角梯形。

某种图形所独有的性质，叫做它的特征性质。

平行四边形的主要特征性质有：两组对边分别平行；两组对边分别相等；一组对边平行且相等；两组对角分别相等；两条对角线互相平分。

矩形的主要特征性质有：四个角都是直角：两条对角线互相平分且相等；是具有一个直角的平行四边形：是对角线相等的平行四边形。

菱形的主要特征性质有：四边相等；两条对角线互相垂直平分；是有一组邻边相等的平行四边形：是对角线互相垂直的平行四边形；两条对角线分别平分两组对角。

正方形的主要特征性质有：四边相等且四角都是直角；两条对角线相等且互相垂直平分；是有一组邻边相等的矩形；是有一个直角的菱形；两条对角线相等且分别平分两组对角。

等腰梯形的主要特征性质是：是两腰相等的梯形；是两条对角线相等的梯形；是同一条底上两角相等的梯形。

这些特殊四边形的面积公式，在小学里已学过了。要补充的是：菱形面积等于它的两条对角线长的乘积的一半。

梯形中位线平行于底，等于两底和的一半，当梯形上底缩成一点时，这条定理便成了三角形中位线定理。

平行四边形是中心对称图形。矩形，菱形和正方形是中心对称图形，也是轴对称图形。

四、尺规作图

3.12　尺规作图基本常识

在作图中，我们常用的工具有刻度尺、三角板、圆规、量角器等。如果只用无刻度直尺和圆规来作圆，叫尺规作圆。古希腊的几何学家，主张只用直尺和圆规作图，对尺规作图的方法进行了很多研究。他们约定了圆规和直尺的功能是：

(1)已知两点，可作过这两点的一直线；

(2)线段可以向它的两方无限延长；

(3)已知平面上 O、A、B 三点(A、B 中的一点可以和 O 重合)，可以以 O 为圆心、AB 为半径作圆。

这三条叫尺规作图公法，也叫欧几里得作图公法。如果你利用直尺的两边在纸上画平行线，或利用直尺上的刻度找线段的中点，就不叫尺规作图了。因为不符合作图公法。

除了三条公法之外，尺规作图中实际上还默认了。

(4)已知两直线，或两圆，或一直线与一圆，若它们相交，可以作出它们的交点。

(5)在已知直线(线段、射线、圆、圆弧)上或其外，或由它们围成的区域内外，可以任意取一些点，但不能取具有某些特殊性质的点。

圆规可以画圆，但圆有什么性质呢？从圆规画圆的过程可以看出：

在平面上，到一定点距离为定长的所有点的集合是圆。这个定点叫做圆心，定长叫做圆的半径。

圆把平面分成圆内与圆外两部分，在内外各取一点 A、B，那么线段 AB 与圆必有交点，连结 A、B 的圆弧或其他连续曲线也与圆必有交点。直线也把平面分成两部分，两部分各取一点 A、B，那么线段 AB(圆弧 AB，或连结 A、B 的其他连续曲线)与直线必有交点，尺规作圆，就是通过一系列地作出这类交点的步骤来实现的。

例 1　已知两点 A、B，在过 P 的直线 l 上截取线段 PQ，使 $PQ=AB$。

作法：以 P 为心，以 AB 为半径作圆，与 l 交于两点 Q_1、Q_2，取 Q 为两点中的一点即可。

在这个例子中，明显可知作出的点符合要求，一般说来，还应当证明作图结果与要求相符。

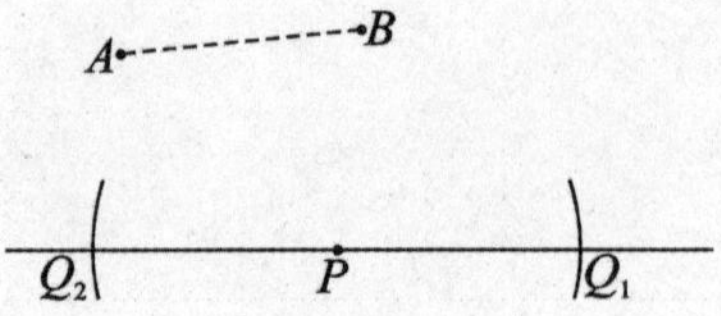

图 3-59

例 2　作一个三角形与已知三角形全等。

已知：$\triangle ABC$。（图 3-60）

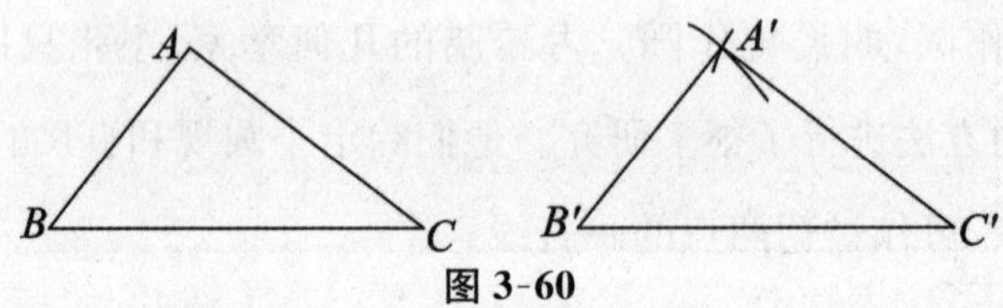

图 3-60

求作：$\triangle A'B'C'$，使$\triangle A'B'C' \cong \triangle ABC$。

作法：

(1)作 $B'C'=BC$；

(2)以 B' 为心，AB 为半径作弧；

(3)以 C' 为心，AC 为半径作弧，与前弧交于 A'；

(4)连结 $A'B'$、$A'C'$。$\triangle A'B'C'$即为所求。

证明：$\triangle ABC$ 和$\triangle A'B'C'$中

$\because A'B'=AB$,

$B'C'=BC, A'C'=AC$,（作图）

$\therefore \triangle A'B'C' \cong \triangle ABC$。(SSS)

例 3　两线段 a、b 为已知，求作两线段使它们的长分别为 $a+b$，$|a-b|$。

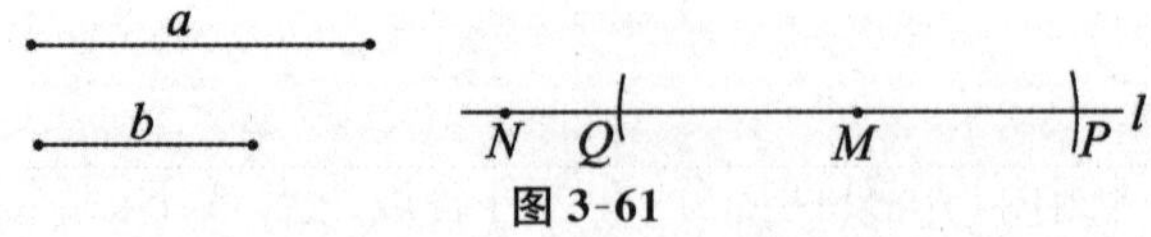

图 3-61

作法：(1)任取一直线 l，在 l 上截取线段 $MN=a$。

(2)以 M 为心，b 为半径作圆，与 l 交于两点 P、Q。

设 P 与 N 在 M 的两侧，则 $PN=a+b$，$QN=|a-b|$。

证明：略

练习

1. 用直尺和圆规作一个等腰三角形，使它的底边和腰分别等于已知线段 a，b。

（第 1 题）　　（第 2 题）

2. 已知▱$ABCD$。求作▱$A'B'C'D'$，使它与▱$ABCD$ 全等。

3.13　基本尺规作图

许多比较复杂的尺规作图，可以由一些基本作图组成，下述几种作图，都属于基本尺规作图。

1. 作一角等于已知角。

已知：$\angle AOB$。(图 3-62)；

求作：$\angle A'O'B'$，使$\angle A'O'B'=\angle AOB$。

作法：

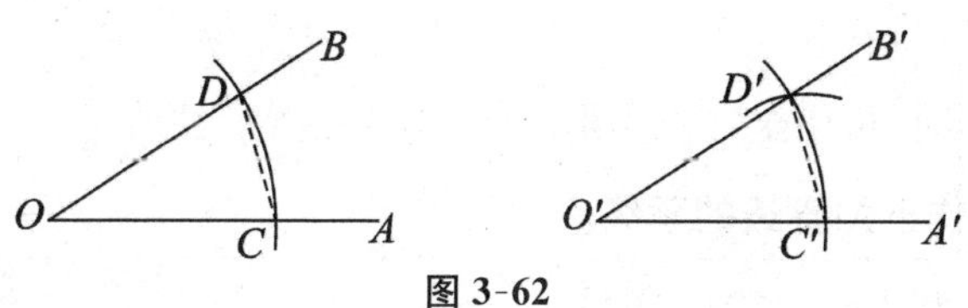

图 3-62

(1)作射线 $O'A'$；

(2)以 O 为心，任意长为半径作弧，分别交 OA、OB 于 C、D；

(3)以 O' 为心，OC 为半径作弧交 $O'A'$ 于 C'；

(4)以 C' 为心，CD 为半径作弧交前弧于 D'；

(5)过 D' 作射线 $O'B'$，$\angle A'O'B'$ 即求为所求。

证明：连结 CD、$C'D'$，由作法可知

$\triangle C'O'D'\cong COD$。(SSS)

$\therefore \angle C'O'D' = \angle COD$。(全等三角形对应角)

即　$\angle A'O'B' = \angle AOB$。

上述作图,也可以用 3.12 中例 2 的办法,直接作$\triangle A'O'B'$使全等于$\triangle AOB$,则$\angle A'O'B' = \angle AOB$。

2. 平分已知角。

已知:$\angle AOB$。(图 3-63)

求作:射线 OP,使$\angle AOP = \angle BOP$。

作法:

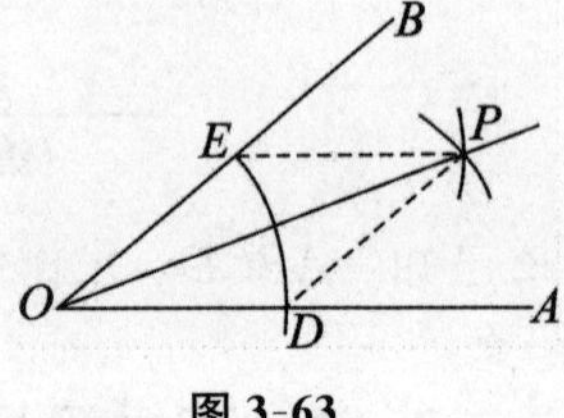

图 3-63

(1)以 O 为心,任意长为半径作弧,分别交 OA、OB 于 D、E;

(2)分别以 D、E 为心,OD 为半径作弧交于与 O 不同的点 P;

(3)作射线 OP。

OP 就是所求的射线。

证明:连 PE、PD,由作法可知,$ODPE$ 是菱形。(四边相等的四边形是菱形)

$\therefore \angle EOP = \angle DOP$。(菱形对角线平分内角)

即　$\angle AOP = \angle BOP$。

上述作图中,只要 $PD = PE$,不一定要 PD、PE 都等于 OD,当 $PD \neq OD$ 时,可用全等三角形证明,不能用菱形性质。

3. 经过一点作已知直线的垂线。

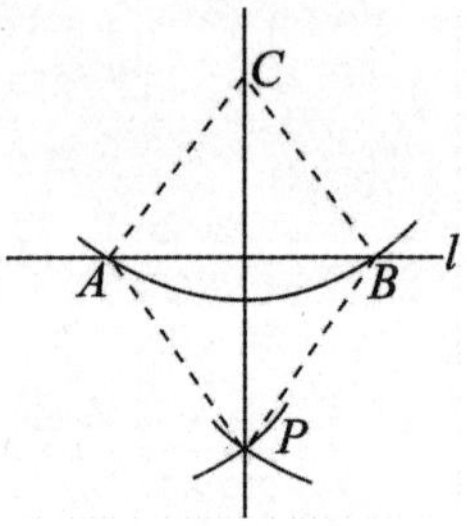

图 3-64

已知:直线 l 和点 C。(图 3-64)

求作:经过点 C 并与 l 垂直的直线。

作法:

(1)以 C 为心,以足够大的半径作弧,与 l 交于 A、B 两点;

(2)分别以 A、B 为心,以足够大的相等半径作弧,交于点 P;

(3)作直线 PC。直线 PC 就是所求的直线。

证明:由作法可知 $AC = BC$,$AP = BP$,

$\therefore P$、C 在 AB 的垂直平分线上,

$\therefore PC\perp AB$。

上述作图，适用于 C 点在 l 上和 l 外两种情形，当 C 在 l 上时，给出了平分一平角的方法。在步骤 1 中，“足够大的半径”要多大才足够？步骤 2 中，要多大才足够？可以讨论一下。

（如果 C 点在 l 外）

(1)于 C 点在直线 l 的另一侧任取点 C'，以 CC' 为半径作弧，与 l 交于 A、B 两点(为什么必然会有交点?)；

(2)分别以 A、B 为心，AB 为半径作弧，交于点 P；

(3)作直线 PC。直线 PC 即为所求。

如果 C 点在 l 上：

(1)以任意长作半径，交 l 于 A、B 两点；

(2)分别以 A、B 为心，AB 为半径作弧，交于点 P；

(3)作直线 PC。直线 PC 即为所求。

4. 作线段的垂直平分线。

已知：线段 AB。(图 3-65)

求作：线段 AB 的垂直平分线。

作法：

(1)分别以 A、B 为心，取足够大的相等半径作弧，两弧交于 P、Q 两点；

(2)作直线 PQ。直线 PQ 即为所求。

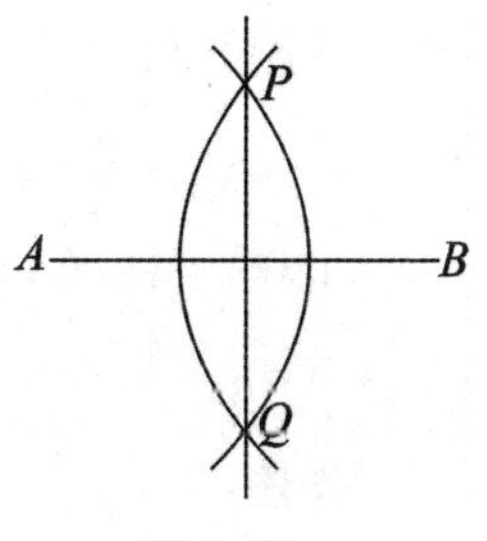

图 3-65

证明类似于 3，从略。

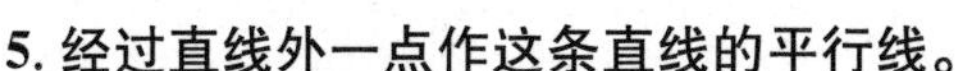

5. 经过直线外一点作这条直线的平行线。

已知：直线 AB 和 AB 外一点 P。(图 3-66)

求作：直线 $CD /\!/ AB$，且 CD 过点 P。

作法：

(1)以 AB 上任点 Q 为心，PQ 为半径作弧与 AB 交于 R；

(2)分别以 P、R 为心，PQ 为半径作弧交于 S；

(3)过 P、B 作直线 CD。CD 就是所求的直线。

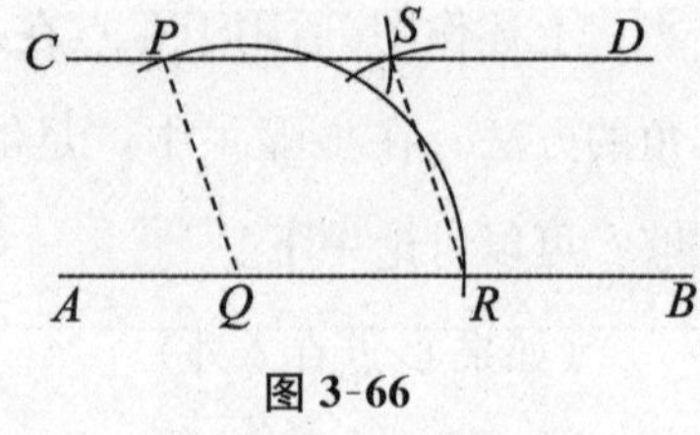

图 3-66

证明: 由作法可知

$PQ=QR=RS=SP$,

$\therefore PQRS$ 是菱形,

$\therefore PS/\!/QR$,

即　$CD/\!/AB$,并且 CD 经过 P。

也可以应用"同位角相等,两直线平行"的法则和基本作图 1 来实现上述作图,即过 P 作直线与 AB 交于 Q,再过 P 作直线 CD,使同位角 $\angle SPD=\angle PQB$,则 CD 为所求直线(图 3-67)。但利用菱形性质的作图更简单一些。

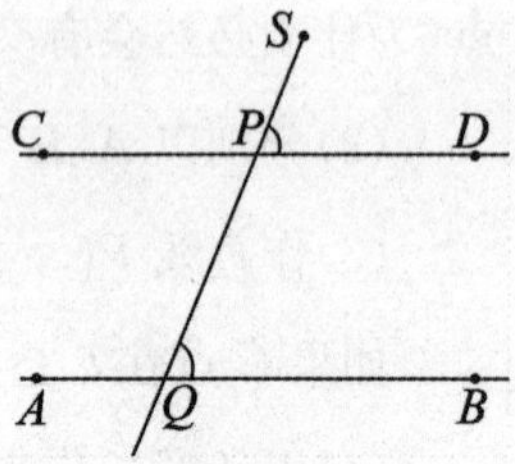

图 3-67

利用基本作图,可以进行其他作图,作图中可以直接应用基本作图,不用再写作图的具体方法,但使用尺规的具体画法,还是要按基本作图中所说的步骤,一丝不苟地做。

例 3　已知等腰三角形的顶角和底边上的高,求作等腰三角形。

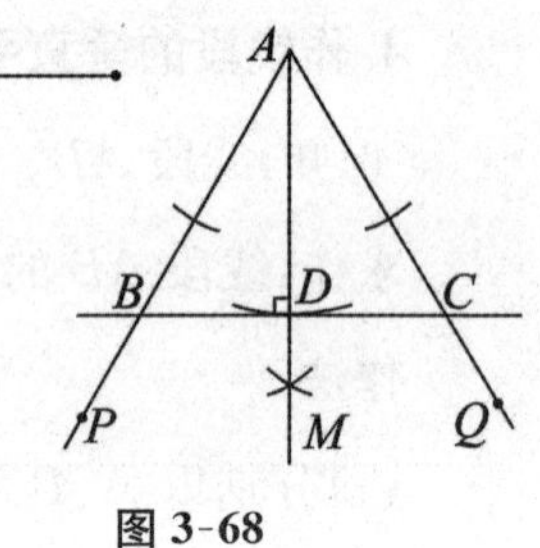

图 3-68

已知:$\angle PAQ$ 及线段 h。(图 3-68)

求作:$\triangle ABC$,使 $AB=AC$,$\angle BAC=\angle PAQ$,高 $AD=h$。

作法:

(1)作 $\angle PAQ$ 的角平分线 AM;

(2)在 AM 上截取 AD,使 $AD=h$;

(3)过 D 作 AM 的垂线,分别与 AP、AQ 交于 B、C。$\triangle ABC$ 为所求的等腰三角形。

证明: 由作图可知 $\triangle ABD\cong\triangle ACD$(ASA),

$\therefore AB=AC$。(全等三角形对应边相等)

又　$\because AD=h$,$AD\perp BC$,

$\therefore \triangle ABC$ 是所求的等腰三角形。

一般说来，几何作图题应按已知、求作，作法、证明这几步写出解法。以下习题中，如无说明，只要求写出已知、求作、作法三个步骤。

练习

1. 已知线段 AB，求作等边$\triangle ABC$。

2. 作一个角等于 $60°$。

3. 作一个角等于 $30°$。

4. 作个角等于 $45°$。（口述作法）

5. 利用基本作图中垂直平分线作法，把已知线段 4 等分。（口述作法）

6. 已知底边。和底边上的高 h，求作等腰三角形。

7. 利用平行四边形的性质，作不等边三角形的三条中线。（不写作法）

8. 任意画一个钝角三角形，作出它的三条高。（不写作法）

9. 随意画一个三角形，作出它的三条角平分线。（不写作法）

10. 任意画一个三角形，作出它三边的垂直平分线。（不写作法）

11. 已知斜边 c 和一锐角，求作直角三角形。

12. 已知菱形的两条对角线，求作菱形。

13. 已知直线 AB 外一点 P，只画两条弧，能不能找到另一点 Q，使 $PQ\perp AB$，怎么画？（提示：分别以 A、B 为心，AP、BP 为半径作弧。）

14. 已知直线 AB 上一点 P，只画一条弧和一条直线，能不能找到另一点 Q，使 $PQ\perp AB$？怎么画？（提示：利用 Rt△斜边上中线的性质）

15. 已知直线 AB 和直线外一点 P，只画两条弧，能不能找到另一点 Q，使 $PQ\parallel AB$？

（提示：利用平行四边形性质）

3.14 常用尺规作图举例

例 1 已知斜边和一条直角边，求作直角三角形。

已知：线段 a 和线段 c。（图 3-69）

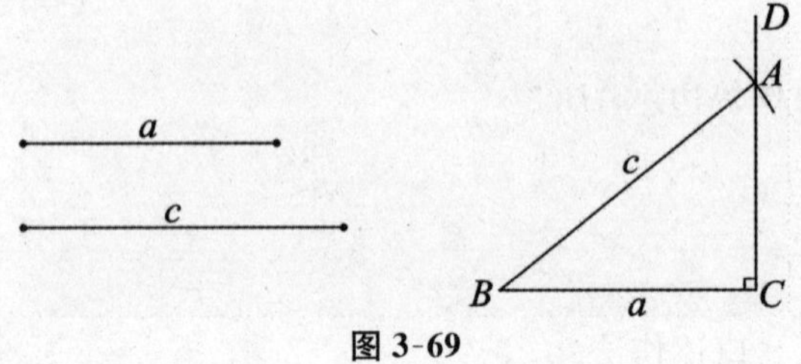

图 3-69

求作：Rt△ABC，使它的斜边 $AB=c$，一条直角边 $BC=a$。

作法：

(1)作线段 $BC=a$；

(2)过点 C 作 $CD\perp BC$；

(3)以 B 为心，C 为半径作弧，交 CD 于 A；

(4)连结 AB。

△ABC 就是所求直角三角形。

证明：

$$\because \begin{cases} BC=a,(\text{作法 1}) \\ \angle C=\text{Rt}\angle,(\text{作法 2}) \\ AB=c,(\text{作法 3}) \end{cases}$$

∴△ABC 是所求直角三角形。

讨论：根据"大边对大角"。应当有 $c>a$，如果给的线段 $c\leqslant a$，因作法第 3 步无法实行，此题无解。

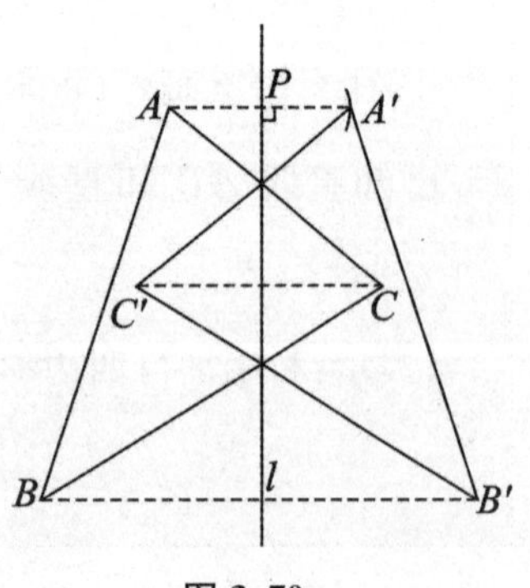

图 3-70

例 2 已知：△ABC 和直线 l。（图 3-70）

求作：△$A'B'C'$，使△$A'B'C'$ 与△ABC 关于 J 对称。

作法：

(1)过 A 作 l 的垂线，与 l 交于 P；

(2)以 P 为心，PA 为半径作弧，与 AP 的延长线交于 A'，(简单地说：延长 AP 至 A' 使 $PA'=PA$)得到点 A 关于 l 的对称点 A'；

(3)同法作点 B、C 的对称点 B'、C'；

(4)连结 $A'B'$、$B'C'$、$C'A'$.

$\triangle A'B'C'$就是所求直角三角形。

例 3 已知：不在同一直线上的三点 A、B、C。(图 3-71)

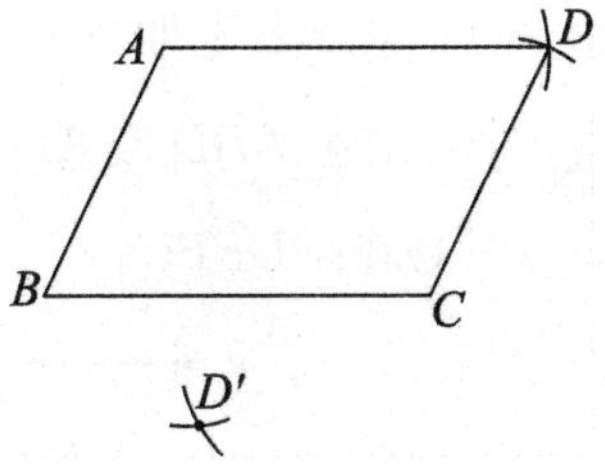

求作：▱$ABCD$。

作法：

(1)以 A 为心，BC 为半径作弧；

(2)以 C 为心，AB 为半径作弧，与前弧交于 D；

(3)连结 AB、BC、CD、DA。

图 3-71

四边形 $ABCD$ 是所求平行四边形。

证明：∵$AB=CD$，$BC=AD$，

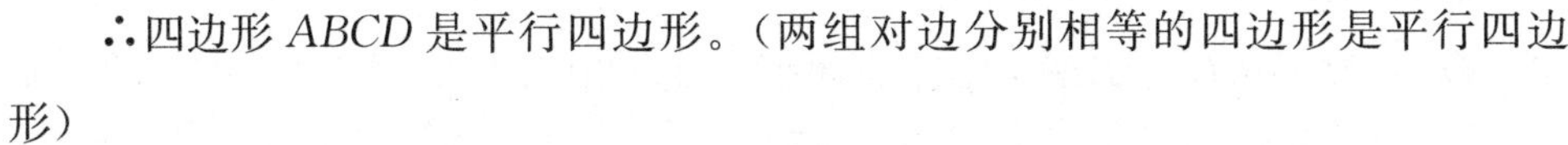

∴四边形 $ABCD$ 是平行四边形。(两组对边分别相等的四边形是平行四边形)

在作图过程中会发现，作法第 1、2 步中画出的两弧有两个交点 D 与 D'，其中 D' 与 B 在直线 AC 同侧，而 D 与 B 在直线 AC 异侧，应选 D，才能作出凸四边形。

例 4 作四边形 $ABCD$ 关于点 O 的对称图形。

已知：四边形 $ABCD$ 和一点 O。(图 3-72)

求作：四边形 $ABCD$ 关于点 O 的对称图形。

作法：

(1)连结 AO 并延长到 A'，使 $OA'=OA$，得到 A 关于 O 的对称点 A'；

(2)同样作 B、C、D 的对称点 B'、C'、D'；

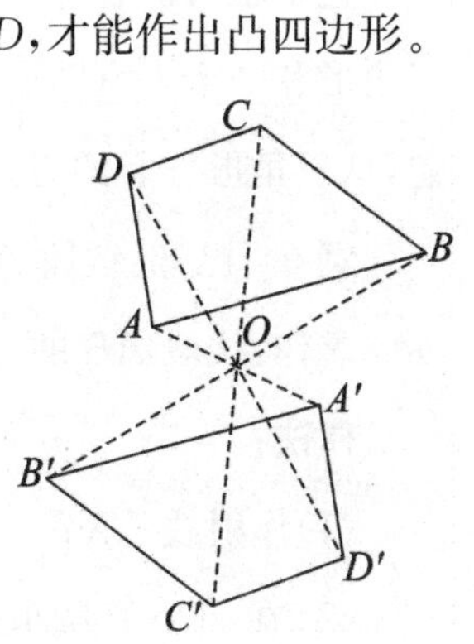

图 3-72

(3)顺次连结 A'、B'、C'、D'、A'。

四边形 $A'B'C'D'$ 就是 $ABCD$ 关于 O 的对称图形。

例 5 已知梯形的两底和两腰,作梯形。

已知:线段 a、b、c、d:其中 $a>b$。(图 3-73)

求作:梯形 $ABCD$,使 $AB/\!/CD$,$AB=a$,$CD=b$,$DA=c$,$BC=d$。

(1)作线段 $AB=a$;

(2)在 AB 上取点 E,使 $BE=b$;

(3)作△ABD 使 $AD=c$,$DE=d$;

(4)作▱$DEBC$。

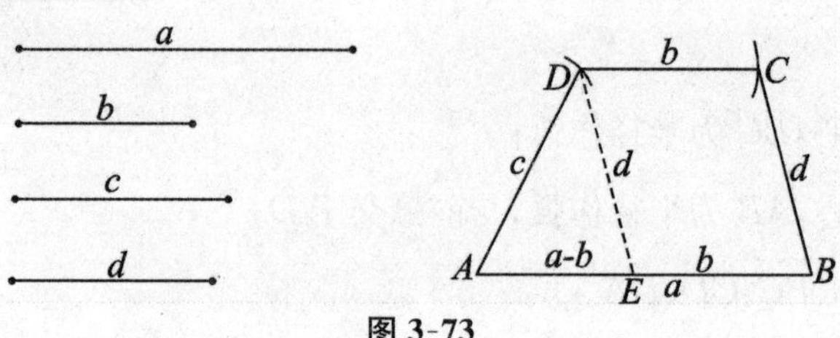

图 3-73

则四边形 $ABCD$ 是所求梯形。

证明:根据作法可知:$AB=a$,$AD=c$,$DC/\!/AB$;

又 $DC=BE=b$,$BC=DE=d$,(平行四边形对边相等)

∴四边形 $ABCD$ 是所求梯形。

这个题目初看不好作,但若假定已画出了梯形 $ABCD$,再把丑月 CD 分成一个三角形和一个平行四边形,就能找出作图方法了。这种把问题化为三角形作图问题,从三角形作起的方法,叫**做三角形奠基法。**

例 6 已知:线段 AB。(图 3-74)

求作:线段 AB 的三等分点。

作法:

(1)作射线 AX;

(2)在 AX 上截取适当的任意长线段 $AC=CD=DE$;

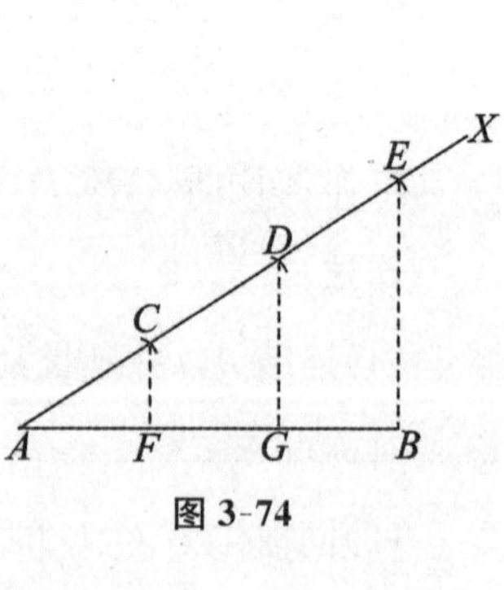

图 3-74

(3)连结 BE;

(4)过 C、D 分别作平行于 BE 的直线,与 AB 交于 F、G。

F、G 就是 AB 的三等分点。

证明:由平行截割定理及作法可知

$AF:FG:GB=AC:CD:DE=1:1:1.$

例 7 已知:四边形 $ABCD$。(图 3-75)

求作:一个与四边形 $ABCD$ 面积相等的三角形。

作法:

(1)连结 AC;

(2)过 D 作 AC 的平行线,交直线 AB 于 p;

(3)连结 PC。$\triangle PBC$ 即所求。

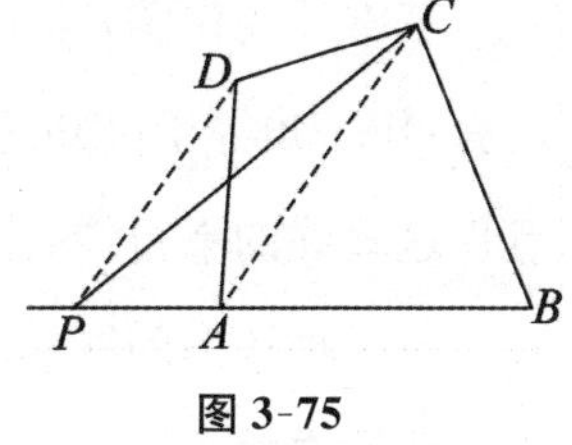

图 3-75

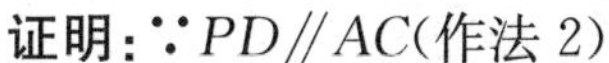
证明:$\because PD /\!/ AC$(作法 2)

$\therefore \triangle PAC=\triangle DAC$,

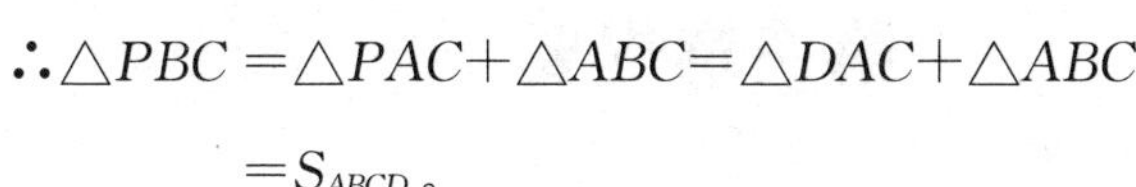
$\therefore \triangle PBC=\triangle PAC+\triangle ABC=\triangle DAC+\triangle ABC$

$=S_{ABCD}$。

例 6 和例 7 这样的问题,前面已经讲过(2.5 中推论 2;2.4 中例 1),这里尺规作图加以作图实施,而原来是用三角尺推平行线来完成作图的。

练习

1. 已知矩形的一边和一条对角线,求作矩形。
2. 已知▱$ABCD$(第二题图)。求作:▱$ABCD$ 关于直线 AB 的对称图形。
3. 按第 2 题图,作▱$ABCD$ 关于点 B 的对称图形。
4. 已知平行四边形的一边 AB 和两条对角线 AC、BD 的长,求作平行四边形。
5. 已知梯形的高、两底和一腰,求作梯形。

(第 2 题)

6. 已知菱形的一边和一条对角线，求作菱形。

小结

尺规作图是几何学传统内容的一个重要部分，它限制作图工具只能用圆规和无刻度的直尺。

尺规作图的依据，是全等三角形的判定法则和性质以及其他特殊图形的性质，其中，主要是 SSS 判别法则和菱形的性质。

基本尺规作图，除了在直线上截取已知长度的线段和已知三边作三角形之外，还有：作一角等于已知角；平分已知角；过已知点作已知直线垂线，过已知直线外一点作这直线的平行线，作线段的垂直平分线。

解尺规作图问题的步骤一般可分成：写出已知、求作，作图并说明作法，证明所作的图符合要求。

第三章提要

1. 全等三角形和相似三角形是研究特殊图形的有用工具，因为特殊图形中常常有相等的线段和角。全等是相似的特殊情形。相似图形相似比为 1 时，就成为全等形。相似与全等的判定法则有 SAS，ASA、AAS、SSS，还有补充法则及 HL。（ASA 与 AAS 只用于判定全等，判定相似时合并为 AA。）

2. 特殊的三角形主要是等腰三角形和直角三角形，等腰三角形的主要特征性质是：有两边相等；两底角相等：三线合一。直角三角形主要特征性质是：有两角互余；斜边上的中线等于斜边的一半。特殊的等腰三角形是等边三角形，特征性质是三个角都是 $60°$；半个等边三角形是具有 $30°$角的直角三角形，特征性质是：$30°$角的对边是直角所对边的一半。

3. 边数为 n 的多边形内角和为$(n-2)\cdot 180°$，外角和为 $360°$，四边形的内角和与外角和都是 $360°$。特殊的四边形主要有平行四边形和梯形。特殊的平行四边形主要有矩形、菱形和正方形。这些图形各有自己的特征性质。这些特征性质可以从边、角、对角线三个方面来认识。

4. 梯形可以分成一个三角形和一个平行四边形；平行四边形可以分成两个全等三角形；矩形可以分成两个全等的直角三角形；菱形可以分成两全等的等腰三角形；正方形可以分成两个全等的等腰直角三角形。这样分割有助于认识这些图形的性质，有助于解决涉及这些图形的问题。

5. 典型的轴对称图形是等腰三角形，典型的中心对称图形是平行四边形。有两条互相垂直的对称轴的轴对称图形一定也是中心对称图形。这两条对称轴的交点也就是对称中心。

6. 两图形关于直线对称叫轴对称；两图形关于一点对称叫中心对称。关于轴对称的两个图形经过反射可以重合；关于中心对称的两个图形经过 180°的旋转可以重合。中心对称与轴对称的共同点是：对称的两个图形全等。它们的明显不同是：关于中心对称的两个图形中，对应线段所在直线平行或重合，关于轴对称的两个图形中心对应线段所在直线在对称轴上相交或重合。

7. 三角形的分类法，有按边分类和按角分类两种（如下图）。

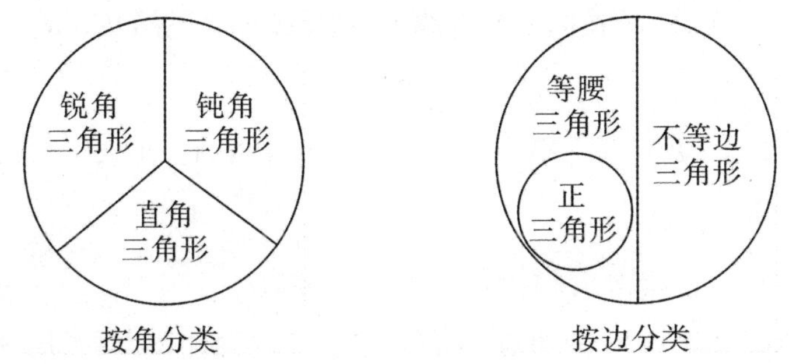

8. 特殊四边形之间的关系：

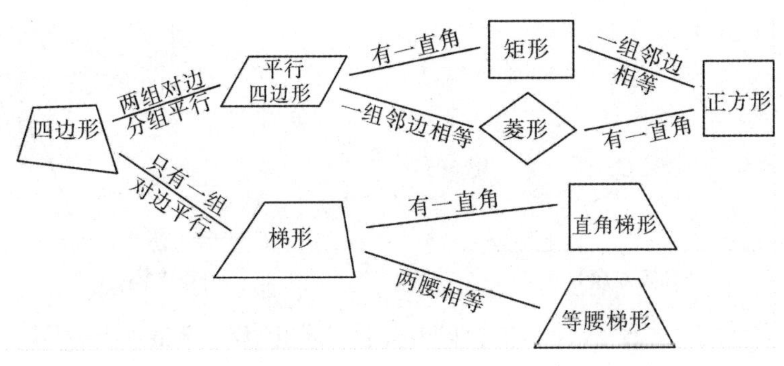

9. 尺规作图。(略)

习题三

1. 在线段 AB 上任取一点 P,分别作两个正三角形 $\triangle APM$ 与 $\triangle BPN$。求证:$AN=BM$。

2. 在 $\square ABCD$ 的对角线 AC 上取两点 E、F 使 $AF=CE$。

求证:$\triangle ABE \cong \triangle COF$。

3. 已知:如图 $\angle 1=\angle 2$,$\angle 3=\angle 4$。求证:$BC=BD$。

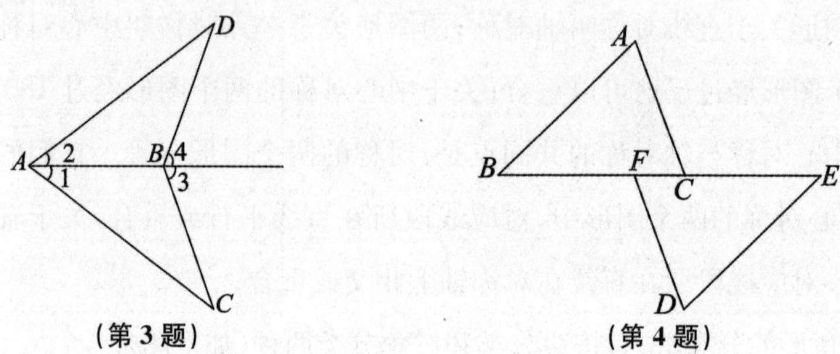

(第 3 题)　(第 4 题)

4. 已知:如图,B、F、C、E 在同一条直线上,$FB=CE$,$AB \parallel DE$,$AC \parallel DF$。求证:$AB=DE$。

5. 在 $\triangle ABC$ 和 $\triangle A'B'C'$ 中,AM 和 $A'M'$ 分别是中线,已知:$AB=A'B'$,$AC=A'C'$,$AM=A'M'$。

求证:$BC=B'C'$。(提示:参看 3.2 中例 3 的解法)

6. 已知:$\triangle ABC$ 和 $\triangle DBC$ 的顶点 A 和 D 在 BC 的同侧,$AB=CD$,$AC=BD$,且 AC 与 BD 交于点 O,求证:$\triangle OAB \cong \triangle ODC$。

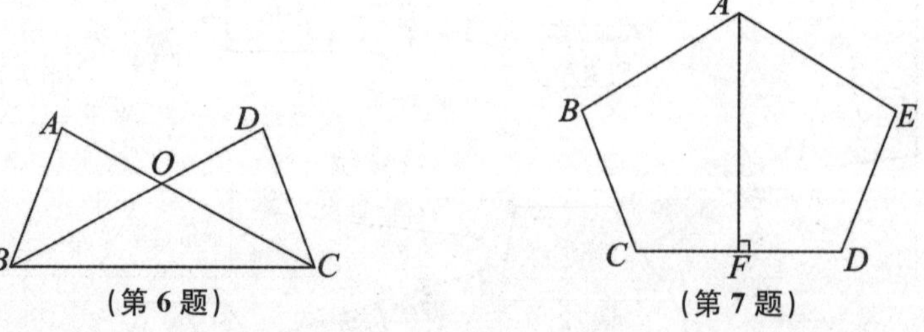

(第 6 题)　(第 7 题)

7. 已知:$AB=AE$,$\angle B=\angle E$,$BC=ED$,并且 $AF \perp CD$。求证:$CF=DF$。

8. 在$\triangle ABC$的两边AC、BC上分别向三角形外作正方形$ACDE$和正方形$CBFG$。求证：$AG=BD$。（思考：如果把正方形改成正三角形呢？又如果C是线段AB上的一点呢）

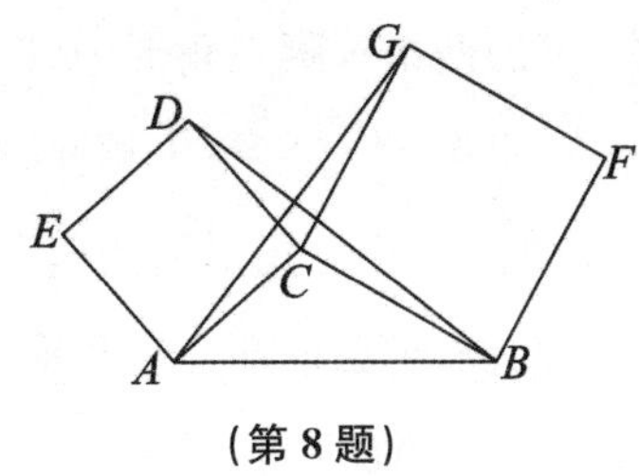

（第8题）

9. 在$\triangle ABC$内取一点P，自P向AB、BC、CA分别作垂线PM、PL、PN，已知：$\angle NPL=\angle MPL=120°$

求证：$\triangle ABC$是正三角形。

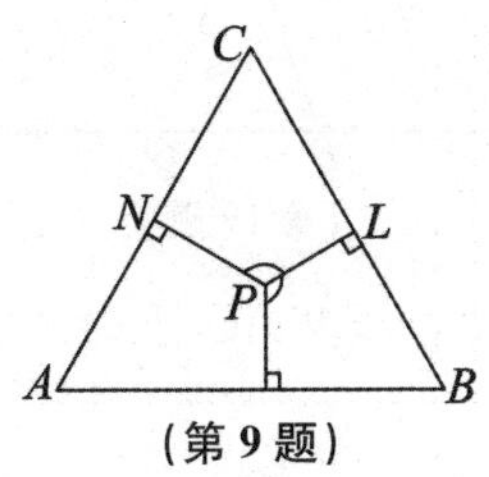

（第9题）

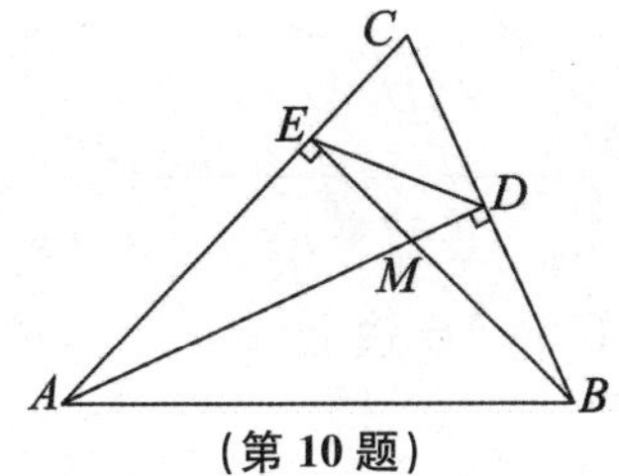

（第10题）

10. 设AD、BE是$\triangle ABC$的两条高，AD与BE交于点M。求证：$\triangle ABM\sim\triangle EDM$。

11. 四边形$ABCD$的两条对角线交于P，已知$\triangle ABP\sim\triangle DCP$。

求证：$\triangle BCP\sim\triangle ADP$。

12. 设$\mathrm{Rt}\triangle ABC$斜边上的高为CD，$BC=a$，$AC=b$，$AB=c$。求证：

$\triangle ABC:\triangle ADC:\triangle BDC=c^2:b^2:a^2$。

13. 设四边形$ABCD$的对角线交于O，L、M、N、P分别是OA、OB、OC、OD中点。求证：四边形$LMNP\sim$四边形$ABCD$。

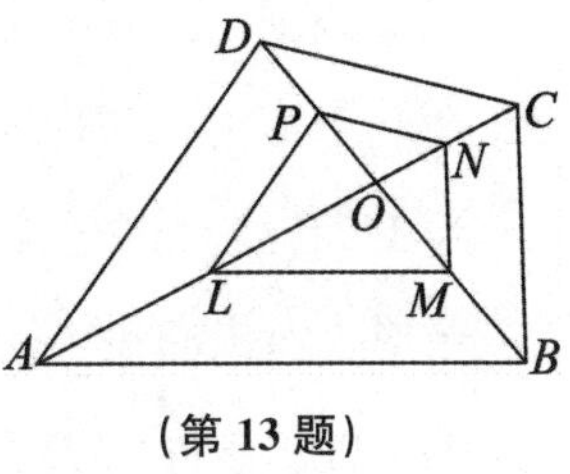

（第13题）

14. 设M是$\triangle ABC$的边BC的中点，$\angle AMB$的平分线交AB于E，$\angle AMC$的平分线交AC于D。求证：$\triangle AED\sim\triangle ABC$。

15. 求证：

(1)两个直角三角形有一锐角相等，则两个三角形相似；

(2)两个等腰三角形顶角相等，则两个三角形相似；

(3)两个等腰三角形中，底和底边上的高对应成比例，两个三角形相似。

(思考：你还能举出哪些判定直角三角形、等腰三角形相似的法则)

16. 如果一个三角形的两边和其中任一边上的中线与另一个三角 形的对应部分成比例，那么这两个三角形相似。

17. 已知：$\dfrac{AB}{AD}=\dfrac{BC}{DE}=\dfrac{AC}{AE}$。求证：$\angle BAD=\angle CAE$。

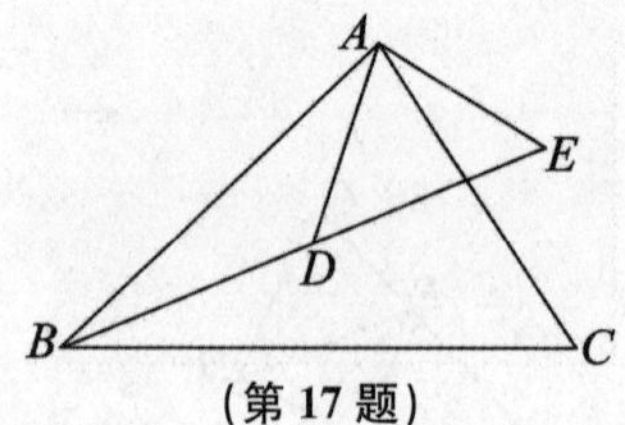

(第 17 题)

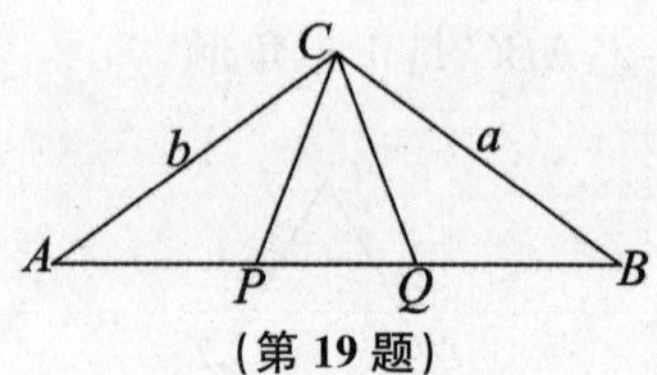

(第 19 题)

18. 在$\triangle ABC$的AB边上取一点P，过P作BC的平行线交AC于Q。如果$\triangle APQ$的面积是$\triangle ABC$的一半，那么$\dfrac{AB}{AP}=$？

19. 设P、Q是$\triangle ABC$的边AB上的两点，$PC=QC$，并且$\angle ACP=\angle B$。求证：$\triangle BCQ:\triangle ACP:\triangle ABC=a^2:b^2:c^2$。(这里$a=BC$，$b=AC$，$c=AB$)。

20. 在正方形$ABCD$内作正三角形ABP，求角$\angle PDC$的度数。

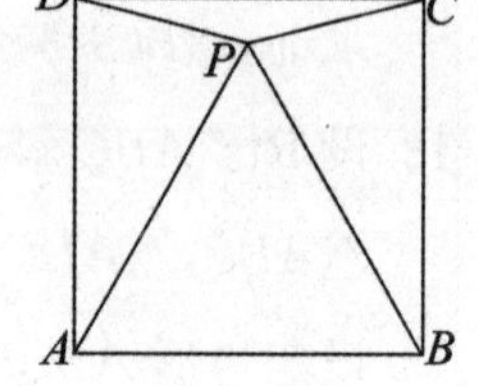

(第 20 题)

21. 在正方形$ABCD$内取一点P。已知：$\angle PCD=\angle PDC=15°$。求证：$\triangle ABP$是正三角形。(提示：用同一法)

22. 在$\triangle ABC$中，$AB=AC$，AD为BC边上的高，AD的中点为M，直线CM交AB于K，求证：$AB=3AK$。(用两种方法证明：(1)用相似三角形；(2)用面积方法。进一步思考：条件"$AB=AC$，AD为BC边上的高，"可不可以用条件"AD是中线"代替)

23. 设四边形$ABCD$对角线AC中点为O，$\angle ADB$、$\angle BOC$、$\angle COD$、$\angle DOA$的平分线分别与AB、BC、CD、DA交于E、F、G、H。求证：$EF/\!/GH$。

(用两种方法证明)

24. 用相似三角形方法证明三角形平分线性质定理：三角形的内角平分线分对边所

得的两条线段和这个角的两边对应成比例。

25. 在$\triangle ABC$中，角平分线AD、BE交于点I。

求证：$\frac{AI}{ID}=\frac{AB+AC}{BC}$。

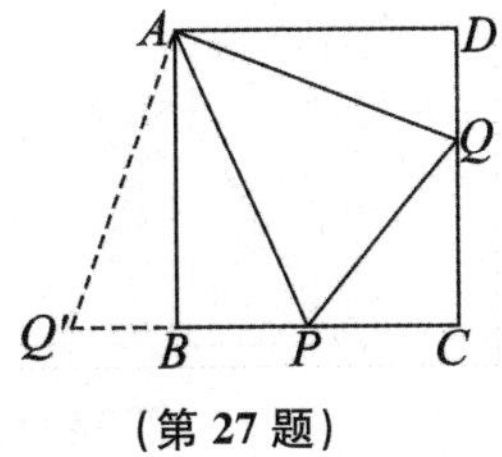

（第27题）

26. 边长为1的正方形，对角线的长度是多少？

（提示：可用两种方法：(1)相似三角形方法；(2)面积方法）

27. 在正方形$ABCD$的两边BC、CD上分别取两点P、Q，已知：$\angle PAQ=45°$。

求证：$PQ=BP+DQ$。

（提示：延长PB至Q'，使$BQ'=DQ$，证明$\triangle APQ'$与$\triangle APQ$全等）

28. 在$\square ABCD$中，$\angle DAB$的平分线交BD于P，$\angle ADC$的平分线交CA于Q。

求证：$PQ/\!/DA$。

29. 在$\triangle ABC(AB>AC)$的边AB上取一点D，在边AC上取一点E，使$AD=AE$。直线DE和BC的延长线交于P。

求证：$BP:CP=BD:CE$。

（用两种方法作：(1)过C作AB的平行线，利用相似三角形方法；(2)用面积方法）

30. 过$\triangle ABC$的顶点C任作一直线，与边AB及中线AD分别交于点F及E。

求证：$AE:ED=2AF:FB$。

（用两种方法证明：相似三角形与面积方法）

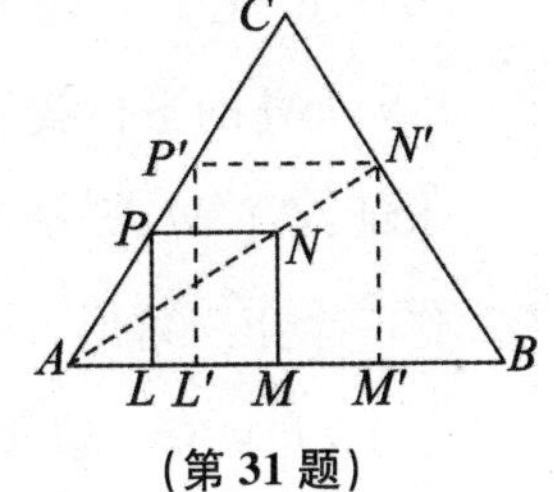

（第31题）

31. 在$\triangle ABC$内作一正方形$LMNP$，点L、M在边AB上，点P在边AC上。直线AN交BC于N'，过N'作AB的平行线交AC于P'，分别过N'、P'作AB的垂线交AB于M'、L'。

求证：$L'M'N'P'$是正方形。

32. Rt$\triangle ABC$中有正方形$DEFG$，点D、G分别在AB、AC上，E、F在斜边BC上。

求证：$EF^2=BE\cdot FC$。

33. 在$\triangle ABC$的BC边上取点D使$\angle BAD=\angle C$，又设$\angle DAC$的平分线交DC于E。求证：$\frac{BD}{BA}=\frac{DE}{EC}$。

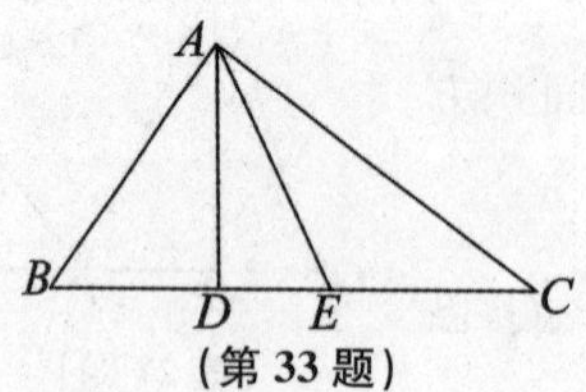

（第33题）

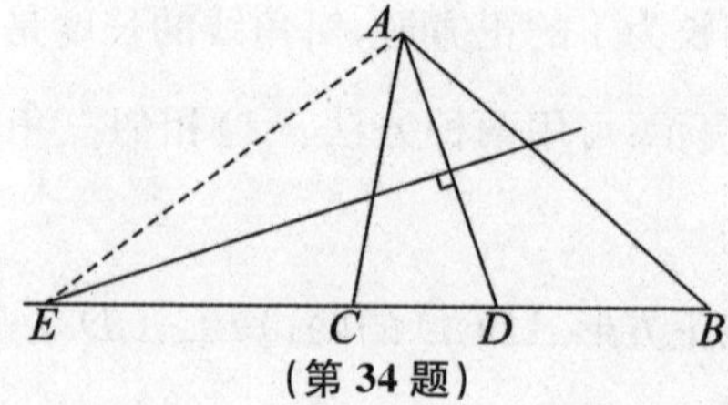

（第34题）

34. AD为$\triangle ABC(AB>AC)$的角平分线，AD的垂直平分线和BC的延长线交于E。求证：$DE^2=BE\cdot CE$。

35. 设AH、$A'H'$分别是两锐角三角形$\triangle ABC$、$\triangle A'B'C'$的高，并且$\frac{AB}{A'B'}=\frac{AC}{A'C'}=\frac{AH}{A'H'}$。求证：$\triangle ABC\sim\triangle A'B'C'$。

36. 设AD、$A'D'$分别是$\triangle ABC$和$\triangle A'B'C'$的角平分线，并且$\frac{AB}{A'B'}=\frac{BD}{B'D'}=\frac{AD}{A'D'}$。求证：$\triangle ABC\sim\triangle A'B'C'$。

37. 设E是正方形$ABCD$的边AB的中点，F是边AD上一点，$AF=\frac{1}{4}AD$，自E向CF引垂线段EG。

求证：$EG^2=CG\cdot FG$。

38. 在$\triangle ABC$内有一个正三角形$\triangle LMN$，点M、N分别在AB、AC上。直线AL与边BC交于L'，过L'分别作LN、LM的平行线与AC、AB分别交于N'、M'。

求证：$\triangle L'M'N'$是正三角形。

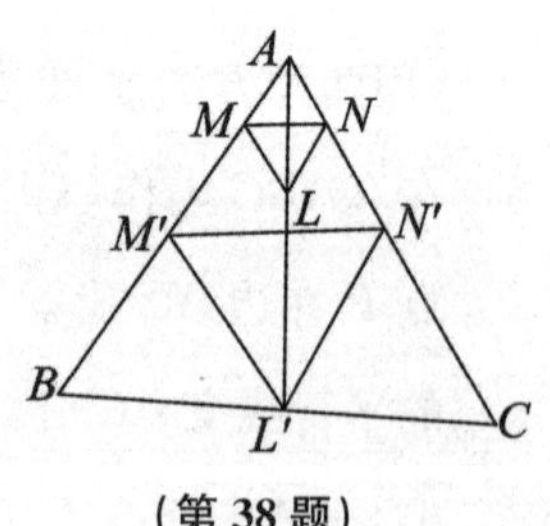

（第38题）

39. 作一个正三角形，使它的三个顶点分别在$\triangle ABC$的三边上，并且有一边和BC平行。

40. 如图，A_1A_2、B_1B_2……十七条实线表示的线段长度相等。

求证：$A_1A_4C_4C_1$ 是平行四边形。

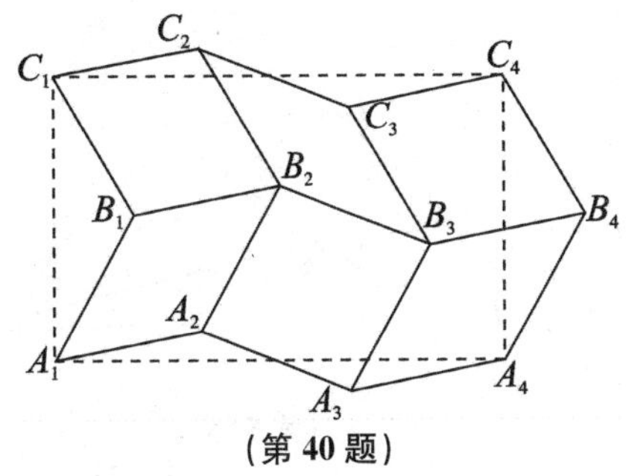

（第 40 题）

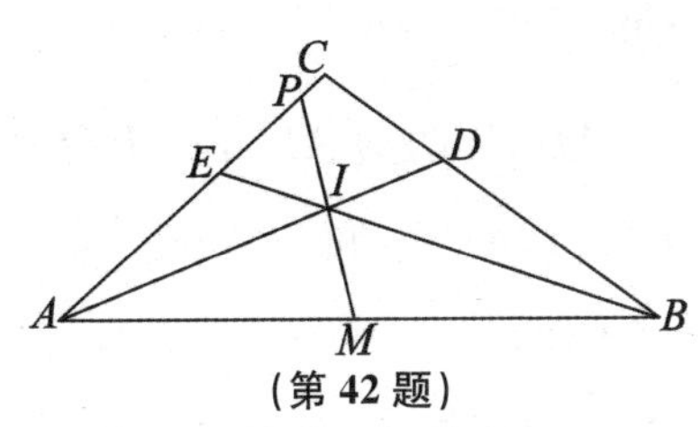

（第 42 题）

41. 设$\triangle ABC$的两条角平分线 CD、BE 交于 I，I 到 BC 的距离为 r. 求证：三角形面积等于 r 与三角形周长乘积的一半。

42. 设$\triangle ABC$的两条角平分线 AD、BE 交于 I，M 是 AB 边中点，直线 MI 与 AC 交于 P。已知：$BC=a$，$CA=b$，$AB=c$. 求 AP 之长。

43. 在等腰三角形底边延长线上任取一点 P。求证：P 到两腰距离之差等于腰上的高。

44. 求证：四边形的两条对角线的和大于周长的一半而小于周长。

45. 求证：四边形的两条对角线的乘积的一半，不小于四边形的面积。

46. 设四边形 $ABCD$ 的四边 AB、BC、CD、DA 的中点顺次为 L、M、N、P。求证：四边形 $ABCD$ 面积$\leqslant LN\cdot MP$。

47. 设 M，N 分别是线段 AB、CD 中点。求证：$MN\leqslant\frac{1}{2}(AC+BD)$。

48. 求证：梯形一腰上的两内角的平分线垂直。

49. 已知菱形有一个角为 $30°$，周长为 16。求菱形面积。

50. 已知菱形周长是它的一条对角线的长度的 4 倍。求菱形各角的度数。

51. 设 $ABCD$ 和 $BEFG$ 是两个正方形，线段 AE 与 CG 交于 P。求证：$\angle APC=90°$。

52. 矩形 $ABCD$ 中，边 AB 长为对角线的一半。延长 BC 至 E 使 $CE=2AB$，连 AE 与 CD 交于 F。求$\angle AFC$。

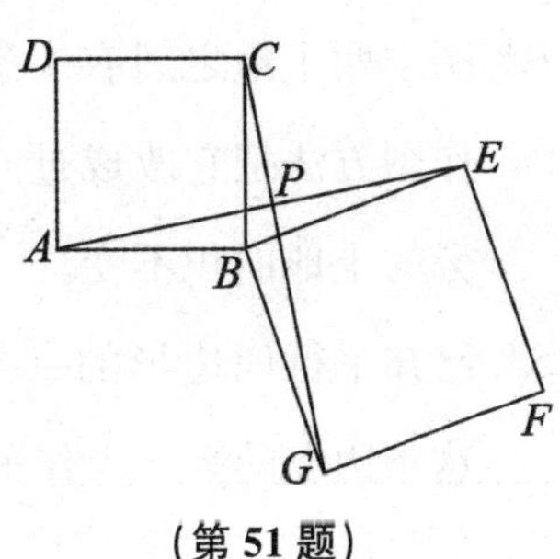

（第 51 题）

53. 线段 AB、CD 交于 O，$AB\perp CD$，过 O 作 AD 的垂线分别交 AD、BC 于 H、M，已知：$\triangle AOC\sim\triangle DOB$。

求证：$OM=\frac{1}{2}BC$。

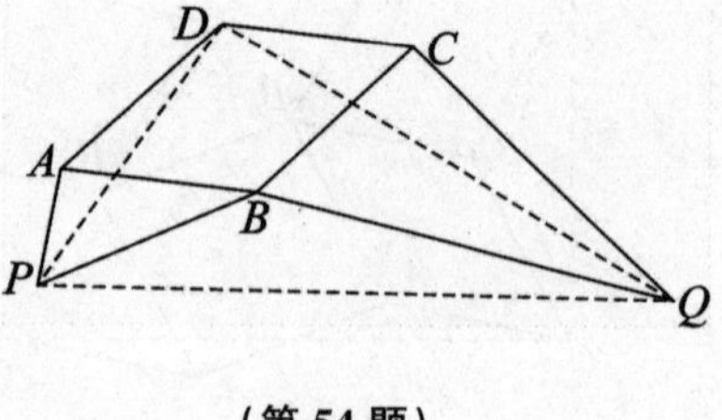

（第 54 题）

54. 在▱$ABCD$ 两边 AB、BC 上分别向外作三角形 $\triangle APB$ 和 $\triangle CBQ$，并且 $\triangle APB\sim\triangle CBQ$。

求证：$\triangle DPQ\sim\triangle APB$。

55. 已知：等腰三角形$\triangle ABC$ 两腰上各向外作一个三角形$\triangle ABP$ 和$\triangle ACQ$，并且$\triangle ABP\cong\triangle ACQ$。

求证：$\triangle ABP$ 和$\triangle ACQ$ 轴对称。

56. 已知：$\triangle BEC$ 和$\triangle DFA$ 是▱$ABCD$ 外的两个三角形，且$\triangle BEC\sim\triangle DFA$。求证：$\triangle BEC$ 和$\triangle DFA$ 中心对称。

57. 设 L、M、N 分别是 BC、CA、AB 三条线段的中点，并且 $AL=MN$。求证：$\angle BAC=90°$。

58. 过▱$ABCD$ 顶点 A、B、C、D 作相互平行的直线与另一直线 l 分别交于 A'、B'、C'、D'。求证：$AA'+CC'=BB'+DD'$。

59. 求证：梯形面积等于一腰和另一腰中点到这个腰的距离的积。

60. “有一组对边平行且相等”是不是菱形的性质？是不是菱形的特征性质？

61. 已知$\triangle ABC$，求作$\triangle PBC$ 使$\triangle PBC=\triangle ABC$，并且$\triangle PBC$ 在 BC 边上的中线等于已知线段 a。

62. 已知三角形的最大边和另一边上的中线和高。求作三角形。

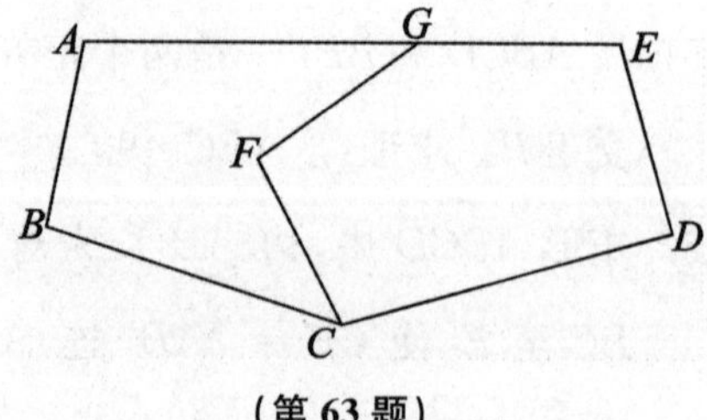

（第 63 题）

63. 图中两土地之间有一条小路 CFG，用尺规作图方法把它改成过 C 点的直路，使路两旁的土地面积不变。

64. 已知平行四边形的一条边，一条对角线和这条边上的高。求作平行四边形。

第四章

三角形的有关计算

根据边角边公理，我们知道：如果三角形的两边一夹角给定了，那么它的第三边也就是被确定了。但我们却不知道怎样根据两边一夹角的大小去计算第三边。这一章里，就来解决这一类的问题。

一、勾股定理与勾股差

4.1 勾股定理

勾股定理是几何里最古老的定理之一，也是最重要的定理之一。人们把它称为几何学的基石，几何学的一大宝藏。

勾股定理　直角三角形两直角边的平方和等于斜边的平方。

已知：Rt△ABC 中，斜边 $AB=c$，直角边 $BC=a$，$CA=b$。（图 4-1）

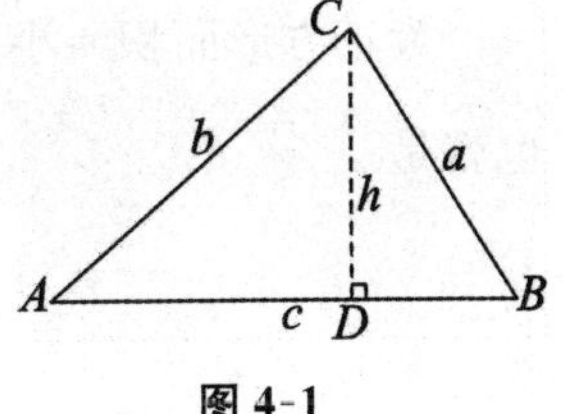

图 4-1

求证：$a^2+b^2=c^2$。

证明 1：设斜边上的高 $CD=h$，则

(1)$ch=2\triangle ABC=ab$,(三角形面积公式)

(2)$\dfrac{\triangle ACD}{\triangle ABC}=\dfrac{bh}{ac}$,(共角定理,$\angle B=90°-\angle A=\angle ACD$)

(3)$\dfrac{\triangle BCD}{\triangle ABC}=\dfrac{ah}{bc}$,(共角定理,$\angle A=90°-\angle B=\angle BCD$)

把(2)、(3)相加,并由(1)中求出$h=\dfrac{ah}{c}$代入得

$$1=\frac{\triangle ACD+\triangle BCD}{\triangle ABC}=\frac{bh}{ac}+\frac{ah}{bc}=\frac{a^2+b^2}{c^2},$$

$\therefore a^2+b^2=c^2$

证明 2:如图 4-2,延长 BC 至 A' 使 $CA'=CA$,在 CA 上取 B' 使 $CB'=CB$,延长 $B'A'$ 交 BA 于 D,则 $\triangle ABC\cong\triangle A'B'C$。(图 4-2)

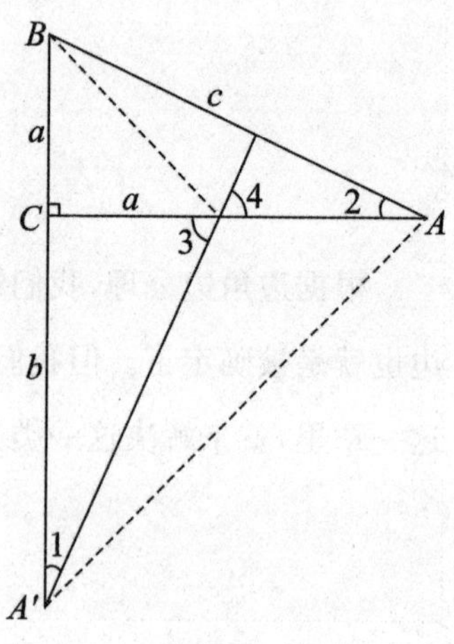

图 4-2

注意:$\because\angle 1=\angle 2,\angle 3=\angle 4$,

$\therefore\angle BDB'=\angle B'CA'=90°$

利用面积关系:

$$\triangle BCB'+\triangle ACA'=\triangle BA'B'+\triangle AB'A',$$

两端分别计算得

$$\frac{a^2}{2}+\frac{b^2}{2}=\frac{c}{2}BD+\frac{c}{2}AD=\frac{c^2}{2}$$

$\therefore a^2+b^2=c^2$。

证明 3:(中国古代证明)如图 4-3,把四个全等的直角三角形放在边长为$(a+b)$的正方形的四角,前面已证明过,四条斜边围成一个正方形。于是

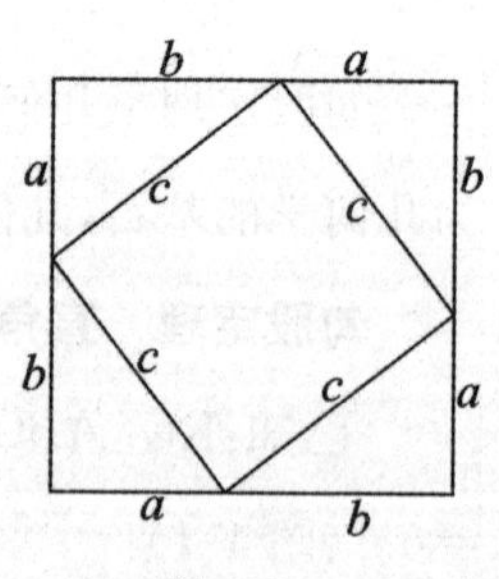

图 4-3

大正方形面积=小正方形面积+直角三角形面积×4,

也就是

$$(a+b)^2=c^2+4\times\frac{ab}{2},$$

两端展开整理得 $a^2+b^2=c^2$。

证明 4:(古希腊证法)如图 4-4,在三角形 ABC 的三边上分别向外作正方形 $ABED$、$ACGF$、$BCJK$。过 C 作 AB 的垂线分别与 AB、DE 交于 H、I。

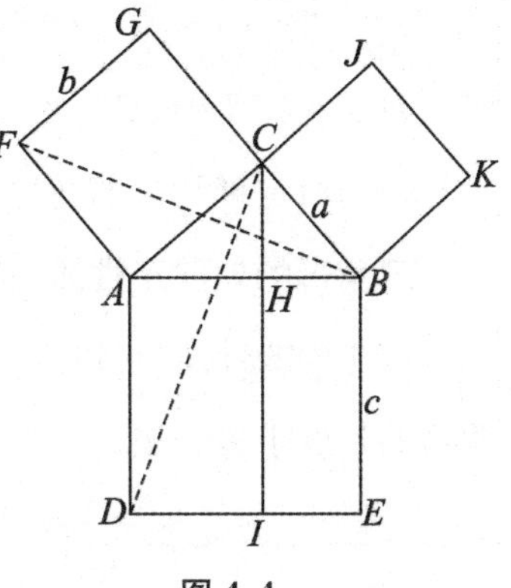

图 4-4

(1)$\because BG/\!/AF, CI/\!/AD$,

$\therefore S_{ACGF}=2\triangle ABF$,

$S_{ADIH}=2\triangle ADC$。

(2)$\because AB=AD, AF=AC$,

$\angle FAB=\angle CAB+90^\circ=\angle CAD$,

$\therefore \triangle ABF\cong\triangle ADC$。(SAS)

(3)$\therefore S_{ACGF}=S_{ADIH}$。(综合(1)、(2))

(4)同理 $S_{BCJK}=S_{EBHI}$。

$\therefore S_{ACGF}+S_{BCJK}=S_{ADIH}+S_{EBHI}=S_{ABED}$。

即 $a^2+b^2=c^2$。

早在三千多年前,勾股定理已被发现。中国古代把直角三角形的两直角边分别叫做勾和股,斜边叫弦,因而上述定理称为勾股定理。在外国,首先证明勾股定理的是古希腊数学家毕达哥拉斯,所以勾股定理也叫毕达哥拉斯定理。勾股定理的逆命题也成立。

勾股定理的逆定理　如果三角形的三边 a、b、c 满足关系 $a^2+b^2=c^2$,那么 c 边所对的角是直角。

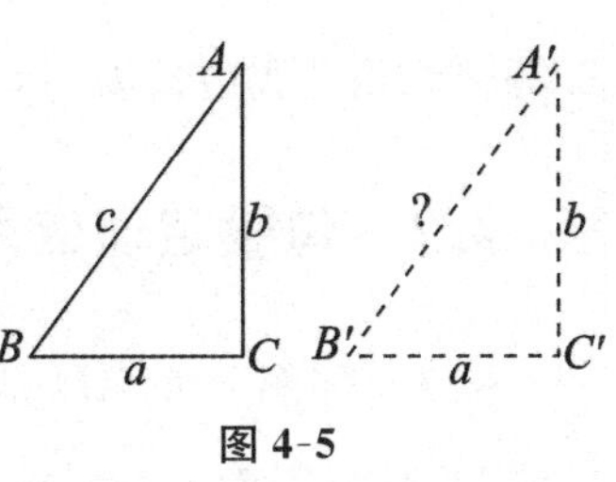

图 4-5

已知:$\triangle ABC$ 中,$AB=c$,

$BC=a, CA=b, a^2+b^2=c^2$。(图 4-5)

求证:$\angle C=90^\circ$。

证明:作$\triangle A'B'C'$,使$\angle C=90^\circ$,$B'C'=a$,$A'C'=b$。

由勾股定理得

$A'B'=\sqrt{a^2+b^2}=\sqrt{c^2}=c$,

$\therefore \triangle ABC \cong \triangle A'B'C'$。(SSS)

$\therefore \angle C = \angle C' = 90°$。

我们在证明中,又一次用了同一法。

把勾股定理与它的逆定理综合起来,得到

三角形的勾股定性质　在$\triangle ABC$中,$\angle C$为直角的充要条件是$a^2+b^2=c^2$。

应用勾股性质,可以检验三角形的某个角是不是直角,也可以根据直角三角形两边的长度求另一边。

练习

1. 在$\triangle ABC$中,$\angle C=\mathrm{Rt}\angle$。

(1)已知$a=3,b=4$,求c;

(2)已知$a=5,b=12$,求c;

(3)已知$c=25,b=24$,求a。

2. 在$\triangle ABC$中,给定边长,检验它是不是直角三角形。如果是,指出直角。

(1)$a=6,b=8,c=10$;

(2)$a=2,b=\sqrt{5},c=3$;

(3)$a=u^2+v^2,b=2uv,c=u^2-v^2$;

(4)$a=8,b=15,c=17$。

3. 等腰三角形底边长为10cm,腰长13cm,求它的高和面积。

4.2　勾股定理应用举例

例1　如图4-6,AD是$\triangle ABC$的高。已知BC、CA、AB长分别为a、b、c,求BD的长度。

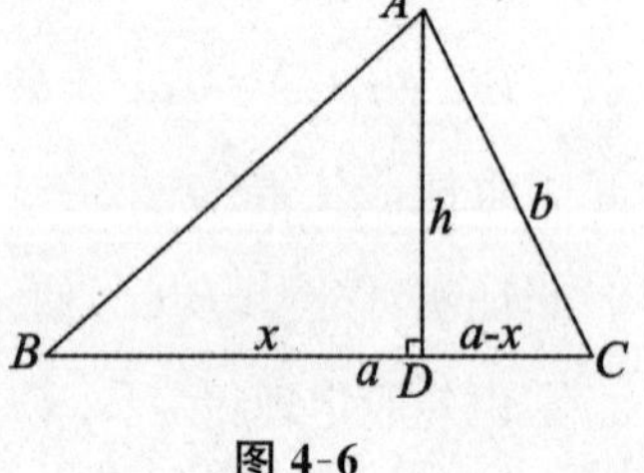

图4-6

解:设$BD=x,AD=h$,这时$DC=a-x$。根据勾股定理列出方程式

$$c^2-x^2=h^2=b^2-(a-x)^2,$$

两端展开

$$c^2-x^2=b^2-a^2+2ax-x^2,$$

$$\therefore x=\frac{a^2+c^2-b^2}{2a}。$$

在图 4-6 中，知道了 BD，可用勾股定理求出高 h，进一步可以算出$\triangle ABC$ 的面积，这样从已知三边求三角形面积的方法，我国古代叫做“三斜求积”。

例 2 图 4-7 是两个在格纸上的三角形，计算它们的边长，检验这两个三角形是否相似？

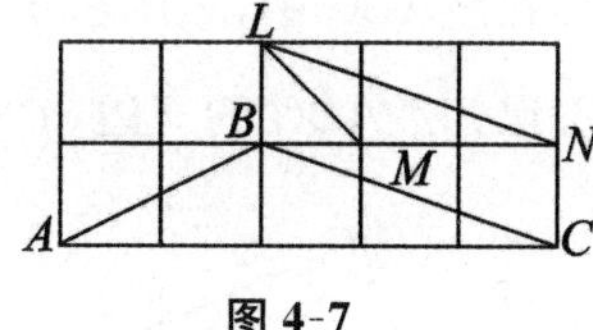

图 4-7

解：不妨设方格的边长为 1 个单位长度，于是可用勾股定理算出

$$AC=5, BC=\sqrt{1^2+3^2}=\sqrt{10}, AB=\sqrt{1^2+2^2}=\sqrt{5},$$

$$LN=\sqrt{10}, MN=2, ML=\sqrt{1^2+1^2}=\sqrt{2}。$$

$$\therefore \frac{AC}{LN}=\frac{BC}{MN}=\frac{AB}{ML}=\frac{\sqrt{10}}{2}。$$

$\therefore \triangle ABC \sim \triangle LMN$。(SSS)

根据勾股定理，在方格纸上画出图形后计算各种几何量十分方便，这种方法不但用于解决很多实际问题，也是几何学进一步发展的基础。

例 3 已知线段 $B_1C=a$，求作线段，使其长度为$\sqrt{2}a$、$\sqrt{3}a$、$\sqrt{5}a$、$\sqrt{7}a$……

作法：

(1)以 B_1C 为直角边，作等腰直角三角形$\triangle AB_1C$，斜边 $AB_1=\sqrt{2}a$；(图 4-8)

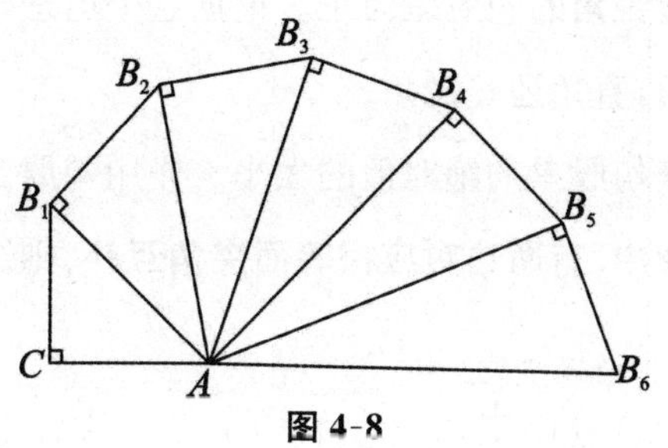

图 4-8

(2)以 AB_1 为一直角边,作另一直角边为 $B_1B_2=a$ 的直角$\triangle AB_1B_2$,斜边 $AB_2=\sqrt{3}a$;

(3)如果已作出 $AB_{k-1}=\sqrt{k}a(k=2,3,4\cdots\cdots)$,作直角$\triangle AB_{k-1}B_k$。使 AB_k,另一条直角边 $B_{k-1}B_k=a$,则斜边 $AB_k=\sqrt{k+1}a$。

练习

1. 在$\triangle ABC$ 中,$\angle B>90°$,$BC=a$,$CA=b$,$AB=c$,AD 是高。求 BD。

2. 已知$\triangle ABC$ 的三边,$a=7\text{cm}$,$b=5\text{cm}$,$c=8\text{cm}$。求它的面积。

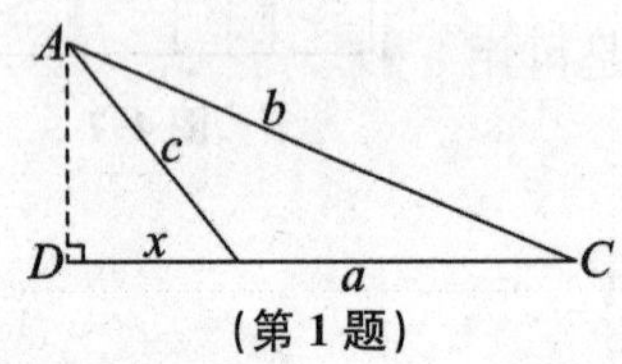

(第 1 题)

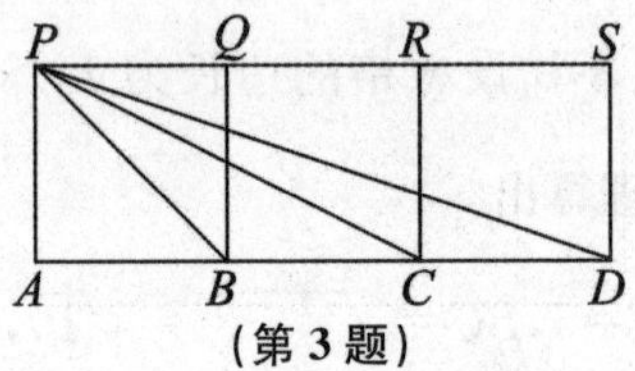

(第 3 题)

3. 图中 $ABQP$、$BCRQ$、$CDSR$ 都是正方形,求证:$\angle PDB+\angle PCB=45°$。

4. 求证:菱形对角线的平方和等于一边平方的 4 倍。

5. 求证:在四边形 $ABCD$ 中,如果对角线 $AC\perp BD$,则 $AB^2+CD^2=AD^2+BC^2$。

4.3 任意三角形的勾股差

在任意三角形中,**一个角的两夹边的平方和减去它的对边的平方所得的差,叫做这个角(在这个三角形中)的勾股差**。

勾股定理告诉我们,在直角三角形中,直角的勾股差为 0。

当角的两夹边长度固定时,角越大,第三边也越大。由此可见:**在任意三角形中,钝角的勾股差为负,锐角的勾股差为正**。根据这个道理,知道了三角形的三边,便可检验三个角是钝角,直角还是锐角。

我们进一步来考查勾股差的绝对值的大小。先用勾股定理证明。

定理　若两三角形中,有两边对应相等而夹角互补,则这两个夹角的勾股差互为相反数。

已知:$\triangle ABC$ 与$\triangle A'B'C$ 中,$a=a'$,$b=b'$,$\angle ACB$ 与$\angle A'C'B'$互补。

求证：$a^2+b^2-c^2=-(a'^2+b'^2-c'^2)$。

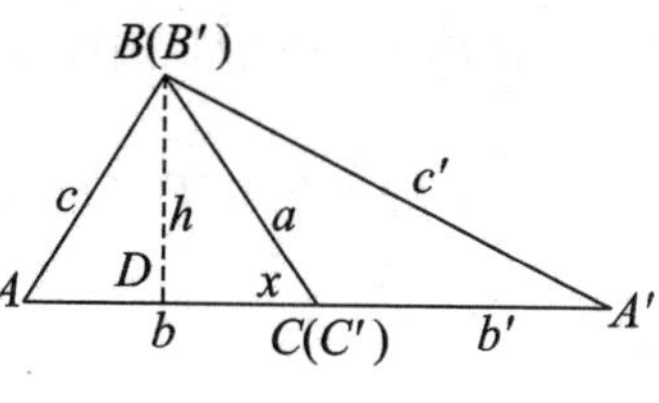

图 4-9

证明：如图 4-9，把$\triangle ABC$与$\triangle A'B'C$，沿 BC 与$B'C'$边拼在一起，使 B、C 分别与B'、C'重合。因为$\angle ACB$与$\angle A'C'B'$互补，所以 A、C、A'共直线。自 B 向 AC 引垂线段 $BD=h$，记 $DC=x$，用勾股定理可得

$$c^2=h^2+(b-x)^2$$

$$c'^2=h^2+(b+x)^2$$

$$c^2=h^2+x^2$$

$$\therefore c^2+c'^2=2(h^2+x^2)+2b^2=2(a^2+b^2)$$

$$=a^2+b^2+a'^2+b'^2。$$

此式等价于所要证的等式。

更进一步，还有

定理（第二共角定理）若$\angle ACB=\angle A'C'B'$，则当$\angle C\neq 90^\circ$时

$$\frac{\triangle ABC}{\triangle A'C'B'}=\frac{AC^2+BC^2-AB^2}{A'C'^2+B'C'^2-A'B'^2}。$$

证明：类似于勾股定理证法 2，把$\triangle ACB$和$\triangle A'C'B'$分别绕 C 点和 C'点旋转 90°，分别得到$\triangle PCQ\cong\triangle ACB$，$\triangle P'C'Q'\cong\triangle A'C'B'$。（图 4-10）

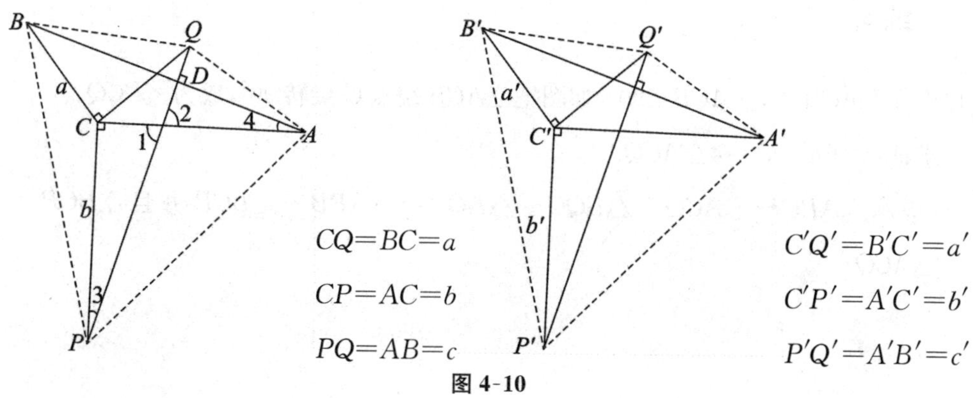

图 4-10

图中画出的，是$\angle ACB>90^\circ$的情形。

注意到$\angle 1=\angle 2$，$\angle 3=\angle 4$，故 $AB\perp PQ$，另一方面，$\angle ACQ$与$\angle BCP$互补，

故$\triangle ACQ=\triangle BCP$。因而

$$\triangle BCQ+\triangle ACP+2\triangle BCP=\triangle BPQ+\triangle APQ=\frac{1}{2}PQ\cdot AB,$$

即

$$\frac{a^2}{2}+\frac{b^2}{2}+2\triangle ACQ=\frac{c^2}{2},$$

整理后得

$$a^2+b^2-c^2=-4\triangle ACQ。$$

同理得

$$a'^2+b'^2-c'^2=-4\triangle A'C'Q'。$$

因为$\angle ACQ=\angle ACB-90°=\angle A'C'B'-90°=\angle A'C'Q'$，两式相比得

$$\frac{a^2+b^2-c^2}{a'^2+b'^2-c'^2}+\frac{\triangle ACQ}{\triangle A'C'Q'}=\frac{ab}{a'b'}=\frac{\triangle ACB}{\triangle A'C'B'}。$$

这就对$\angle ACB>90°$的情形证明了所要的等式。对$\angle ACB<90°$的情形，应用前述定理(夹边对应相等的互补角，它们的勾股差互为相反数)，可知，若把$\angle ACB$和$\angle A'C'B'$变成它们的补角时，勾股差比与对应三角形面积比都不变，要证的等式仍成立。

练习

1. 设在$\triangle ACB$中，$\angle ACB<90°$，如图把$\triangle ACB$绕点C旋转$90°$，成为$\angle PCQ$。

   求证：$a^2+b^2-c^2=4\triangle ACQ$。

   (提示$\triangle APC-\triangle ACQ+\triangle BQC+\triangle AQB=\triangle APB+\triangle BCP$并且$\triangle BCP=\triangle ACQ$)

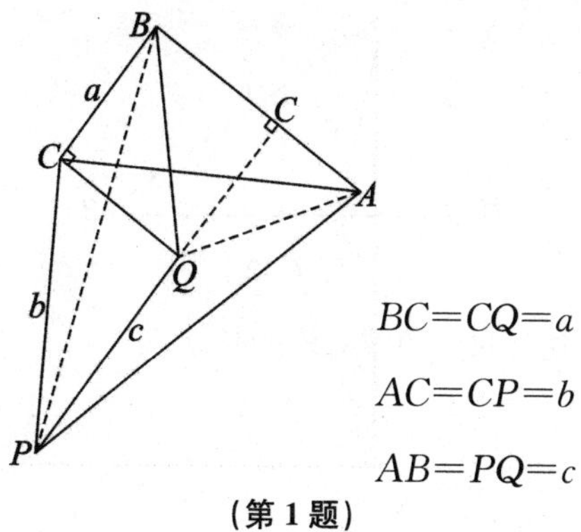

（第 1 题）

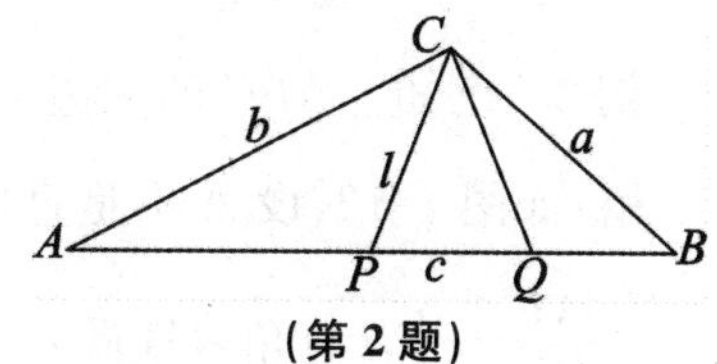

（第 2 题）

2. 在$\triangle ABC$中，$\angle ACB>90°$，如图在 AB 边上取两点 P、Q，使$\angle ACP=\angle B$，$\angle BCQ=\angle A$，记$\triangle ABC$三边为 a、b、c，$PC=1$。

求证：$a^2+b^2-c^2=-\dfrac{c^2\triangle PCQ}{\triangle ABC}$。

3. 在$\triangle ABC$中，$\angle ACB<90°$，在直线 AB 上取两点 P、Q 使 P 点在射线 AB 上，Q 点在射线 BA 上，并且$\angle ACP=\angle B$，$\angle BCQ=\angle A$，记$\triangle ABC$三边为 a、b、c，$PC=l$。

求证：$a^2+b^2-c^2=\dfrac{c^2\triangle PCQ}{\triangle ABC}$。（根据条件画图，注意 A、B、P、Q 在直线上的顺序有几种不同情况，要分别画图）

4.4　第二共角定理应用举例

例 1　已知$\triangle ABC$的三边 a、b、c，求 AB 边上的中线 CM 的长 m。

解：$\angle A$ 与 $\angle B$ 中总有一个不是直角，不妨设$\angle A$ 不是直角，对$\triangle BAC$与$\triangle MAC$用第二共角定理得

$$\frac{1}{2}=\frac{\triangle AMC}{\triangle ABC}=\frac{b^2+(\frac{c}{2})^2-m^2}{b^2+c^2-a^2},$$

解出

$$m^2=\frac{1}{2}(a^2+b^2-\frac{c^2}{2}),\therefore m=\sqrt{\frac{a^2+b^2}{2}-\frac{c^2}{4}}。$$

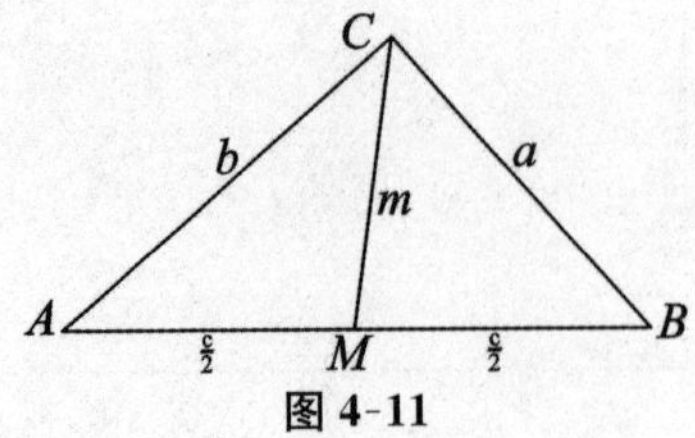

图 4-11

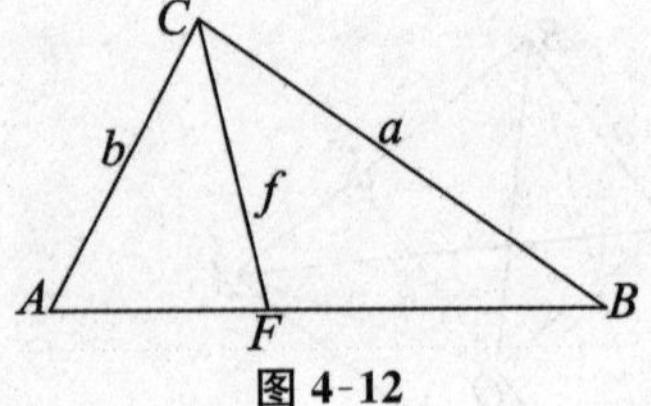

图 4-12

例 2 已知$\triangle ABC$的三边 a、b、c，求 AB 边上的分角线 CF 的长 f。

解：如图 4-12，设 A 不是直角。

$\therefore \frac{AF}{BF}=\frac{b}{a}$，（分角线性质）

$\therefore AF=\frac{bc}{a+b}$。

对$\triangle BAC$与$\triangle FAC$用第二共角定理得

$$\frac{b}{a+b}=\frac{\triangle FAC}{\triangle BAC}=\frac{b^2+AF^2-f^2}{b^2+c^2-a^2}$$

将 $AF=\frac{bc}{a+b}$代入，解出

$$f^2=b^2+\frac{b^2c^2}{(a+b)^2}-\frac{b(b^2+c^2-a^2)}{a+b}$$
$$=ab\left(1-\frac{c^2}{(a+b)^2}\right)$$
$$\therefore f=\frac{\sqrt{ab((a+b)^2-c^2)}}{a+b}。$$

在 4.2 的例 1 中，我们用勾股定理求出了三角形的高分底所得线段的长，用该公式可进一步求三角形的高。下面，用第二共角定理来解同样的问题，并求出三角形的高。

例 3 已知 ABC 的三边 a、b、c，求 AB 边上的高 $CD=h$。

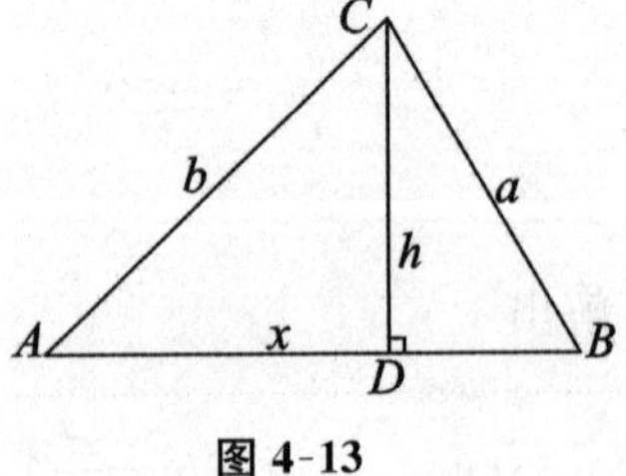

图 4-13

解：如图 4-13，不妨设$\angle A<90°$，记 $AD=x$，$x=\sqrt{b^2-h^2}$。用第二共角定理得

$$\frac{x}{c}=\frac{\triangle ADC}{\triangle ABC}=\frac{b^2+x^2-h^2}{b^2+c^2-a^2}=\frac{2x^2}{b^2+c^2-a^2},$$

$$\therefore \sqrt{b^2-h^2}=x=\frac{b^2+c^2-a^2}{2c}。$$

解出

$$h^2=b^2-\frac{(b^2+c^2-a^2)^2}{4c^2},$$

$$\therefore h=\frac{1}{2c}\sqrt{4b^2c^2-(b^2+c^2-a^2)^2}。$$

根据上例的结果,可得

$$\triangle ABC=\frac{hc}{2}=\frac{1}{4}\sqrt{4b^2c^2-(b^2+c^2-a^2)^2},$$

$$=\frac{1}{4}\sqrt{(2bc+b^2+c^2-a^2)(2bc-b^2-c^2+a^2)}$$

$$=\frac{1}{4}\sqrt{(a+b+c)(-a+b+c)(a-b+c)(a+b-c)}。$$

若记半周长 $s=\frac{1}{2}(a+b+c)$。

便得

$$\triangle ABC=\sqrt{s(s-a)(s-b)(s-c)}。$$

这个公式**叫三斜求积公式,也叫海伦公式。因为我国古代把任意三角形三边叫三斜,所以已知三角形三边求其面积的方法叫"三斜求积"。**

练习

1. 求证:平行四边形的两对角线平方和等于四边的平方和。(用第二共角定理或三角形中线公式)

2. 在$\triangle ABC$的BC边上取一点P,使$BP=\frac{2}{5}BC$。已知$BC=a,CA=b,AB=c$,求AP。

3. 在$\triangle ABC$的边BC的延长线上取一点Q,已知$BC=7,CA=10,AB=12,CQ=$

5,求 AQ。

4. 在四边形 $ABCD$ 中,$\angle ABC=\angle CDA=90^\circ$,$P$ 是 AC、BD 交点。

求证:$\dfrac{AB^2+AD^2-BD^2}{BC^2+CD^2-BD^2}=\dfrac{AP}{CP}$。

5. 已知$\triangle ABC$ 的三边 a、b、c,判断$\triangle ABC$ 是钝角三角形、直角三角形,还是锐角三角形,并求$\triangle ABC$ 的面积。

(1)$a=7,b=9,c=12$;

(2)$a=20,b=29,c=21$;

(3)$a=6,b=8,c=12$。

4.5 勾股差定理

第二共角定理说,若$\angle ACB=\angle A'C'B'$,则关于$\triangle ABC$ 与$\triangle A'B'C'$有等式

$$\frac{\triangle ABC}{\triangle A'B'C'}=\frac{a^2+b^2-c^2}{a'^2+b'^2-c'^2}。$$

反过来,如果这个等式成立,是否一定有$\angle ACB=\angle A'C'B'$呢?

回答是肯定的,现在就来解决这个问题。

先考虑$\angle ACB$、$\angle A'C'B'$都是钝角的情形,参考图 4-10,我们已导出等式:

$$\frac{a^2+b^2-c^2}{a'^2+b'^2-c'^2}=\frac{\triangle ACQ}{\triangle A'C'Q'},\tag{1}$$

若$\angle ACB>\angle A'C'B'$,则锐角$\angle ACQ>\angle A'C'Q'$。由广义共角定理知

$$\frac{\triangle ACQ}{\triangle A'C'Q'}>\frac{AC\cdot CQ}{A'C'\cdot C'Q'}=\frac{ab}{a'b'}>\frac{\triangle ACB}{\triangle A'C'B'},\tag{2}$$

与(1)相比得:

$$\frac{\triangle ABC}{\triangle A'B'C'}<\frac{ab}{a'b'}<\frac{a^2+b^2-c^2}{a'^2+b'^2-c'^2}。\tag{3}$$

(当$\angle ACB>\angle A'C'B'>90^\circ$)

如果$\angle ACB$ 和$\angle A'C'B'$都是锐角,参考 4.3 练习题 1 的图。可知等式(1)仍成立,但

$$\angle ACQ=90^\circ-\angle ACB,\angle A'C'Q'=90^\circ-\angle A'C'B',$$

因而当$\angle ACB>\angle A'C'B'$时，有

$$\angle ACQ<\angle A'C'Q<90^\circ,$$

由广义共角定理可知

$$\frac{\triangle ACQ}{\triangle A'C'Q'}<\frac{AC\cdot CQ}{A'C'\cdot C'Q'}=\frac{ab}{a'b'}<\frac{\triangle ACB}{\triangle A'C'B'},\tag{4}$$

把(4)与(1)比较得

$$\frac{\triangle ABC}{\triangle A'B'C'}>\frac{ab}{a'b'}>\frac{a^2+b^2-c^2}{a'^2+b'^2-c'^2},\tag{5}$$

（当$\angle A'C'B'<\angle ACB<90^\circ$）

由(3)与(5)可知，如果$\angle ACB\neq\angle A'C'B'$，就不可能有等式

$$\frac{\triangle ABC}{\triangle A'B'C'}=\frac{a^2+b^2-c^2}{a'^2+b'^2-c'^2}\text{或}\frac{ab}{a'b'}=\frac{a^2+b^2-c^2}{a'^2+b'^2-c'^2},$$

也就是说，由此二等式之一成立可知$\angle ACB=\angle A'C'B'$。

把以上讨论综合起来，得到

勾股差定理 以a、b、c和a'、b'、c'分别记$\triangle ABC$和$\triangle A'B'C'$的三边，则有

(1)若$\angle C=\angle C'\neq 90^\circ$，则$a'^2+b'^2-c'^2\neq 0$，且

$$\frac{\triangle ABC}{\triangle A'B'C'}=\frac{ab}{a'b'}=\frac{a^2+b^2-c^2}{a'^2+b'^2-c'^2},$$

反之，若$a'^2+b'^2-c'^2\neq 0$且有

$$\frac{\triangle ABC}{\triangle A'B'C'}=\frac{a^2+b^2-c^2}{a'^2+b'^2-c'^2}$$

或

$$\frac{ab}{a'b'}=\frac{a^2+b^2-c^2}{a'^2+b'^2-c'^2},$$

则 $\angle C=\angle C'\neq 90^\circ$。

(2)$\angle C>\angle C'>90^\circ$的充要条件是

$$\frac{\triangle ABC}{\triangle A'B'C'}<\frac{ab}{a'b'}<\frac{a^2+b^2-c^2}{a'^2+b'^2-c'^2}。$$

(3) $90^\circ>\angle C>\angle C'$的充要条件是

$$\frac{\triangle ABC}{\triangle A'B'C'}>\frac{ab}{a'b'}>\frac{a^2+b^2-c^2}{a'^2+b'^2-c'^2}>0。$$

(4)$\angle C$ 与$\angle C'$互补的充要条件是

$$\frac{\triangle ABC}{\triangle A'B'C'}=\frac{ab}{a'b'}=\frac{a^2+b^2-c^2}{a'^2+b'^2-c'^2}。$$

(5)(综合(2),(3)及勾股定理可知)$\angle C>\angle C'$的充要条件是

$$\frac{a^2+b^2-c^2}{ab}<\frac{a'^2+b'^2-c'^2}{a'b'}$$

或

$$\frac{a^2+b^2-c^2}{\triangle ABC}<\frac{a'^2+b'^2-c'^2}{\triangle A'B'C'}。$$

例 1 已知四边形 $ABCD$ 中,$AB=6$,$BC=5$,$CD=8$,$DA=7$,$BD=10$,比较$\angle BAD$ 与$\triangle BCD$ 的大小。(图 4-14)

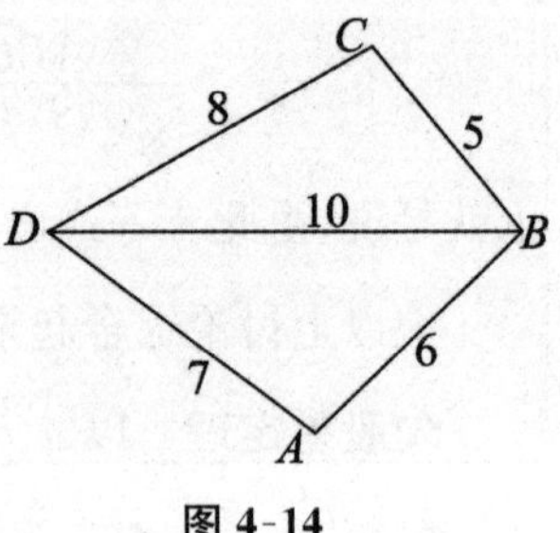

图 4-14

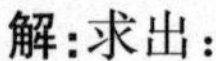

解:求出:

$AD^2+AB^2-BD^2=-16$,

$BC^2+CD^2-BD^2=-11$,

故$\angle BAD$、$\angle BCD$ 都是钝角。并且

$$\frac{-16}{-11}=\frac{16}{11}>\frac{42}{40}=\frac{21}{20},$$

$\therefore \angle BAD>\angle BCD$。

例 2 在图 4-7 中,不利用相似三角形,检验是否有$\angle BAC=\angle MLN$。

解:$BA^2+AC^2-BC^2=5+25-10=20$,

$ML^2+LN^2-MN^2=2+10-4=8$,

$$\therefore \frac{\triangle ABC}{\triangle LMN}=\frac{AC}{MN}=\frac{5}{2}=\frac{20}{8}=\frac{BA^2+AC^2-BC^2}{ML^2+LN^2-MN^2}。$$

$\therefore \angle BAC=\angle MLN$。

有了勾股差定理,我们可以根据三角形的边长,比较任意两个三角形中两角的大小,检验其是否相等,是否互补,对于画在方格纸上的图形,这样检验更为方便。

练习

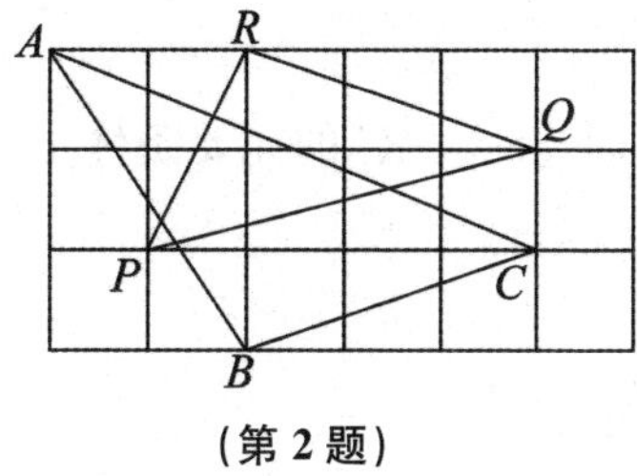

(第 2 题)

1. $\triangle ABC$ 三边 $a=12$, $b=7$, $c=9$;在 BC 边上取 P 使 $PB=5$。比较 $\angle C$ 与 $\angle BAP$ 的大小。
2. 计算方格纸上两个三角形 $\triangle ABC$、$\triangle PQR$ 的边长,比较它们的六个角大小。自小而大排出次序。

小结

勾股定理,也叫毕达哥拉斯定理,是几何学的最重要的定理之一。它和它的逆定理可以综合叙述为:

在 $\triangle ABC$ 中,$\angle C$ 为直角的充分必要条件是 $a^2+b^2=c^2$。(这里 a、b、c 分别记 A、B、C 的对边)。

差 $a^2+b^2-c^2$ 叫做 $\triangle ABC$ 中 $\angle C$ 的勾股差。根据勾股差为正、为负或为零可以判别 $\angle C$ 为锐角、钝角或直角。

关于勾股差,有一个很有用的定理

在 $\triangle ABC$ 和 $\triangle A'B'C'$ 中,若 $\angle C=\angle C'$。则

$$\frac{\triangle ABC}{\triangle A'B'C'}=\frac{a^2+b^2-c^2}{a'^2+b'^2-c'^2}=\frac{ab}{a'b'},$$

反过来;若上述两等式有一个成立,则 $\angle C=\angle C'$。

应用上述定理,可以方便地导出已知三角形三边 a、b、c,求三中线、三分角线和三高的公式。并可进一步推出海伦公式,即三斜求积公式:

$$\triangle ABC=\sqrt{s(s-a)(s-b)(s-c)}\quad \left[s=\frac{1}{2}(a+b+c)\right]$$

通过计算勾股差,还可以比较角的大小,判别两角互补,其方法是

在 $\triangle ABC$ 和 $\triangle A'B'C'$ 中,$\angle C$ 和 $\angle C'$ 互补的充要条件是

$$\frac{a^2+b^2-c^2}{ab}-\frac{a'^2+b'^2-c'^2}{a'b'}$$

或

$$\frac{a^2+b^2-c^2}{\triangle ABC}=-\frac{a'^2+b'^2-c'^2}{\triangle A'B'C'},$$

而$\angle C>\angle C'$的充要条件是

$$\frac{a^2+b^2-c^2}{ab}<\frac{a'^2+b'^2-c'^2}{a'b'}$$

或

$$\frac{a^2+b^2-c^2}{\triangle ABC}=-\frac{a'^2+b'^2-c'^2}{\triangle A'B'C'}。$$

二、单位菱形与正弦

4.6 正弦的定义与基本性质

边长为一个长度单位的菱形叫单位菱形。给定了单位菱形的一个角，它的形状、大小也就确定了，面积也就确定了。

定义　有一个角为 $A(0°\leqslant A\leqslant 180°)$ 的单位菱形的面积，与单位面积的此，叫做角 A 的正弦，记作 $\sin A$。

也就是说：这个记号表示一个数，这个数等于有一个角为 A 的单位菱形的面积，但后面不写面积单位 * 。

根据定义，可推出 $\sin A$ 的一些基本性质

正弦性质 1　$\sin 0°=\sin 180°=0,\sin 90°=1$。

这里，有一角为 0°或 180°的菱形是退化菱形即线段，面积为零。

正弦性质 2　若两角互补，则它们的正弦相等，即

$$\sin(180°-A)=\sin A。$$

这是因为，按定义，$\sin A$ 与 $\sin(180°-A)$是同一个单位菱形的面积。

---

* 注 * ：自此以后，在不至混郁时，∠A 可简记为 A。

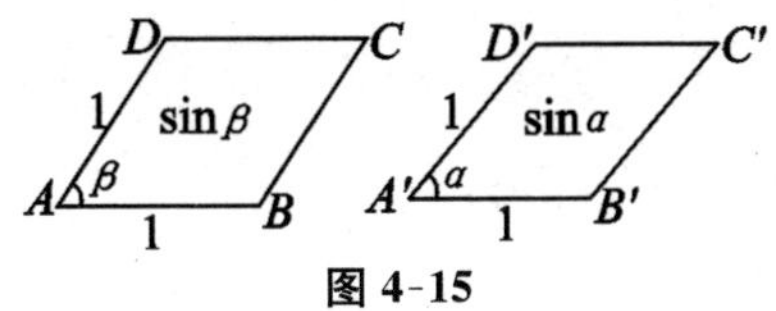

图 4-15

正弦性质 3　若 $\alpha+\beta<180°$，则当 $\alpha<\beta$ 时，$\sin\alpha<\sin\beta$。

道理很简单，参看图 4-15 并用广义共角定理得

$$\frac{\sin\alpha}{\sin\beta}=\frac{\triangle ABD}{\triangle A'B'D'}>\frac{AB\cdot AD}{A'B'\cdot A'D'}=1,$$

即 $\sin\beta>\sin\alpha$。

由性质 3 及性质 2 可知：**当 A 由 $0°$ 增加到 $90°$ 时，$\sin A$ 由 0 相应地增加到 1，当 A 由 $90°$ 增加到 $180°$ 时，$\sin A$ 由 1 相应地减少到 0。**

因而有当 $0°\leqslant A\leqslant 180°$ 时，$0\leqslant\sin A\leqslant 1$。

正弦的用处很多，首先有

定理　已知$\triangle ABC$ 的两边 $AC=b$，$AB=c$ 和它们的夹角$\angle A$，则有$\triangle ABC=\frac{1}{2}bc\sin A$。

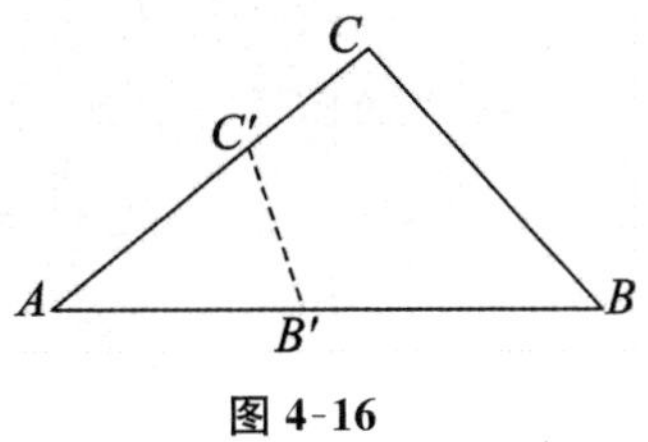

图 4-16

证明：如图 4-16，在$\angle A$ 的两边上分别取 B'、C' 使 $AB'=AC'=1$，用共角定理和正弦定义得

$$\frac{\triangle ABC}{\sin A}=\frac{\triangle ABC}{2\triangle A'B'C'}=\frac{AB\cdot AC}{2AB'\cdot AC'}=\frac{bc}{2},$$

$$\therefore\quad \triangle ABC=\frac{1}{2}bc\sin A。$$

于是，又有了一个计算三角形面积的公式。

由此推出

平行四边形面积公式

$$S_{\square ABCD}=AB\cdot AD\cdot\sin A。$$

利用三角形面积公式，可导出下列重要关系：

在$\triangle ABC$ 中，若$\angle C=90°$，则

$$\sin A=\frac{a}{c},\sin B=\frac{b}{c}。$$

证明是简单的

$$\because \frac{1}{2}ab=\triangle ABC=\frac{1}{2}bc\sin A,$$

$$\therefore \sin A=\frac{a}{c}。$$

同理可证 $\sin B=\frac{b}{c}$,这个事实可叙述为:

在 Rt△中,锐角的正弦等于对边与斜边的比。

例 1　求 $\sin 30°=?$

解:设在直角三角形△ABC 中,$\angle C=90°$,$\angle A=30°$,则由"Rt△中,30°角对边是斜边之半"得

$$\sin 30°=\sin A=\frac{a}{c}=\frac{1}{2}。$$

例 2　设□$ABCD$ 中,$\angle A=150°$,$AB=8$,$BC=9$,求□$ABCD$ 的面积。

解:□$ABCD=AB\cdot BC\sin B=72\sin(180°-\angle A)$

$=72\cdot\sin 30°$

$=72\times\frac{1}{2}=36$

例 3　设四边形 $ABCD$ 的对角线 AC、BD 的交点为 O,$\angle AOB=\theta$。(图 4-17)

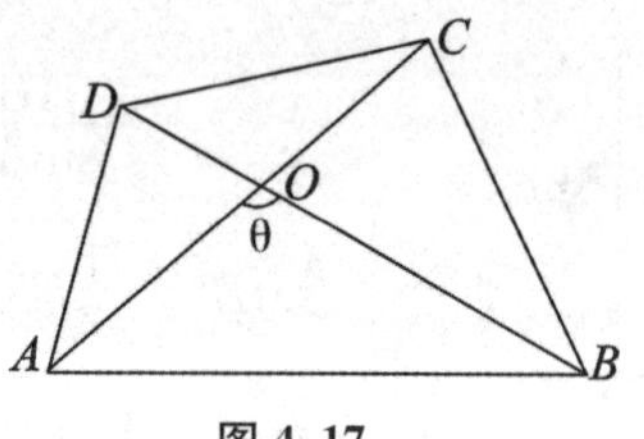

图 4-17

求证:四边形面积 $S_{ABCD}=\frac{1}{2}AC\cdot BD\sin\theta$。

证明:由三角形面积公式及正弦性质:

$$S_{ABCD}=\triangle AOB+\triangle BOC+\triangle COD+\triangle DOA$$

$$=\frac{1}{2}AO\cdot BO\sin\theta+\frac{1}{2}DO\cdot CO\sin\theta$$

$$+\frac{1}{2}BO\cdot CO\sin(180°-\theta)$$

$$+\frac{1}{2}AO\cdot DO\sin(180°-\theta)$$

$=\frac{1}{2}(AO\cdot BO+DO\cdot CO+BO\cdot CO$

$+AO\cdot DO)\sin\theta$

$=\frac{1}{2}(AO+CO)(BO+DO)\sin\theta$

$=\frac{1}{2}AC\cdot BD\sin\theta$

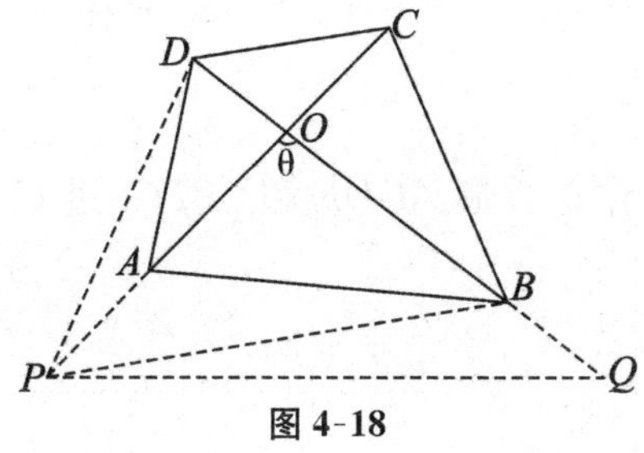

图 4-18

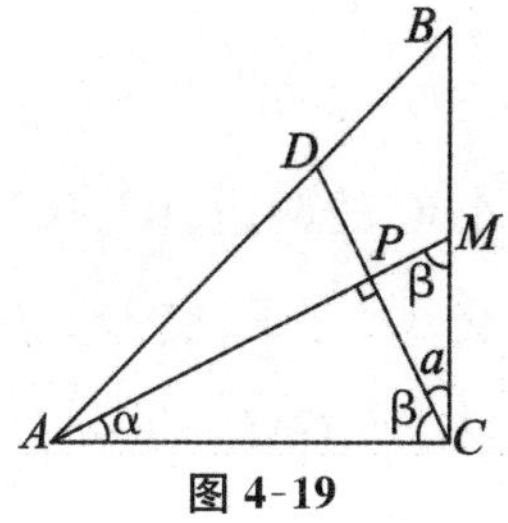

图 4-19

这个题也可以从几何图形的等积变形看出(图 4-18),延长 OA 至 P,延长 OB 至 Q,使 $AP=OC,BQ=OD$。则$\triangle PAB=\triangle OCB$,且$\triangle PBQ=\triangle POD=\triangle ACD$。

$\therefore S_{ABCD}=\triangle PQO=\frac{1}{2}PO\cdot QO\sin\theta=\frac{1}{2}AC\cdot BD\sin\theta$。

例 4 已知:等腰直角三角形的直角边 BC 上的中线为 AM,自 C 作 AM 的垂线与 AM 交于 P,与斜边 AB 交于 D。(图 4-19)

求证:$AD=2BD$。

证明:注意到$\angle MAC=\angle BCD,\angle AMC=\angle ACD$,再用共边定理和面积公式,得

$\frac{AD}{BD}=\frac{\triangle ACD}{\triangle BCD}=\frac{AC\cdot CD\cdot\sin\beta}{BC\cdot CD\cdot\sin\alpha}=\frac{\sin\beta}{\sin\alpha}$(因 $AC=BC$)

$=(\frac{AC}{AM})/(\frac{MC}{AM})$(在 Rt$\triangle ACM$ 中,锐角正弦$=\frac{\text{对边}}{\text{斜边}}$)

$=\frac{AC}{MC}=2$。

此题也可用 2.8 中例 1 的方法来做。

练习

1. 求 $\sin 60^\circ = ?$

2. 在$\triangle ABC$的边BC上取一点P。已知$BC=12\text{cm}$,$AP=7\text{cm}$,$\angle BPA=120^\circ$,求$\triangle ABC$的面积。

3. 凹四边形$ABCD$的两条对角线所在直线交角为θ,求证:四边形面积$S_{ABCD}=\frac{1}{2}AC\cdot BD\cdot\sin\theta$。

4. 在$\triangle ABC$的两边AC、BC上,分别向外作正方形$ACDF$和$CBFG$.过C作AB垂线交AB于P,交DG于M(如图),
求证:$DM=GM$。(提示$\angle 1=\angle 2$)

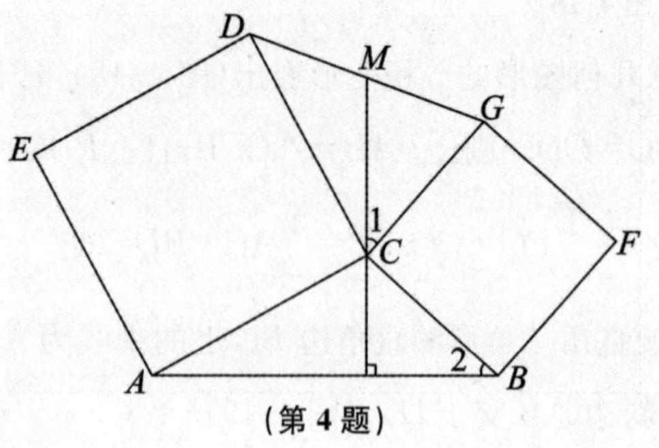

(第 4 题)

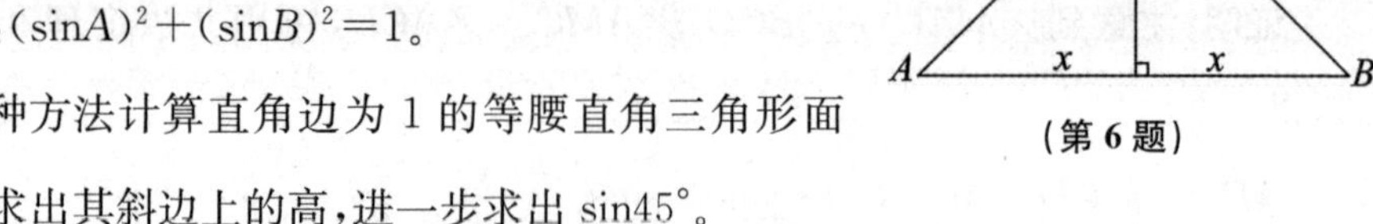

(第 6 题)

5. 设$\triangle ABC$中$\angle C=90^\circ$。
求证:$(\sin A)^2+(\sin B)^2=1$。

6. 用两种方法计算直角边为 1 的等腰直角三角形面积。求出其斜边上的高,进一步求出 $\sin 45^\circ$。

4.7 张角公式

引入一个角的正弦,不仅是为了求面积,更重要的是为了用它研究几何图形的性质,下面是一个与正弦有关的重要解题工具。

定理 **(张角公式)**由点P发出的三条射线PA、PB、PC;$\angle APC=\alpha$,$\angle CPB=\beta$,$\angle APB=\alpha+\beta<180^\circ$,那么,$A$、$B$、$C$三点在一直线上的充分必要条件是

$$\frac{\sin(\alpha+\beta)}{PC}=\frac{\sin\alpha}{PB}=\frac{\sin\beta}{PA}。$$

证明:如果 A、B、C 三点共线,那么

$\triangle PAB=\triangle \text{I}+\triangle \text{II}$,(图 4-20)

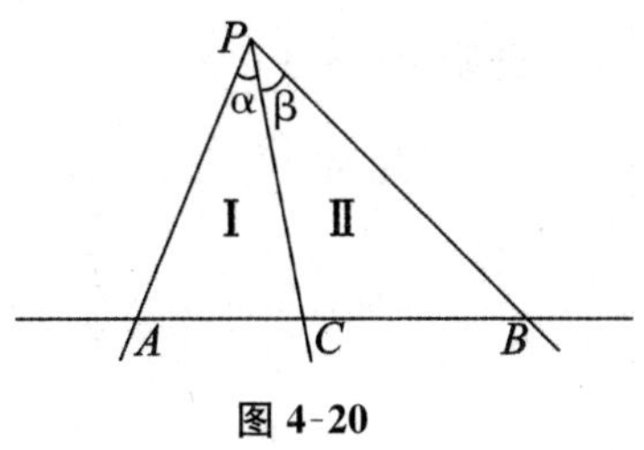

图 4-20

$\therefore \quad \frac{1}{2}PA\cdot PB\sin(\alpha+\beta)$

$=\frac{1}{2}PA\cdot PC\sin\alpha+\frac{1}{2}PB\cdot PC\sin\beta$,

两端同用$\frac{1}{2}PA\cdot PB\cdot PC$ 除,得

$$\frac{\sin(\alpha+\beta)}{PC}=\frac{\sin\alpha}{PB}+\frac{\sin\beta}{PA}。$$

反过来,如果这个等式成立,可得

$\triangle PAB=\triangle \text{I}+\triangle \text{II}$,

这表明

$\triangle ABC=|\triangle PAB-\triangle \text{I}-\triangle \text{II}|=0$

即 A、B、C 三点共线。

张角公式应用很多,举三例

例 1 $\triangle ABC$ 中,$\angle C=120°$,CE 是角平分线,

求证:$\frac{1}{CE}=\frac{1}{CA}+\frac{1}{CB}$。(图 4-21)

证明:由张角公式得:

$$\frac{\sin120°}{CE}=\frac{\sin60°}{CA}+\frac{\sin60°}{CB},$$

$\because \sin120°=\sin(180°-60°)=\sin60°$,

$\therefore \frac{1}{CE}=\frac{1}{CA}+\frac{1}{CB}$。

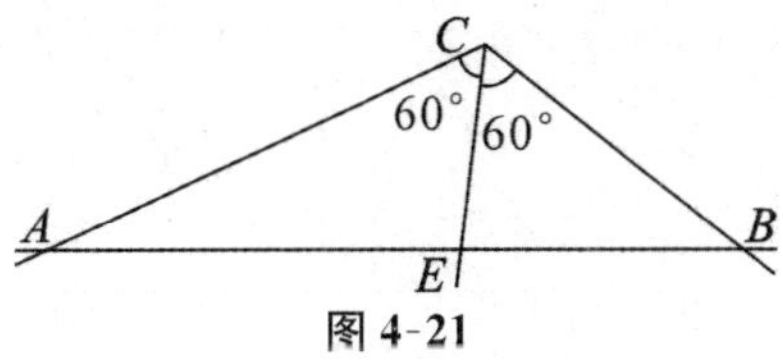

图 4-21

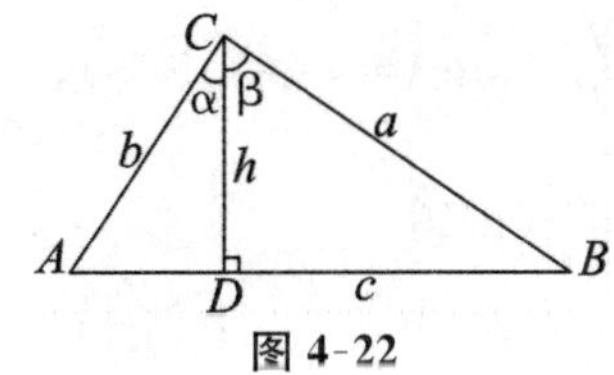

图 4-22

例 2　Rt$\triangle ABC$ 中，CD 是斜边上的高。（记 $h=CD,a=BC,b=AC,c=AB$）

求证：$\frac{1}{h^2}=\frac{1}{a^2}+\frac{1}{b^2}$。

证明：如图 4-22，

$\because \alpha=90^\circ-A=B,\beta=90^\circ-B=A$，

$\therefore \sin\alpha=\sin B=\frac{h}{a},\sin\beta=\sin A=\frac{h}{b}$，

$\sin(\alpha+\beta)=1$。

再用张角公式：

$$\frac{\sin(\alpha+\beta)}{h}=\frac{\sin\alpha}{a}+\frac{\sin\beta}{b},$$

得

$$\frac{1}{h}=\frac{h}{a^2}+\frac{h}{b^2},$$

同除以 h，即得所要证的等式。

例 3　设 α、β 都是锐角，求证：

$\sin(\alpha+\beta)=\sin\alpha\cdot\sin(90^\circ-\beta)+\sin\beta\cdot\sin(90^\circ-\alpha)$。

证明：将图 4-20 中的$\angle PCB$ 确定为直角，如图 4-23。由张角公式得

$$\frac{\sin(\alpha+\beta)}{h}=\frac{\sin\alpha}{a}+\frac{\sin\beta}{b},$$

$\therefore \sin(\alpha+\beta)=\frac{h}{a}\sin\alpha+\frac{h}{b}\beta$，

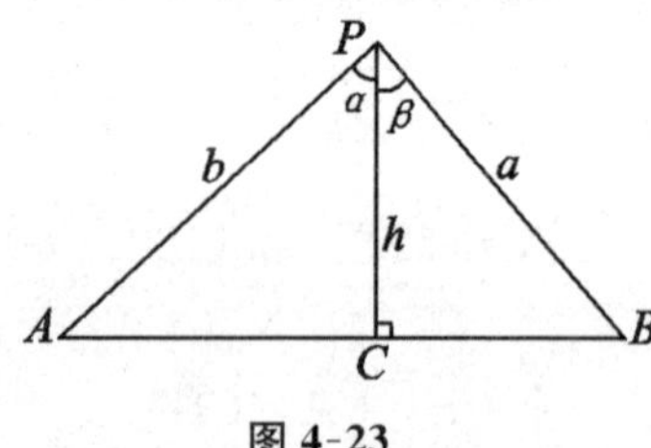

图 4-23

再用

$\frac{h}{a}=\sin B=\sin(90^\circ-\beta)$，

$\frac{h}{b}=\sin A=\sin(90^\circ-\alpha)$，

代入前式即得

$\sin(\alpha+\beta)=\sin\alpha\cdot\sin(90^\circ-\beta)+\sin\beta\cdot\sin(90^\circ-\alpha)$。

这个公式叫做正弦加法公式，或正弦和角公式。从它可得到许多有用的推论。

在公式中取 $\alpha=\beta=30°$，得

$\sin60°=\sin30°\cdot\sin60°+\sin30°\cdot\sin60°$，

$\therefore 2\sin30°=1$。

$\therefore \sin30°=\frac{1}{2}$。

这不但给出了 $\sin 30°$（及 $\sin150°$）的值，同时证明了"在直角三角形中，30°角对边是斜边的一半"。

在公式中取 $\alpha=30°, \beta=60°$得

$\sin90°=\sin30°\cdot\sin30°+\sin60°\cdot\sin60°$，

$\therefore \quad 1=\sin^2 30°+\sin^2 60°$，*

$\therefore \quad \sin60°=\frac{\sqrt{3}}{2}$。

在公式中取 $\alpha=\beta=45°$得

$1=2\sin45°$，

$\therefore \quad \sin45°=\frac{\sqrt{2}}{2}$。

如果取 $\alpha=90°-\beta$，便得 $\alpha+\beta=90°$

$\therefore 1=\sin^2\alpha+\sin^2\beta$。

把 α、β 当成 Rt△中的两个锐角，便得

$$1=\left(\frac{a}{c}\right)^2+\left(\frac{b}{c}\right)^2。$$

即 $a^2+b^2=c^2$，这给出了勾股定理的又一种证法。

练习

1. 填写下列特殊角正弦表：

---

* 注*：把$(\sin A)^2$ 简记为 $\sin^2 A$。

α	0°	30°	45°	60°	90°	120°	135°	150°	180°
$\sin\alpha$									

* $\sin^2\alpha$ 表示$(\sin\alpha)^2$，后面的 $\cos^2\alpha$、$\tan^2\alpha$…表示$(\cos\alpha)^2$，$(\tan\alpha)^2$。

2. 直线与矩形两边 AB、AD 分别交于 P、Q，与对角线 AC 交于 R，已知：$AB=a$，$AD=b$，

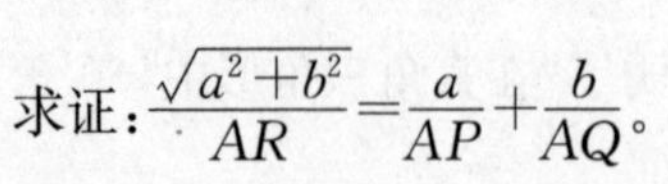

求证：$\dfrac{\sqrt{a^2+b^2}}{AR}=\dfrac{a}{AP}+\dfrac{b}{AQ}$。

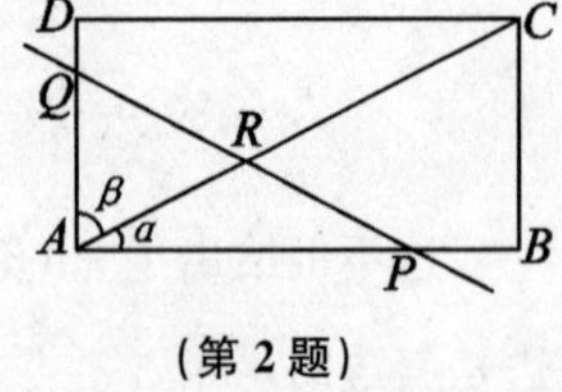

(第 2 题)

3. 在图 4-20 中，设$\angle PAB=90°$，$\alpha+\beta=u$，$\alpha=v$。求证：

$\sin(u-v)=\sin u\cdot\sin(90°-v)-\sin v\cdot\sin(90°-u)$。

4. 利用正弦和角公式证明：对锐角 α 有 $\sin2\alpha=2\sin\alpha\cdot\sin(90°-\alpha)$。

5. 利用上题所得公式及$(\sin\alpha)^2+(\sin(90°-\alpha))^2=1$ 求：$\sin15°$的值及 $\sin75°$的值。

6. 求 $\sin22.5°$的值。

7. 已知等腰三角形两腰均为 5 米，底为 1 米。求顶角的正弦。

8. 填下列空白来说明 $\sin\alpha$ 的三种几何意义：

(1) $\sin60°=\dfrac{\sqrt{3}}{2}$，表明有一个角为 60°的单位菱形(　　)是$\dfrac{\sqrt{3}}{2}$。

(2) $\sin60°=\dfrac{\sqrt{3}}{2}$，表明在 Rt△中，60°角的对边与(　　)的比是(　　)。

(3) $\sin60°=\dfrac{\sqrt{3}}{2}$，表明在$\triangle ABC$ 中，若$\angle A=60°$，则$\dfrac{\triangle ABC}{AB\cdot AC}=$(　　)。

4.8　正弦表

为了方便地解决实际计算问题，人们编制了正弦数值表。在常用的四位数学用表(如《中学数学用表》)中，都有正弦表。从表中可以查出 0°到 90°间每隔 1′的各个角的正弦的含有四个有效数字的近似值，在计算机或袖珍计算器中，也常常备有计算正弦的程序。键入正弦符号和角度，屏幕上即显示出这个角度对应的正弦值，有效数字可达 8～12 位之多。

下面举例说明表的用法。

正　弦

A	→0′	…	24′	…	60′		1′	2′	3′
35°↓		↓						↓	
37°		→	6074	…	…	…	2	5	

例 1　(直接查表)查表求 $\sin 37°24'$ 的值。

从正弦表左边竖列里查出 37°,从顶端横行里查出 24′。那么,37°所在的横行与 24′所在的竖列相交处可找到数字 6074,这表示

$$\sin 37°24' \approx 0.6074。$$

但通常写成

解:$\sin 37°24' = 0.6074$。

例 2　(加修正值)查表求 $\sin 142°34'$。

因为 $\sin 142°34' = \sin(180° - 142°34') = \sin 37°26'$,所以只要查出 $\sin 37°26'$ 即可。

在表的顶端横行里找不到 26′,但可以找到比 26′仅少 2′的 24′。先查出 $\sin 37°24' = 0.6074$,再在表右边修正值栏标有 2′的一列和 37°所在横行相交处查得 5,这表示 $\sin 37°26'$ 比 $\sin 37°24'$ 大 0.0005(我们已知道,当 α 从 0°变到 90°时,$\sin\alpha$ 随 α 的增大而增大)。所以,把 0.6074 加上修正值 0.0005,就是 $\sin 37°26'$。

解:$\sin 37°24' = 0.6074$,　　$(37°26' = 180° - 142°34')(+2')(+0.0005)$,

$\sin 142°34' = 0.6079$。

例 3　(减修正值)查表求 $\sin 37°23'$ 的值。

表上查不到 23′,但可以找到比 23′仅多 1′的 24′。所以先查出 $\sin 37°24' = 0.6074$,再减去对应于 1′的修正值 0.0002。

解:　$\sin 37°24' = 0.6074$,$(-1')(-0.0002)$,

$\sin 37°23' = 0.6072$。

例 4 （直接查角度）已知 $\sin\alpha=0.2974$，求锐角 α。

从正弦表中找出 2974，由这个数向左查得 17°，向上查得 18′，即 $0.2974=\sin 17^\circ 18'$

解：查表得 $\sin 17^\circ 18'=0.2974$，

$\therefore$ 锐角 $\alpha=17^\circ 18'$

例 5 （加修正值的对应角度）已知 $\sin\alpha=0.4511$. 求钝角 α。

在表中查不出 4511，但可以找到和它最接近的 4509，从 4509 向左向上查，得知 $0.4509=\sin 26^\circ 48'$。

但是 $\sin\alpha=\sin(180^\circ-\alpha)=0.4511$，比 0.4509 大 0.0002，由 0.4509 所在行向右查修正值只有 0.0003 最接近 0.0002，对应角度是 1′，所以，

$0.4509=\sin 26^\circ 48'$

$(+0.0003)\qquad(+1')$

$0.4509=\sin 26^\circ 49'$。

这就是说，从表中只能查到与 0.4511 最接近的 $0.4512=\sin 26^\circ 49'$，我们就取锐角 $180^\circ-\alpha=26^\circ 49'$，因而钝角 $\alpha=180^\circ-26^\circ 49'=153^\circ 11'$。

解：$0.4509=\sin 26^\circ 48'$

$(+0.0003)\qquad(+1')$

$0.4512=\sin 26^\circ 49'$，

$\therefore$ 钝角 $\alpha=180^\circ-26^\circ 49'=153^\circ 11'$。

例 6 （减修正值的对应角度）已知 $0\leqslant\alpha\leqslant 180^\circ$，$\sin\alpha=0.7857$，求 α。

在表中找不出 0.7857，但能找出同它最接近的数 0.7859。由 0.7859 分别向左，向上查得 $0.7859=\sin 51^\circ 48'$，但 $\sin\alpha=0.7857$ 比 0.7859 小 0.0002，这说明若 α 为锐角时，α 比 $51^\circ 48'$ 小，由 0.7859 所在的行向右查修正值 0.0002 对应的角是 1′，所以

$0.7859=\sin 51^\circ 48'$

$(-0.0002)\qquad(-1')$

$0.7857=\sin 51^\circ 47'$，

由于条件 $0\leqslant\alpha\leqslant180°$，所以 α 也可能是钝角 $180°-51°47'=128°13'$。

解：$0.7859=\sin51°48'$

$(-0.0002)\qquad(-1')$

$0.7857=\sin51°47'$，

$\therefore\alpha=51°47'$ 或它的补角 $128°13'$。

练习

1. 查表求下列正弦的值，填括号。

$\sin8°30'=($　　$)$；

$\sin11°24'=($　　$)$；

$\sin40°48'=($　　$)$；

$\sin78°=($　　$)$。

2. 已知 $\alpha_1=54°$，$\alpha_2=89°$，$\alpha_3=124°54'$，$\alpha_4=167°42'$，查表求这几个角的正弦的值。

3. 查表求下列正弦的值

(1) $\sin48°40'$；　　(2) $\sin86°19'$；

(3) $\sin158°52'$；　　(4) $\sin109°3'$；

(5) $\sin68°16'$；　　(6) $\sin144°23'$；

(7) $\sin102°31'$；　　(8) $\sin38°39'$。

4. 查表求下列角度的正弦的值

(1) $A=10°$；　　(2) $B=14°36'$；

(3) $\alpha=117°30'$；　　(4) $\beta=177°52'$；

(5) $\angle PAQ=57°33'$；　　(6) $\angle C=75°46'$；

(7) $t=127°40'$；　　(8) $u=70°$。

5. 已知下列正弦值，求锐角 α 或 β

(1) $\sin\alpha=0.7083$；　　$\sin\beta=0.9371$；

(2) $\sin\alpha=0.3526$；　　$\sin\beta=0.5688$。

6. 已知下列正弦值，求 α 或 β

(1)$\sin\alpha=0.8290$,α 为钝角;

(2)$\sin\alpha=0.7611$,$0°\leqslant\alpha\leqslant180°$;

(3)$\sin\beta=0.2996$,$90°<\beta<180°$;

(4)$\sin\beta=0.9931$,$0°<\beta<180°$。

7. 已知$\angle A=110°$,那么在图中

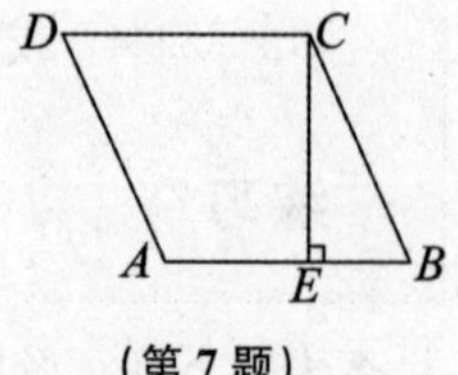

(第7题)

(1)边长为 1cm 的菱形 $ABCD$ 的面积是多少 cm^2?

(2)直角三角形 BEC 中,$\angle B$ 的对边 CE 与斜边 BC 的比是多少?

(3)菱形 $ABCD$ 高是多少 cm?

小结

有一个角为 A 的单位菱形的面积的数值,叫做角 A 的正弦,记作 $\sin A$。

正弦的基本性质是:$\sin0°=\sin180°=0$,$\sin90°=1$;$\sin A=\sin(180°-A)$;当 $0°\leqslant A\leqslant90°$时,$\sin A$ 随 A 的增加而增加,当 $90°\leqslant A\leqslant180°$时,$\sin A$ 随 A 的增加而减少。

利用正弦,可得$\triangle ABC=\frac{1}{2}bc\sin A$。它的重要推论是

直角三角形中,锐角的正弦等于它的对边与斜边之比。具体地,若$\triangle ABC$ 中 $\angle C=90°$,则

$$\sin A=\frac{a}{c},\qquad \sin B=\frac{b}{c}。$$

若点 P 关于 A、C 两点的张角为$\angle APC=\alpha$,关于 B、C 两点的张角为$\angle CPB=\beta$,并且关于 A、B 的张角$\angle APB=\alpha+\beta<180°$时,$A$、$B$、$C$ 三点在一直线上的充分必要条件是

$$\frac{\sin(\alpha+\beta)}{PC}=\frac{\sin\alpha}{PB}=\frac{\sin\beta}{PA}。$$

这叫做张角公式。

张角公式的一个重要推论是

正弦和角公式 当α、β为锐角时

$\sin(\alpha+\beta)=\sin\alpha\cdot\sin(90^\circ-\beta)+\sin\beta\cdot\sin(90^\circ-\alpha)$。

从和角公式或直角三角形性质可推出特殊角的正弦值 $\sin30^\circ=\frac{1}{2}$，$\sin45^\circ=\frac{\sqrt{2}}{2}$，$\sin60^\circ=\frac{\sqrt{3}}{2}$。其他锐角的正弦值可以从正弦表上查得，钝角的正弦值可以利用性质 $\sin A=\sin(180^\circ-A)$化为锐角正弦值再查。

知道了 $\sin A$，可利用正弦表或特殊角正弦值确定 A，当 $0^\circ\leqslant A\leqslant180^\circ$时，一般有两个解。

三、解任意三角形

三角形有三条边，三个角，共六个元素。因为三个角的和是 180°，所以知道了两个角就知道了三个角。这样，只需考虑三边两角这五个元素。已知这五个元素中的三个，求其余未知元素。这叫做解三角形问题。

解三角形问题有下列几类：

(1)SSS 问题：已知三边；

(2)SAS 问题：已知两边一夹角；

(3)ASA 或 AAS 问题：已知两角一边；

(4)SSA 问题：已知两边及其中一边对角。

我们将给出这些问题的完满解答。

4.9　正弦定理

前面我们已得到了已知三角形两边一夹角求面积的公式$\triangle ABC=\frac{1}{2}bc\sin A$。对$\triangle ABC$ 的三个角都用这个公式，得

$$\triangle ABC=\frac{1}{2}bc\sin A=\frac{1}{2}ac\sin B=\frac{1}{2}ab\sin C,$$

同用$\frac{1}{2}abc$除，得到一个重要公式：

$$\frac{\sin A}{a}=\frac{\sin B}{b}=\frac{\sin C}{c}\left(=\frac{2\triangle ABC}{abc}\right)。$$

它被称为

正弦定理　同一个三角形中，各边和它所对角的正弦的此相等，即

$$\frac{a}{\sin A}=\frac{b}{\sin B}=\frac{c}{\sin C}。$$

利用正弦定理与三角形内角和定理相配合，可解决ASA、AAS和SSA这几种解三角形问题，其实可看成两类：已知两角一边，或已知两边和其中一边的对角，求解三角形。

例1　在$\triangle ABC$中，已知$c=10$，$A=45°$，$c=30°$，求b及$\triangle ABC$面积。（结果保留两位有效数字）

解：(1)$\because \frac{b}{\sin B}=\frac{c}{\sin C}$，$B=180°-(A+C)=105°$，

$$\therefore b=\frac{c\sin B}{\sin C}=\frac{10\sin 105°}{\sin 30°}=\frac{10\sin 75°}{\frac{1}{2}}$$

$$\approx 19.3\approx 19。$$

(2)$\triangle ABC=\frac{1}{2}bc\sin A=\frac{1}{2}\times 19.3\times 10\times \sin 45°\approx 68$。

例2　在$\triangle ABC$中，已知$a=20$，$b=28$，$A=40°$，求B(精确到1°)和c(保留两个有效数字)

解：(1)$\sin B=\frac{b\sin A}{a}=\frac{28\sin 40°}{20}\approx 0.8999$，

查表得$0.8999=\sin 64°$。

因为$\sin(180°-64°)=\sin 64°$，所以有两个答案：锐角$B_1=64°$，或钝角$B_2=180°-64°=116°$。

(2)分两种情形

若$B=B_1=64°$，则$C=C_1=180°-(40°+64°)=76°$，

$$\therefore c=c_1=\frac{a\sin C_1}{a}=\frac{20\cdot\sin 76^\circ}{\sin 40^\circ}\approx 30;$$

若 $B=B_2=116^\circ$，则 $C=C_2=180^\circ-(40^\circ+116^\circ)=24^\circ$，

$$\therefore c=\frac{a\sin C_2}{\sin A}=\frac{20\cdot\sin 24^\circ}{\sin 40^\circ}\approx 13。$$

例 2 有两个解，是否符合实际情形，可以画图验证，如图 4-24，先作 $\angle PAQ=40^\circ$，在 AQ 上取 C 使 $AC=28\text{mm}$。以 C 为心，$a=20\text{mm}$ 为半径画弧交 AP 于两点 B_1、B_2。这就得到符合要求的两个三角形：$\triangle AB_1C$ 和 $\triangle AB_2C$。

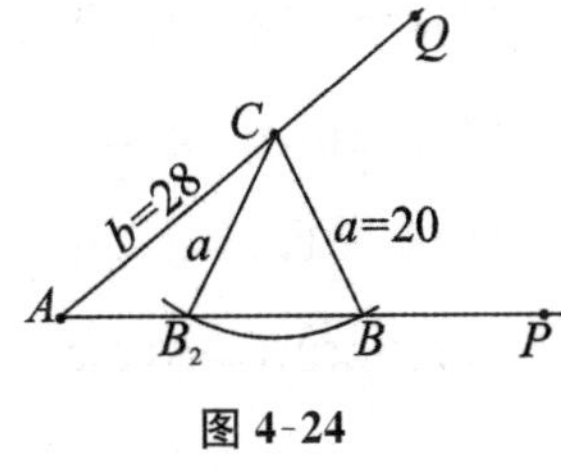

图 4-24

例 3 在 $\triangle ABC$ 中，已知 $a=60$，$b=50$，$A=38^\circ$，求 B（精确到 1°）和 c。（保留两个有效数字）

解：(1) $\sin B=\dfrac{b\sin A}{a}=\dfrac{50\sin 38^\circ}{60}\approx 0.5131$，

$\because b<a$，$\therefore B<A=38^\circ$，

$\therefore B$ 为锐角，查表得 $B=31^\circ$。

(2) $$c=\frac{a\sin C}{\sin A}=\frac{a\sin(180^\circ-(A+B))}{\sin A}$$

$$=\frac{a\sin(A+B)}{\sin A}=\frac{60\sin 69^\circ}{\sin 38^\circ}\approx 91。$$

例 4 在 $\triangle ABC$ 中，$a=22$，$b=27$，$A=93^\circ$。求解这个三角形。

解：已知 $A\geqslant 90^\circ$，所以 a 应当是最大边。但条件又有 $a=22<b=27$，矛盾，此题无解。

从例 2 及例 4 可见，解三角形时会遇见两解或无解的情形，后面将作详细讨论。

练习

1. 在 $\triangle ABC$ 中：

(1)已知 $c-\sqrt{3}$，$A=45^\circ$，$B=60^\circ$，求 b 及 $\triangle ABC$ 面积；

(2)已知 $b=12, A=30^\circ, B=120^\circ$，求 a。

(结果保留两位有效数字)

2. 用带刻度直尺或三角尺，量角器、圆规画图，检验例 1、例 2、例 3 的结果。

3. 根据下列条件解三角形(有解时，角度精确到 1°，边长保留两位有效数字)。

(1)$a=15, b=10, A=60^\circ$；

(1)$b=40, c=20, C=25^\circ$；

(3)$b=11, a=25, B=30^\circ$；

(4)$a=42, c=51, A=125^\circ$。

4.10 余弦定理

根据勾股差定理，当$\triangle ABC$与$\triangle A'B'C'$中两角$C=C'$时，有

$$\frac{a^2+b^2-c^2}{ab}=\frac{a'^2+b'^2-c'^2}{a'b'}。$$

而当$C+C'=180^\circ$时有

$$\frac{a^2+b^2-c^2}{ab}=-\frac{a'^2+b'^2-c'^2}{a'b'}。$$

设$\triangle ABC$在AC上的高是$BD=h$，记$CD=x$，当$C<90^\circ$时，对$\triangle ABC$与$\triangle DBC$用勾股差定理得：图 4-25(1)

$$\frac{a^2+b^2-c^2}{ab}=\frac{a^2+x^2-h^2}{ax}=\frac{2x^2}{ax}$$

$$=\frac{2x}{a}=2\sin\angle 1=2\sin(90^\circ-C)。$$

$$\therefore a^2+b^2-c^2=2ab\sin(90^\circ-C)。\quad (1)$$

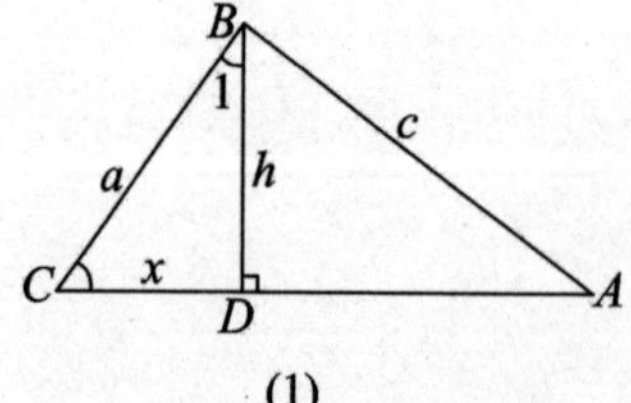

(1)

(2)

图 4-25

当 $C>90°$时，如图 4-25(2)，有($\angle ACB+\angle BCD=180°$)，

$$\frac{a^2+b^2-c^2}{ab}=-\frac{a^2+x^2-h^2}{ax}=-\frac{2x^2}{ax}=-\frac{2x}{a}$$

$$=-2\sin\angle 1=-2\sin(C-90°)。$$

$$\therefore a^2+b^2-c^2=-2ab\sin(C-90°)。 \qquad (2)$$

为了简化记号，并且把(1)、(2)统一起来，引进一个“$\cos A$”的符号。

定义 对 $0°\leqslant\alpha\leqslant 180°$，约定

$$\cos\alpha=\begin{cases}\sin(90°-\alpha),(\text{当 }\alpha\leqslant 90°)\\-\sin(\alpha-90°),(\text{当 }\alpha>90°)\end{cases}$$

并把 $\cos\alpha$ 叫做 α 的余弦。

按定义，余弦就是“余角的正弦”。

如果再约定 $\sin\alpha=-\sin(-\alpha)$，那么当 $\alpha>90°$时就有

$\sin(90°-\alpha)=\sin(-(\alpha-90°))=-\sin(\alpha-90°)$，

就有统一的公式 $\cos\alpha=\sin(90°-\alpha)$了。

应用余弦定义，把(1)、(2)两式及勾股定理综合起来，便得到：

余弦定理 在$\triangle ABC$ 中，

$$\cos C=\frac{a^2+b^2-c^2}{2ab}。$$

类似地当然有

$$\cos A=\frac{b^2+c^2-a^2}{2bc},\cos B=\frac{a^2+c^2-b^2}{2ac}。$$

余弦定理也可叙述为

三角形中任一边的平方等于其他两边平方的和减去这两边与它们夹角的余弦的积的两倍。

$$\begin{cases}a^2=b^2+c^2-2bc\cos A\\b^2=a^2+c^2-2ac\cos B\\c^2=a^2+b2-2ab\cos C\end{cases}$$

余弦定理的证法有好几种。例如，可以利用 4.3 中图 4-10 及练习题 1，从面积

关系直接写出

$$a^2+b^2-c^2=\begin{cases}-4\triangle ACQ,(\text{当 } C>90^\circ)\\ 4\triangle ACQ,(\text{当 } C\leqslant 90^\circ)\end{cases}$$

再由 $AC=b,QC=a$ 以及

$$\angle AQC=\begin{cases}C-90^\circ,(\text{当 } C>90^\circ)\\ 90^\circ-C,(\text{当 } C\leqslant 90^\circ)\end{cases}$$

得

$$\triangle ACQ=\begin{cases}\dfrac{1}{2}ab\sin(C-90^\circ)\\ \dfrac{1}{2}ab\sin(90^\circ-C)\end{cases}$$

因而

$$a^2+b^2-c^2=\left.\begin{cases}-2ab\sin(C-90^\circ)\\ 2ab\sin(90^\circ-C)\end{cases}\right\}=2ab\cos C。$$

这就更直接地证明了余弦定理。

余弦定理可用来解决 SSS、SAS 及 SSA 这几类解三角形问题。

例 1 在$\triangle ABC$中，已知 $a=7,b=10,c=6$，求 A、B 和 C(精确到 1°)。

题目要求三个角，可用余弦定理先求其中两角，再用“内角和定理”求其余一个。为了避免查表求钝角，可先找较短的两边所对的角。它们一定是锐角。

解:(1) $\cos A=\dfrac{b^2+c^2-a^2}{2bc}=\dfrac{10^2+6^2-7^2}{2\times10\times6}$

$$=\frac{87}{120}=0.7250,$$

查得，$0.7250\approx\sin46^\circ$

$\therefore A=90^\circ-46^\circ=44^\circ$。

(2) $\cos C=\dfrac{a^2+b^2-c^2}{2ab}=\dfrac{7^2+10^2-6^2}{2\times7\times10}=\dfrac{113}{140}\approx0.8071$,

查表，$0.8071\approx\sin54^\circ$

$\therefore C=90^\circ-54^\circ=36^\circ$。

已知角查表求 $\cos\alpha$，或已知 $\cos\alpha$ 查表求 α 时，也可以不借助正弦与余弦的余角关系，直接在表上查，正弦表和余弦表是同一张表，只不过正弦的度在左边和上边，余弦的角度在右边和下边。另外，余弦值随角的增大而减少，在使用修正值时容易弄错，不如按正弦表查后用 90° 减（已知 $\cos\alpha$ 求 α），或用 90° 减后查正弦（已知 α 求 $\cos\alpha$）反而简单。

例 2 在 $\triangle ABC$ 中，已知 $a=2.730, b=3.690, C=82^\circ28'$，

求解这个三角形。

解：(1)查表求得

$\cos C=\sin(90^\circ-C)=\sin 7^\circ32'=0.1311$，

$\therefore c^2=a^2+b^2-2ab\cos C$

$=2.730^2+3.696^2-2\times2.730\times3.696\times0.1311$

$=18.47$，

$\therefore c=4.298$。

(2)$\cos A=\dfrac{a^2+b^2-c^2}{2ab}$

$=\dfrac{3.696^2+4.298^2-2.730^2}{2\times3.696\times4.298}$

$=0.7768$，

查表得 $A=39^\circ2'$。

(3)$B=180^\circ-(A+C)$

$=180^\circ-(39^\circ2'+82^\circ28')=58^\circ30'$。

例 3 （即上一节例 2）在 $\triangle ABC$ 中，已知。$a=20, b=28, A=40^\circ$，求 B（精确到 1°）和 c。（保留两位有效数字）

解：(1)$a^2=b^2+c^2-2bc\cos A$

$\therefore 20^2=28^2+c^2-2\times28\times c\times\cos40^\circ$，

$\therefore c^2-56\times0.7660c+384=0$，

$\therefore c^2-42.9c+384=0$，

$$\therefore c=42.9c+\frac{\sqrt{42.9^2-4-384}}{2}=\frac{42.9\pm17.4}{2},$$

$$\therefore c=\begin{cases}c_1=(42.9+17.4)/2=30.2\approx30\\ c_2=(42.9-17.4)/2=12.8\approx13。\end{cases}$$

(2)若取 $c=c_1=30.2, B=B_1$，

$$\cos B_1=\frac{a^2+c^2-b^2}{2ab}=\frac{20^2+30.2^2-28^2}{2\times20\times30.2}=0.4371,$$

查表得 $B_1=64°$。

由 AAS 全等判别法则，取 $c=c_2$ 得 $B=B_2$ 时，$\triangle AB_1C$ 与 $\triangle AB_2C$ 不全等，必有$\angle B_1$ 与$\angle B_2$ 互补，

故 $B_2=180°-64°=116°$。

练习

1*. 试用面积关系证明，当 $0°\leqslant\alpha+\beta\leqslant180°$ 时

$$\begin{cases}\sin(\alpha+\beta)=\sin\alpha\cos\beta+\cos\alpha\sin\beta\\ \sin(\alpha-\beta)=\sin\alpha\cos\beta-\cos\alpha\sin\beta\end{cases}$$

2*. 利用 $\cos\alpha$ 与 $\sin\alpha$ 的关系，试推导公式

$$\begin{cases}\cos(\alpha+\beta)=\cos\alpha\cos\beta+\sin\alpha\sin\beta\\ \cos(\alpha-\beta)=\cos\alpha\cos\beta-\sin\alpha\sin\beta\end{cases}$$

3*. 利用正弦定理和上题的结果，证明余弦定理。

4. 在$\triangle ABC$ 中

(1)已知 $b=8, c=3, A=60°$，求 α；

(2)已知 $a=20, b=29, c=21$，求 B；

(3)已知 $a=3\sqrt{3}, c=2, B=150°$，求 b；

(4)已知 $a=2, b=\sqrt{2}, c=\sqrt{3}+1$，求 A。

5. 根据下列条件解三角形：

(1)$a=31, b=42, c=27$；

(2)$a=9, b=10, c=15$。

6. 根据下列条件解三角形

(1)$a=40.87, c=59.02, b=85°24'$；

(2)$b=38, c=40, A=106°$；

(3)$a=24, b=15, A=30°$；

(4)$c=18, a=30, c=45°$。

7. 设▱$ABCD$ 的两边 $AB=a, AD=b$，求对角线平方和 AC^2+BD^2。

4.11 解直角三角形

上面两节提供的解任意三角形的方法，当然也可以用来解直角三角形。但如果特别注意到直角三角形的特殊性，就可以使解法变得更为简捷。

解任意三角形的方法，基础是正弦定理、余弦定理和三角形内角和定理。当$\triangle ABC$ 中 C 为直角时，余弦定理成了勾股定理，正弦定理简化为 $\sin A=\frac{a}{c}$和 $\sin B=\frac{b}{c}$，内角和定理表现为 $A+B=90°$。所以，解直角三角形方法是以下述边角关系为基础的：

(1)$a^2+b^2=c^2$；　　(勾股定理)

(2)$A+B=90°$；　　(内角和定理)

(3)$\sin A=\frac{a}{c}=\cos B, \sin B=\frac{b}{c}=\cos A$。

利用这些关系，知道了直角三角形三边及一锐角这四元素中的任两个元素，便可以计算出其他元素。

例 1　在 $\mathrm{Rt}\triangle ABC$ 中，已知 $b=35, c=45$(斜边)，求 A、B 和 a。(角度精确到 1°，长度保留两位有效数字。)

解：(1)$a=\sqrt{c^2-b^2}=\sqrt{45^2-35^2}$

$=\sqrt{(45+35)(45-35)}$

$=\sqrt{800}=28.28\approx 28$

(2)$\sin B=\frac{b}{c}=\frac{35}{45}\approx 0.7778$

查表得　$B\approx 51°$

(3)$A=90°-B\approx 90°-51°=39°$

例 2　在 Rt$\triangle ABC$ 中,已知 $a=15$,$A=35°27'$,求 b、c 和 B(c 为斜边)。

解:(1)$B=90°-A=90°-35°27'=54°33'$

(2)$\because \sin A=\frac{a}{c}$,

$\therefore c=\frac{a}{\sin A}=\frac{15}{\sin 35°27'}=\frac{15}{0.5800}$

$=25.86\approx 26$

(3)$b=\sqrt{c^2-a^2}=\sqrt{26^2-15^2}=\sqrt{41\times 11}$

$=\sqrt{451}\approx 21$

在例 2 中,为了求 b,要先求出 c。(如利用 $\cos A=\frac{b}{c}$ 或 $\sin B=\frac{b}{c}$,求 b,也要先求 c)如果实际问题中不需求 c,能不能直接由 a 和 A 求出 b 呢?

为了实际计算方便,人们又引进了角的正切和余切,定义如下:

角 α 的正切记作 $\tan\alpha$,余切记作 $\cot\alpha$,定义为

$$\tan\alpha=\frac{\sin\alpha}{\cos\alpha},\qquad \cot\alpha=\frac{\cos\alpha}{\sin\alpha}。$$

其中,$\tan\alpha$ 对 $\alpha\neq 90°$,$0°\leqslant\alpha\leqslant 180°$ 有意义, $\tan\alpha$ 对 $0°<\alpha<180°$ 有意义。

由定义立刻看出,在 Rt$\triangle ABC$ 中,若 $C=90°$,则

$$\tan A=\frac{a}{b}=\cot B,\tan B=\frac{b}{a}=\cot A。$$

这样,在直角三角形中,锐角 A 的正弦,余弦、正切、余切及 a、b、c 之间有下列关系:

$\sin A=\cos B=\frac{a}{c}$,$\sin B=\cos A=\frac{b}{c}$,

$\tan A=\cot B=\frac{a}{b}$,$\tan B=\cot A=\frac{b}{a}$。

在数学用表中有正切表，可直接查出 $0^\circ\sim90^\circ$ 的正切的值。余切也就是“余角的正切”，可化为正切来查。正切表的用法类似于正弦表，查余切的方法类似于查余弦。正弦、余弦、正切、余切，都叫做三角函数。

例 3 查表求 $\tan53^\circ49'$ 及 $\cot14^\circ32'$ 的值。

解：(1) $\tan53^\circ48'=1.3663$

(+1) (+0.0008)

$\tan53^\circ49'=1.3671$

(2) $\cot14^\circ32'=\tan75^\circ28'$

$\tan75^\circ30'=3.867$

$(-2')$ (−0.0009)

$\tan75^\circ28'=3.858$

$\cot14^\circ32'=3.858$。

例 4 已知 $\tan\alpha=1.4036$，$\cot\beta=0.8637$，求锐角 α、β。

解：(1) $1.4019=\tan54^\circ30'$

(+0.0017) $(+2')$

$1.4036=\tan54^\circ32'$

∴锐角 $\alpha=54^\circ32'$。

(2) $0.8632=\tan40^\circ48'$

(+0.0005) $(+1')$

$0.8637=\tan40^\circ49'=\cot49^\circ11'$

∴锐角 $\beta=49^\circ11'$。

例 5 已知 $\triangle ABC$ 中，$C=90^\circ$，$a=34$，$b=28$，求 A、B。

解：(1) $\tan A=\frac{a}{b}=\frac{34}{28}=1.214$

查表得 $A=50^\circ31'$。

(2) $B=90^\circ-A=90^\circ-50^\circ31'=39^\circ29'$

回顾例 2，已知 $a=15$，$A=35^\circ27'$，求 b 时如利用 $\tan B=\frac{b}{a}$，可得

$$b = a\tan B = 15\tan(90° - 35°27')$$

$$= 15\tan 54°33' = 15 \times 1.4045 \approx 21$$

就不用再经过求 c 的步骤了。

顺便指出，在任意三角形△ABC 中，三个角的正弦、正切、余弦、余切和三角形的面积、勾股差和两边之积这三种量之间也有类似于直角三角形中锐角正弦等与各边的关系。

在△ABC 中，以 a、b、c 记 A、B、C 之对边，则有

$$\begin{cases} \sin A = \dfrac{2\triangle ABC}{bc}, \left(\sin B = \dfrac{2\triangle ABC}{ac}, \sin C = \dfrac{2\triangle ABC}{ab}\right); \\ \cos A = \dfrac{b^2+c^2-a^2}{2bc}, \left(\cos B = \dfrac{a^2+c^2-b^2}{2ac}, \cos C = \dfrac{a^2+b^2-c^2}{2ab}\right); \\ \tan A = \dfrac{4\triangle ABC}{b^2+c^2-a^2}, \left(\tan B = \dfrac{4\triangle ABC}{a^2+c^2-b^2}, \tan C = \dfrac{4\triangle ABC}{a^2+b^2-c^2}\right); \\ \cot A = \dfrac{b^2+c^2-c^2}{4\triangle ABC}, \left(\cot B = \dfrac{a^2+c^2-b^2}{4\triangle ABC}, \cot C = \dfrac{a^2+b^2-c^2}{4\triangle ABC}\right)。 \end{cases}$$

这些关系，在研究几何图形性质时是很有用的。

练习

1. 求下列各式的值：

(1) $3\tan 30° + \tan 45° - 2\cot 45° + 2\sin 60°$；

(2) $2\sin 60° - 4\tan 60° + 3\cot 30°$；

(3) $\dfrac{\sin 45° - \cos 60°}{\cos 45° + \sin 30°}$；

(4) $\sin^2 30° + \cos^2 45°$；

(5) $\dfrac{3\tan 30°}{2\cos^2 30° - 1}$；

(6) $\dfrac{\sin 30°}{1+\cos 30°} + \cot 30°$。

2. 查表求下列三角函数值：

(1) $\tan 13°12'$，$\tan 40°55'$，$\tan 54°28'$，$\tan 74°3'$，$\tan 89°43'$；

(2) $\cot 72°18'$, $\cot 56°56'$, $\cot 32°23'$, $\cot 15'$, $\cot 15°15'$。

3. 已知下列三角函数值，求锐角 α 或 β

(1) $\tan\beta=0.9131$，　$\tan\alpha=0.3314$；

$\tan\alpha=2.220$，　$\tan\beta=31.80$；

(2) $\cot\alpha=1.6003$，　$\cot\beta=3.590$；

$\cot\beta=0.0781$，　$\cot\alpha=180.9$。

4. 在 Rt$\triangle ABC$ 中，c 为斜边。

(1)已知 $a=2$，$b=1$，求角 A 的四个三角函数值；

(2)已知 $a=3$，$c=4$，求角 B 的四个三角函数值；

(3)已知 $b=2$，$c=\sqrt{20}$，求角 A，角 B 的四个三角函数值。

5. 在$\triangle ABC$ 中，$a=3$，$b=5$，$c=6$，求角 A、B、C 的四个三角函数值。

6. 在任意$\triangle ABC$ 中，根据

$$\cos A=\frac{b^2+c^2-a^2}{2bc}, \sin A=\frac{2\triangle ABC}{bc},$$

证明：$(b^2+c^2-a^2)^2=4b^2c^2-16(\triangle ABC)^2$ 并导出三斜求积公式。

7. 在 Rt$\triangle ABC$ 中，c 为斜边，填写下列空白：

(1)已知 c、A，则 $a=c\cdot($　　$)$，$b=c\cdot($　　$)$；

(2)已知 b、A，则 $a=b($　　$)$，$b=($　　$)\cot A$；

(3)已知 a、b，利用公式(　　)求 A；

已知 a、c，利用公式(　　)求 A；

已知 b、c，利用公式(　　)求 A。

8. 根据下列条件解直角三角形

(1) $c=10$，$A=60°$；　　(2) $b=15$，$A=45°$；

(3) $a=51$，$c=70$；　　(4) $a=22$，$b=12$；

(5) $a=30.01$，$B=80°24'$；　　(6) $c=0.8328$，$b=0.2954$。

4.12 解三角形的讨论与实际应用

无论是解直角三角形还是一般三角形，都可以分为下列几种情形，对照全等三

角形判定法则和三角形的作图来考虑。

1. SAS 情形，即已知两边一夹角，只要两边是正数，夹角大于 0°，小于 180°，有唯一的解，否则无解，方法是先用余弦定理求第三边，再用余弦定理求一较小的边所对的未知角。

2. SSS 情形，即已知三边，只要三边都是正数，而且最大边小于另两边之和，总有唯一的解。否则无解，方法是用余弦定理求较小的两边所对的角。

3. ASA 或 AAS 情形，即已知两角一边。只要边长为正，两角均大于 0°并且两角和小于 180°，有唯一解，否则无解。方法是先用三角形内角和定理求出另一角，再用正弦定理求未知边。

4. SSA，即已知两边及其中一边的对角的情形。这种情形变化较多，分两解，一解，无解几种情形，以下设已知 a、b、A 来分析。

(1)如果 A 为直角或钝角，应有 $a>b>0$，否则无解，当 $a>b>0$ 时有唯一解。图 4-26。

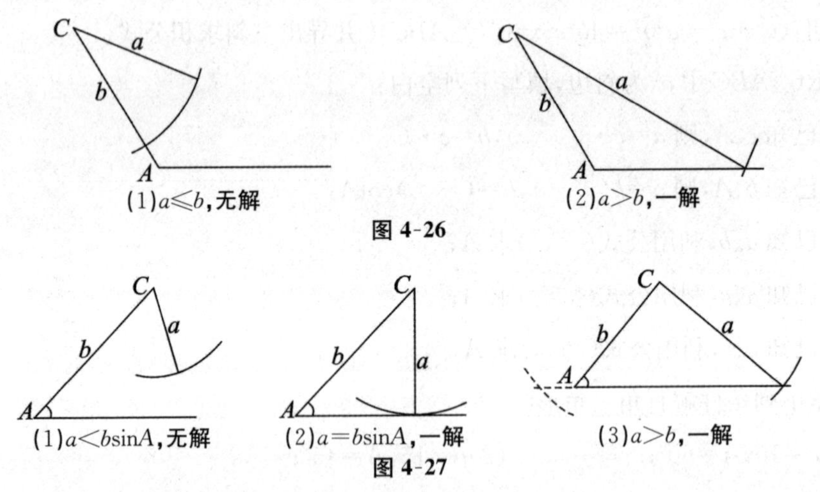

图 4-26

图 4-27

(2)当 A 为锐角时，根据正弦定理应当有 $\sin B=\dfrac{b\sin A}{a}\leqslant 1$，因而 $0<b\sin A\leqslant a$，所以当 $a<6\sin A$ 时无解，$a=b\sin A$ 时有 $\sin B=1$，故 $B=90°$，有唯一解，当 $a\geqslant b$ 时，必有 $B\leqslant A$，月为锐角而且 $\sin B$ 确定，故有唯一解，如图 4-27，只有当 $b\sin A<a<b$ 时，B 有锐角，钝角两种可能，这时有两解，如图 4-28 所示。

在解题时，可先判断有解无解，再看是否是两个解，判断步骤，可先看已知角的对边是否大于已知邻边，若是，必有唯一解。若不然，再看已知角是否是锐角，若否，必无解。剩下情形是：已知角 A 为锐角并 $a \leqslant b$，这时要查表求出 $\sin A$ 才能进一步判断。若 $a < b\sin A$，无解，否则，当 $a = b$ 时 $\angle B = \angle a$，解为等腰三角形。当 $a = b\sin A$ 时，$\angle B = 90°$，解为直角三角形。剩下一种情形 $b\sin A < a < b$，有两个解。

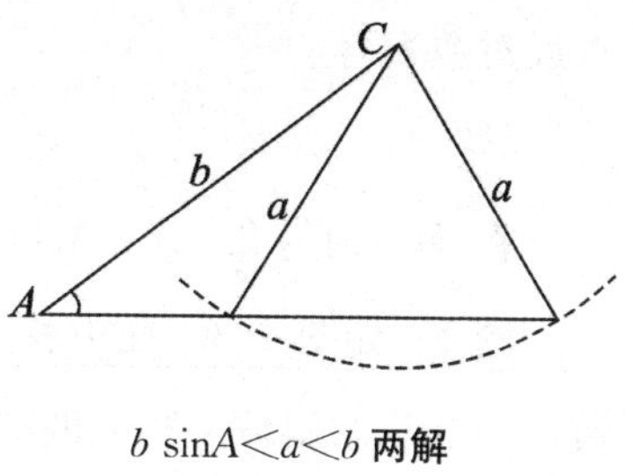

$b\ \sin A < a < b$ 两解

图 4-28

若用余弦定理，可直接解二次方程式求角 A 的另一邻边。根据方程式的正实根的个数可以判断有一解、两解或无解。

在解决实际问题时，为了计算快捷，应当尽量利用袖珍计算器、对数表，三角函数对数表、平方表及平方根表等辅助计算工具。下面通过实例说明对数表及三角函数对数表在解三角形时的使用方法。

例 1 如图 4-29，厂房屋顶人字架是等腰三角形，跨度（即底边 AC）为 10m，$\angle A = 26$，求中柱 BD（$\triangle ABC$ 的高）和上弦 AB 的长。（精确到 0.01m）

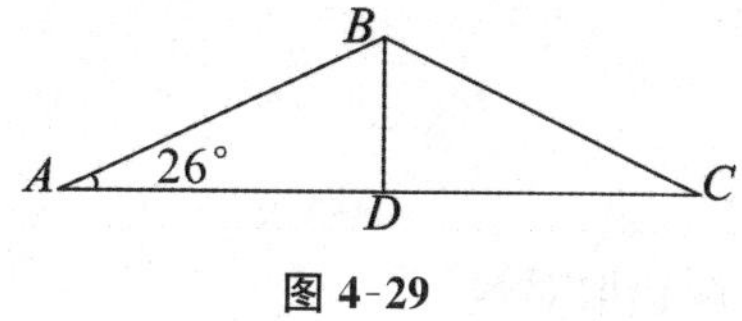

图 4-29

解： 在 Rt$\triangle ABC$ 中，已知 $AD = \frac{AC}{2} = 5$，$\angle A = 26°$，

$\because \tan A = \frac{BD}{AD}, \cos A = \frac{AD}{AB}$，

$\therefore BD = AD \cdot \tan A = 5\tan 26° = 5 \times 0.4877 \approx 2.44(\text{m})$，

$AB = \frac{AD}{\cos A} = \frac{5}{\cos 26°}$。

两边取对数得

$$\log AB = \log 5 - \log\cos 26°, \log 5 = 0.6990$$

$$\frac{\log\cos 26° = \overline{1}.9537(-}{\log AB = 0.7453}$$

查反对数表得

$$AB=5.563\approx 5.56(\mathrm{m})。$$

答:BD 约为 2.44m,AB 约为 5.56m。

例 2 如图 4-30,在山坡上种树,要求株距(两树间水平距离)是 5.5m,又测得坡角为 24°,求斜坡上相邻两树间的倾斜距离。(精确到 0.1m)

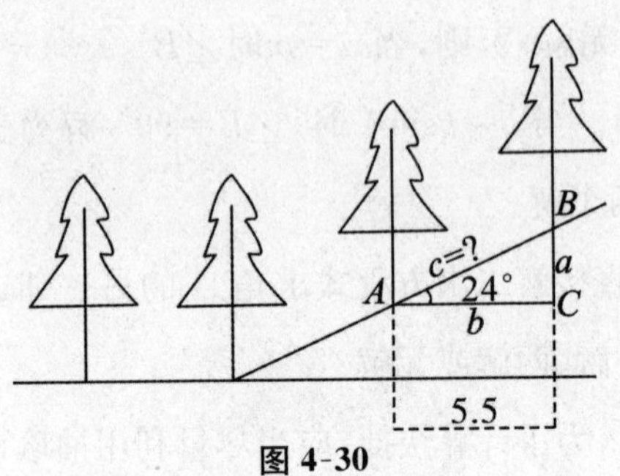

图 4-30

解:问题化为在 Rt△ABC 中,已知一直角边 $b=5.5$,$\angle A=24°$,求斜边 C。

$$\because \cos A=\frac{b}{c}=\frac{AC}{AB},$$

$$\therefore AB=\frac{AC}{\cos A},$$

两边取对数

$$\log AB=\log AC-\log\cos A$$

$$\log AC=\log 5.5=0.7404$$

$$\log\cos A=\frac{\log\cos 24°=\bar{1}.9607(-}{\log AB=0.7797}$$

查反对数表得 $AB\approx 6.0(\mathrm{m})$。

答:斜坡上相邻两树间的倾斜距离约 6.0m。

通常,把坡面与水平面的夹角叫坡角。坡角是这样定的:如图 4-31。

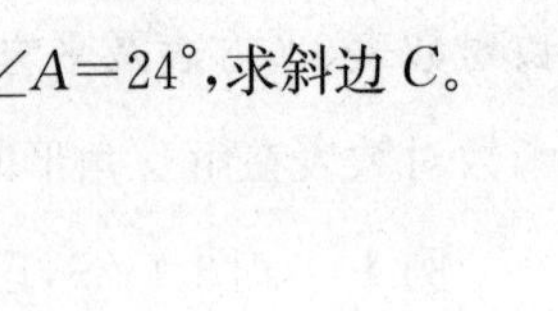

图 4-31

在坡面与水平面的交线 l 上取一点 A,在坡面上和水平面上分别取 l 的垂线 AB、AC,则 $\angle BAC$ 就是坡角。自 B 向 AC 作垂线 BC,则是 A 到 B 的铅直高度,记作 $BC=h$,AC 是 A 到 B 的水平距离,记作 $AB=l$。铅

直高度 h 与水平距离 l 的比，又叫坡度(或坡比)，用字母 i 表示。如记坡角为 α，坡度恰是坡角的正切：

$$i=\frac{h}{l}=\tan\alpha$$

坡度越大，坡角也越大，坡面就越陡，一般把坡度写成 $1:m$ 的形成。例如 $i=1:5$，即 $i=\frac{1}{5}$。

例 3 梯形 $ABCD$ 表示某水库大坝的断面如图 4-32。顶宽 $BC=6\text{m}$，坝高 $BE=CF=23\text{m}$，斜坡 AB 坡度 $i=1:3$，CD 坡度 $i'=1:2.5$，求坝底宽 AD，坡角$\triangle A$ 和斜坡 AB 的长。

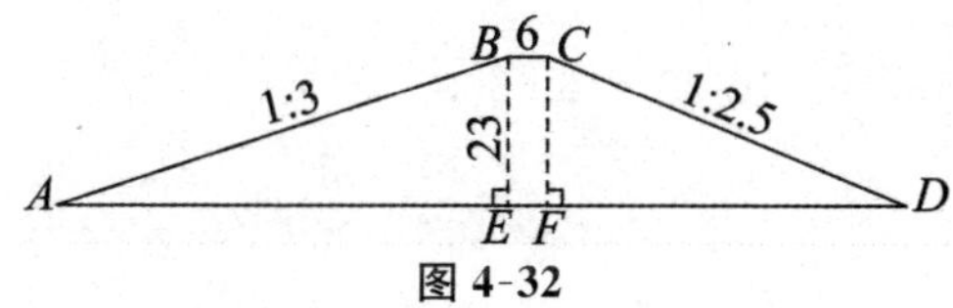

图 4-32

解：$\because \frac{BC}{AE}=\frac{1}{3},\frac{CF}{FD}=\frac{1}{2.5}$，

$\therefore AE=3BE=3\times 23=69(\text{m})$。

$FD=2.5CF=2.5\times 23=57.5(\text{m})$。

$AD=AE+EF+FD=69+6+57.5=132.5(\text{m})$。

因为斜坡 AE 的坡度 $i=\tan\alpha=\frac{1}{3}\approx 0.3333$，查表得 $\alpha\approx 18°26'$；

$\because \frac{BE}{AB}=\sin\alpha$，

$\therefore AB=\frac{BE}{\sin\alpha}=\frac{23}{\sin 18°26'}$。

取对数得　$\log AB=\log 23-\log\sin 18°26'$

$\log 23=1.3617$

$\log\sin 18°26'=\bar{1}.4999$(－

$\log AB=1.8618$

查反对数表得 $AB\approx 72.7\text{m}$。

答:坝宽 AD 约为 132.5m,坡角 A 约为 $18°26'$,斜坡 AB 长约为 72.7m。

上例中求斜坡 AB,也可用勾股定理:

$$AB=\sqrt{AE^2+BE^2}=\sqrt{69^2+23^2}=23\times\sqrt{3^2+1^2}$$

$$=23\times\sqrt{10}\approx72.7(\mathrm{m})$$

例 4 建桥施工前在河两岸打上桥位椿 A 和 B,如图 4-33。为了精确测定 A、B 两点间的距离,在岸边定出基线 BC,测得 $BC=78.35\mathrm{m}$,$\angle B=69°43'$,$\angle C=41°12'$,求 AB 长。(精确到 0.01m)

解:先求出 $A=180°-(B+C)$

$$=180°-(69°43'+41°12')$$

$$=180°-110°55'=69°5',$$

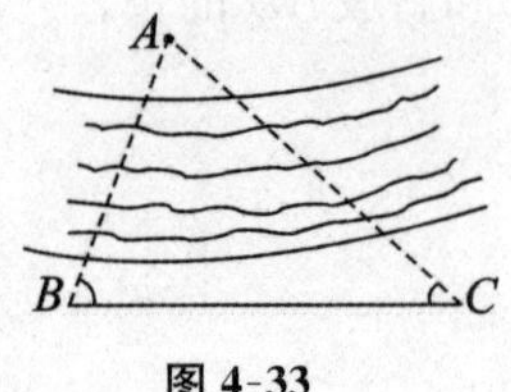

图 4-33

由正弦定理

$$\frac{AB}{\sin C}=\frac{BC}{\sin A},故\quad AB=\frac{BC\sin C}{\sin A}。$$

两边取对数得

$$\log AB=\log BC+\log\sin C-\log\sin A$$

$$=\log78.35+\log\sin41°12'-\log\sin69°5'$$

$$=1.8940+\bar{1}.8187-\bar{1}.9704$$

$$=1.7423,$$

查反对数表得 $AB=55.25(\mathrm{m})$。

答:桥位椿 A、B 间的距离约为 55.25m。

例 5 图 4-34 是曲柄连杆示意图,当曲柄 CB 绕 C 点旋转时,通过连杆 AB 的传递,使活塞作直线往复运动,当曲柄在 CB_0 位置时,曲柄和连杆成一条直线,连杆端点 A 在 A_0 处。设连杆 AB 长 340mm,曲柄 BC 长 85mm。求曲柄自 CB_0 顺时针方向旋转 80°时,活塞移动的距离 A_0A。

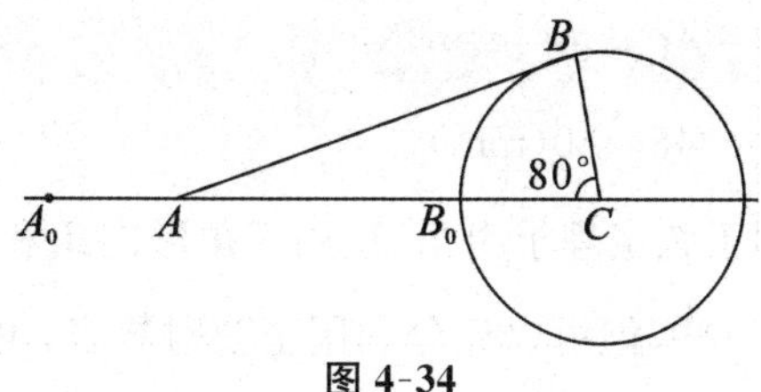

图 4-34

解：只要求出 AC，由 $A_0A=A_0C-AC=AB+BC-AC$ 就可算出所要的距离 A_0A。

在△ABC 中，已知角 $C=80^\circ$，$a=BC=85$(mm)，$c=AB=340$(mm)，求 $b=AC$。

用余弦定理

$$c^2=a^2+b^2-2ab\cos C$$

$$\therefore 340^\circ=85^2+b^2-2\times 85\times b\times\cos 80^\circ$$

$$=85^2+b^2-170\times\cos 80^\circ\times b。$$

得到关于未知数 b 的二次方程式：

$$b^2-170\times\cos 80^\circ\times b-108375=0,$$

$$\therefore b=\frac{170\times\cos 80^\circ\pm\sqrt{(170\times\cos 80^\circ)^2+4\times 108375}}{2}$$

为简化计算，利用三角函数对数表：

$$\log(170\times\cos 80^\circ)=\log 170+\log\cos 80^\circ$$

$$=2.2304+\overline{1}.2597=\overline{1}.4901,$$

$$\therefore \log(170\times\cos 80^\circ)^2=2\times 1.4901=2.9802,$$

查反对数表得

$$170\times\cos 80^\circ=30.91,$$

$$(170\times\cos 80^\circ)^2=955.4,$$

代入前式得

$$b=\frac{30.91\pm\sqrt{955.4+4\times 108375}}{2}\text{(查平方根表)}$$

$$=\frac{30.91\pm 659.1}{2}=345\text{(mm)(取正值)}$$

$\therefore A_0A = AB + BC - AC = c + a - b$

$= 340 + 85 - 345 = 80(\text{mm})$

这个题目也可以用正弦定理求出角 A，用三角形内角和定理求角 B，再用正弦定理求 b。虽然步骤多一些，但可以充分利用正弦对数表，也并不繁难。

例 6 自动卸货汽车的车厢采用液压机构。设计时要计算油泵顶杆 BC 的长度。如图 4-35，车厢最大仰角为 60°，油泵顶点 B 与车厢支点 A 之间的距离为 1.95m，AB 与水平线之间的夹角为 6°20′，AC 长 1.40m，求 BC 的长。（保留三个有效数字）

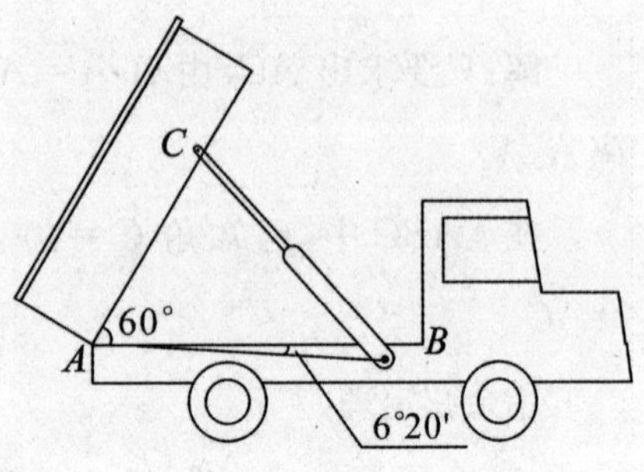

图 4-35

解： 在 $\triangle ABC$ 中，已知 $\angle BAC = \angle A = 60° + 6°20' = 66°22'$，$AB = c = 1.95(\text{m})$，$AC = b = 1.40(\text{m})$，令 $BC = a$。由余弦定理

$a^2 = b^2 + c^2 - 2bc\cos A$

$= 1.40^2 + 1.95^2 - 2 \times 1.40 \times 1.95 \times \cos 66°20'$

设 $u = 2 \times 1.95 \times 1.40 \times \cos 66°20'$，两边取对数：

$\log u = \log 2 + \log 1.95 + \log 1.40 + \log\cos 66°20'$

$= 0.3010 + 0.2900 + 0.1461 + \overline{1}.6036 = 0.3407$，

查反对数表得

$u = 2.192$

$\therefore \quad a^2 = 1.952 + 1.40^2 - 2.192$

$= 3.803 + 1.960 - 2.192 = 3.571$。

查平方根表得 $BC = 1.889 \approx 1.89(\text{m})$。

答：顶杆 BC 约长 1.89m。

练习

1. 查表求下列各三角函数值的对数：

(1) $\log\sin 21°36'$；　　(2) $\log\sin 5°47'$；

(3) $\lg\cos 32°8'$；　　　　(4) $\lg\cos 66°10'$；

(5) $\lg\tan 27°41'$；　　　　(6) $\lg\tan 70°43'$；

(7) $\lg\cot 69°2'$；　　　　(8) $\lg\cot 89°24'$。

2. 求下列各式中的锐角 α

(1) $\lg\sin\alpha=\overline{1}.4001$；　　　　(2) $\lg\cos\alpha=\overline{2}.9301$；

(3) $\lg\tan\alpha=\overline{2}.0318$；　　　　(4) $\lg\cot=\overline{1}.5018$。

3. 如图，某厂车间的人字屋架为等腰三角形△ABC，底边 AB 为跨度，$AB=12\text{m}$，角 $A=22°$，求中柱 CD 和上弦 AC 的长。（精确到 0.01m）

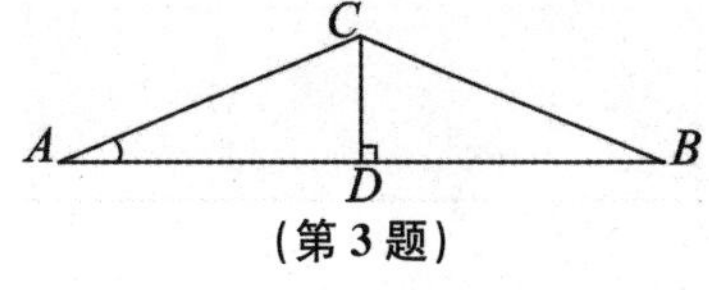

（第 3 题）

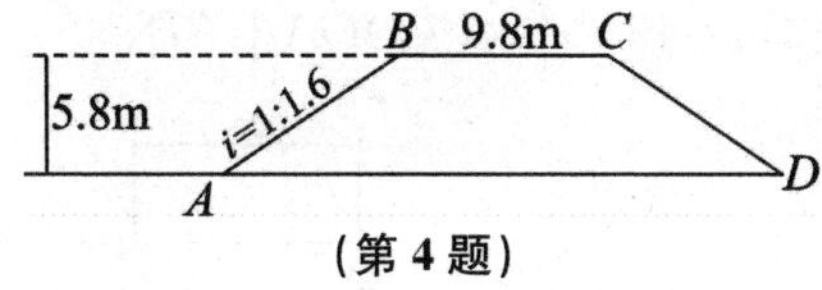

（第 4 题）

4. 如图，已知路基的横断面为等腰梯形 $ABCD$，根据图示数据计算出路基下底宽 AD（精确到 0.1m）和坡角 α。

5. 如图，为了测量不能直接测距的 A、B 两点间的距离，在地面上选择适当的点 C，测得 $AC=213.4\text{m}$，$BC=252.1\text{m}$，$\angle C=50°13'$，求 AB 的长。

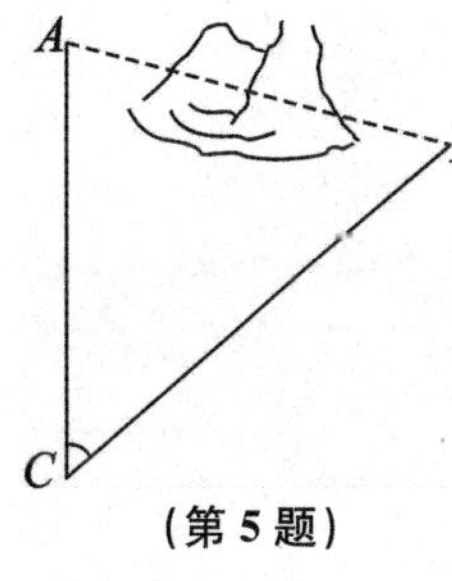

（第 5 题）

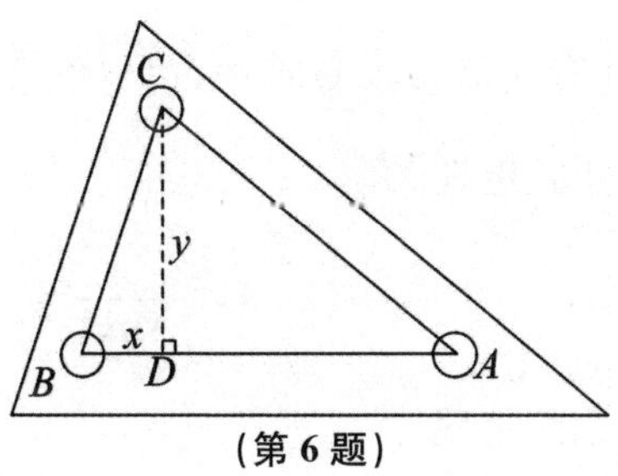

（第 6 题）

6. 如图，某零件要钻三个孔 A、B、C，已知孔心距 $AB=112.5\text{mm}$，$BC=75.4\text{mm}$，$AC=114.2\text{mm}$。如果 A、B 两孔已加工完毕，刀杆在 B 孔处。刀杆要沿 BA 方向和垂直于 BA 方向各移动多少毫米，才能钻出 C 孔？（即求：x、y 精确到 0.01mm）

（用两种方法作，一种方法不用查表；一种方法要查表。）

7. 如图，要测底部不能达的烟囱的高。从与烟囱底部在同一水平直线上 C、D 的两处，分别测得烟囱的仰角 $\alpha=35^\circ12'$ 和 $\beta=49^\circ28'$，CD 长为 11.12m。已知测角仪器高为 1.52m（即 $AA_1=$ 1.52m），求烟囱的高 AB。

（第 7 题）

8. 图为曲柄连杆机构示意图。当曲柄 OA 在水平位置 OB 时，连杆端点 P 在 Q 的位置。当 OA 自 OB 按顺时针方向旋转 α 角时，P 和 Q 的距离是 x。已知 $OA=25\text{cm}$，$AP=125\text{cm}$，求在下列条件下的 x 值。（精确到 0.1cm）

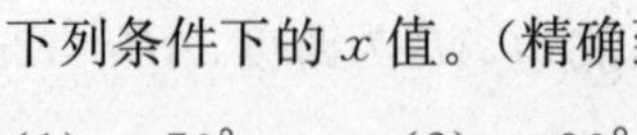

(1) $\alpha=50^\circ$；　(2) $\alpha=90^\circ$；

(3) $\alpha=135^\circ$；(4) $OA\perp AP$。

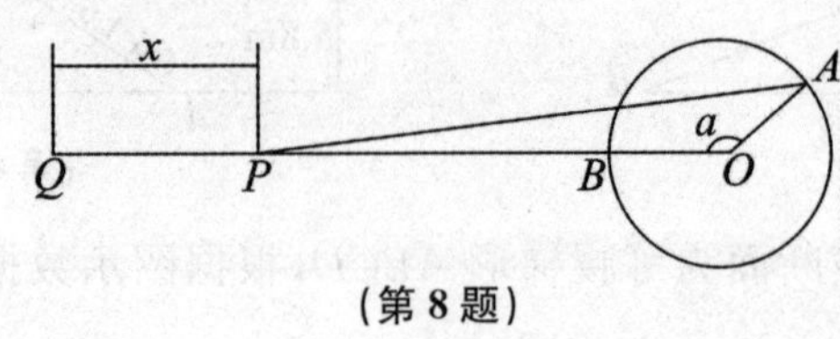

（第 8 题）

9. 写出 $\alpha=30^\circ$、45°、60° 时 $\tan\alpha$、$\cot\alpha$ 及 $\cos\alpha$ 的值。

小结

在任意三角形△ABC 中，边与角之间有两组重要关系：

(1)正弦定理

$$\frac{a}{\sin A}=\frac{b}{\sin B}=\frac{c}{\sin C}。$$

(2)余弦定理

$$\begin{cases}a^2=b^2+c^2-2bc\cos A\\ b^2=a^2+c^2-2ac\cos B\\ c^2=a^2+b^2-2ab\cos C。\end{cases}$$

其中，余弦也就是余角的正弦：

$$\cos\alpha=\begin{cases}\sin(90^\circ-\alpha) & （当 0\leqslant\alpha\leqslant90^\circ）\\ -\sin(\alpha-90^{\circ z}) & （当 90^\circ<\alpha\leqslant180^\circ）\end{cases}$$

利用正弦定理和余弦定理以及三角形内角和定理，可以解任意三角形，解三角形的问题有四类：①SSS，已知三边；②SAS，已知两边夹角；③ASA 或 AAS，已知两角一边；④SSA，已知两边和其中一边的对角。

其中①、②两类宜用余弦定理解；③宜用正弦定理解；④可用正弦定理解，也可以用余弦定理解。不论哪类问题均要配合三角形内角和来求一个未知角。第①②③三类问题或者只有一解，或者无解。第④种类型的问题，可能有两解、一解或无解。

若$\triangle ABC$中有一角为直角，则应当用下列关系式求解：

设α是$\mathrm{Rt}\triangle ABC$的一个锐角，那么

$$\sin\alpha=\frac{\alpha\text{ 的对边}}{\text{斜边}},\cos\alpha=\frac{\alpha\text{ 的邻边}}{\text{斜边}},$$

$$\tan\alpha=\frac{\alpha\text{ 的对边}}{\alpha\text{ 的邻边}},\cot\alpha=\frac{\alpha\text{ 的邻边}}{\alpha\text{ 的对边}}。$$

其中，$\tan\alpha$和$\cot\alpha$分别叫做角α的正切和余切，定义为：

$$\sin\alpha=\frac{\sin\alpha}{\cos\alpha},\cot\alpha=\frac{\cos\alpha}{\sin\alpha}。$$

在解$\mathrm{Rt}\triangle$时，注意使用勾股定理和直角三角形中两锐角互余的关系。

正弦、余弦、正切、余切这四种三角函数之间有下列关系：

(1)$\sin(90°-\alpha)=\cos\alpha$，$\cos(90°-\alpha)=\sin\alpha$。

$\tan(90°-\alpha)=\cot\alpha$，$\cot(90°-\alpha)=\tan\alpha$。

(2)$\sin(180°-\alpha)=\sin\alpha$，$\cos(180°-\alpha)=-\cos\alpha$。

$\tan(180°-\alpha)=-\tan\alpha$，$\cot(180°-\alpha)=-\cot\alpha$。

(3)$\sin^2\alpha+\cos^2\alpha=1$。

(4)$\tan\alpha\cdot\cot\alpha=1$。

这些关系可以从定义直接导出。但要先约定有$\sin(-\alpha)=-\sin\alpha$，否则，当$\alpha$为钝角时，$\sin(90°-\alpha)$没有意义。

在任意$\triangle ABC$中，四种三角函数与三角形的边长及面积之间的关系是

$\sin A=\dfrac{2\triangle ABC}{bc}$，$\sin B=\dfrac{2\triangle ABC}{ac}$，$\sin C=\dfrac{2\triangle ABC}{ab}$。

$\cos A=\dfrac{b^2+c^2-a^2}{2bc}$，$\cos B=\dfrac{a^2+c^2-b^2}{2ac}$，$\cos C=\dfrac{a^2+b^2-c^2}{2ab}$。

$\tan A=\dfrac{4\triangle ABC}{b^2+c^2-a^2}$，$\tan B=\dfrac{4\triangle ABC}{a^2+c^2-b^2}$，$\tan C=\dfrac{4\triangle ABC}{a^2+b^2-c^2}$。

$\cot A=\dfrac{b^2+c^2-a^2}{4\triangle ABC}$，$\cot B=\dfrac{a^2+c^2-b^2}{4\triangle ABC}$，$\cot C=\dfrac{a^2+b^2-c^2}{4\triangle ABC}$。

在已知三角形的面积时，也可以利用这些关系解三角形。从这些关系出发，可以求三角形的面积。例如，根据 $\sin^2 A+\cos^2 A=1$

可得

$$\left(\frac{2\triangle ABC}{bc}\right)^2+\left(\frac{b^2+c^2-a^2}{2bc}\right)^2=1$$

从中解出

$$(\triangle ABC)^2=\frac{1}{4}\left(b^2c^2-\left(\frac{b^2+c^2-a^2}{2}\right)^2\right)$$

$$\triangle ABC=\frac{1}{2}\sqrt{b^2c^2-\frac{1}{4}(b^2+c^2-a^2)^2}$$

这就是三斜求积公式。

由正弦的特殊角函数值及三角函数定义，可写出四种三角函数的特殊角函数值。

第四章提要

1. 关于三角形的计算是几何计算的基础。如果要解决的计算问题只涉及线段的长度，一般用勾股定理即可解决。勾股定理及其逆定理可以统一叙述为：

   在$\triangle ABC$中，$\angle C$为直角的充要条件是$a^2+b^2=c^2$。

2. 在任意$\triangle ABC$中，$a^2+b^2-c^2$叫做$\angle C$的勾股差。勾股差定理主要内容是：若$\angle ACB\neq 90°$，则$\angle ACB=\angle A'C'B'$的充要条件是

$$\frac{\triangle ABC}{\triangle A'B'C'}=\frac{a^2+b^2-c^2}{a'^2+b'^2-c'^2}，或\frac{a^2+b^2-c^2}{a'^2+b'^2-c'^2}=\frac{ab}{a'b'}$$

（为了把$\angle C$为直角的情形也包括在内，条件也可写成

$$\frac{a^2+b^2-c^2}{\triangle ABC}=\frac{a^2+b^2-c^2}{\triangle A'B'C'},$$

或

$$\frac{a^2+b^2-c^2}{ab}=\frac{a'^2+b'^2-c'^2}{a'b'}）。$$

而$\angle ACB$与$A'C'B'$互补的充要条件是

$$\frac{\triangle ABC}{\triangle A'B'C'}=\frac{a^2+b^2-c^2}{a'^2+b'^2-c'^2}或\frac{a^2+b^2-c^2}{a'^2+b'^2-c'^2}=\frac{ab}{a'b'}$$

应用勾股差定理可以解决关于线段长的一系列计算问题。如三角形中角平分线、中线和高的计算，还可导出海伦公式（或称三斜求积公式）。

3. 为了解决与角度有关的几何计算问题，引入了正弦、余弦，正切、余切四种三角函数。有一角为α的单位菱形面积叫做α的正弦，记作$\sin\alpha$（$0°\leqslant\alpha\leqslant180°$）。角$\alpha$的余角的正弦叫做$\alpha$的余弦，记作

$$\cos\alpha=\begin{cases}\sin(90°-\alpha) & （当 0°\leqslant\alpha\leqslant90°）\\ -\sin(\alpha-90°) & （当 90°<\alpha<180°）\end{cases}$$

有了正弦、余弦，即可以定义α的正切$\tan\alpha$及α的余切$\cot\alpha$

$$\tan\alpha=\frac{\sin\alpha}{\cos\alpha},(0°\leqslant\alpha\leqslant180°,\alpha\neq90°)$$

$$\cot\alpha=\frac{\cos\alpha}{\sin\alpha},(0°<\alpha<180°)$$

4. 在$\mathrm{Rt}\triangle ABC$中，四种三角函数与a、b、c的比之间有关系

$$\sin A=\cos B=\frac{a}{c},\cos A=\sin B=\frac{b}{c},$$

$$\tan A=\cot B=\frac{a}{b},\cot A=\tan B=\frac{b}{a}。$$

这种关系与勾股定理配合，再考虑到直角三角形中两锐角互余，就可以解直角三

角形的有关问题。

5. 已知三角形的三边两角这五元素中的三个元素，求三角形的另外三个未知边，角的问题，叫做解三角形问题。正弦定理和余弦定理是解任意三角形的主要工具。(辅以三角形内角和定理)

正弦定理 在$\triangle ABC$中

$$\frac{a}{\sin A}=\frac{b}{\sin B}=\frac{c}{\sin C}$$

余弦定理 在$\triangle ABC$中

$$\begin{cases}a^2=b^2+c^2-2bc\cos A,\\ b^2=a^2+c^2-2ac\cos B,\\ c^2=a^2+b^2-2ab\cos C。\end{cases}$$

解三角形的问题可分为 SSS、SAS、ASA(或 AAS)和 SSA 四类。其中最后一类会出现两解，一解，无解多种情况。

习题四

1. 三边长为 $2n^2+2n$，$2n+1$，$2n^2+2n+1(n>0)$的三角形是不是直角三角形？为什么？

2. 三边长为 U^2+V^2，U^2-V^2，$2UV(U>0,V>0,U>V)$的三角形是不是直角三角形？为什么？

3. 一个直角三角形的三边为三个连续整数，求它各边的长。

4. 一个等腰三角形底边和腰的长分别 12cm 和 10cm，有一矩形，它的周长和面积与这个等腰三角形的周长和面积分别相等。求矩形的长与宽。

5. (1)已知：$\triangle ABC$中三个角 $A:B:C=1:2:3$。

   求证：$b^2=3a^2$。

   (2)已知：$\triangle ABC$中三个角 $A:B:C=1:1:2$。

求证：$c^2=2a^2$。

6. 在 Rt$\triangle ABC$ 中，CD 是斜边上的高。

求证：$AB^2=AD^2+BD^2+2CD^2$。

7. 在$\triangle ABC$ 中，$AB>AC$，AD 是中线，AE 是高。

求证：$AB^2-AC^2=BC\cdot DE$。

8. 用一条 36m 长的铁丝弯成一个直角三角形的模型。要使它的一条直角边比另一条直角边短 3m，应该怎样弯？

9. 一个等腰三角形周长是 16cm，底边上的高是 4cm，求这个 三角形各边的长。

10. 等边三角形高为 h，求它的面积和周长。

11. 正方形的对角线为 1，求它的面积和周长。

12. 正方形 $ABCD$ 面积为 1m^2，它的两条对角线 AC、BD 交于 O。过 O 任作一直线 l 与 AB、CD 交于 M、N，MN 的垂直平分线与 BC、AD 交于 P、Q（如图）。

求证：

(1) $MPNQ$ 是正方形；

(2) 正方形 $MPNQ$ 的面积不小于 $\frac{1}{2}\text{m}^2$。

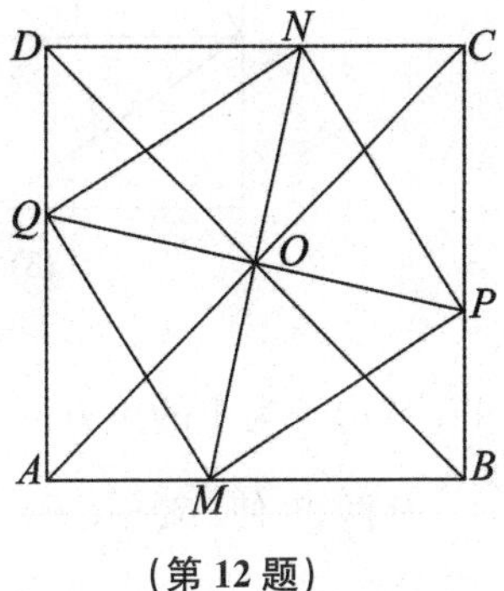

（第 12 题）

13. 应用勾股定理，只要有一条测绳或皮尺，即可在地面上确定直角。试设计一种确定直角的具体方法。

14. 一船以每小时 16 海里的速度离开港口向东南方向航行，另一船同时同地出发以每小时 12 海里的速度向西南方向航行，它们离开港口一个半小时后，相距多远？

15. 如图，两张一样的矩形卡片一横一竖地摆在一起。计算梯形 $ACDE$ 及$\triangle ABC$、$\triangle ABE$、$\triangle BDE$ 的面积，给出勾股定理的又 证明。

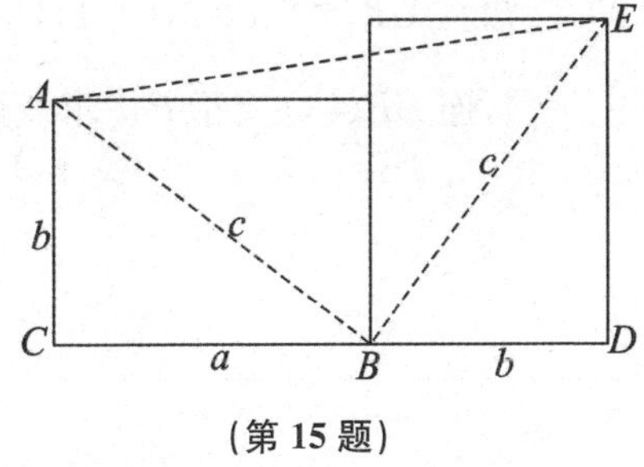

（第 15 题）

16. 利用下列图形，给出勾股定理的另外几种证法。

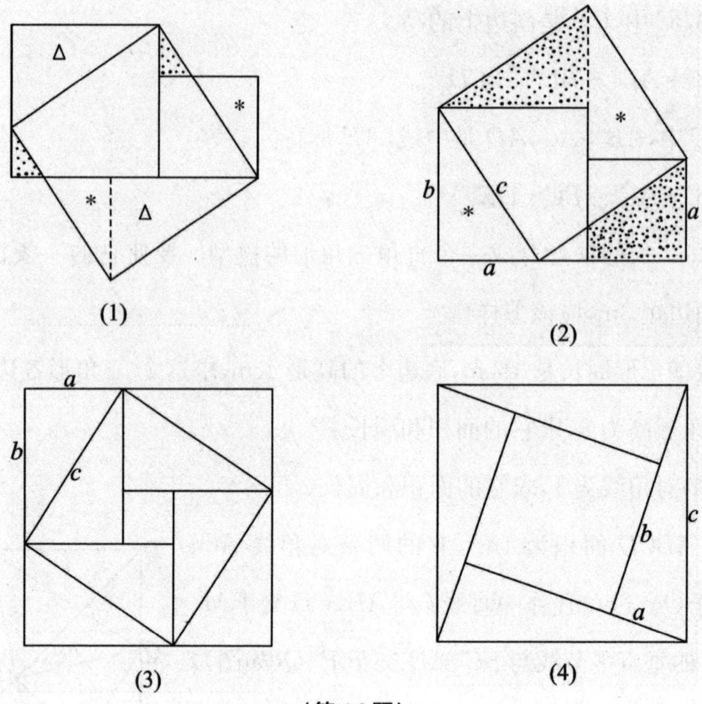

(第 16 题)

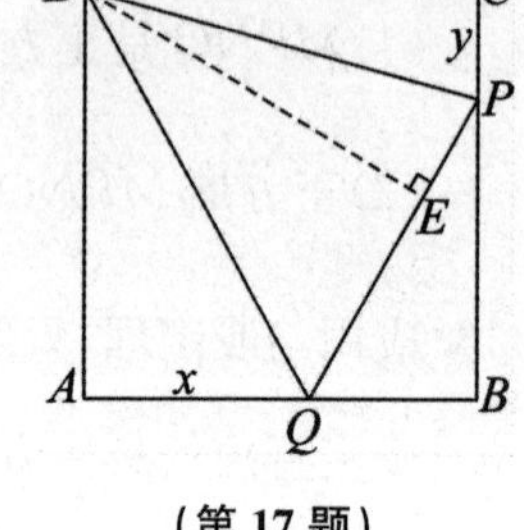

(第 17 题)

17. 在边长为 1 的正方形 $ABCD$ 两边 AB、BC 上分别取 Q、P 两点 使 $AQ+CP=PQ$。求证：$\triangle DPQ$ 的高 $DE=1$。

18. 在$\triangle ABC$ 的 BC 边上取一点 P。已知$\triangle ABC$ 的三边 a，b，c，又知$\dfrac{CP}{BP}=\dfrac{3}{4}$。求 AP。

19. 在$\triangle ABC$ 的边 BC 的延长线上取一点 Q，已知 $BC=5$，$AC=6$，$AB=7$，$CQ=4$。求 AQ。

20. 已知$\triangle ABC$ 中，$a=9$，$b=11$，$c=13$。分别在 AB、AC 上取 Q、P 使 $AQ=6$，$CP=4$，连 BP、CQ 交于 P。求线段 BO 的长。

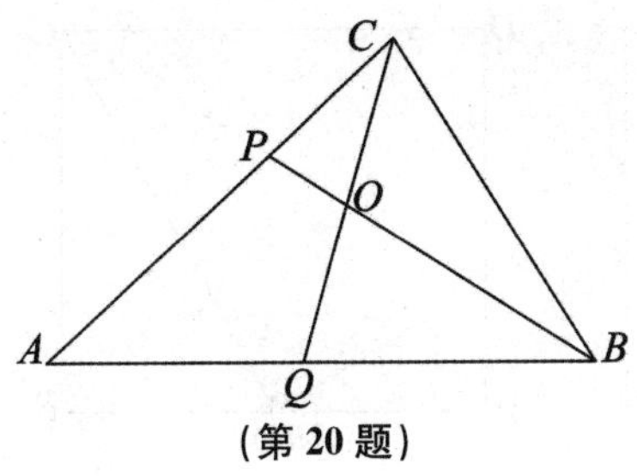

（第 20 题）

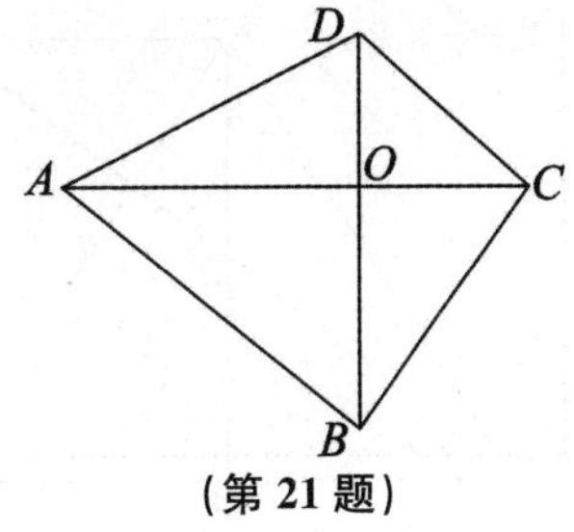

（第 21 题）

21. 四边形 $ABCD$ 中，已知 $AB=8, BC=6, AC=10, CD=5, AD=7$。求 BD 的长度。

22. 以$\triangle ABC$ 的三条中线为三边作一三角形。求所作三角形面积与$\triangle ABC$ 的面积之比。（提示：可以用中线长及三斜求积公式计算，也可以利用重心性质和相似三角形面积比。）

23. 已知$\triangle ABC$ 的三条高 h_a、h_b、h_c，求三边 a、b、c 及$\triangle ABC$ 的面积。

24. 在 Rt$\triangle ABC$ 中，斜边 $AB=20$，且 AB 的垂直平分线交 BC 于，交 AB 于 D，$AC=12$。求四边形 $ADEC$ 的面积。

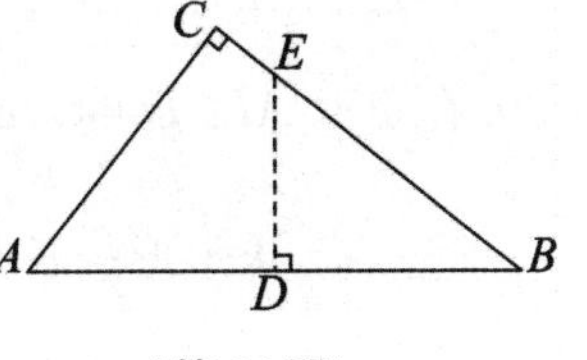

（第 24 题）

25. 已知$\triangle ABC$ 的三边 a、b、c，判断$\triangle ABC$ 是钝角三角形、直角三角形还是锐角三角形？并求$\triangle ABC$ 的面积。

(1) $a=8, b-9, c-12$；

(2) $a=5, b=7, c=10$；

(3) $a=37, b=35, c=12$。

26. 平面上任意 4 点，可连成 6 条线段，其中最长者为 l，最短者为 s. 求证：$l \geqslant \sqrt{2}s$。

27. 已知$\triangle ABC \sim \triangle PQR$，求作$\triangle XYZ \sim \triangle ABC$，并且使$\triangle XYZ = \triangle ABC + \triangle PQR$。

28. 在等腰$\triangle ABC$ 中，AD 是底边 BC 上的高，过 A 作 $AE \parallel BC$，连 BE 交 AD 于 F。已知 $AD=9, BC=12, AF=FD$，求 BE 的长。

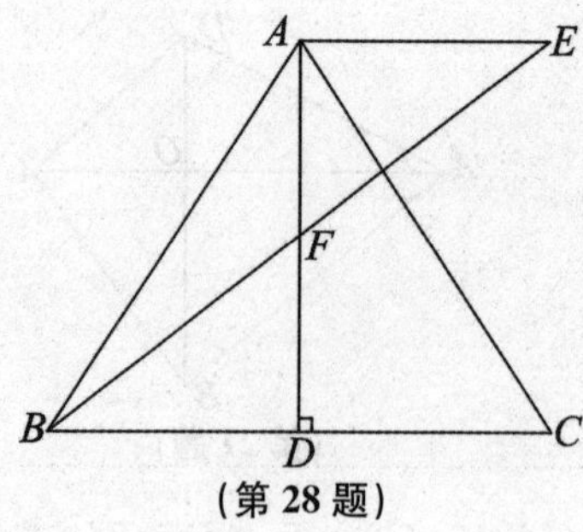

(第 28 题)

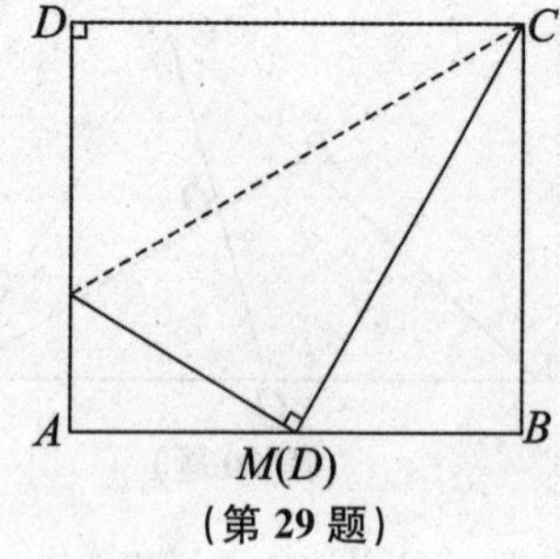

(第 29 题)

29. 取一长方形卡片，它的长 $AB=10\text{cm}$，宽 $BC=5\sqrt{3}\text{cm}$。以图中虚线 CE 为褶痕摺过来，使 D 落在 AB 上 M 处。求证：

(1) $AM=BM$；

(2) $\angle DCE=\angle MCM=\angle BCM$；

(3) $DE=2AE$；

(4) $\triangle EMC\sim\triangle MBC\sim\triangle EAM$。

30. 在矩形 $ABCD$ 的 AB 边上取一点 P，使 $AP=\lambda PB$。已知 PD 的垂直平分线经过点 C，求矩形的长与宽的比$\dfrac{AB}{AD}$。

31. 已知$\triangle ABC$ 的三边 $a=5,b=6,c=7$，AM 是 BC 边上的中线。求 $\sin\angle BAM$。

32. 在实际测量工作中，为了测出平地上自一点 A 引出两条射线的夹角，可在两射线上分别取点 P、Q 使 $PA=QA=5\text{m}$，再量出 PQ 的长度 l(单位：m)。令 $\sin\alpha$ $\dfrac{l}{10}$，查表求 α，则 $\angle PAQ=20\alpha$。试说明这样做的道理。又设已测得 $l=6.345\text{m}$。

求$\angle PAQ$。

33. 设 α、β 之和不超过 $180°$，α、$\beta>0$，

求证：$\sin(\alpha+\beta)<\sin\alpha+\sin\beta$(提示：用定义)

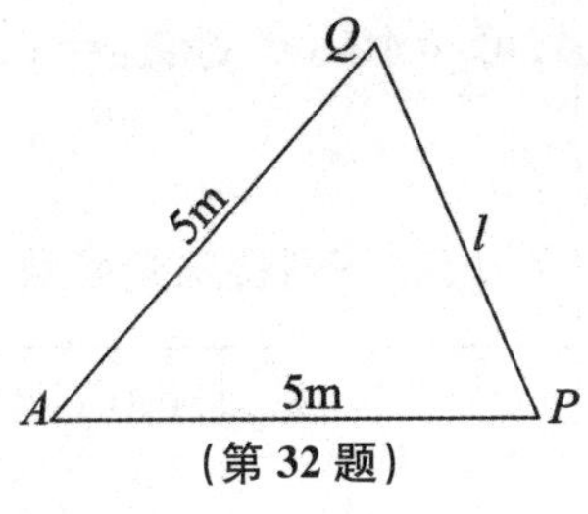

(第 32 题)

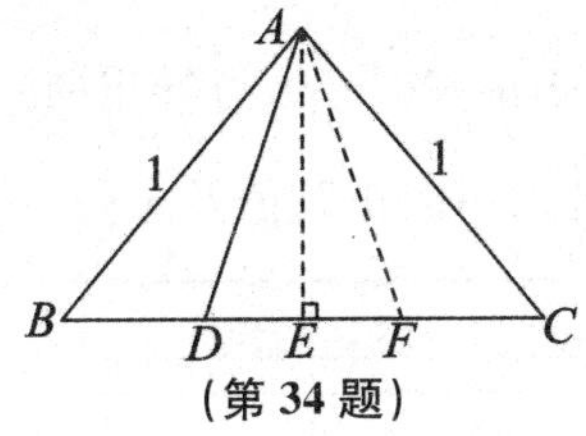

(第 34 题)

34. 如图，$\triangle ABC$ 是腰长为 1 的等腰三角形。在底边 BC 上取 D、E、F 使 E 是 BC 中点，又是 DF 中点。已知 $\angle BAD=\alpha$，$\angle DAC=\beta$。求证：

(1) $\sin\alpha+\sin\beta=2\sin\dfrac{\alpha+\beta}{2}\cos\dfrac{\beta-\alpha}{2}$；

(2) $\sin\beta-\sin\alpha=2\sin\dfrac{\beta-\alpha}{2}\cos\dfrac{\alpha+\beta}{2}$。

（提示：计算 $\triangle ABD$、$\triangle ACD$、$\triangle ABC$、$\triangle ADF$ 的面积，并注意到 $\angle BAE=\dfrac{1}{2}(\alpha+\beta)$，$\angle DAE=\dfrac{1}{2}(\beta-\alpha)$。

35. 设四个角 $\alpha+\beta+\gamma+\sigma=180^\circ$，求证：$\sin(\alpha+\beta)\cdot\sin(\beta+\gamma)=\sin\gamma+\sin\gamma+\sin\beta\cdot\sin\sigma$。（提示：如图作 $\triangle ABC$，考虑等式 $\triangle$ Ⅰ $+\triangle$ Ⅱ $=\triangle ABC$，再用正弦定理把线段比化为正弦比。注意 $\sin t=\sin(\beta+\gamma)$。）

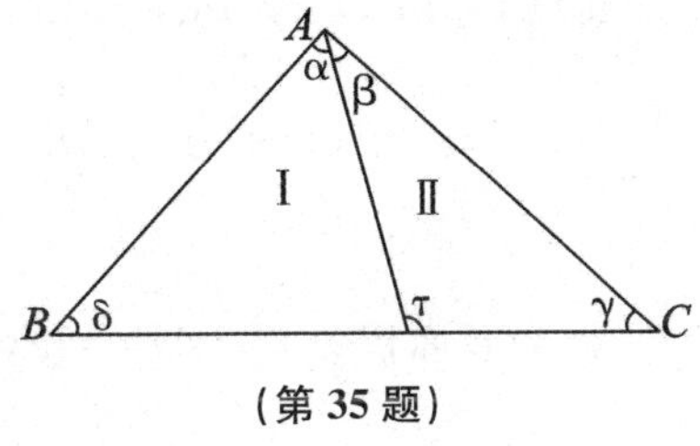

(第 35 题)

36. 试利用上题所证明的等式，取特殊情形以导出正弦加，减公式及余弦加，减公式：

$$\begin{cases}\sin(\alpha+\beta)=\sin\alpha\cos\beta+\cos\alpha\sin\beta\cdots\cdots(1)\\ \sin(\alpha-\beta)=\sin\alpha\cos\beta-\cos\alpha\sin\beta\cdots\cdots(2)\end{cases}$$

$$\begin{cases}\sin(\alpha+\beta)=\sin\alpha\cos\beta-\cos\alpha\sin\beta\cdots\cdots(3)\\ \sin(\alpha-\beta)=\sin\alpha\cos\beta+\cos\alpha\sin\beta\cdots\cdots(4)\end{cases}$$

（提示：令 $\beta+\gamma=90^\circ$，可以导出(1)；令 $\alpha+\beta=A$，$\beta=B$，$\gamma=90^\circ$ 可以导出(2)；令 $\gamma=$

90°，这时 $\sin\alpha=\sin(90^\circ-(\beta+\sigma))=\cos(\beta+\sigma)$，可导出(3)；又令 $\alpha=y,\beta=90^\circ-x$：$\gamma=x,\beta=90^\circ-y$，可导出(4)。)

37. 利用特殊角的正弦值及余弦、正切，余切的定义，填好下列特殊角函数表。

α	0°	30°	45°	60°	90°	120°	135°	150°	180°
$\sin\alpha$									
$\cos\alpha$									
$\tan\alpha$					×				
$\cot\alpha$	×								×

38. 利用 36 题推出的公式，导出正切加法公式：

$\tan(\alpha+\beta)=\dfrac{\tan\alpha\tan\beta}{1-\tan\alpha\tan\beta}$(提示：用定义)

39. 利用上题的结果，直接计算 4.2 练习题第 3 题图中的$\angle PDB$、$\angle PCB$ 的正切和两角的正切，

证明：$\angle PCB+\angle PCB=45^\circ$。

40. 设$\triangle ABC$ 中，角平分线 $AE=l$。利用等式 $\sin A=2\sin\dfrac{A}{2}\cos\dfrac{A}{2}$(见 4.7 中练习题 4)及面积关系$\triangle ABC=\triangle AEC+\triangle AEC$ 证明公式：$l=\dfrac{2bc\cos\dfrac{A}{2}}{b+c}$。

41. 利用余弦定理证明，当 $0^\circ\leqslant\alpha<\beta\leqslant180^\circ$时，$\cos\alpha>\cos\beta$。

42. 如图，在线段 AB 上取一点 O，线段 PO 绕点 O 反时针方向旋转。记$\angle BOP=\alpha$，自 P 向 AB 作垂线，垂足为 P'。求证：不管 α 为锐角或钝角，只要 P'落在射线 AB 上，总有等式 $AP'=AO+OP\cos\alpha$。

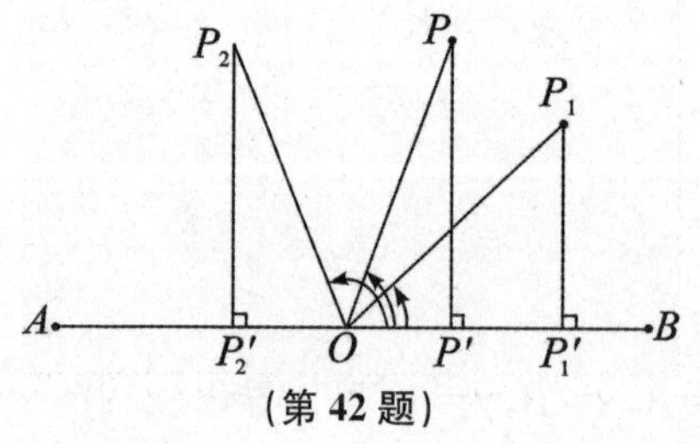

(第 42 题)

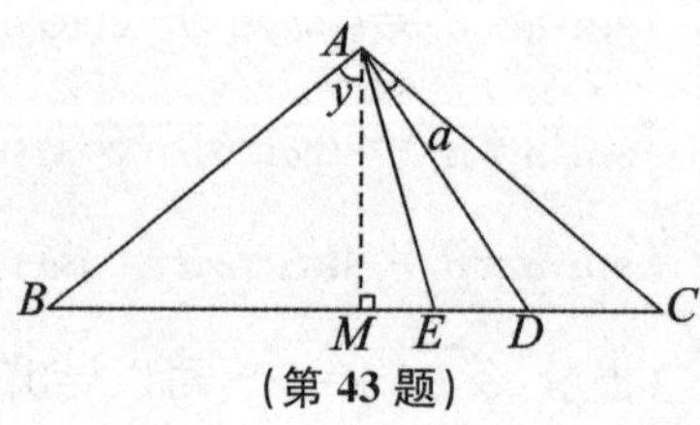

(第 43 题)

43. 设 $0°\leqslant\alpha<\beta\leqslant180°$时，并且 $x+y=\alpha+\beta<180°$求证：$\sin\alpha+\sin\beta,<\sin x+\sin y$。

(提示：考虑等腰$\triangle ABC$。如图，在底边 BC 上取 D、E 使$\angle CAD=\alpha$，$\angle BAE=y$，记$\angle DAB=\beta$，则$\angle CAE=x$。利用关系$\triangle ABD+\triangle ACD=\triangle ABE+\triangle ACE$，再注意利用 $AE<AD$。)

44. 利用上题结果证明：在任意$\triangle ABC$ 中，

$$\sin A+\sin B+\sin C\leqslant\frac{3\sqrt{3}}{2}$$

45. 求证：在 Rt$\triangle ABC$ 中，若 C 为直角，则：$1<\sin A+\sin B\leqslant\sqrt{2}$。

46. 设在$\triangle ABC$ 中，$AB=AC$，过 A 作 BC 的平行线 AP。

求证：$BP+BC>AB+BC$

(提示：有几种方法。可用勾股定理，正弦定理，轴对称图形等。)

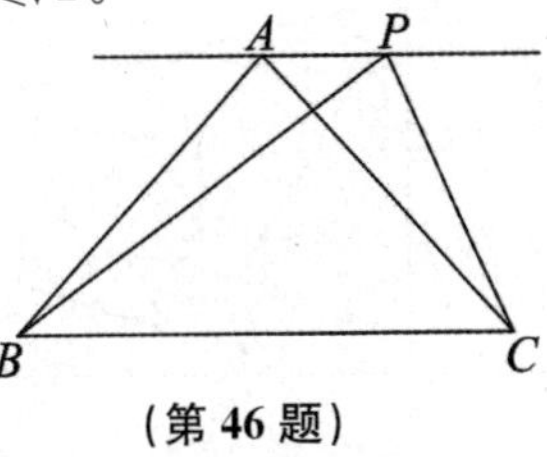

(第 46 题)

47. 求证：周长和一边给定的所有三角形中，以给定边为底边的等腰三角形面积最大。

48. 求证：周长给定的所有三角形中，以正三角形面积最大。(提示：可设三个角为α、β、γ，用正弦定理求出三边，再用面积公式，推导中可用平均不等式：真 $xyz\leqslant(\frac{x+y+z}{3})^3$。($x$、$y$、$z$ 非负)最后用 44 题结论。另一方法是直接用海伦公式及平均不等式。)

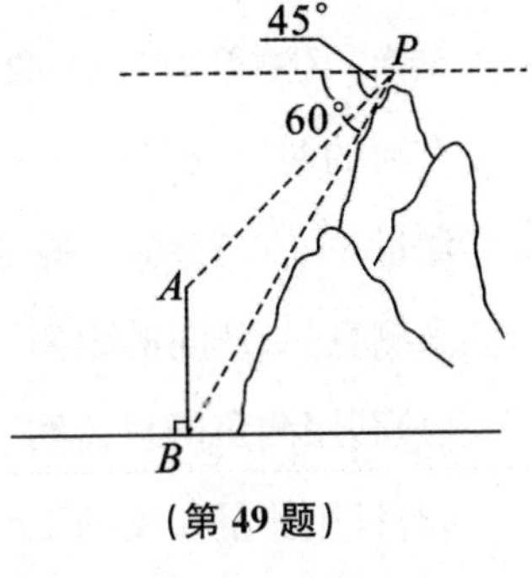

(第 49 题)

49. 如图，在山顶 P 点测得 30m 高烟囱顶端 A 的顶角为 45°，底部 B 的俯角为 60°。求 P 点离地面的高度。(结果精确到 0.1m)

50. 如图，A、B 间有一座小山，在地面上另一处测得$\angle BDA=120°$，再由 D 向 A 点前进 50m 到 C 点，测得$\angle BCA=150°$，$CA=150m$。求 A、B 间的距离。(要求保留准确值。)

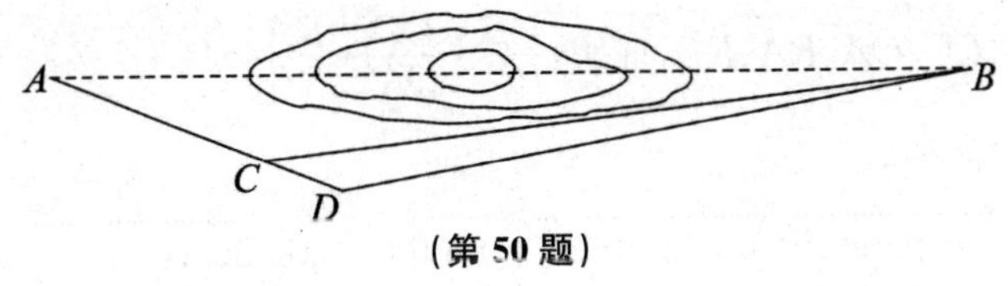

(第 50 题)

51. 客轮在海上以每小时 40 海里的速度沿着方位角(即从指北方向顺时针转到目标方向的水平角)为 148°的方向航行。船在 B 点时观测灯塔 A 的方位角为 103°,航行两小时后到 C 点,又测得灯塔方位角为 73°。求 C 点与灯塔 A 的距离。(保留 3 个有效数字)

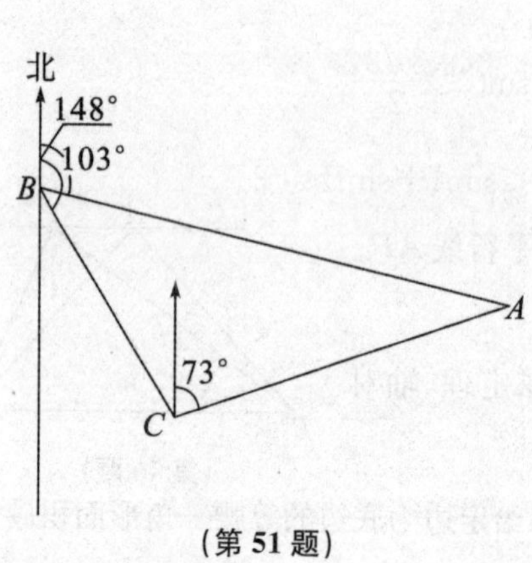

(第 51 题)

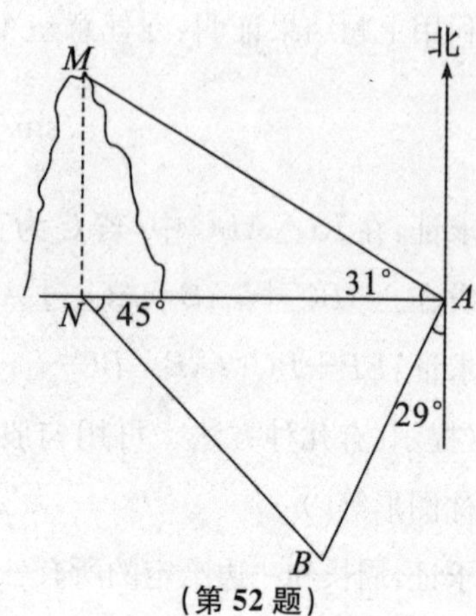

(第 52 题)

52. 如图,已知平地上的点 A 在山的正东,测得山顶 M 的仰角为 31°,点 B 在山的东南,又测得 B 在 A 的南偏西 29°,已知 $AB=300\text{m}$,求山高。(精确到 1m)

53. 在河的两岸选定两点 A、B,无法直接测量 AB 之间的距离,但可以在 B 岸进行测量,A 点可放置一标志便于从属 B 观测。B 岸是一片平地。请设计两种方法来测算 A、B 间的距离。

(1)利用测角的仪器和三角函数表;

(2)只用测量长度的工具和三角函数表,进一步思考:如果不用三角函数表,也不用测角仪器,能不能测算出 AB 的长度?

54. 在 Rt△ABC 中,CD 是斜边 AB 上的高,分别写出等于 $\sin A$、$\cos A$、$\tan A$ 的线段的比。在图上,这样的比有多少?

55. 在△ABC 中,三边上的高分别是 AP、BQ、CR。已知 a、b、c 和 A、B、C。计算线段 PB、PC、QC、QA、RA、RB,证明:$\frac{PB}{PC}\cdot\frac{QC}{QA}\cdot\frac{RA}{RB}=1$。

56. 求下列各式的值:

(1)$\tan^2 150^2+2\sin 60°+\tan 45°\sin 90°-\tan 60°+\cos^2 30°$;

(2) $\cos 60° - \sin^2 135° + \frac{3}{4}\tan^2 30° + \cos^2 30° - \sin 30°$；

(3) $\frac{\sin 90°}{\tan 45° - \sin 120°}$；

(4) $\frac{\tan 30° \cos 135° \sin 60°}{\cot 120° \sin 120°}$。

57. 查表求下列三角函数值：

(1) $\sin 162°21'$，$\cos 103°16'$，$\tan 93°53'$，$\cot 145°3'$；

(2) $\sin 109°43'$，$\cos 167°4'$，$\tan 152°32'$，$\cot 100°32'$。

58. 求适合下列各式的三角形内角 α（$0° < \alpha < 180°$）

(1) $\sin\alpha = \frac{\sqrt{3}}{2}$，$\cos\alpha = -0.6581$，$\tan\alpha = 35.43$；

(2) $\sin\alpha = \sin 15°$，$\cos\alpha = -\cos 45°$，$-\cot\alpha = \cot 115°$。

59. 沿水库拦水坝的背水坡将坝顶加宽 2.0m，坡度由原来的 1∶2 改成 1∶2.5。已知原背水坡长 $BD = 13.4$m，坝长 90m。求完成这一工程需多少方土石。（保留两个有效数字）

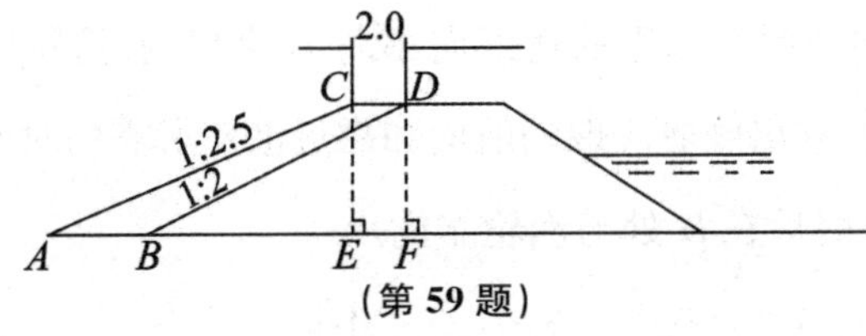

（第 59 题）

60. 直角三角形 ABC 中，$\angle A = 32°20'$，角 A 的平分线 $AT = 14.7$cm，求直角边 BC 和斜边 AB 的长。（保留三个有效数字）

61. 图中梯形 $ABCD$ 是某型机翼形状，根据图示尺寸计算 AC、BD 和 AB 的长度。（保留三位有效数字）

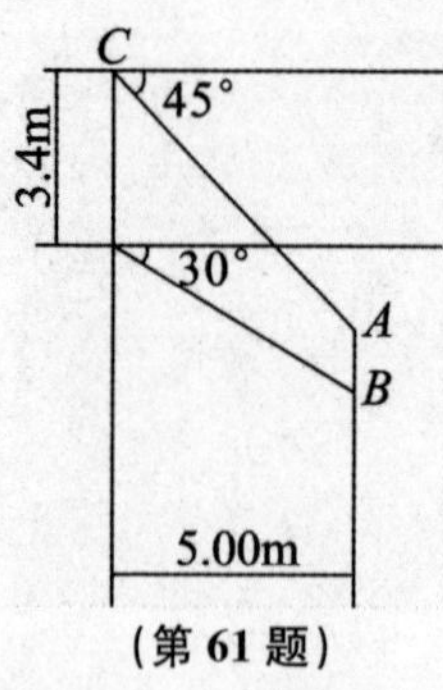

(第 61 题)

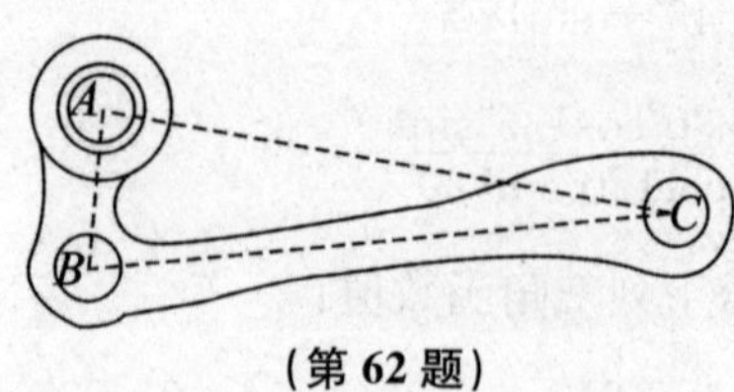

(第 62 题)

62. 缝纫机挑线杆形状如图，加工时要计算 A、C 两孔中心距离。已知 $BC=60.5$mm，$AB=15.8$，$\angle ABC=80^\circ$，求 AC 的长。(保留三位有效数字)

63. 梯形 $ABCD$ 上底 $CD=15.3$cm，下底 $AB=24.2$cm，一腰 $AD=12.0$cm，另一腰 $BC=11.7$cm，求梯形各角与面积。(角度精确到 1°，面积保留三个有效数字)

64. 已知 $\triangle ABC$ 的面积为 12cm²，边长 $\alpha=6$cm，$b=8$cm，求这两边夹角 C，并画图说明解的情况。

65. 某渔轮在航行中不幸遇险，发出呼救信号。我海军舰艇在 A 处获悉后，立即测出该渔轮在方位角为 45°，距离 10 海里的 C 处，并测得该渔轮正沿方位角为 105°的方向，以每小时 9 海里的速度向小岛 B 靠拢，我海军舰艇以 21 海里/小时的速度去营救，求出舰艇应取的航向和靠近渔轮所需的时间。(提示：设舰艇在收到信号 x 小时后在 B 处与渔轮靠拢)

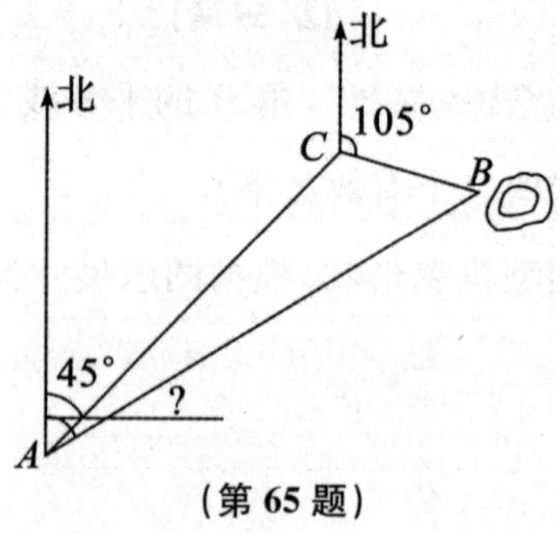

(第 65 题)

第五章

圆与正多边形

圆形是生活中常用到的形状，也是初等几何中起重要作用的基本图形之一。圆形具有许多有用而又有趣的性质，有些性质是比较明显的，有些性质要深入研究后才会知道。

一、圆与点、直线、圆的位置关系

5.1 圆的定义和初步认识

在平面上取一个点 O，取固定的长度 r 作圆规两脚尖的距离，将圆规的一只脚放在点 O 上，并以其为轴旋转一圈，另一只脚就可以画出一个圆。

因此总结出

定义　在平面上，到一定点的距离等于定长的点的集合叫做一个圆。这个定点叫做这个圆的圆心，定长叫做这个圆的半径。

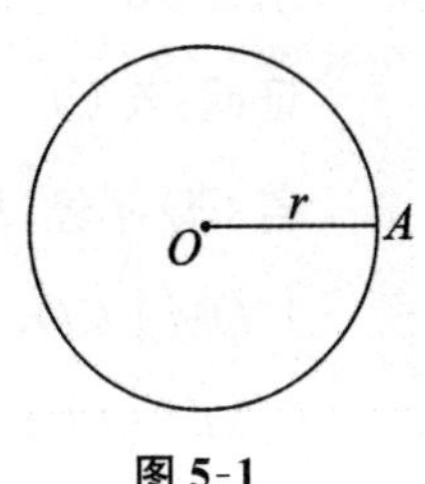

图 5-1

图 5-1 是以 O 为圆心、以 $OA=r$ 为半径的圆。这个圆把平

面上的点分成三部分:圆的内部、圆的外部和圆。

点 P 在圆外的充要条件是 $PO>r$;点 P 在圆内的充要条件是 $PO<r$;点 P 在圆上的充要条件是 $PO=r$。

以点 O 为圆心的圆,常记作“$\odot O$”,读作“圆 O”。有时两个圆或更多的圆有共同的圆心 O,可记作 $\odot_1 O$、$\odot_2 O$……以示区别,读作“圆 1O”、“圆 2O”等。这样圆心相同,但半径不相等的圆叫同心圆。

从圆心 O 到圆上任一点 P 连结而成的线段 OP,按定义其长度为半径 r,这样的线段也叫做圆的一条半径。像几何中的许多名词一样,“半径”也有两种意义:它有时表示线段,有时又表示线段的长度。

连结圆上任意两点的线段叫做弦。经过圆心的弦叫直径。直径的长是半径的两倍,在图 5-2 中,画出了 $\odot O$ 的直径 AB,弦 CD、圆内的点 P 和圆外的点 Q。

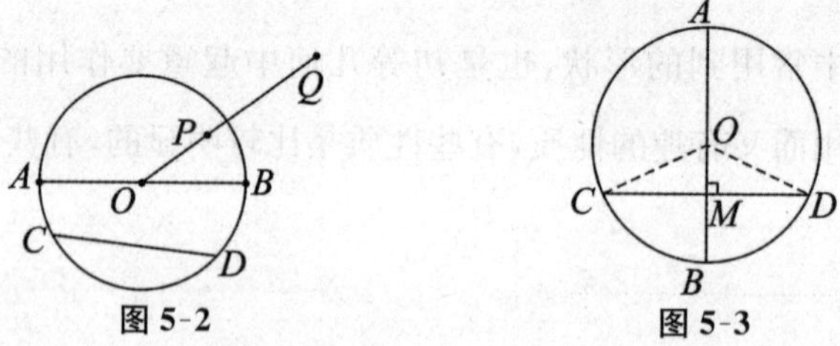

图 5-2　　图 5-3

设 C、D 两点都在 $\odot O$ 上,则由定义 $OC=OD$,如果 CD 是直径,$\triangle OCD$ 就是一个以 CD 为底边的等腰三角形。圆的很多性质,都可以从等腰三角形的性质推出来。例如

定理　垂直于弦的直径平分此弦。(垂径定理)

已知:$\odot O$ 的直径 AB 与弦 CD 交于 M,并且 $AB\perp CD$。

求证:$MC=MD$。

证明:若 CD 是直径,则 M 与圆心 O 重合,当然有 $MC=MD$。

若 CD 不经过 O,则由圆的定义,$\triangle OCD$ 是以 CD 为底的等腰三角形。

$\because OM\perp CD$,

$\therefore MC=MD$。(等腰三角形底边上的高与中线重合)

由此得到

推论　平分弦(不是直径)的直径与弦垂直。

从另一方面考虑，由 $OC=OD$，即知 O 在 CD 的垂直平分线上。因而得

定理　弦的垂直平分线通过圆心。

设 CD 的垂直平分线为 l，在 l 上任取一点 P，都有 $PC=PD$，以 P 为心，PC 为半径作⊙P，则⊙P 经过 C、D 两点。可见，经过 C、D 两点可以作无穷多个圆，这些圆的圆心组成 CD 的垂直平分线。(图 5-4)

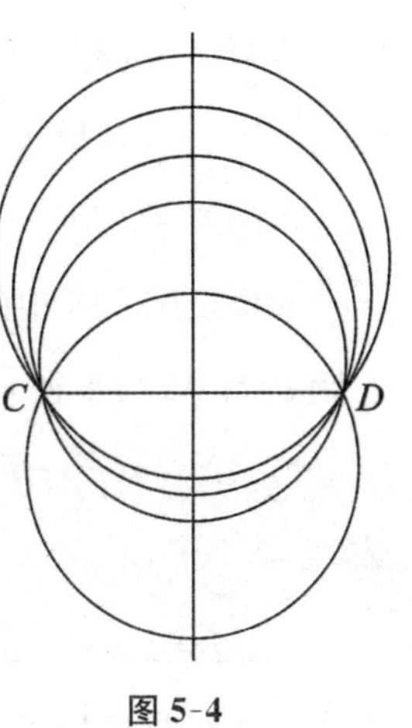

图 5-4

考虑经过圆心 O 的任一条直线 l，如果 A 点在圆上，那么 A 点关于 l 的对称点也在圆上，如图 5-5。因此，**圆是轴对称图形，每条经过圆心的直线都是对称轴。**

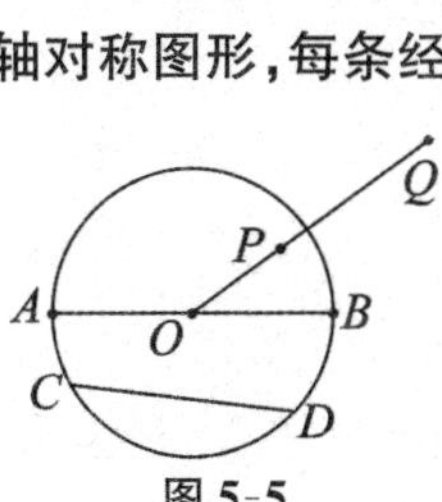

图 5-5

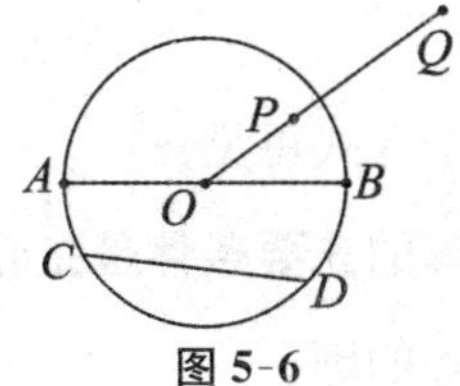

图 5-6

另一方面，圆上任一点 P 与圆心 O 的连线 PO 延长至 Q，使 $QO=PO$，则 Q 也在这个圆上，如图 5-6 所示。这表明**圆又是中心对称图形，圆心是对称中心。**

圆上的点和圆内的点，在一起组成的集合叫**圆盘**，也叫**闭圆域**。若 P、Q 两点在圆盘上，那么线段 PQ 上的点都在圆盘上，这个性质叫做圆盘的**凸性**。

例 1　若 PQ 是⊙O 的弦，A 是 PQ 上任一点，A 不同于 P、Q。

求证：A 在⊙O 内。(图 5-7)

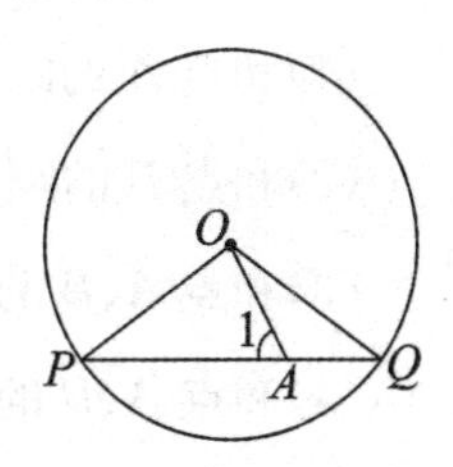

图 5-7

证明：若 PQ 是直径，则显然有 $AO<PO$，即 A 在圆内。若 PQ 不是直径，如图 5-7，有 $\angle 1>\angle Q=\angle P$，故在 $\triangle OPA$ 中

$OA<OP$　(大角对大边)，

$\therefore A$ 在⊙O 内部。

例 2　已知：CD 是⊙O 的弦，M 是 CD 中点，AB 是过 M 的直径。(图 5-8)

求证：$CD^2=4AM\cdot BM$。

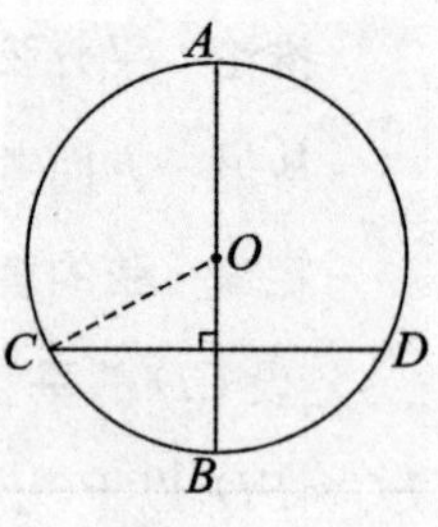

图 5-8

证明:若 M 为圆心,要证的结论显然,设 M 不与 O 重合,

$\because MC=MD$,

$\therefore OM\perp CM$。(垂径定理推论)

$\therefore MC^2=OC^2-OM^2=(OC+OM)(OC-OM)$

$=(OA+OM)(OB-OM)=AM\cdot BM$,

$\therefore CD^2=(2MC)^2=4AM\cdot BM$。

我们把图 5-8 中的 OM(弦 CD 到圆心 O 的距离)叫弦心距,则弦长 $l=CD$,弦心距 $d=OM$ 与半径 $r=OC$ 之间有关系

$$l^2=4(r^2-d^2)$$

或

$$l=2\sqrt{r^2-d^2},$$

这个等式叫弦长公式,由这个等式可见:

同圆或等圆中,两弦相等的充要条件是弦心距相等。

所谓等圆,就是半径相等的圆。

练习

1. 设 $AB=5\text{cm}$,画图说明具有下列性质的点集合是怎样的图形:

(1)和点 A 的距离等于 3cm 的点;

(2)和点 B 的距离等于 3cm 的点;

(3)和点 A、B 的距离等于 3cm 的点;

(4)和点 A、B 的距离小于 3cm 的点。

2. 适合下列条件的圆,各画三个:

(1)以已知点 O 为圆心的圆;

(2)半径为 3cm 的圆;

(3)经过已知点 A 的圆;

(4)经过已知点 A、B 的圆。

3. 已知 A、B 两点在⊙O 内，P 在线段 AB 上。

求证：P 在⊙O 内。

4. 在半径为 50mm 的⊙O 中，弦 $AB=50$mm。计算：点 O 到 AB 的距离和 $\angle ABO$ 的度数。

5. 一千三百年前，我国隋代建造的赵州石拱桥，桥拱是圆的一部分，跨度 $AB=37.4$m，拱高（也叫弓形高，指弧 AB 中点）$CD=7.2$m，求桥拱的半径。（精确到 0.1m）

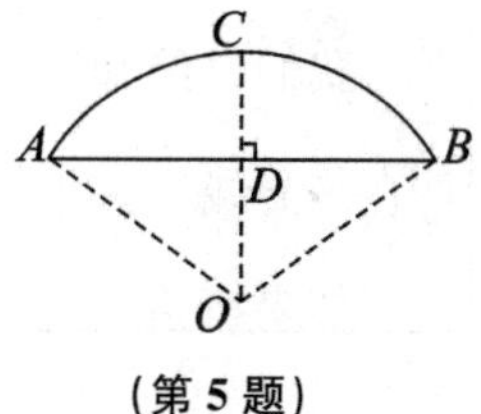

（第 5 题）

6. 以点 O 为圆心的两个同心圆中，大圆的弦 AB 和小圆相交于 C 和 D。

求证：$AC=BD$。

7. 在⊙O 的直径 AB 上任取一点 P，P 在 O、B 之间并且不与 O、B 重合；Q 是⊙O 上不同于 A、B 的任一点。求证：$PB<PQ<PA$。

8. 在⊙O 的直径 AB 的延长线上任取一点 P，又在⊙O 上任取 一点不同于 A、B 的 Q。求证：$PB<PQ<PA$。

9. 设 AB、CD 是⊙O 的两弦，M 是 AB 中点，N 是 CD 中点，已知 $AB>CD$，求证：$OM<ON$。

10. 如图，在 $\angle EPF$ 的平分线上任取一点 O，作⊙O 与 EP，FP 分别交于 A、B 和 C、D。求证：$AB=CD$。

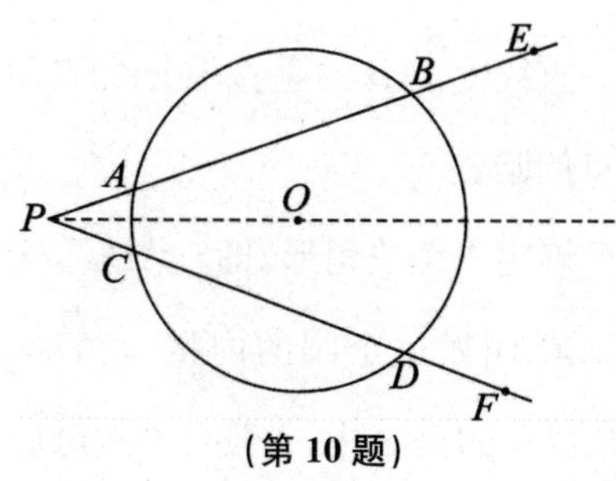

（第 10 题）

11*. 在⊙O 内任作三条弦 AA'、BB'、CC'，分别过 A、A' 作 AA' 的垂线 l、l'；过 B、B' 作 BB' 的垂线 m、m'；过 C、C' 作 CC' 的垂线 n、n'。求证：l、m、n 围成的三角形与 l'、m'、n' 围成的三角形全等。

12. 已知⊙O中弦AB长6cm，⊙O半径为5cm。求：$\angle AOB$。

5.2 三点定圆，三角形的外心

我们已经知道，经过两点A、B，可以作无穷多个圆，这些圆的圆心，都在AB的垂直平分线上。

如果再给一点C，那么，经过B、C两点的圆，圆心都在BC的垂直平分线上。

当A、B、C三点不在一条直线上时，AB的垂直平分线l_1与BC的垂直平分线l_2不会平行，因而有交点O。

因为O在AB的垂直平分线上，所以$OA=OB$；

因为O在BC的垂直平分线上，所以$OB=OC$；

这表明：若以O为圆心，作半径为OA的圆⊙O，则⊙O经过A、B、C三点。

反过来，若一个圆经过A、B、C三点，圆心必为l_1、l_2的交点O，半径当然是OA。

这就得到

定理　经过不在同一直线上的三个点，有一个圆，而且只有一个圆。

简单地说：**不共线的三点确定一个圆**。或者说：**三点定圆**。

如果A、B、C三点在一直线上，AB的垂直平分线和BC的垂直平分线平行，因而不会有经过A、B、C三点的圆。

不共线的三点A、B、C确定一个三角形，即$\triangle ABC$。经过A、B、C三点的圆，叫做$\triangle ABC$的外接圆。$\triangle ABC$叫做这个圆的内接三角形。$\triangle ABC$的外接圆的圆心，叫做$\triangle ABC$的外心，在3.6的例3中，证明了“三角形三边的垂直平分线交于一点”，这个点就是三角形的外心。

用圆规直尺可以作线段的垂直平分线，所以也能作出三角形的外心和外接圆。作法如图5-9所示。

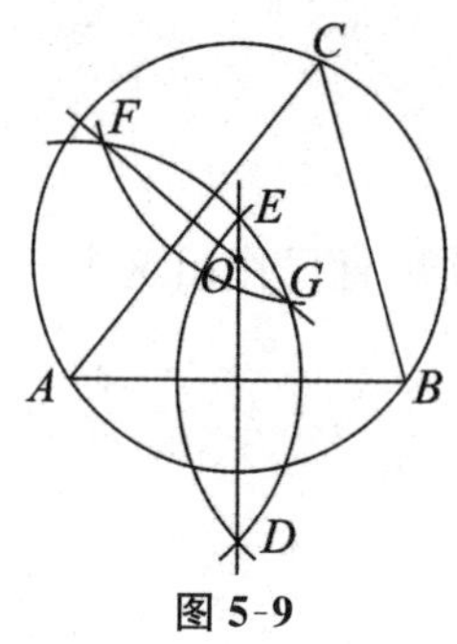

图 5-9

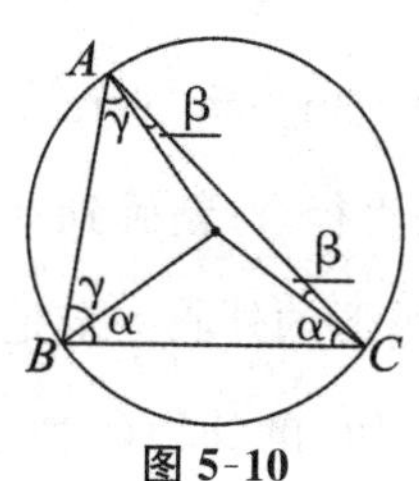

图 5-10

例 1　已知：$\triangle ABC$ 的内心 O 在 $\triangle ABC$ 的内部。

求证：$\triangle ABC$ 是锐角三角形。

证明：如图 5-10，$\triangle OBC$、$\triangle OAC$、$\triangle OAB$ 分别是以 BC、CA、AB 为底的等腰三角形。α、β、γ 皆为正数，且

$$\alpha+7=A,\alpha+\gamma=B,\alpha+\beta=C。$$

解得

$$\alpha=\frac{A+B+C}{2}-A=90^\circ-A,$$

$$\beta=90^\circ-B,\gamma=90^\circ-C。$$

由 $\alpha>0$、$\beta>0$、$\gamma>0$，可知 A、B、C 都是锐角。

例 2　$\triangle ABC$ 的内心 O 在边 AB 上。

求证：$\angle ACB$ 为直角。

证明：如图 5-11，有

$$\angle ACB=\alpha+\beta=\angle A+\angle B=180^\circ-\angle ACB,$$

$$\therefore \angle ACB=90^\circ$$

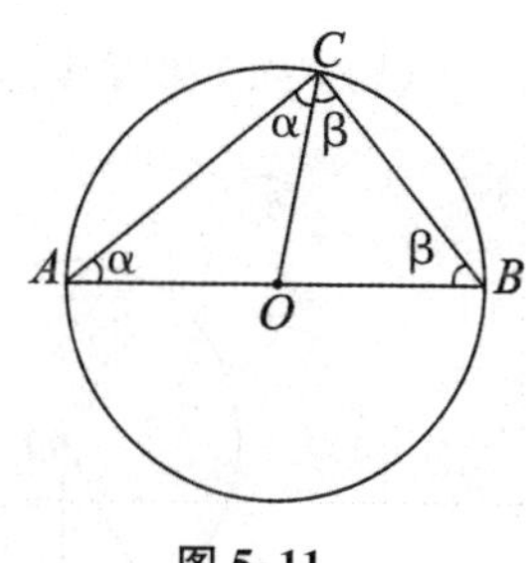

图 5-11

例 3　求证：钝角 $\triangle ABC$ 的外心 O 一定在三角形 ABC 的外部。

证明：若 O 在 $\triangle ABC$ 内，由例 1，$\triangle ABC$ 是锐角三角形。若 O 在 $\triangle ABC$ 的一边条边上，由例 2，$\triangle ABC$ 是直角三角形。以上两情形均与题假设条件矛盾，所以 O 一定在 $\triangle ABC$ 外部。

三点可以定圆，四点一般就不能定圆了。如果四边形 $ABCD$ 的四个顶点碰巧在 个圆上，就把它叫做**圆内接四边形**，并且称 A、B、C、D 四点共圆。

练习

1. 作边长分别为 4cm、5cm、6cm 的三角形，用圆规直尺作出这个三角形的外接圆。量出这个圆的直径。（精确到 0.1cm）

2. 求证：直角三角形的外心一定是它的斜边的中点。

3. 已知：如图$\triangle ABC$ 的外心 O 在$\triangle ABC$ 外部。

   求证：$\triangle ABC$ 是钝角三角形。（提示：$\alpha+\beta=C$，$\beta-\gamma=A$，$\alpha-\gamma=B$，而且 $\alpha>0$，$\beta>0$，$\gamma>0$。）

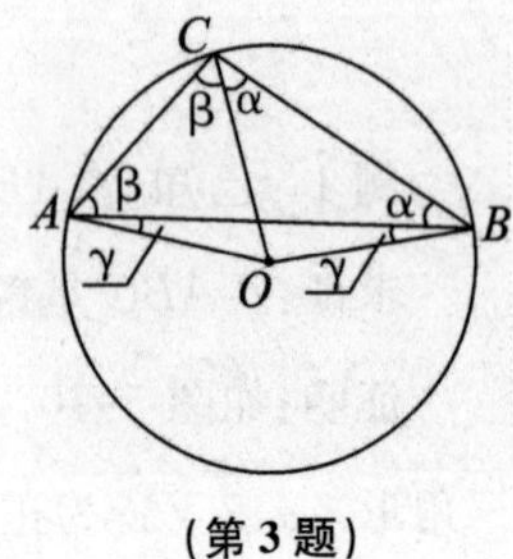

（第 3 题）

4. 应用 3 题和例 1、例 2 的结果证明：锐角三角形的外心在三角形内部。

5. 画出已知边长的三角形和它的外接圆。

   (1)$a=3$cm，$b=4$cm，$c=5$cm。

   (2)$a=3$cm，$b=4$cm，$c=5.5$cm。

5.3　圆和直线的位置关系，切线

已知$\odot O$ 和直线 l，自点 O 向 l 引垂线段 OD，这时会有三种情况，如图 5-12 所示。

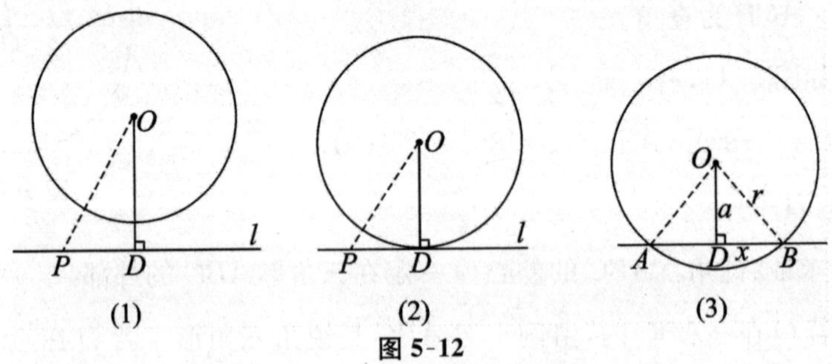

图 5-12

情形(1)：D 在圆外，即 OD 大于$\odot O$ 的半径，这时在 l 上任取一点 P，总有 $OP\geqslant OD>r$，所以 P 在圆外，可见 l 与$\odot O$ 没有交点。我们说 l 与圆外离。

情形(2)：D 在圆上，即 $OD=r$。这时在 l 上任取不同于 D 的点 P，总有 $OP>OD=r$。可见 l 与$\odot O$ 只有一个公共点 D，l 上的其他点均在圆外。我们称 l 与

$\odot O$ 相切，l 叫做 $\odot O$ 的一条切线。点 D 叫做 l 与 $\odot O$ 的切点，并且说 l 与 $\odot O$ 在点 D 相切，或 l 是 $\odot O$ 在点 D 的切线。

情形(3)：D 在圆内，即 $OD<r$，在 l 上取两点 A、B 使 $AD=BD=\sqrt{r^2-OD^2}=x$，则 $AO=BO=\sqrt{x^2+OD^2}=r$。可见 A、B 两点都在 $\odot O$ 上，这时，线段 AB 上的其他点都在 $\odot O$ 内部，AB、BA 的延长线上的点都在 $\odot O$ 外部，可见 l 与 $\odot O$ 有两个公共点，也只有两公共点。这时称 l 与 $\odot O$ 相交，并且说 l 是 $\odot O$ 的割线。

总结一下：如果 $\odot O$ 的半径为 r，O 到直线 l 的距离为 d，那么：

(1)直线 l 与 $\odot O$ 相离 $\Leftrightarrow d>r$；

(2)直线 l 与 $\odot O$ 相切 $\Leftrightarrow >d=r$；

(3)直线 l 与 $\odot O$ 相交 $\Leftrightarrow d<r$。

以上三条中，最重要的是(2)，它可以更明确地表述为：

切线的特征性质定理　直线 l 是 $\odot O$ 的切线的充要条件，是它经过 $\odot O$ 上的一点 A 并且与半径 OA 垂直。

事实上，若直线 l 与 $\odot O$ 相切，那么 $d=r$，即由 O 到 l 的垂线段是 $\odot O$ 的半径，也就是说，圆的切线垂直于过切点的半径，这叫切线性质定理。

反过来，若 l 是经过半径外端且与这条半径垂直的直线，那么 $d=r$，从而 l 是 $\odot O$ 的切线。也就是说，经过半径的外端并且垂直于这条半径的直线是圆的切线。这叫切线判定定理。

切线的特征性质定理，包括了切线性质定理与判定定理两个方面的内容。

因为过已知点只有一条直线垂直于已知直线，所以**过圆心垂直于切线的直线一定经过切点，过切点且垂直于切线的直线必经过圆心**。这是切线特征定理的两条推论。

例 1　已知 $\odot O$ 外部一点 P。

求作：经过 P 点的 $\odot O$ 的切线。

作法：

(1)连结 PO；

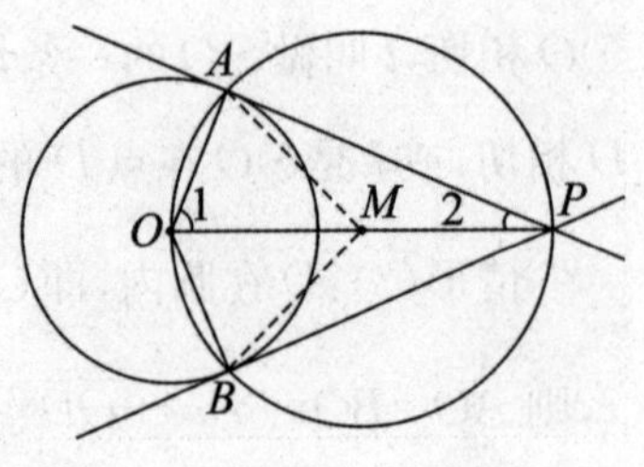

图 5-13

(2)作 PO 中点 M；

(3)以 M 为心，MO 为半径作圆与⊙O 交于 A、B；

(4)作直线 PA、PB。

那么，PA、PB 是⊙O 的切线。

证明：$\because MO=MA=MP$　　(作法(2)、(3))

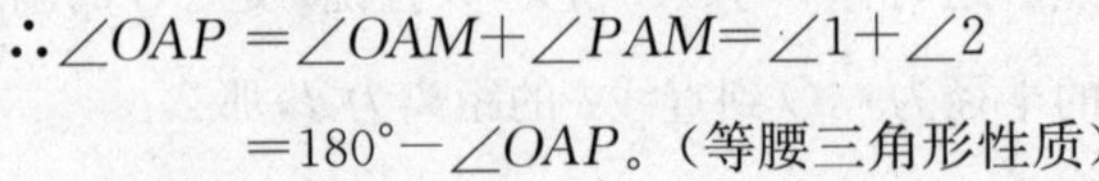
$\therefore \angle OAP=\angle OAM+\angle PAM=\angle 1+\angle 2$

$=180^\circ-\angle OAP$。(等腰三角形性质)

$\therefore \angle OPA=90^\circ$，即 $OA\perp AP$。

同理，$OB\perp BP$。

$\therefore PA$、PB 是⊙O 的切线。(切线特征的性质)

至于过⊙O 上一点作它的切线，其作法很简单，只要作过这点的半径的垂线就行了。

从例 1 可知：**从圆外一点可以引圆的两条切线，也只能引两条切线。**

在图 5-13 中，P 到切点 A(或 B)的距离，叫做点 P 到⊙O 的切线长。由勾股定理可求出切线长

$$PA=\sqrt{PO^2-OA^2}=\sqrt{PO^2-OB^2}=PB,$$

可见由 P 到⊙O 所引两切线的切线长相等。此外，由 $OA=OB$，可知 O 到$\angle APB$ 两边等距，所以 OP 平分$\angle APB$。于是有

切线长定理　从圆外一点引圆的两条切线，它们的切线长相等，圆心和这一点的连线平分两切线的夹角。

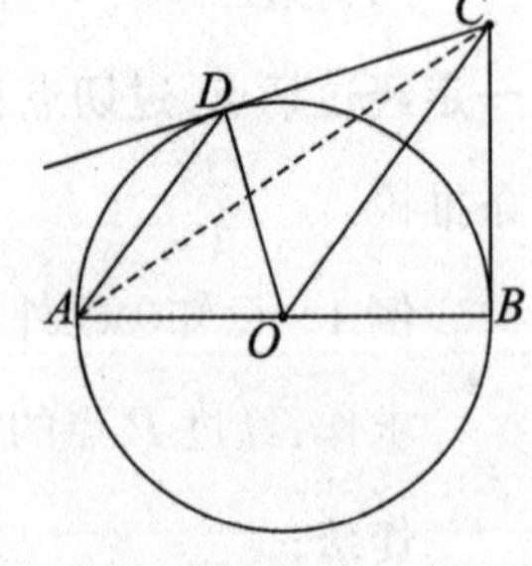

图 5-14

例 2　已知：AB 是⊙O 的直径，过 B 作⊙O 的切线 BC，过 C 作⊙O 的另一条切线与⊙O 切于 0。

求证：$AD/\!/OC$。

证明：由 O 是 AB 中点及切线长定理得

$\triangle AOC=\triangle BOC=\frac{1}{2}BO\cdot BC$

$=\frac{1}{2}DO \cdot DC=\triangle DOC$

∴$AD /\!/ OC$。(平行线面积性质)

练习

1. 已知Rt△ABC斜边为AB=6cm,直角边AC=3cm。以C为心作半径为2cm的圆$\odot_1 C$及半径为4cm的圆$\odot_2 C$,这两个圆与直线AB有怎样的关系?半径多长时,作的圆与AB相切?

2. 已知:直线AB经过⊙O上的点C,并且$OA=OB$,$CA=CB$。

求证:直线AB是⊙O的切线。

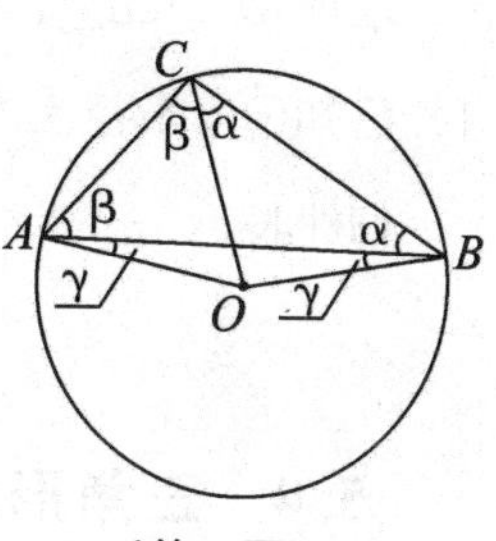

(第2题)

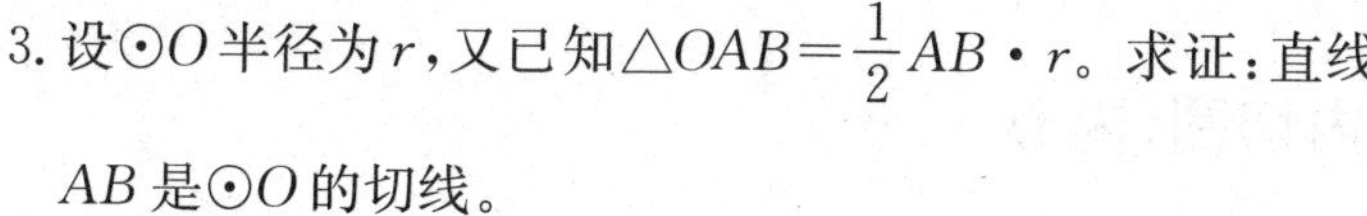

3. 设⊙O半径为r,又已知$\triangle OAB=\frac{1}{2}AB \cdot r$。求证:直线$AB$是⊙$O$的切线。

4. 已知:AB是⊙O的直径,BC是⊙O在B点的切线,OC平行于弦AD。(图5-14)

求证:DC是⊙O的切线。(证明OC平分$\angle BOD$)

5. 设AB是⊙O的直径,AT是⊙O的切线,并且$AT=AB$。求$\angle T$的度数。

6. 已知:AB是⊙O的直径,⊙B过点O,C是⊙O与⊙B的一个公共点。

求证:AC是⊙B的切线。

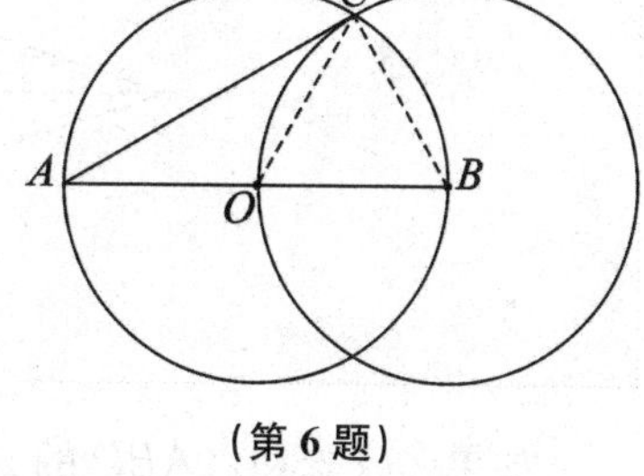

(第6题)

7. 求证:(1)经过圆的直径两端点的切线互相平行。

(2)若圆的两切线平行,则连结两个切点的线段是直径。

8. 已知:OC平分$\angle AOB$,⊙C与OA相切。

求证:⊙C与OB相切。

9. 设AB是⊙O的弦,作⊙O的两条切线,一条和AB平行,一条和AB垂直。

10. 已知:⊙O的半径为3cm,点P和O的距离为6cm,求:

(1)经过点 P 作⊙O 的切线；

(2)两条切线的夹角及切线长。

11. 在$\angle AOB$ 的平分线上任取一点 P，作 OP 使它与直线 OA、OB 相切。

12. 设 AP 是⊙O 在点 A 的切线。已知⊙O 半径为 4cm，$PO=7$cm，求$\angle AOP$。（精确到 1°）

13. 设 PA、PB 是自⊙O 外一点 P 所引的⊙O 的两条切线，A、B 是切点，又设⊙O 的直径为 d。

求证：$d\cdot\tan\angle PAB=PA+PB$。

14. 已知⊙O 半径为 5cm，自 P 向⊙O 所引两切线夹角为 $\theta=60°$，求自 P 到⊙O 的切线长。

5.4 三角形的内切圆，内心

和一个角的两边相切的圆，圆心一定在角平分线上。反过来，在角平分线上任取一点，以这个点为圆心，总可作一个圆与角的两边相切。这表明，与一个角的两边相切的圆有无穷多个。（图 5-15）

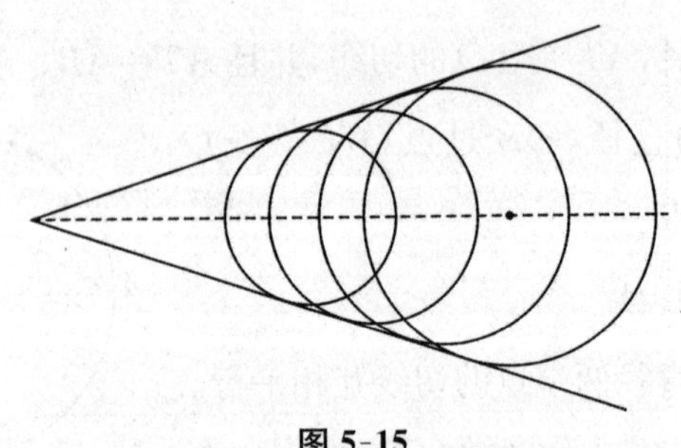

图 5-15

如果⊙O 既和$\triangle ABC$ 的$\angle A$ 两边相切，又和$\angle B$ 两边相切，点 O 一定同时在$\angle A$、$\angle B$ 的平分线上，也就是说，O 一定是$\angle A$、$\angle B$ 的平分线的交点。三角形的三条角平分线交于一点，这一点和三角形的三边等距。可见，有而且只有一个圆与$\triangle ABC$ 的三边相切。这个圆叫做$\triangle ABC$ 的**内切圆**。

用圆规直尺可以作角平分线，即可以作出角平分线的交点 O。自 O 向$\triangle ABC$

的任一边引垂线段OD，以O为心，OD为半径作$\odot O$，$\odot O$就是$\triangle ABC$的**内切圆**。（图 5-16）

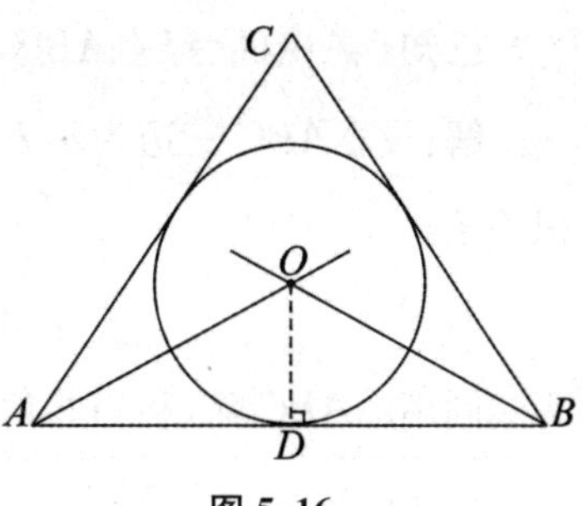

图 5-16

三角形的内切圆的圆心叫做三角形的内心。内心一定在三角形的内部，它是三角形三条角平分线的交点，它到三角形三边距离相等，这个距离是三角形内切圆的半径。

例 1 已知$\triangle ABC$的三边a、b、c，求这个三角形的内切圆的半径。

解：如图 5-17，O是$\triangle ABC$内心，D、E、F是内切圆与三边的切点，则OD、OE、OF长度都等于$\odot O$的半径r，并且它们分别是$\triangle OBC$、$\triangle OAC$、$\triangle OAB$在BC、AC、AB边上的高。

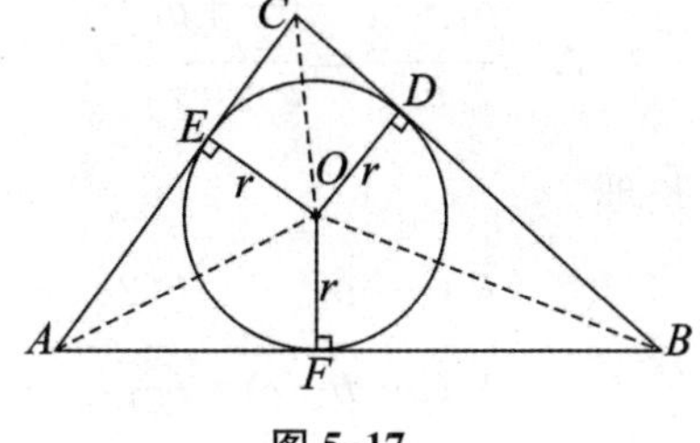

图 5-17

$\because \triangle OBC+\triangle OAC+\triangle OAB=\triangle ABC$，

$\therefore \frac{1}{2}ar+\frac{1}{2}br+\frac{1}{2}cr=\sqrt{s(s-a)(s-b)(s-c)}$，（海伦公式）

$\therefore r=\sqrt{\frac{(s-a)(s-b)(s-c)}{s}}$。

例 2 在图 5-17 中，已知$\triangle ABC$三边a、b、c，求线段AF、BF、BD、CD、CE、AE的长。

解：由切线长定理，$AF=AE$，$BF=BD$，$CD=CE$，所以可设$x=AF=AE$，$y=BF=BD$，$z=CD=CE$，列方程式

$$\begin{cases} x+y=c \\ x+z=b \\ y+z=a \end{cases}$$

三式相加得$(x+y+z)=\frac{1}{2}(a+b+c)=s$，

$\therefore x=s-a, y=s-b, z=s-c$。

例 3* 设I是$\triangle ABC$的内心，M、N分别是AB、AC的中点。直线MI与AC交于C_1，直线NI与AB交于B_1。

已知$\triangle AB_1C_1=k\triangle ABC$，求 $\cos A$。

解：设$\triangle ABC$三边为a、b、c，内切圆半径为r，又记$AC_1=b_1$，$AB_1=c_1$，利用面积关系：

$$\triangle AMC_1=\triangle AMI+\triangle AIC_1,$$

两端同用$\triangle ABC$除，利用共角定理及I到三边等距以及M是AB中点得：

$$\frac{AM\cdot AC_1}{AB\cdot AC}=\frac{\triangle AMC_1}{\triangle ABC}=\frac{\triangle AMI}{\triangle ABC}=\frac{\triangle AIC_1}{\triangle ABC}=\frac{AM+AC_1}{a+b+c}$$

$$\therefore\quad \frac{b_1\cdot\dfrac{c}{2}}{bc}=\frac{\dfrac{c}{2}+b_1}{a+b+c}$$

整理

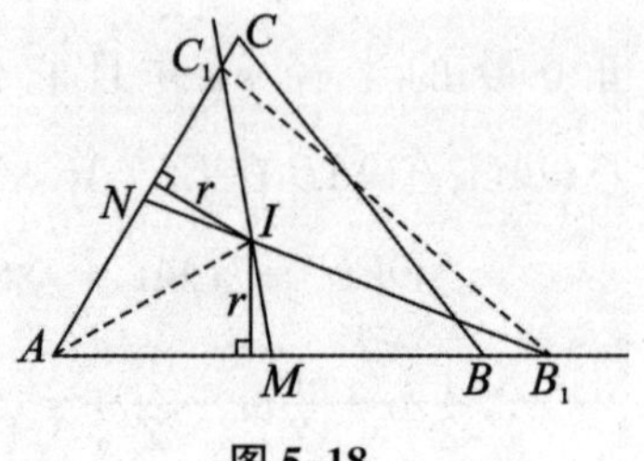

图 5-18

$$b_1(a+b+c)=b(2b_1+c)$$

$$b_1(a-b+c)=bc;$$

同理得

$$c_1(a+b-c)=bc;$$

两式相乘得

$$b_1c_1(a_2-(b-c)^2=b^2c^2,$$

再利用条件

$$\frac{b_1c_1}{bc}=\frac{\triangle AB_1C_1}{\triangle ABC}=k,$$

可得

$$k(a^2-b^2-c^2+2bc)=bc,$$

$$\therefore\quad (2-\frac{1}{k})bc=b^2+c^2-a^2。$$

$$\therefore\quad \cos A=\frac{b^2+c^2-a^2}{2bc}=1-\frac{1}{2k}。$$

三角形有内切圆，四边形一般没有内切圆。如果四边形$ABCD$碰巧有内切圆，就称它为**圆外切四边形**。

练习

1. 已知$\triangle ABC$内心为I，内切圆与三边的切点分别为D、E、F，如图。已知$\angle A=51^\circ$，$\angle B=45^\circ$。求$\angle DIE$、$\angle DIF$、$\angle DEF$。

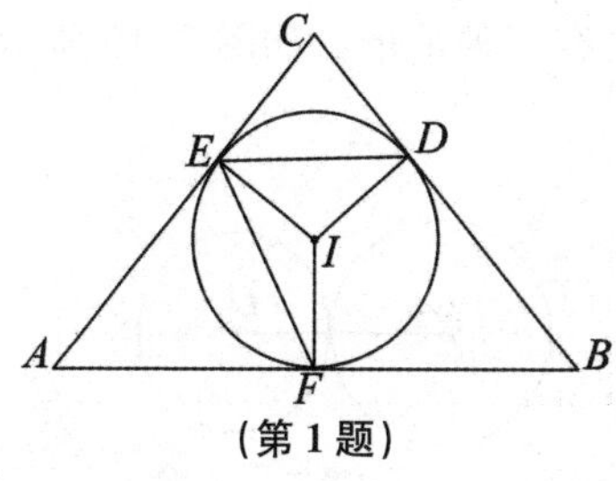

(第1题)

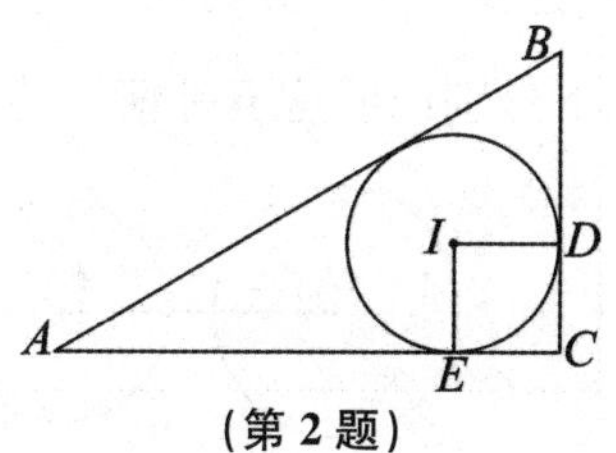

(第2题)

2. 已知Rt$\triangle ABC$的内心为I，内切圆与两直角边BC、AC分别切于D、E，如图。

(1)求证：$IECD$是正方形；

(2)已知$a=BC$、$b=AC$，求内切圆半径r；

(3)求证：$r<\dfrac{a+b}{6}$。

3. 设r是$\triangle ABC$的内切圆半径。

求证：$\cot\dfrac{A}{2}+\cot\dfrac{B}{2}+\cot\dfrac{C}{2}=\dfrac{a+b+c}{2r}$。

4. 已知在$\triangle ABC$中三边$a<b<c$。$\triangle ABC$的重心为G，垂心为H，内心为I。如图，分别过G、H作AB的平行线和垂线，构成矩形$PHQG$。

求证：I在矩形$PHQG$内部。(提示：(1)I在$\triangle DMC$内；(2)$\triangle IAB>\triangle GAB$，故$I$在$GQ$上方；(3)$I$在$\triangle AHB$内)

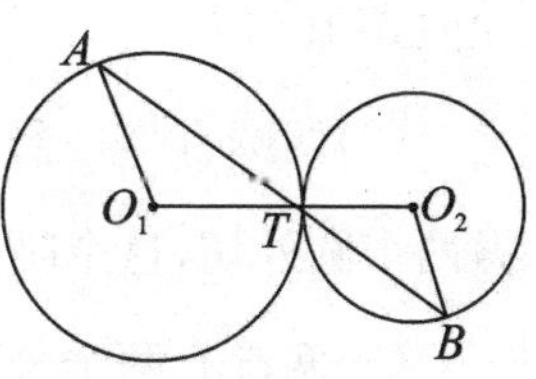

(第4题)

5. 在图5-18中，若设$\triangle ABC=\triangle AB_1C_1$，求$\angle A$。

6. 写出用圆规直尺作已知三角形内切圆的作法步骤。

7. 设$\odot O$与$\triangle ABC$的一边BC相切，并且与AB、AC的延长线相切。已知$\triangle ABC$的三边a、b、c，求$\odot O$的半径r。

5.5 两圆的位置关系

圆与直线的位置关系有三种：相离、相切和相交。

两圆的位置关系，也可分为相离、相切和相交，但圆与直线不同，相离又可分内含与外离，相切又可分为内切与外切，所以一共有五种情形。如图 5-19 所示：

以下分别说明这五种情形的特征

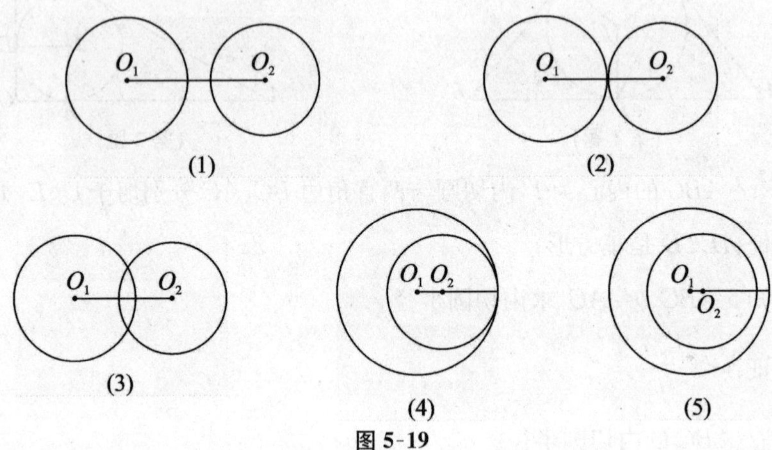

图 5-19

(1)两圆没有公共点，并且每个圆上的点都在另一个圆的外部，叫做两圆外离，如图 5-19(1)。

(2)两圆有唯一公共点，并且除公共点外，每个圆上的点都在另一个圆外部，叫做两个圆外切，这个唯一的公共点叫做切点，如图 5-19(2)。

(3)两圆有两个公共点，叫做两圆相交，如图 5-19(3)。

(4)两圆有唯一的公共点，并且除了这个公共点外，一个圆上的点都在另一个圆的内部，叫做两个圆内切，如图 5-19(4)。

(5)两个圆没有公共点，并且一个圆上的点都在另一个圆内部，叫做两个圆内含，如图 5-19(5)。

如果两个圆的半径分别为 R 和 r，圆心距为 d，那么以上五种情形的数量标志为：

(1)两圆外离 $\Leftrightarrow d>R+r$；

(2)两圆外切$\Leftrightarrow d=R+r$;

(3)两圆相交$\Leftrightarrow |R-r|<d<R+r$;

(4)两圆内切$\Leftrightarrow d=|R-r|$;

(5)两圆内含$\Leftrightarrow d<|R-r|$。

关于相交的两圆,有下列定理

定理　相交两圆的连心线,垂直平分两圆的公共弦。

已知:$\odot O_1$ 和$\odot O_2$ 相交于 A、B 两点。(图 5-20)

求证:直线 O_1O_2 垂直平分线段 AB。

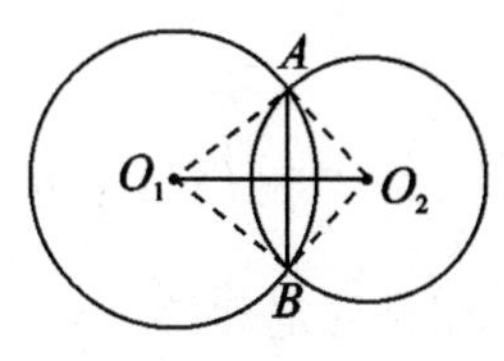

图 5-20

证明:

$\because O_1A=O_1B$,

$\therefore O_1$ 在 AB 的垂直线平分线上。

$\because O_2A=O_2B$,

$\therefore O_2$ 在 AB 的垂直线平分线上。

$\therefore O_1O_2$ 就是 AB 的垂直线平分线。

这个定理还有别的证法。例如,用 SSS 判定定理证明$\triangle O_1O_2A\cong\triangle O_1O_2B$,然后指出 O_1O_2 等腰$\triangle O_1AB$ 的顶角平分线。或用余弦定理证明$\angle AO_1O_2=\angle BO_1O_2$,等等。

当弦 AB 长度变小,以至为 0 时,相交成了相切,便有另一条定理:

定理　相切两圆的连心线经过切点。

已知:$\odot O_1$ 和$\odot O_2$ 相切于点 T。(图 5-21)

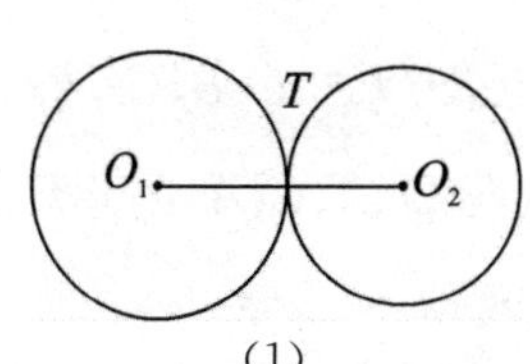

(1)

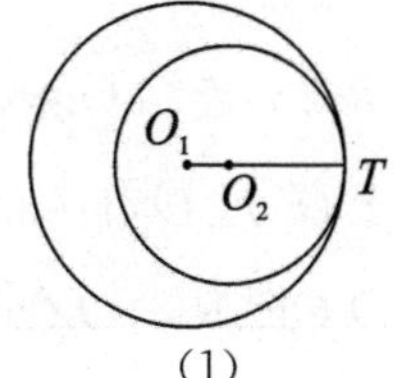

(1)

图 5-21

求证:连心线 O_1O_2 经过切点 T。

证明:用反证法:若 T 不在 O_1O_2 上,则两圆外切时 $O_1T+TO_2>O_1O_2$,则结论

与所设矛盾；两圆内切时$|O_1T-O_2T|<O_1O_2$，结论也与所设矛盾。

例1 设$\odot O$与$\odot O_2$相交于A、B两点。已知$\odot O_1$与$\odot O_2$的半径分别为r_1与r_2，$O_1O_2=d$。求公共弦AB的长和$\cos\angle O_1AO_2$。（图5-22）

解：因为O_1O_2垂直平分AB，所以只要求出$\triangle AO_1O_2$在边O_1O_2上的高，再乘2即得AB的长。

用海伦公式可得

$$AB=2\times\frac{2\triangle AO_1O_2}{d}=\frac{4\sqrt{s(s-r_1)(s-r_2)(s-d)}}{d}$$

$$\left(s=\frac{1}{2}(d+r_1+r_2)\right)$$

用余弦定理得

$$\cos\angle O_1AO_2=\frac{r_1^2+r_2^2-d^2}{2r_1r_2}。$$

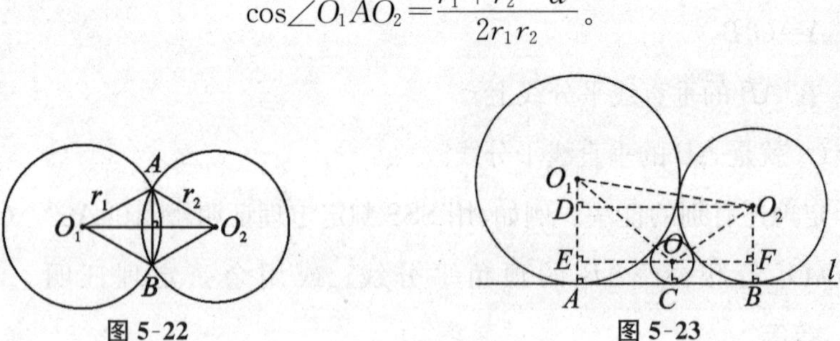

图5-22　　图5-23

例2 三圆$\odot O_1$、$\odot O_2$、$\odot O$两两外切，又都与直线l相切，三圆半径顺次为$r_1\geqslant r_2>r$，与l的切点顺次为A、C、B，如图5-23。

求证：$\frac{1}{\sqrt{r_1}}+\frac{1}{\sqrt{r_2}}=\frac{1}{\sqrt{r}}$。

证明：如图5-23，连结O_1O_2、O_1O、O_2O，以及O_1A、O_2B、OC并过O_2作l的平行线与O_1A交于D，过O作l的平行线分别与O_1A、O_2A交于E、F。分别在$\text{Rt}\triangle O_1O_2D$、$\text{Rt}\triangle O_1OE$、$\text{Rt}\triangle O_2OF$中用勾股定理得：

$$AB=\sqrt{O_1O_2^2-(O_1A-O_2B)^2}$$

$$=\sqrt{(r_1+r_2)^2-(r_1-r_2)^2}=2\sqrt{r_1r_2},$$

$$AC=2\sqrt{r_1r},$$

$BC=2\sqrt{r_2r}$。

由 $AB=AC+BC$ 得

$$\sqrt{r_1r_2}=\sqrt{r_1r}+\sqrt{r_2r}。$$

同用$\sqrt{r_1r_2r}$除,得到要证的等式。

练习

1. 已知$\odot O_1$ 和$\odot O_2$ 的半径分别为 3cm 和 5cm,填下列空白并说明两圆位置关系。

   (1)当 $O_1O_2=9$cm 时,两圆(　　);

   (2)当 $O_1O_2=8$cm 时,两圆(　　);

   (3)当 $O_1O_2=6$cm 时,两圆(　　);

   (4)当 $O_1O_2=2$cm 时,两圆(　　);

   (5)当 $O_1O_2=1$cm 时,两圆(　　);

   (6)当 O_1 与 O_2 重合时,两圆(　　)。

2. $\triangle ABC$ 的三边 $BC=7$cm,$CA=6$cm,$AB=5$cm,又知道$\odot A$、$\odot B$、$\odot C$ 两两相切,求这三个圆半径,若三边分别为 a、b、c 呢?

3. 已知:$\odot O_1$ 和$\odot O_2$ 相交于点 C、D,O_2O_1 的延长线与$\odot O_1$ 交于 A。直线 AC、AD 分别和$\odot O_2$ 交于点 E、F。

   求证:$CE=DF$。

4. 已知:$\odot O_1$ 和$\odot O_2$ 相切于 T。直线 l 过 T 且分别与$\odot O_1$、$\odot O_2$ 交于另一点 A 和 B。

   求证:$\triangle O_1AT\sim\triangle O_2BT$。

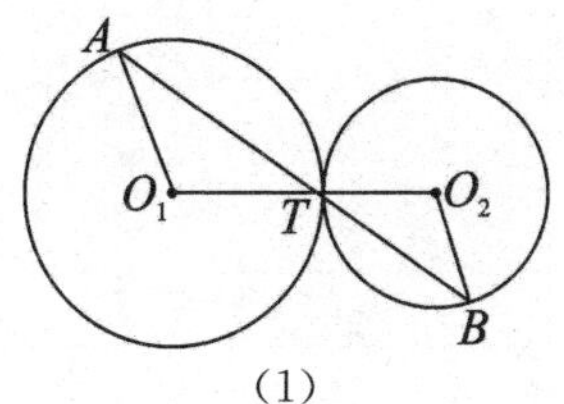

(1)

(2)

(第4题)

5. 两等圆$\odot O_1$、$\odot O_2$ 相交于 A、B 两点，并且$\odot O_1$ 经过点 O_2。已知$\odot O_1$、$\odot O_2$ 的半径为 r，求 AB 的长和$\angle O_1AB$ 的度数。

6. 已知：$\odot L$ 内切于$\odot O$，并且与$\odot O$ 的直径 AB 切于点 O，$\odot M$ 与$\odot L$ 外切，与$\odot O$ 内切，并且与直线 AB 相切，已知 $AB=16\text{cm}$，求$\odot L$、$\odot M$ 的半径。（提示：参看图，在 Rt$\triangle MLE$、Rt$\triangle MDO$ 中用勾股定理。）

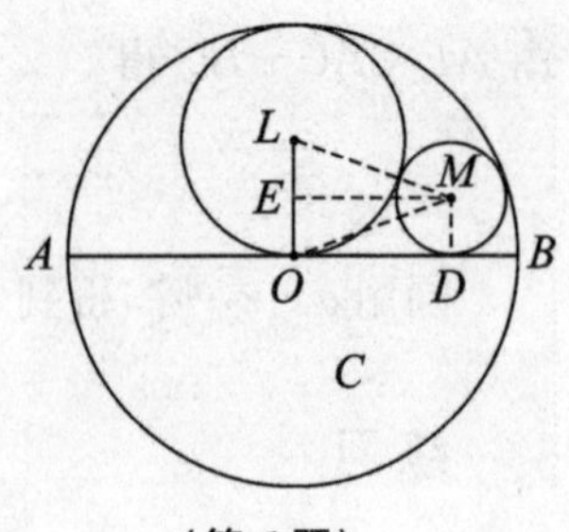

（第 6 题）

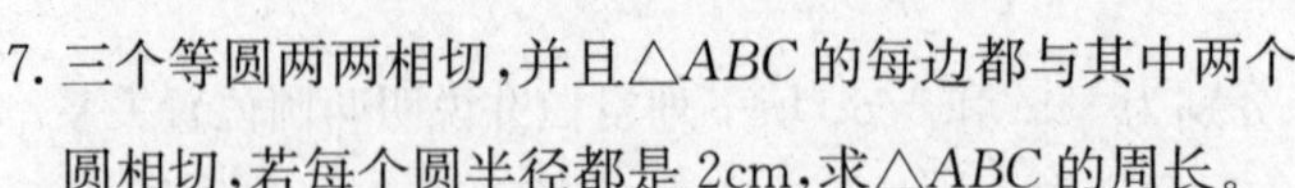
7. 三个等圆两两相切，并且$\triangle ABC$ 的每边都与其中两个圆相切，若每个圆半径都是 2cm，求$\triangle ABC$ 的周长。

5.6　两圆的公切线

和两个圆都相切的直线，叫做**两圆的公切线**。若两圆在公切线同侧时，称公切线为**外公切线**（图 5-24(1)）。两圆在公切线两侧时，称公切线为**内公切线**（图 5-24(2)）。公切线上两个切点的距离，叫做**公切线的长**。

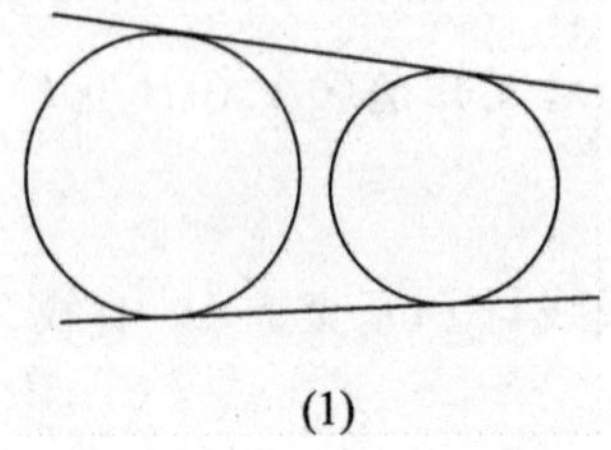

(1)

(2)

图 5-24

用勾股定理，可以计算出外公切线和内公切线的长。设$\odot O_1$ 和$\odot O_2$ 的半径分别为 r_1 和 r_2，连心线 O_1O_2 长为 d。图 5-25 表明，外公切线长为：

$$AB=\sqrt{O_1O_2^2-(r_1-r_2)^2}=\sqrt{d^2-(r_1-r_2)^2}。$$

图 2-26 表明，内公切线长为：

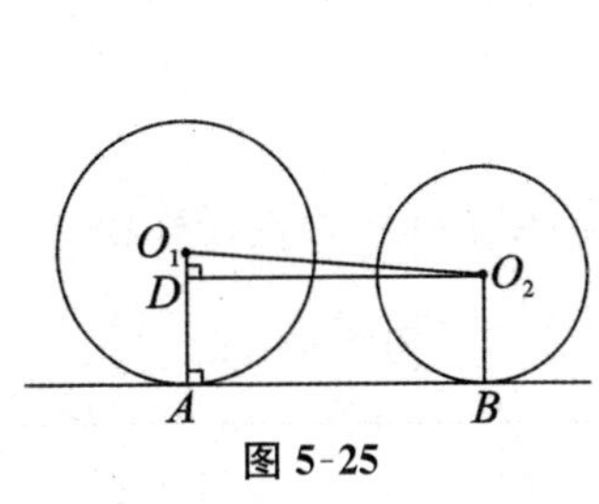

图 5-25

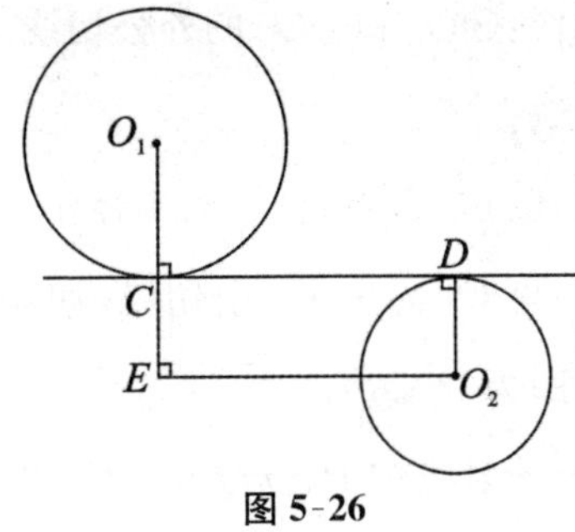

图 5-26

$CD=\sqrt{O_1O_2^2-(r_1+r_2)^2}=\sqrt{d^2-(r_1+r_2)^2}$。

这两个公式说明：

(1)两圆的两条外公切线长度相等，两条内公切线长度也相等；

(2)当 $d<r_1+r_2$ 时，没有内公切线；

(3)当 $d<|r_1-r_2|$时，没有外公切线。

(4)当 $d=r_1+r_2$ 时，内公切线长为 O，即两圆的内公切线与两圆相切于同一点，这一点是两圆的切点，如图 5-27；

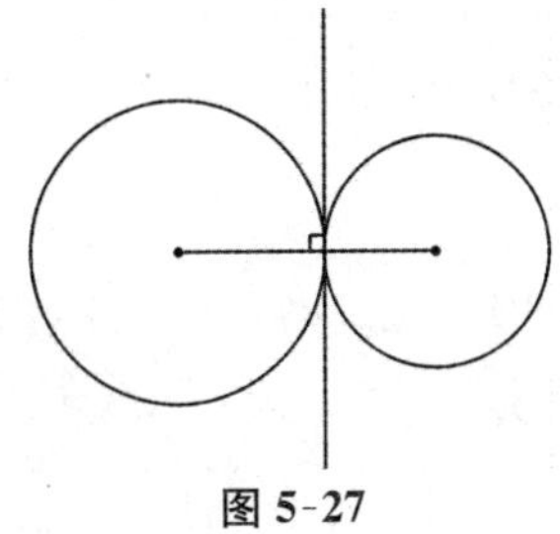
图 5-27

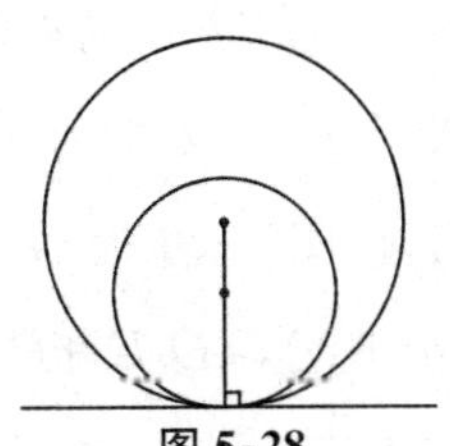
图 5-28

(5)当 $d=|r_1-r_2|$时，外公切线长为 O，即两圆的外公切线与两圆切于同一点，这一点是两圆的切点，如图 5-28。

图 5-25 和图 5-26 不但告诉我们如何计算公切线的长，也提示我们如何作出已知两圆的公切线。

图 5-25 告诉我们：要作出外公切线 AB，可先确定 $\mathrm{Rt}\triangle O_1O_2D$。知道了圆心距离 O_1O_2，又知道 $O_1D=r_1-r_2$，那么 $\mathrm{Rt}\triangle O_1O_2D$ 我们是会作的。只要确定了 D，A、B 就容易定了。下面给出具体作图步骤：

已知：$\odot O_1$ 和$\odot O_2$ 的半径分别为 R 和 r，($R>r$，$O_1O_2>R-r$)。(图 5-29)

求作：$\odot O_1$ 和 $\odot O_2$ 的外公切线。

作法：

(1)以 O_1 为心 $R-r$ 为半径作 $\odot_1 O_1$；

(2)自 O_2 向 $\odot_1 O_1$ 引切线，切点为 P、Q(作法：以 O_1O_2 为直径作圆，与 $\odot_1 O_1$ 的交点即为 P、Q。)；

(3)作射线 O_1P、O_1Q 与 $\odot O_1$ 分别交于 A、C；

(4)自 O_2 分别引 O_2B、O_2D 的垂线，与 $\odot O_2$ 交于 B、D，如图 5-29。作直线 AB、CD，AB、CD 都是 $\odot O_1$、$\odot O_2$ 的外公切线。

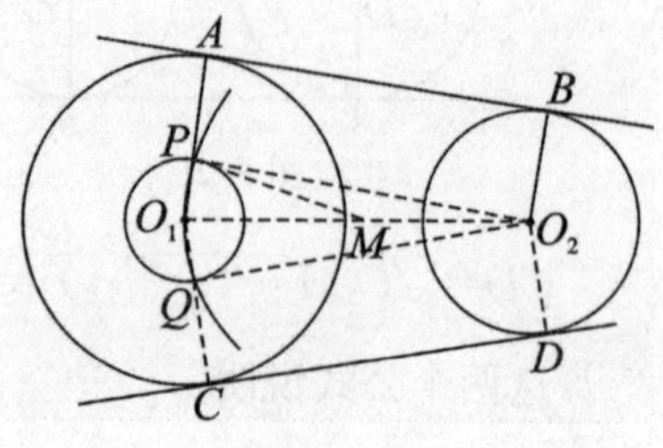

图 5-29

证明：

$\because AO_1 \perp PO_2$、$BO_2 \perp PO_2$，(作法)

$\therefore AP = O_1A - O_1P = R-(R-r) = r = BO_2$，(作法)

$\therefore PABO_2$ 是矩形，

$\therefore BO_2 \perp AB$，$AO_1 \perp AB$，

$\therefore AB$ 是 $\odot O_1$、$\odot O_2$ 的公切线(切线特征性质)。

同理，CD 也是 $\odot O_1$、$\odot O_2$ 的公切线。

两圆外离时，图 5-26 提示我们如何作出内公切线：先作出 $\text{Rt}\triangle O_1O_2E$，再确定公切线 CD，作法如图 5-30 所示。

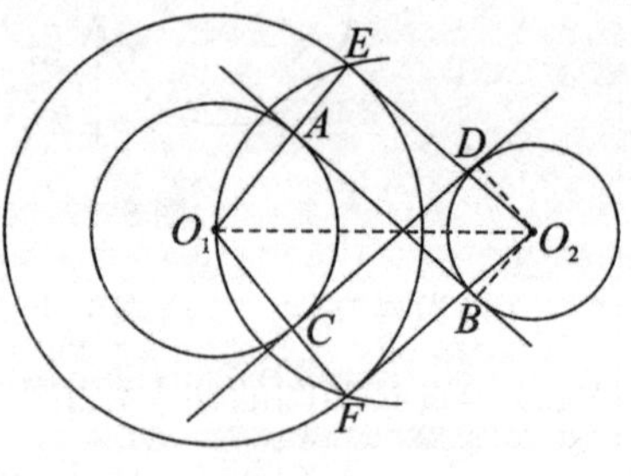

图 5-30

两圆公切线的数目，与这两个圆的位置有关：

两圆内含，没有公切线。

两圆内切，一条公切线。

两圆相交，两条公切线。

两圆外切，三条公切线。

两圆外离，四条公切线。

以上几种情形中，两圆外切时，三条公切线中有一条内公切线；两圆外离时，四条公切线中有两条内公切线。其他情形没有内公切线。

例 1 已知：$\odot O_1$ 与 $\odot O_2$ 外切于 A，一条外公切线与 $\odot O_1$、$\odot O_2$ 分别切于 B、C，且 $AB=c$，$AC=b$。求：BC 的长。

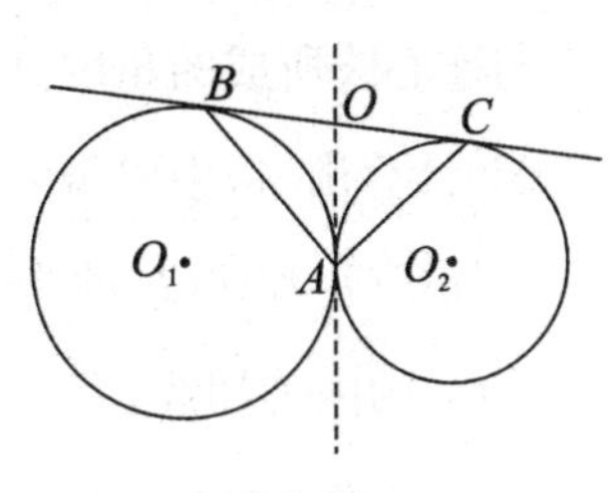

图 5-31

解：如图 5-31，过 A 作两圆的内公切线与 BC 交于 O，则 $OA=OB=OC$，所以

$$\begin{aligned}\angle BAC &= \angle BAO+\angle CAO=\angle OBA\\ &\quad+\angle OCA\\ &=180^\circ-\angle BAC,\end{aligned}$$

即 $\angle BAC=90^\circ$，由勾股定理得 $BC=\sqrt{c^2+b^2}$。

例 2 如图 5-32，两圆的外公切线切点分别为 A、B 和 C、D。一条内公切线与两外公切线分别交于 P、Q。内公切线与两圆分别切于 E、F。已知 $AB=l$，求 PQ。

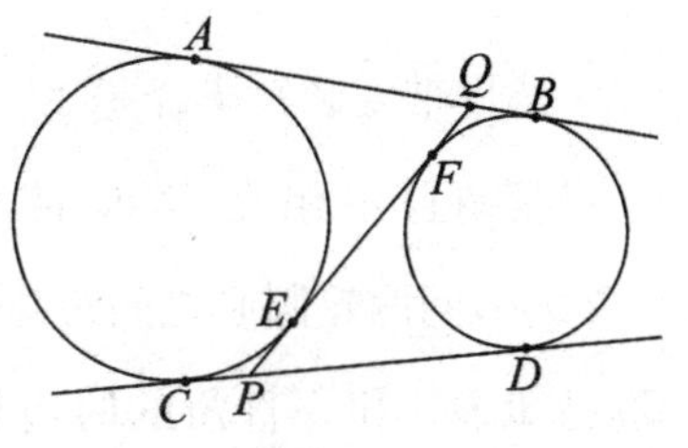

图 5-32

解：由于从一点到一圆的两条公切线长度相等，得

$$PC=PE, PD=PF, BQ=FQ, QA=QE,$$

四式相加得

$$\begin{aligned}PC+PD+BQ+QA&=PE+PF+FQ+QE\\ &=PE+QE+PF+FQ,\end{aligned}$$

即 $\quad CD+AB=2PQ$，

又由 $\quad CD=AB=l$，得 $PQ=l$。

练习

1. 写出两等圆的外公切线的规尺作图步骤。
2. 已知：$\odot O_1$ 与 $\odot O_2$ 外离，半径分别为 R 和 r，求作 $\odot O_1$ 和 $\odot O_2$ 的内公切线。（只写规尺作图步骤，不证明）
3. 已知 $\odot O_1$ 和 $\odot O_2$ 的半径分别为 $R=4\text{cm}$，$r=1.5\text{cm}$，$O_1O_2=6.5\text{cm}$。

(1)作$\odot O_1$和$\odot O_2$的外公切线，量出外公切线的长（精确到0.1cm）及外公切线与连心线所成的角度；（精确到1°）

(2)计算出(1)中要量的长度和角度。

4. 已知$\odot O_1$和$\odot O_2$的半径分别为$R=2.5\text{cm}$，$r=1.5\text{cm}$，$O_1O_2=6\text{cm}$，作$\odot O_1$和$\odot O_2$的内公切线。

5. 已知：$ABCD$是直角梯形，$\angle A=90°$，上下底AB、CD长度之和等于一腰BC。自AD中点M向BC作垂线段MH，求证：$MH=\frac{1}{2}AD$。（思考：这个题目与例1有什么联系）

6. 一条皮带安装在半径是14cm和4cm的两只皮带轮上，皮带紧绷且不相交，若皮带和两轮的两切点之间距离为24cm，问两轮圆心之间距离是多少cm？

7. 已知$\odot O$和一直角的两边相切，$\odot P$外切于$\odot O$，半径比$\odot O$小，也与这个直角的两边相切，$\odot O$的半径$R=10\text{cm}$。求$\odot P$的半径。

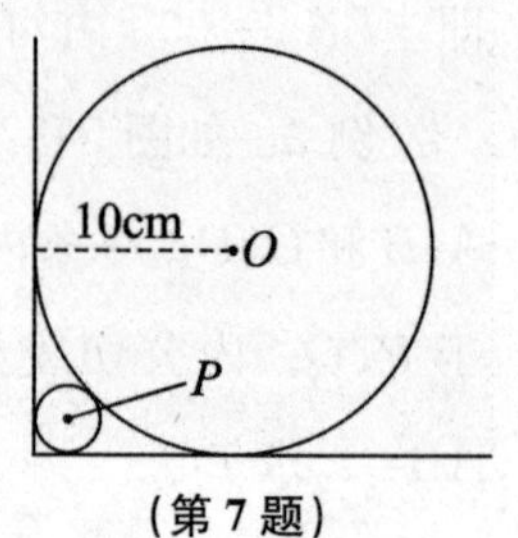

（第7题）

小结

平面上到定点的距离等于定长的点的集合叫做圆。定点叫做这个圆的圆心，定长叫做这个圆的半径。

圆和点、直线、圆之间的位置关系如下表所示：

<table>
<tr><td>圆与点</td><td>点在圆内
$d<r$</td><td colspan="2">点在圆上
$d=r$</td><td colspan="2">点在圆外
$d>r$</td></tr>
<tr><td>圆与直线</td><td>相交
$d<r$</td><td colspan="2">相切
$d=r$</td><td colspan="2">相离
$d>r$</td></tr>
<tr><td>两圆$\odot O_1$与$\odot O_2$</td><td>相交$R-r<d<R+r$
两条公切线（外公切线）</td><td>内切$d=R-r$一条公切线（外公切线）</td><td>外公$d=R+r$三条公切线（2外1内）</td><td>内含$d<R-r$无公切线</td><td>外离$d>R+r$四条公切线（2外2内）</td></tr>
</table>

圆上任意两点到圆心等距，所以圆的一系列性质可由等腰三角形性质推出。

圆是轴对称图形，每条经过圆心的直线都是对称轴。圆又是中心对称图形，圆心是对称中心。

弦的垂直平分线必经过圆心，与弦垂直的直径必平分这条弦，由此推出：不共线的三点确定一个圆。

过半径的外端并且与半径垂直的直线是圆的一条切线。反过来，圆的切线与过切点的半径垂直，过切点并且与切线垂直的直线经过圆心。由此推出，过圆外一点可作圆的两条切线，两条切线长相等。两圆的两条外公切线长相等，两条内公切线长相等。

三角形有一外接圆，外接圆的圆心叫做三角形的外心。三角形有一个内切圆，内切圆的圆心叫做三角形的内心，外心是三边的垂直平分线的交点，它可能在三角形之外，内心是三条角平分线的交点，它一定在三角形内。

关于弦长、弦心距、切线长、公切线长，有一些计算公式。这些公式可以从勾股定理导出。

弦长公式：

$$l=2\sqrt{r^2-d^2}\text{（}d\text{ 是弦心距）。}$$

切线长公式：

$$t=\sqrt{d^2-r^2}\text{（}d\text{ 是点到圆心距离）。}$$

外公切线线长公式：

$$T=\sqrt{d^2-(R-r)^2}\text{（}d\text{ 是圆心距离）。}$$

内公切线线长公式：

$$T'=\sqrt{d^2-(R+r)^2}\text{（}d\text{ 是圆心距离）。}$$

二、圆周角定理及其推论

5.7 圆心角和弦

在$\odot O$上任取两点A、B，圆就被分成了两部分，每一部分叫做一条**圆弧**，简称弧。如果 AB 是直径，这两条孤都叫做**半圆**。如果 AB 不是直径，两弧一大一小，大于半圆的弧叫**优弧**，小于半圆的叫**劣弧**。

弧的符号是“⌒”。以 A、B 为端点的劣弧记作$\overset{\frown}{AB}$，读作“圆弧 AB”，或“弧 AB”。以 A、B 为端点的优弧或半圆，用三个字母表示为 APB，这里 P 可以取弧上的任一点，例如，在图 5-33 中，$\odot O$ 上的三个点 A、B、C 形成 6 条弧：劣弧$\overset{\frown}{AC}$、$\overset{\frown}{BC}$，优弧$\overset{\frown}{ABC}$、$\overset{\frown}{BAC}$，还有半圆$\overset{\frown}{ACB}$、$\overset{\frown}{APB}$。

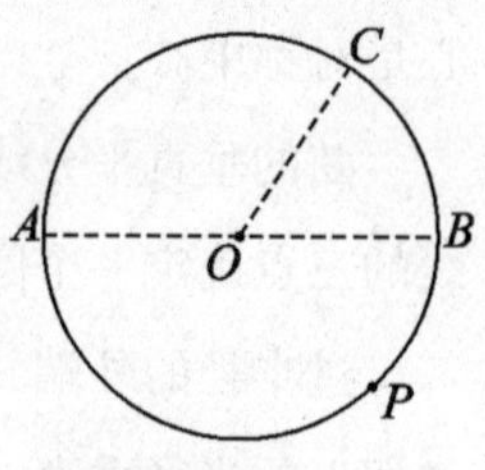

图 5-33

顶点在圆心的角叫圆心角，在圆上任取两点 A、B，$\angle AOB$ 叫做$\overset{\frown}{AB}$所对的圆心角。圆心角的度数，也叫做它所对的弧的度数。半圆的度数是 180°，优弧$\overset{\frown}{APB}$的度数，是 360°减去$\overset{\frown}{AB}$的度数。$\overset{\frown}{AB}$(或$\overset{\frown}{APB}$)为 n°，记作$\overset{\frown}{AB}\overset{m}{=}n^\circ$(或$\overset{\frown}{APB}\overset{m}{=}n^\circ$)。

弦 AB 与两条弧相对。当 AB 是直径时，两条弧都是半圆。如果 AB 不是直径，其中一条是劣弧，一条是优弧。通常，AB 所对的弧是指劣弧，即$\overset{\frown}{AB}$。

在同圆或等圆中，相等的圆心角所对弧叫**等弧**。若$\overset{\frown}{AB}$和$\overset{\frown}{CD}$是等弧，记作$\overset{\frown}{AB}=\overset{\frown}{CD}$，优弧$\overset{\frown}{APB}$、$\overset{\frown}{CQD}$也是等弧，直观地看，等弧是可以互相重合的弧，这是因为：让$\odot O$ 绕圆心 O 旋转任意角度时，$\odot O$ 上的点仍然落在$\odot O$ 上，相等的圆心角可以重合，它们对的弧也就可以重合了。如果$\odot O_1$ 和$\odot O_2$ 半径相等，把$\odot O_2$ 平移使 O_2 与 O_1 重合，两圆就重合，再旋转，也可以使等弧重合。

根据全等三角形的 SAS 判别法，可知在同圆或等圆中，相等的圆心角所对的弦相等。用 SSS 判别法，又知相等的弦对的圆心角相等。前面已经知道，同圆或等圆中，两弦相等的充要条件是它们的弦心距相等，因此得到：

定理　在同圆或等圆中，如果两个圆心角、两条弧、两条弦或两条弦的弦心距中有一组量相等，那么它们所对的其余各组量都分别相等。

这条定理涉及四组量，从其中一组相等可推出另三组相等。这样，它实际上概括了 12 条命题。

把这条定理与垂径定理结合起来，可以把垂径定理叙述成更一般的形式：

垂径定理　垂直于弦的直径平分这条弦，并且平分弦所对的弧。

这实际上是“等腰三角形三线合一”的另一种说法，垂直于弦的直径，它和以弦为底，以弦所对圆心角为顶角的等腰三角形的高共线；平分这条弦的直径，这与等腰三角形的中线共线，平分弦所对的弧的直径，与等腰三角形顶角的平分线共线，因此，三线合一的另一些说法，也就成了垂径定理的推论：

垂径定理推论 1 (1)**平分弦**(不是直径)**的直径垂直于弦，并且平分弦所对的弧；**(等腰三角形底边上的中线垂直于底边，并且平分顶角)

(2)**平分弦所对的一条弧的直径，垂直平分弦；**(等腰三角形顶角的平分线垂直平分底边)

(3)**弦的垂直平分线经过圆心，并平分弦所对的弧。**(等腰三角形底边的垂直平分线与顶角的平分线重合)

例 1 求证：**圆的两条平行弦所夹的弧相等。**

已知：如图 5-34，CD、AB 是$\odot O$ 的两条弦，$CD /\!/ AB$。

求证：$\overset{\frown}{AC}=\overset{\frown}{BD}$。

证明：作与 AB 垂直的直径 MN，如图 5-34。

$\because AB /\!/ CD$，

$\therefore MN \perp CD$。

$\because MN \perp AB$，$MN \perp CD$，

$\therefore \overset{\frown}{MC}=\overset{\frown}{MD}$，$\overset{\frown}{MA}=\overset{\frown}{MB}$。

两式相减，得$\overset{\frown}{AC}=\overset{\frown}{BD}$。

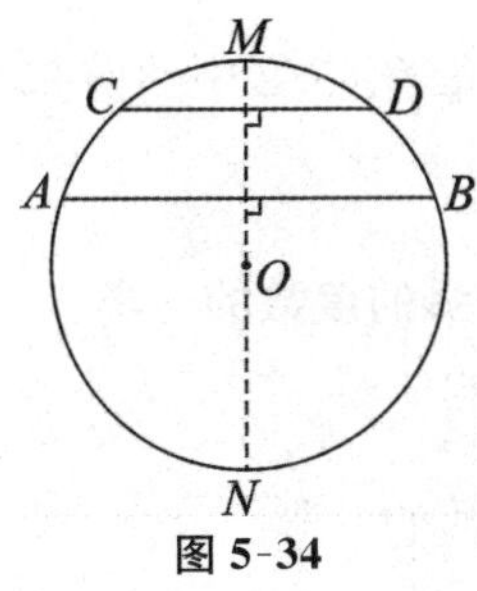

图 5-34

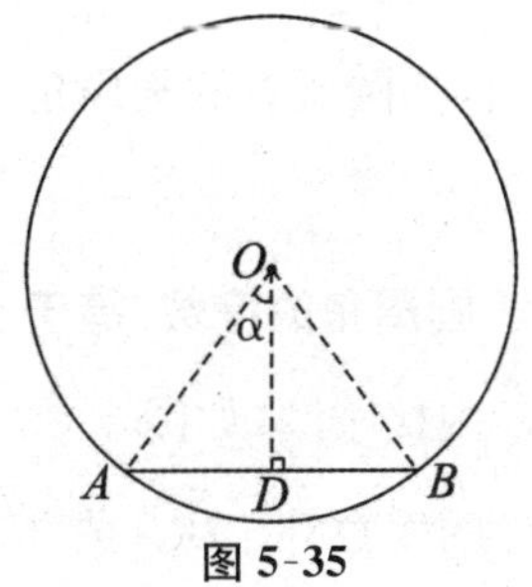

图 5-35

例 2 直径 5cm 的圆中，弦 $AB=3$cm，求$\overset{\frown}{AB}$的度数(精确到 1°)。

解：$\overset{\frown}{AB}$的度数，即圆心角$\angle AOB$ 的度数：$\overset{\frown}{AB} \overset{m}{=} \angle AOB$。

如图 5-35，自圆心 O 作 AB 的垂线 OD。连 OA、OB，在 Rt$\triangle AOD$ 中。

$$\sin\alpha=\frac{AD}{AO}=\frac{AB/2}{5/2}=\frac{3}{5}=0.6$$

查表得　$\alpha=41°$

$\therefore \angle AOB=2\alpha=82°$.

$\therefore \overset{\frown}{AB}\overset{m}{=\!=}82°$.

练习

1. 已知:⊙O中两弦$AB=CD$,直线AB、CD交于P,直线OP交⊙O于M、N。求证:$\overset{\frown}{MB}$与$\overset{\frown}{MC}$或$\overset{\frown}{MD}$两弧相等。

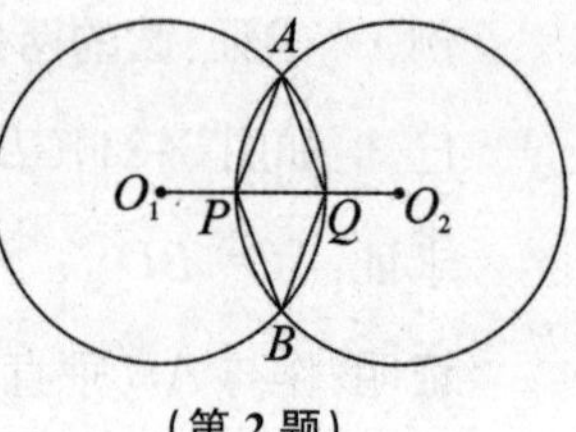

(第2题)

2. ⊙O_1与⊙O_2半径相等,两圆交于A、B。连心线O_1O_2与两圆分别交于P、Q。求证:$APBQ$是菱形。

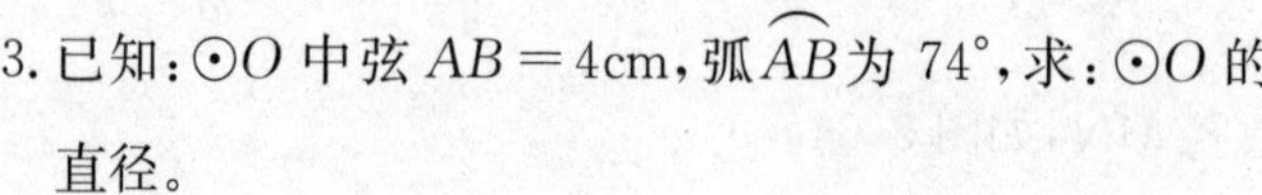

3. 已知:⊙O中弦$AB=4\text{cm}$,弧$\overset{\frown}{AB}$为74°,求:⊙O的直径。

4. 在半径为7cm的圆中,60°的$\overset{\frown}{AB}$所对的弦长多少cm? 30°的弧所对的弦呢?

5.8　圆周角定理

顶点在圆周上,并且两边都是与圆相交的角叫**圆周角**。也可以说:圆的内接三角形的内角,叫**圆周角**。

我们已经知道,半圆所对的圆周角一定是直角(5.2中的例2)。用类似的方法可以得到

圆周角定理　圆周角的度数,等于它所对弧的度数的一半。

已知:△ABC内接于圆,如图5-36。

求证:$\angle BAC$的度数等于$\overset{\frown}{BC}$(或$\overset{\frown}{BPC}$)度数的一半。

证明:分四种情形

(1)如图5-36(1),圆心O在$\angle BAC$的一边上,因为$OA=OB=OC$,得

$$\angle BAC=\frac{1}{2}(2\alpha+2\beta-2\alpha)$$

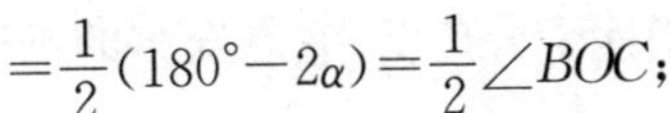

$$=\frac{1}{2}(180°-2\alpha)=\frac{1}{2}\angle BOC;$$

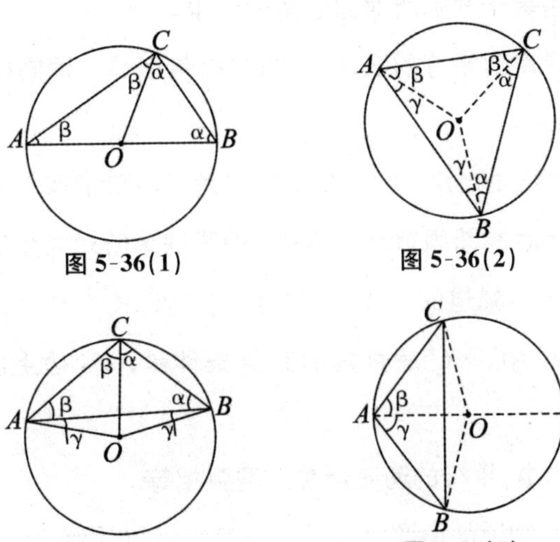

图 5-36(1)　图 5-36(2)

图 5-36(3)　图 5-36(4)

(2)如图 5-36(2),O 在$\triangle ABC$ 内,这时

$$\angle BAC=\beta+\gamma=\frac{1}{2}(2(\alpha+\beta+\gamma)-2\alpha)$$

$$=\frac{1}{2}(180°-2\alpha)=\frac{1}{2}\angle BOC;$$

(3)如图 5-36(3),O 在$\angle BAC$ 外,

$$\angle BAC=\beta-\gamma=\frac{1}{2}(2(\alpha+\beta-\gamma)-2\alpha)$$

$$=\frac{1}{2}(180°-2\alpha)=\frac{1}{2}\angle BOC;$$

(4)如图 5-36(4),圆心 O 在$\angle BAC$ 内,但在$\triangle ABC$ 之外或在 BC 边上,这时用(1)的结果得

$$\angle BAC=\frac{1}{2}\angle POC+\frac{1}{2}\angle BOP$$

$$=\frac{1}{2}(\angle POC+\angle BOP)。$$

前三种情形,$\angle BAC$ 的度数等于$\overset{\frown}{BC}$度数的一半,最后一种情形,$\angle BAC$ 的度数等于$\overset{\frown}{BPC}$度数的一半。

圆周角定理用途十分广泛，它有众多的推论。

推论 1　圆周角等于同弧所对圆心角的一半。

推论 2　同弧或度数相等的弧，所对的圆周角相等。同圆或等圆中，相等的圆周角所对的弧相等。

推论 2 是用途很广的命题，它本身常被叫做圆周角定理。

推论 3　半圆所对的圆周角是直角；90°的圆周角所对的弦是直径。

推论 3 是我们已经知道的命题，它的另一表达形式也是我们早已知道的。

推论 4　$\triangle ABC$ 中，$\angle C$ 是直角的充要条件是，AB 边上的中线长是 AB 的一半。

推论 5　同一圆中，平行的两弦所夹的两弧相等。

这也是我们已经知道的命题(5.7 中的例 1)。用圆周角定理证起来更简便，如图 5-37，由 $AB /\!/ CD$，得$\angle A=\angle D$，所以$\overset{\frown}{AC}=\overset{\frown}{BD}$。

推论 6　圆的内接四边形对角互补，并且任一个外角等于它的内对角。

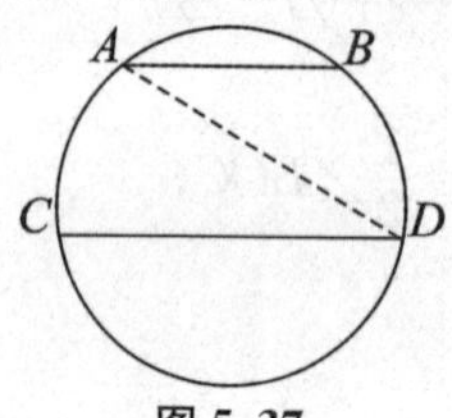

图 5-37

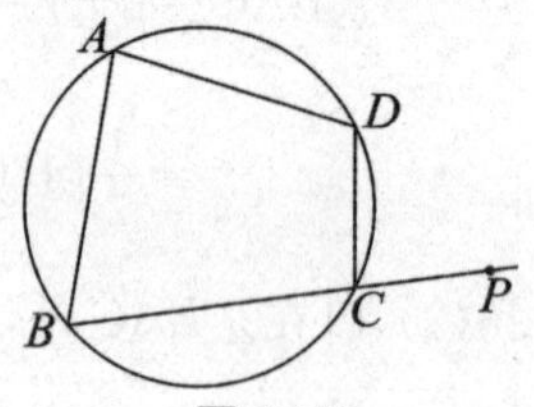

图 5-38

证明是简单的。如图 5-38，$\angle A$ 的度数是$\overset{\frown}{BCD}$的一半，$\angle BCD$ 的度数是$\overset{\frown}{BAD}$的一半，加起来，$\angle A+\angle BCD$ 的度数是圆周度数的一半，即$\frac{1}{2}\times 360°=180°$。这证明了四边形 $ABCD$ 对角互补，又因为$\angle DCP$ 和$\angle A$ 都和$\angle DCB$ 互补，所以$\angle DCP=\angle A$，即外角等于内对角。

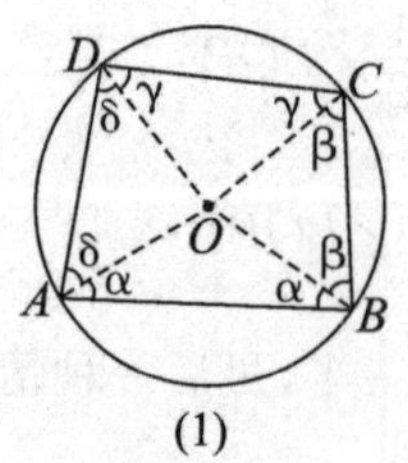

(1)

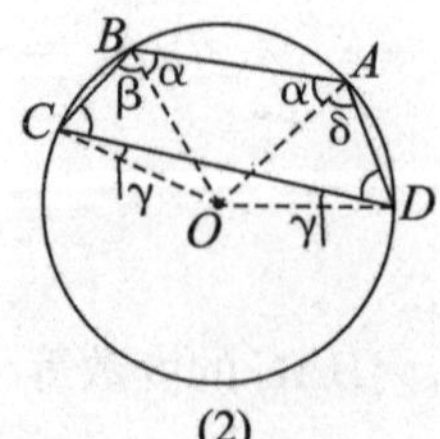

(2)

图 5-39

推论 6 也可以不用圆周角定理而单独证明。当圆心 O 在四边形之内或边上时，如图 5-39(1)

$$\angle DAB+\angle BCD=\frac{1}{2}(2\alpha+2\beta+2\gamma+2\delta)$$

$$=\frac{1}{2}\times 360^{\circ}=180^{\circ};$$

当圆心 O 在四边形之外时，如图 5-39(2)

$$\angle DAB+\angle BCD=\frac{1}{2}(2\alpha+2\beta+2\delta-2\gamma)$$

$$=\frac{1}{2}\times 360^{\circ}=180^{\circ}.$$

圆周角可以看成是过圆上同一点的两条割线形成的一个角。如果其中一条割线绕角的顶点旋转，最后变成了切线，圆周角变成了弦切角。更准确地说：顶点在圆上，一边和圆相交，另一边和圆相切的角，叫**弦切角**。圆周在弦切角角内部分，叫做弦切角所夹的弧，图 5-40 中，$\angle BAP$ 是弦切角，它所夹的弧是 $\overset{\frown}{AQB}$。根据切线性质与圆同角定理可得

推论 7 （弦切角定理）弦切角等于它所夹的弧所对的圆周角。

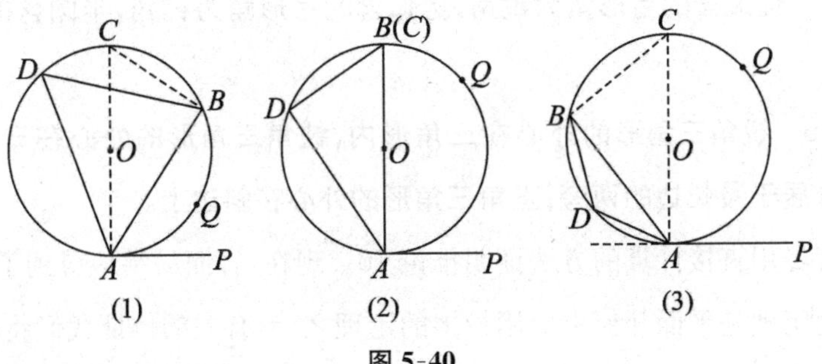

图 5-40

已知：AB 是 $\odot O$ 的弦，AP 是 $\odot O$ 的切线，$\overset{\frown}{AQB}$ 是弦切角 $\angle BAP$ 所夹的弧，$\angle D$ 是 $\overset{\frown}{AQB}$ 所对的圆周角，如图 5-40。

求证：$\angle BAP=\angle D$。

证明：设 AC 是直径，分三种情形讨论。

(1)在图 5-40(1)的情形，圆心 O 在 $\angle BAP$ 之外，由切线性质知 $OA\perp AP$，又

由圆周角定理推论 3 知$\angle ABC=90°$，

$\therefore \angle BAP=90°-\angle BAC=\angle C=\angle D$。

(2)在图 5-40(2)的情形，圆心 O 在 AB 上，则

$\angle BAP=90°=\angle D$。

(3)在图 5-40(3)的情形，圆心 O 在$\angle BAP$ 内，则

$$\begin{aligned}\angle BAP&=90°+\angle BAO=90°+(90°-\angle C)\\&=180°-\angle C=\angle D。\end{aligned}$$

弦切角定理，可以看成圆周角定理的特例，即圆周角定理中一条弦的两端趋于一点的情形。

由弦和它所对的弧组成的图形叫弓形，如图 5-41，弦 AB 和弧 AB 组成弓形 ACB，又和弧$\overset{\frown}{AC_1B}$组成弓形 AC_1B。图中$\angle AC_1B$ 可以叫做弧$\overset{\frown}{AC_1B}$所含的圆周角，或$\overset{\frown}{AC_1B}$所含的弓形角。另外，$\angle AC_2B$、$\angle AC_3B$ 等都是$\overset{\frown}{AC_1B}$所含的弓形角。

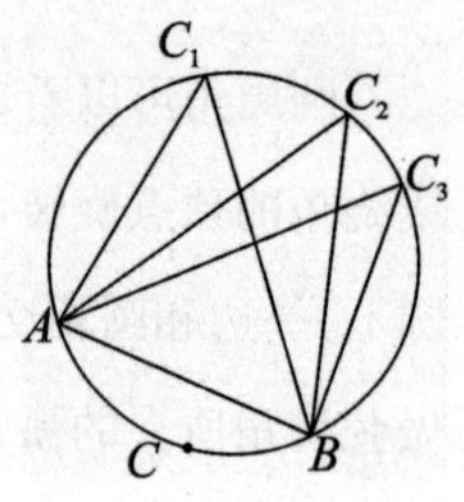

图 5-41

显然有：

推论 8　同一弓形所含的诸弓形角相等。

推论 9　优弧含的弓形角为锐角，劣弧含的弓形角为钝角，半圆含的弓形角为直角。

推论 10　锐角三角形的外心在三角形内，钝角三角形的外心在三角形外，与钝角顶点分居于最长边的两旁，直角三角形的外心在斜边上。

我们曾经用直接计算的方法证明推论 10。现在，轻而易举地得到了它。

圆周角定理是平面几何中应用最多的定理之一，有关的例证我们将陆续介绍。

例 1　已知：$\triangle ABC$ 的两边 $BC=a$，$AC=b$ 及 AB 上的高 $CD=h_c$；$\triangle ABC$ 外接圆直径为 d。

求证：$d=\dfrac{ab}{h_c}$。

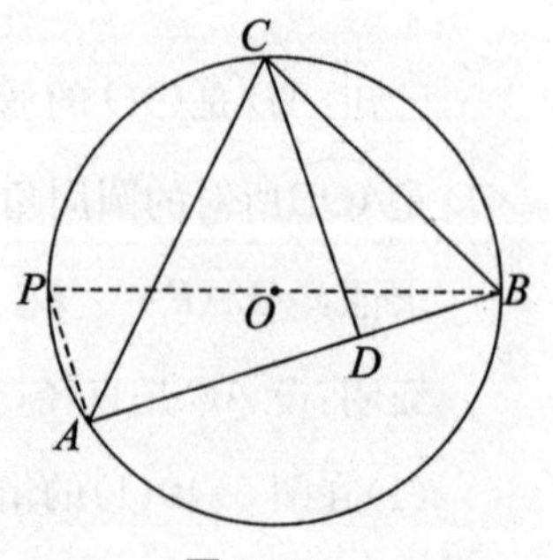

图 5-42

证明：如图 5-42，过 B 作$\triangle ABC$ 外接圆的直径 BP，若 P 与 A 重合，要证明的结论是显然的。若 P 与

A 不重合，那么

$\because BP$ 是直径，

$\therefore \angle BAP=90^\circ$（半圆所对的圆周角是直角）

$\because \angle BPA$ 与 $\angle BCA$ 相等或互补（圆周角定理），

$\therefore \dfrac{BP\cdot AP}{BC\cdot AC}=\dfrac{\triangle BPA}{\triangle BCA}=\dfrac{AP\cdot AB}{CD\cdot AB}$，（共角定理，面积公式）

$\therefore BP=\dfrac{BC\cdot AC}{CD}$，即 $d=\dfrac{ab}{h_c}$。

于是得到：

三角形外接圆直径等于它的任两边的积与第三边上的高的比。

用字母表示，即：

$$d=\frac{bc}{h_a}=\frac{ac}{h_b}=\frac{ab}{h_c}=\frac{abc}{2\triangle}。$$

其中$\triangle$表示$\triangle ABC$的面积。只要把$\dfrac{ab}{h_c}$分子分母同乘以 c，再用公式$\triangle=\dfrac{1}{2}ch_c$，即得上式的最后一个式子。

例 2 若 C、D 在直线 AB 的同侧，并且$\angle ACB=\angle ADB$，则 A、B、C、D 四点共圆，如图 5-43。

证明：设 h_1 和 h_2 分别为$\triangle ABD$、$\triangle ABC$ 在 AB 边上的高，d_1、d_2 分别为$\triangle ABD$、$\triangle ABC$ 外接圆的直径，由共角定理：

$$\frac{h_1}{h_2}=\frac{\triangle ABD}{\triangle ABC}=\frac{AD\cdot BD}{AC\cdot BC},$$

$$\therefore d_1=\frac{AD\cdot BD}{h_1}=\frac{AC\cdot BC}{h_2}=d_2。$$

即$\triangle ABC$与$\triangle ABD$的外接圆直径相等，两外接圆圆心都在 AB 的垂直平分线上，而且在直线 AB 的同侧（为什么？），所以两外接圆相同，即 A、B、C、D 在同一圆上。

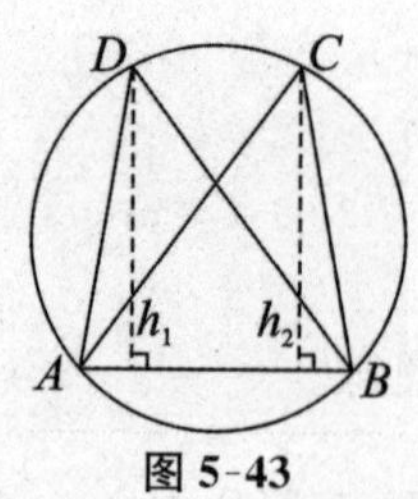

图 5-43

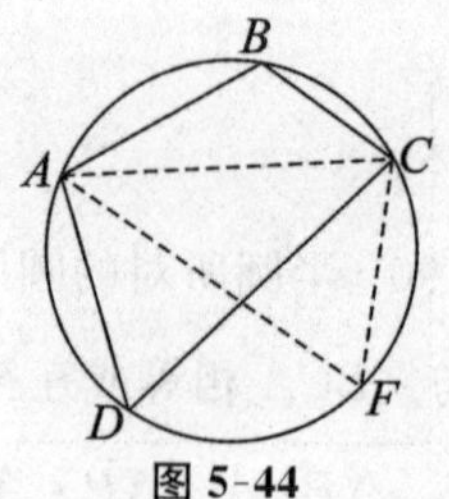

图 5-44

例 2 的直接推论之一是：

若四边形 $ABCD$ 对角互补，则 $ABCD$ 是圆内接四边形。

道理是这样的：作$\triangle ABC$ 的外接圆。在圆周上与 D 在直线 AC 同侧部分取一点 E，如图 5-44，这时$\angle E$ 与$\angle B$ 互补，按题设$\angle D$ 也与$\angle B$ 互补，故$\angle D=\angle E$。应用例 2 结论，可知 D 在$\triangle ABC$ 的外接圆上。

例 3 已知弓形$\overset{\frown}{ACB}$所含弓形角$\angle ACB=\alpha$，P 点在弓形内，Q 点在弓形外且与 C 在直线 AB 同侧。

求证：$\angle AQB<\alpha<\angle APB$。

证明：设直线 AP、BQ 分别与$\overset{\frown}{ACB}$交于 P_1、Q_1，如图 5-45，则

$\angle AQB<\angle AQ_1B$（三角形外角大于内对角）

$=\angle C=\alpha$（圆周角定理）

$=\angle AP_1B<\angle APB$。（三角形外角大于内对角）

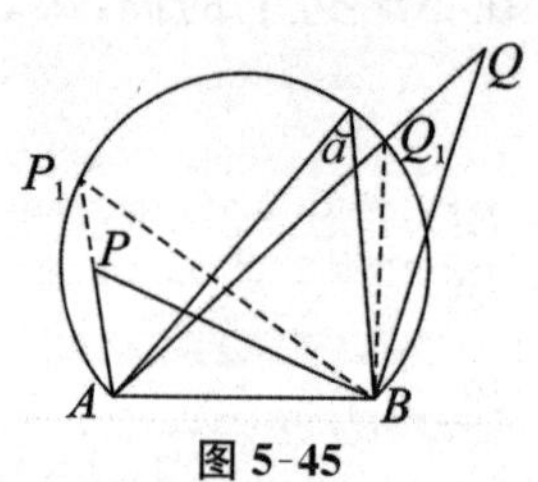

图 5-45

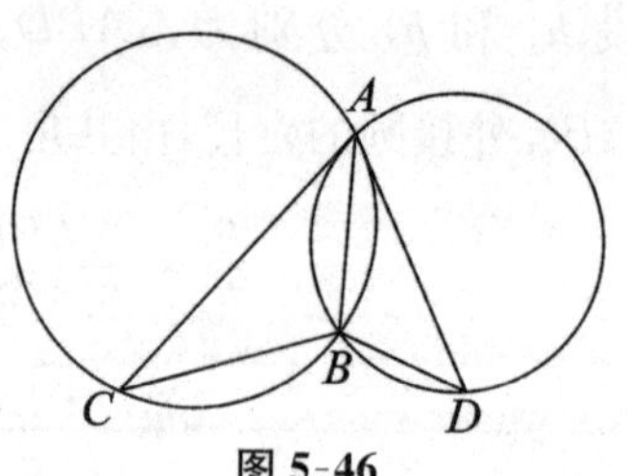

图 5-46

例 4 已知：$\odot O_1$ 和$\odot O_2$ 交于 A、B 两点。$\odot O_1$ 的弦 AC 与$\odot O_2$ 切于 A，$\odot O_2$ 的弦 AD 与$\odot O_1$ 切于 A，如图 5-46。

求证：$AB^2=BC\cdot BD$。

证明：$\because\angle C=\angle DAB$，$\angle D=\angle CAB$，（弦切角定理）

$\therefore\dfrac{AC\cdot BC}{DA\cdot AB}=\dfrac{\triangle ACB}{\triangle DAB}=\dfrac{AC\cdot AB}{DA\cdot BD}$，

$\therefore AB^2 = BC \cdot BD$。

例 5　在已知线段上作弧，使它所含的圆周角等于已知角。

已知：线段 AB、$\angle\alpha$。(图 5-47)

求作：以 AB 为弦的圆弧，使所含圆周角等于$\angle\alpha$。

作法：

(1)过 A、B 作 AB 的垂线 l_1、l_2。

(2)自 B 点作射线，使射线与 BA 在 l_2 的同侧，并且与 l_2 夹角为 α，与 l_1 交于 P。

(3)以 PB 为直径作圆，得$\overset{\frown}{APB}$，$\overset{\frown}{APB}$即为所求，这样的弧有两条，分别在直线 AB 的两侧。

证明略。

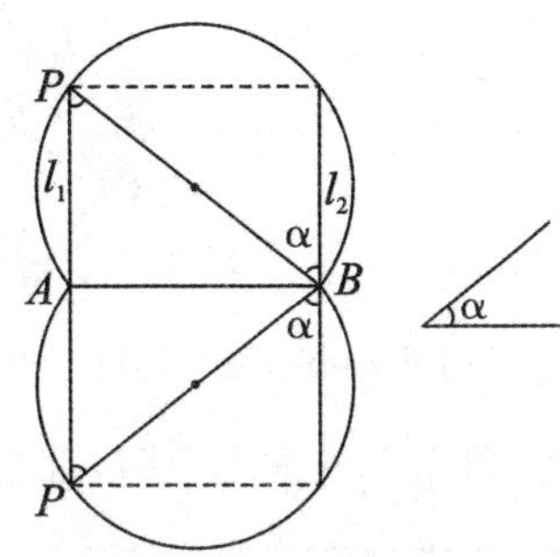

图 5-47

练习

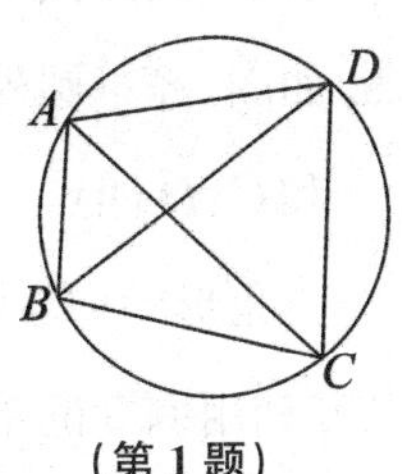

(第 1 题)

1. 图中圆内接四边形的对角线把 4 个内角分成 8 个角。找出相等的角，并且用同样的字母标注相等的角。
2. 在矩形的纸上画出一个圆，只用笔和直尺，怎样画出圆的直径，并且找出圆心？(提示：可以折纸；利用纸片的直角)
3. OA 是⊙O 的半径，以 OA 为直径的⊙C 与⊙O 的弦 AB 交于点 D。求证：D 是 AB 的中点。
4. 已知：$\triangle ABC$ 的中线为 CD，$AB=2CD$，并且$\angle B=60°$。求证：$\triangle ABC$ 外接圆的半径等于 BC。
5. (口头讨论)在临近暗礁的海岸上，建了两个灯塔 A、B，使暗礁包围在以 AB 为弦的弓形 AMB 内，弓形角$\angle AMB=\alpha$，那么，当航船 S 测得对两灯塔 A、B 的视角$\angle ASB<\alpha$ 时，就不会触礁，这是什么道理？

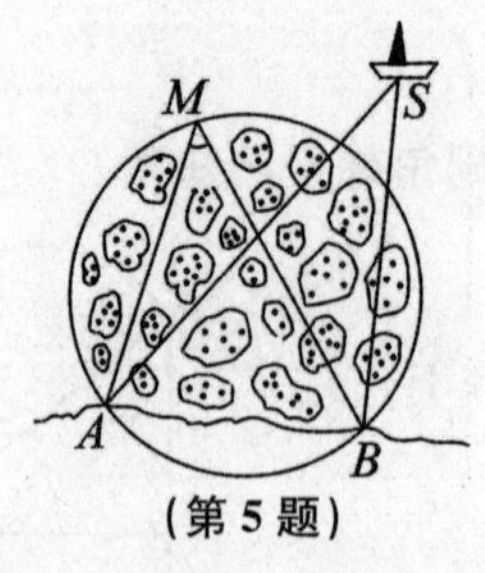

(第 5 题)

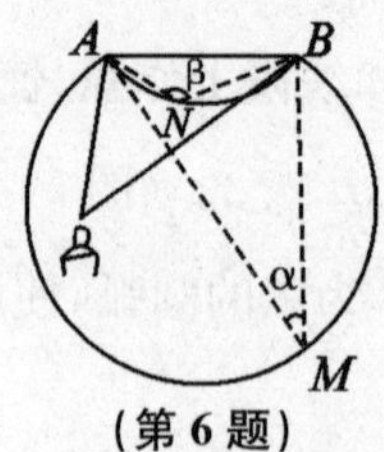

(第 6 题)

6.(口头讨论)图中 AB 表示电影院银幕上的画面。观众所在位置到画面两端的视角太大或太大小时，都会影响欣赏效果。如果视角在 α、β 之间较合适，那么，观众座位应安排在图上弓形$\overset{\frown}{AMB}$与$\overset{\frown}{ANB}$之间的部分，这是什么道理？

7. A、B、C、D 在一条直线上。直线外一点 P 使 $PA=PD$、$PB=PC$。已知：$\triangle PAD$、$\triangle PBC$ 的外接圆半径分别为 r_1 和 r_2。求证：$\triangle PAB$ 的外接圆半径为 $\sqrt{r_1 r_2}$。

8. 求证：圆内接平行四边形是矩形。

9. 如图，经过圆外一点 P 的两条直线与⊙O 相交于 A、B 和 C、D 四点，在图中有几对相似三角形？有几对共角三角形？（具体指出）

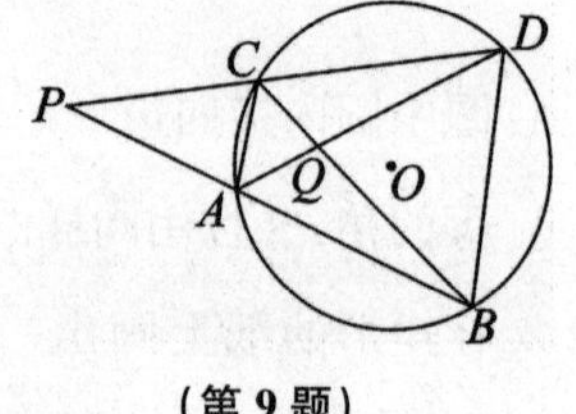

(第 9 题)

10. 利用例 3 的结果和反证法，证明“对角互补的四边形内接于圆。”

11. 在$\triangle ABC$ 中，AD、BE 是高，如图。求证：A、D、B、E 四点共圆。

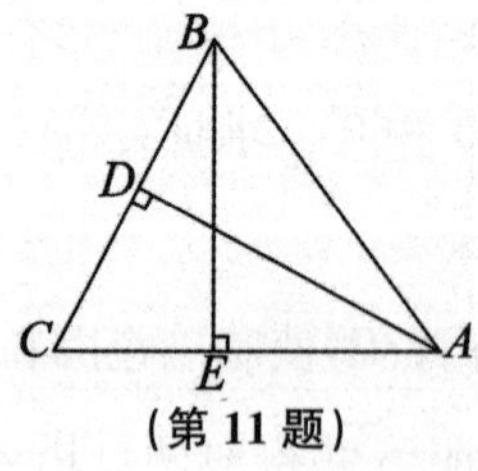

(第 11 题)

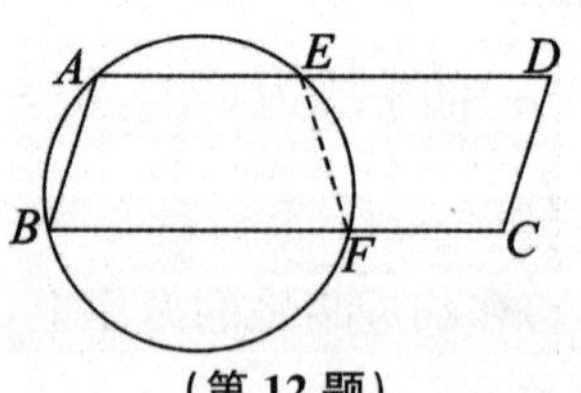

(第 12 题)

12. 已知▱$ABCD$ 中，过点 AB 的圆分别与 AD、BC 交于 E、F。求证 C、D、E、F 四点共圆。

13. 已知：CT 与⊙O 切于点 T，⊙O 的弦 AB 延长后过点 C。求证：$\angle ATC=\angle TBC$。

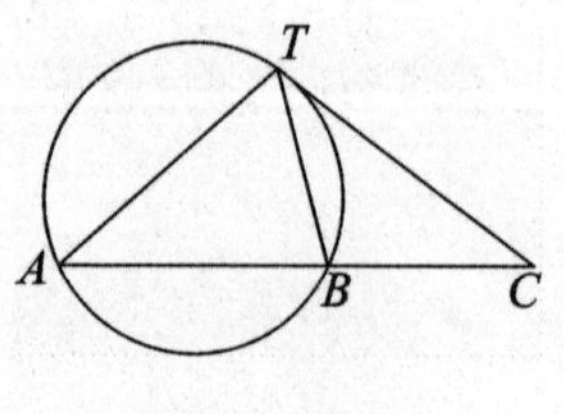

(第 13 题)

14. 已知：AB 是$\odot O$的弦，过$\odot O$上一点 M 作切线 CD。求证：$CD /\!/ AB$ 的充要条件是 $MA=MB$。

15. 取线段 $AB=3\text{cm}$，在 AB 上作弧，使它所含的圆周角等于 $45°$。

16. 在 AB 上作弧，使它所含圆周角为 $90°$，有什么简便方法？（不证明）

17. 在 AB 上作弧，使它所圆周角为 $60°$、$30°$、$120°$、$150°$等，有什么简便方法？（不证明）

18. （思考）找寻与例 5 中不同的方法，在已知线段 AB 上作弧，使所含弓形角等于已知角。

19. 图中 I 是$\triangle ABC$ 的内心，在图上找寻与 α、β、γ 相等的角，并标注上字母 α、β、γ 等。

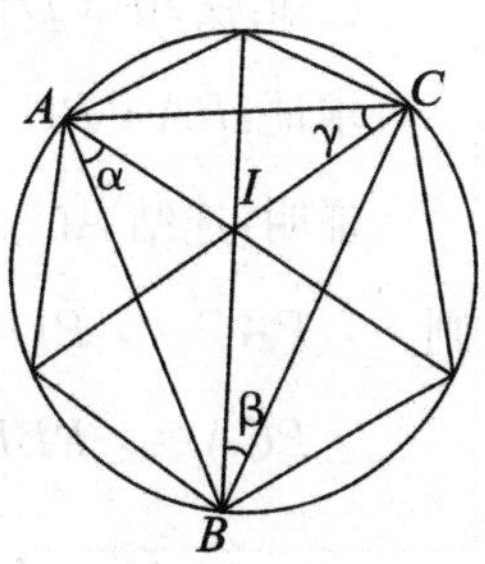

（第 19 题）

20. 利用圆周角定理及共角定理证明：同圆内两内接三角形面积比，等于三边乘积之比。（提示：若$\triangle ABC$、$\triangle A'B'C'$内接于同一圆，利用

$$\frac{\triangle ABC}{\triangle A'B'C'}=\frac{\triangle ABC}{\triangle ABC'}\cdot\frac{\triangle ABC'}{\triangle AB'C'}\cdot\frac{\triangle AB'C'}{\triangle A'B'C'}$$

来过渡，注意等式右端有三对共角三角形）

5.9 圆幂定理

前面讲了圆周角定理的一系列推论，都是关于角的。下面的几个定理，也是圆周角定理的推论，是关于线段的。

相交弦定理　圆内两弦相交，被交点分成的两条线段长的积相等。

已知：弦 AB 和 CD 交于圆内一点 P，如图 5-48。

求证：$PA\cdot PB=PC\cdot PD$。

证明：连结 AC、BD，

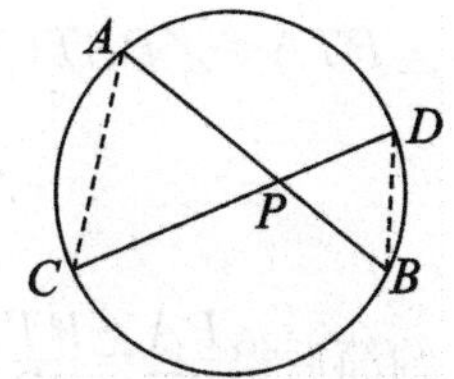

图 5-48

则　$\angle PAC=\angle PDB$

$\angle PCA=\angle PBD$（为什么）

$$\therefore \frac{PA\cdot AC}{PD\cdot DB}=\frac{\triangle PAC}{\triangle PDB}=\frac{PC\cdot AC}{PB\cdot DB}\quad（共角定理）$$

约简后得 $\dfrac{PA}{PD}=\dfrac{PC}{PB}$,即 $PA \cdot PB=PC \cdot PD$。

如果两弦的延长线相交于圆外,结果还是一样的,证明几乎一字不改。

两割线定理　圆内两弦的延长线相交,被交点外分成的两条线段长的积相等。

已知:弦 AB、CD 的延长线交于圆外一点 P,如图 5-49。

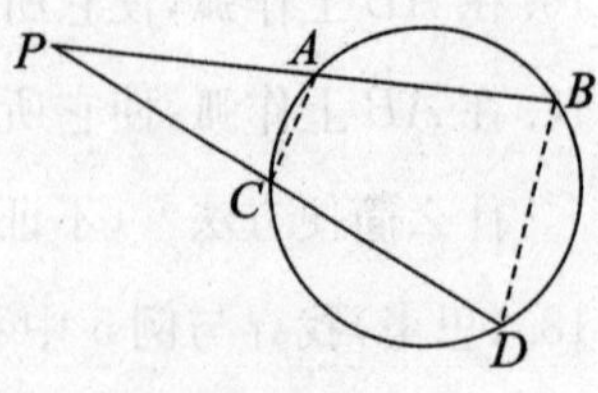

图 5-49

求证:$PA \cdot PB=PC \cdot PD$。

证明:连结 AC、BD,

则　$\angle PAC=\angle PDB$

$\angle PCA=\angle PBD$(为什么)

$$\therefore \frac{PA \cdot AC}{PD \cdot DB}=\frac{\triangle PAC}{\triangle PDB}=\frac{PC \cdot AC}{PB \cdot DB}\text{(共角定理)}$$

约简后得 $\dfrac{PA}{PD}=\dfrac{PC}{PB}$,即 $PA \cdot PB=PC \cdot PD$。

比较一下,两条定理的证明有什么不同?如果两弦中有一条弦长度变为 0,图 5-49 中的一条割线变成了切线,两割线定理就成了。

切割线定理　从圆外一点引圆的切线和割线,则切线长是这点到割线与圆交点的两条线段长的比例中项。

已知:点 P 是圆外一点,PT 是切线,切点为 T,PA 是割线,A、B 是它与圆的交点,如图 5-50。

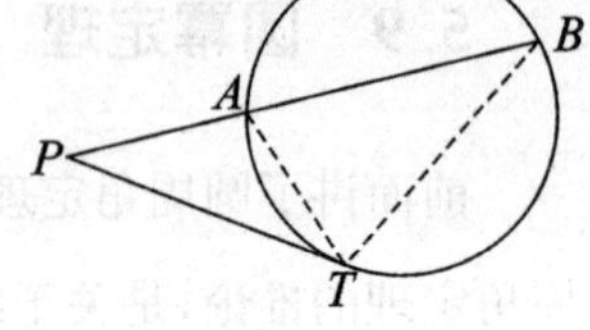

图 5-50

求证:$PT^2=PA \cdot PB$。

证明:连结 AT、BT,则 $\angle PAT=\angle PTB$(为什么)

$\angle PTA=\angle PBT$(为什么)

$$\therefore \frac{PA \cdot AT}{PT \cdot TB}=\frac{\triangle PAT}{\triangle PTB}=\frac{PT \cdot AT}{BP \cdot TB}\text{(共角定理)。}$$

约简后得 $\dfrac{PA}{PT}=\dfrac{PT}{PB}$,即 $PT^2=PA \cdot PB$。

比较一下,切割线定理的证明与两割线定理的证明有什么不同?怎样把两割线定理的证明变成切割线定理?

根据切割线定理,自 P 引任一直线与圆交于 X、Y 两点,总有 $PX \cdot PY=PT^2$。

设圆半径为 r，P 到圆心距离为 d，则得

$$PX \cdot PY = PT^2 = d^2 - r^2。$$

当 P 在圆内时，过 P 不能作圆的切线了，但数 d^2-r^2 还是有的。我们把 d^2-r^2 叫做点 P 关于这个圆的幂。上面三个定理，可以看成是下列圆幂定理的推论：

圆幂定理　这一点作直线与圆交于两点（两点可能重合），则这点到两交点的距离的乘积，等于这点到圆的幂的绝对值。

已知：直线 l 过点 P，与⊙O 交于 A、B，⊙O 半径等于 r，点 P 到圆心的距离 $PO=d$。

求证：$PA \cdot PB = |d^2-r^2|$。

证明：可能有四种情形。

(1)AP 是⊙O 的直径，如图 5-51(1)。

$$\begin{aligned} PA \cdot PB &= (PO+OB)|PO-OA| \\ &= |(d+r)(d-r)| = |d^2-r^2|; \end{aligned}$$

(2)P 在⊙O 之外，A、B 重合，如图 5-51(2)。

$PA \cdot PB = PA^2 = PO^2 - OA^2 = |d^2-r^2|$。（勾股定理）

(3)、(4)两种情形，A、B 不重合而且 AB 不是直径，如图 5-51(3)、(4)。

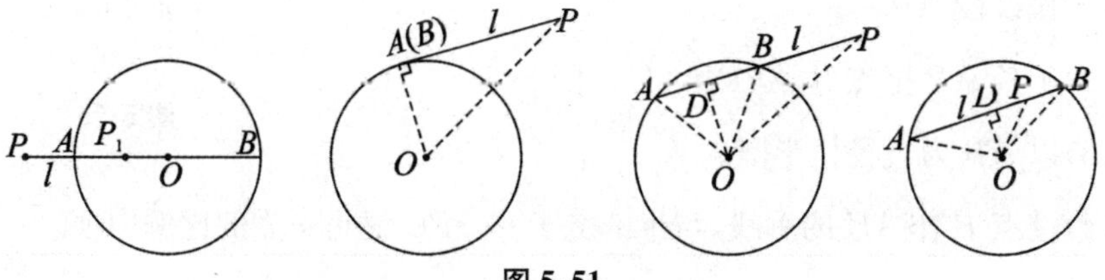

图 5-51

自 O 向 AB 引垂线段 OD，连结 OA、OB、OP，则

$$\begin{aligned} PA \cdot PB &= (PD+AD) \cdot |PD-BD| = |PD^2-AD^2| \\ &= |(PO^2-OD^2)-(AO^2-OD^2)| \\ &= |PO^2-AO^2| = |d^2-r^2|。 \end{aligned}$$

想一想，为什么说前面三条定理都是圆幂定理的直接推论？

圆幂定理不但肯定了 $PA \cdot PB = PC \cdot PD$，而且告诉我们乘积等于 $|d^2-r^2|$，

所以更具体了。

由相交弦定理,可得

推论　如果弦与直径垂直相交,那么弦的一半是它分直径所成两条线段的比例中项。

如图 5-52,CD 是⊙O 的弦,AB 是⊙O 的直径,$AB\perp CD$,垂足为 P,则因 $PC=PD$,得:

$$PC^2=PA\cdot PB。$$

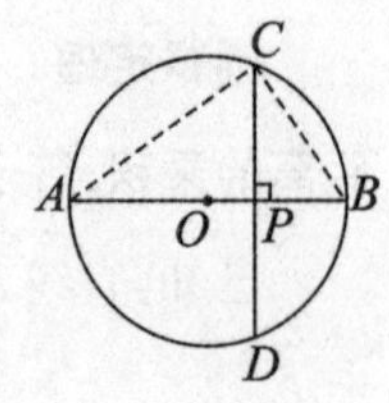

图 5-52

注意到$\angle ACB=90°$,PC 是 Rt$\triangle ABC$ 斜边上的高,所以上述推论是我们早已知道的一条定理的另一种表述。那条定理是:Rt△中,斜边上的高是它分斜边所成两线段的比例中项。

另一方面,我们在 5.1 的例 2 中也证明过

$$CD^2=4AP\cdot BP,$$

这也就是 $PC^2=AP\cdot BP$。

例 1　已知:线段 a、b。

求作:线段 c,使 $c^2=ab$。

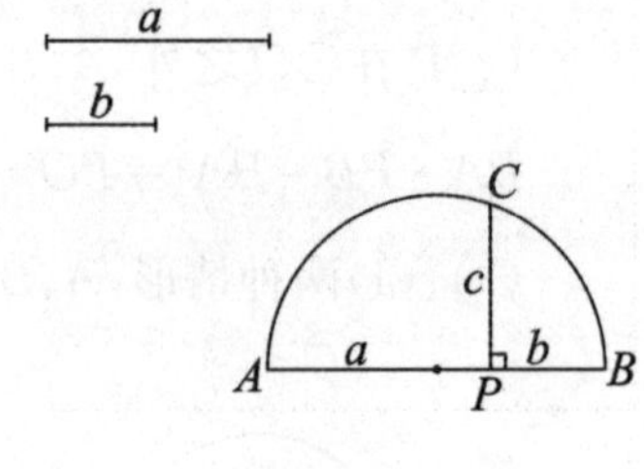

图 5-53

作法:

(1)作线段 $AP=a$

(2)延长 AP 至点 B,使 $PB=b$。(图 5-53)

(3)以 AB 为直径作半圆。

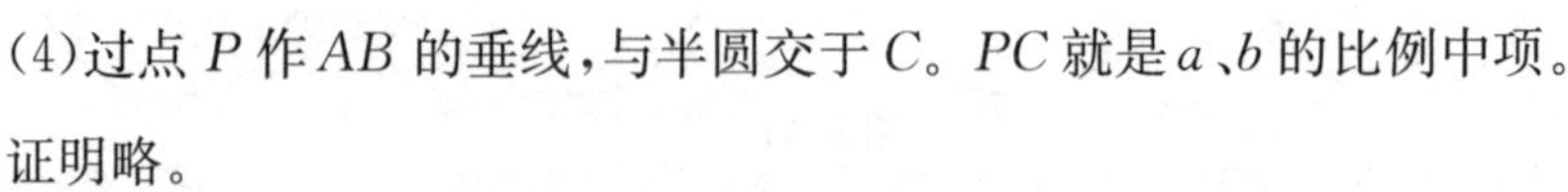

(4)过点 P 作 AB 的垂线,与半圆交于 C。PC 就是 a、b 的比例中项。

证明略。

例 2　已知:AB 是⊙O_1、⊙O_2、⊙O_3……的公共弦,从 AB 的延长线上任一点 P 向各圆引切线 PT_1、PT_2、PT_3,…,T_1、T_2、T_3……是切点。(图 5-54)

求证:T_1、T_2、T_3……在以 P 为心的圆上。

证明:∵PA 是⊙O_k 的割线,PT_k 是⊙O_k 的切线,($k=1,2,3$……)

∴$PT_k^2=PA\cdot PB(k=1,2,3\cdots\cdots)$(切割线定理)

∴$PT_1=PT_2=PT_3=\cdots\cdots$

$\therefore T_1$、T_2、T_3……在以 P 为心的圆上。

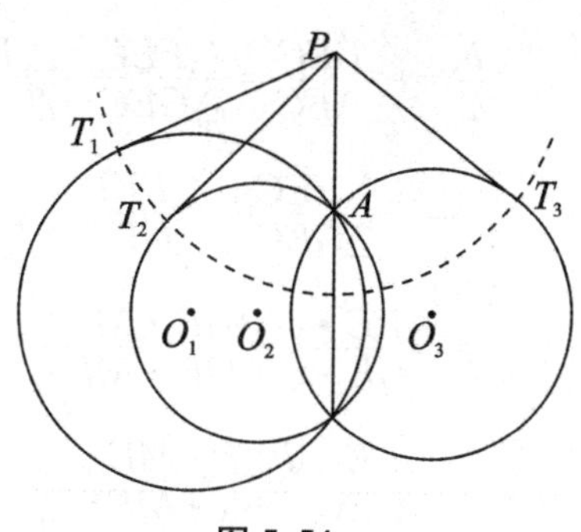

图 5-54

例 3(蝴蝶定理) 设⊙O 内三弦 AB、CD、EF 交于⊙O 内一点 M,M 是 AB 中点,弦 DE、CF 分别与 AB 交于 G、H。(图 5-55)。

求证:$MG=MH$。

证明:如图 5-55,$\angle D=\angle F$,$\angle E=\angle C$,$\angle 1=\angle 2$,$\angle 3=\angle 4$,故得

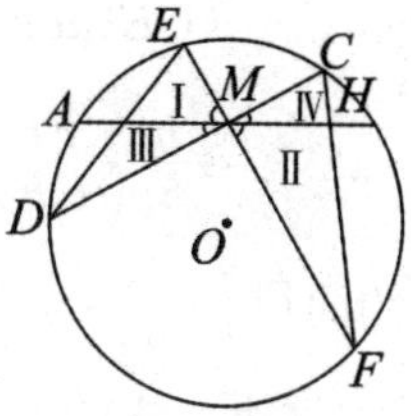

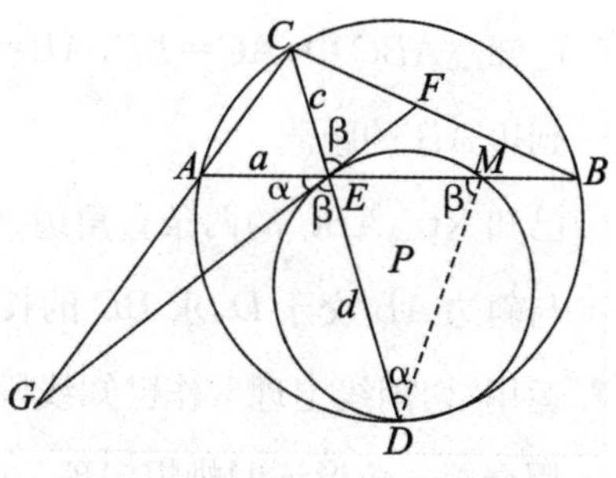

图 5-55

$$\text{Ⅰ}=\frac{\triangle\text{Ⅰ}}{\triangle\text{Ⅱ}}\cdot\frac{\triangle\text{Ⅱ}}{\triangle\text{Ⅲ}}\cdot\frac{\triangle\text{Ⅲ}}{\triangle\text{Ⅳ}}\cdot\frac{\triangle\text{Ⅳ}}{\triangle\text{Ⅰ}}$$

$$=\frac{ME\cdot MG}{MF\cdot MH}\cdot\frac{MF\cdot HF}{MD\cdot GD}\cdot\frac{MD\cdot MG}{MC\cdot MH}\cdot\frac{MC\cdot HC}{ME\cdot GE}\text{(共角定理)}$$

$$=\frac{MG^2\cdot HF\cdot HC}{MH^2\cdot GD\cdot GE}=\frac{MG^2\cdot HA\cdot HB}{MH^2\cdot GA\cdot GB}\text{(相交弦定理)}$$

$$=\frac{MG^2(MA+MH)(MB-MH)}{MH^2(MB+MG)(MA-MG)}$$

$$=\frac{MG^2(MA^2-MH^2)}{MH^2(MA^2-MG^2)}\qquad(MA=MB)$$

$\therefore\ MH^2(MA^2-MG^2)=MG^2(MA^2-MH^2)$。

整理得 $MH^2=MG^2$,即 $MH=MG$。

例 4 如图 5-56,圆内两弦 AB、CD 交于 E,在线段 BE 上取点 M,过 M、E、D 三点作⊙P,作⊙P 在 E 点的切线,分别与直线 BC、AC 交于 F、G。

求证:$\dfrac{GE}{FE}=\dfrac{AM}{BM}$。

证明:记 $AE=a$,$BE=b$,$CE=c$,$DE=d$,$\angle EDM=\alpha$,$\angle EMD=\beta$,则

图 5-56

$\angle AEG=\angle BEF=\alpha$,$\angle GED=\angle CEF=\beta$(弦切角定理)于是:

$$\frac{b}{a}=\frac{\triangle BEC}{\triangle AEC}=\frac{\triangle FEC+\triangle FEB}{\triangle GEC-\triangle GEA}$$

$$=\frac{(\triangle FEC+\triangle FEB)/\triangle MED}{(\triangle GEC-\triangle GEA)/\triangle MED}$$

$$=\frac{FE\cdot c/(ME\cdot MD)+FE\cdot b/(d\cdot MD)}{GE\cdot c/(ME\cdot MD)-GE\cdot a/(d\cdot MD)}\text{（共角定理）}$$

$$=\frac{FE(cd+b\cdot ME)}{GE(cd-a\cdot ME)}$$

$$=\frac{FE(ab+b\cdot ME)}{GE(ab-a\cdot ME)}=\frac{b\cdot FE(a+ME)}{a\cdot GE(b-ME)}\text{（相交弦定理）}$$

$$=\frac{b}{a}\cdot\frac{FE}{GE}\cdot\frac{AM}{BM}$$

约简得

$$\frac{GE}{FE}=\frac{AM}{BM}。$$

练习

1. 用相似三角形证明相交弦定理。
2. 用相似三角形证明切割线定理。
3. 用相似三角形证明两割线定理。
4. 圆的两弦 AB、CD 交于 P，已知 $AP=3\text{cm}$，$PB=5\text{cm}$，$CP=2.5\text{cm}$，求 CD。
5. 已知$\triangle ABC$中，$AC=BC$，$AB=8\text{cm}$，$\triangle ABC$ 面积为 8cm^2，求$\triangle ABC$的外心 O 到边 AB 的距离。
6. 已知 Rt$\triangle ABC$ 的两条直角边 AC、BC 的长分别为 3cm、4cm，以 AC 为直径作圆与斜边 AB 交于 D，求 BD 的长。
7. 运用“切割线定理”，作已知线段 a、b 的比例中项。
8. 用全等三角形证明蝴蝶定理。（提示：过 C 作 AB 的平行线与⊙O 交于 E_1，证明$\triangle ME_1G\cong\triangle MCH$。为此，只要证明$\angle DGM=\angle EE_1M$，以导出 G、E、E_1、M 四点共圆）

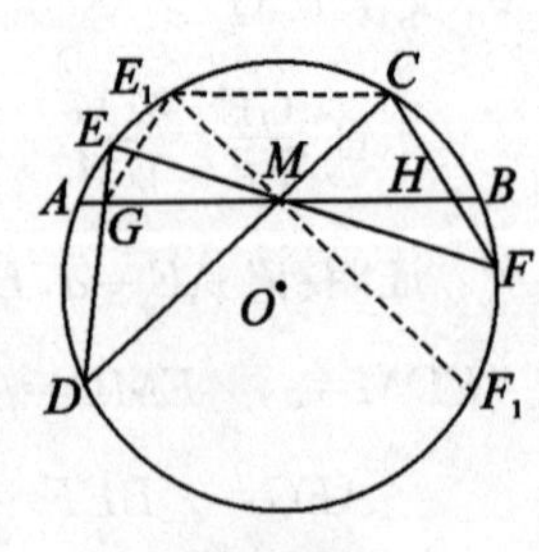

（第 8 题）

9. 在例 3 中，如果直线 DE、CF 在圆外与 AB 交于 G、H。

求证:$MG=MH$。(提示:方法不变)

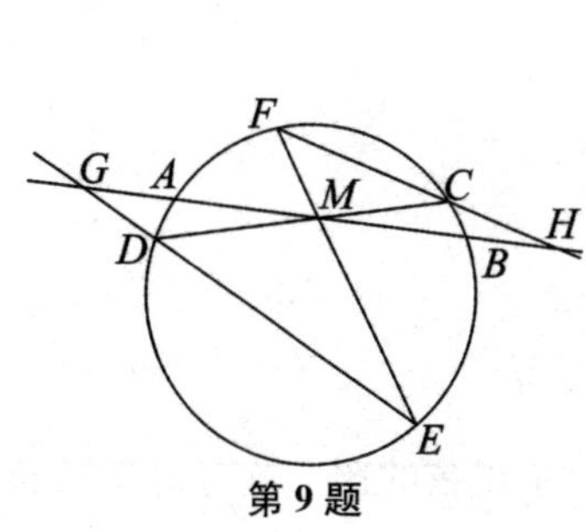

第 9 题

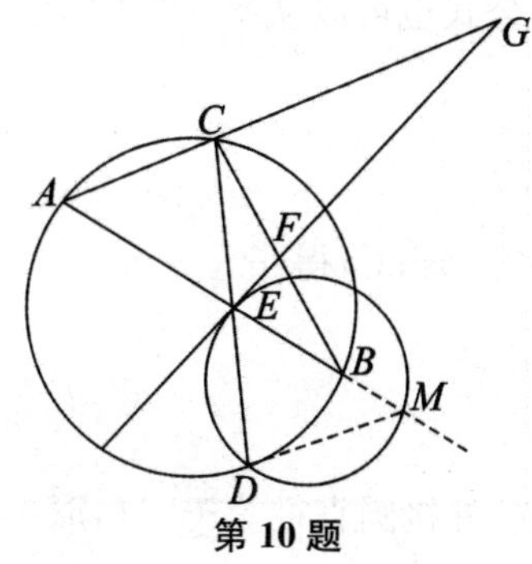

第 10 题

10. 在例 4 中,如果 M 在 AB 的延长线上,如图所示,试证明同样的结论:$\dfrac{GE}{FE}=\dfrac{AM}{BM}$。

11. 圆内两弦 AB、CD 交于 E,$AB\perp CD$。过 E 作 AD 的垂线交 AD 于 F,交 BC 于 G。求证:$BG=GC$。

(提示:$\dfrac{BG}{GC}=\dfrac{\triangle BEG}{\triangle CEG}\cdot\dfrac{\triangle DEF}{\triangle AEF}\cdot\dfrac{AF}{DF}$,或$\dfrac{BG}{GC}=\dfrac{\triangle BEG}{\triangle AEF}\cdot\dfrac{\triangle AEF}{\triangle ADE}\cdot\dfrac{\triangle ADE}{\triangle DEF}\cdot\dfrac{\triangle DEF}{\triangle CEG}$。)

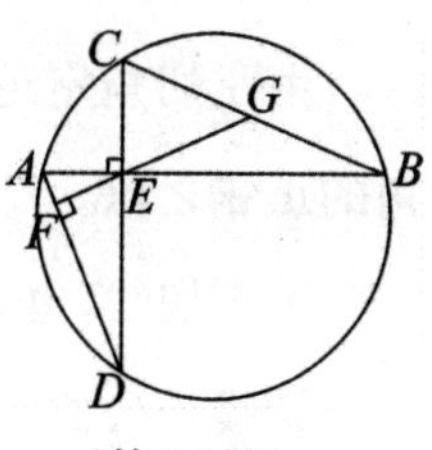

(第 11 题)

5.10 圆周角所对的弦长与切线长

圆周角定理的又一推论是

弦长公式　弦的长度等于直径与弦所对的圆周角的正弦的积。

如图 5-57,设$\odot O$直径为 d,有

$$AB=d\sin\alpha。$$

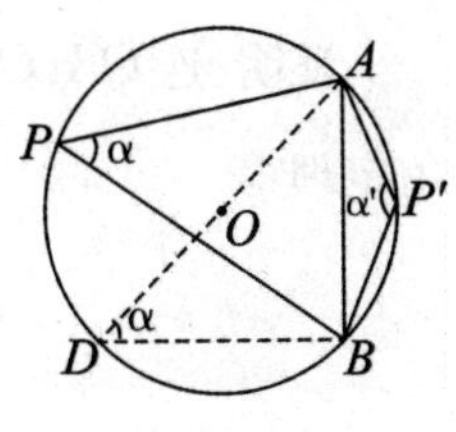

图 5-57

要证明这一公式,只要过 A 作$\odot O$的直径 AD,利用直角三角形锐角正弦等于对边比斜边及圆周角定理,便有$\angle P=\angle D$或$\angle P$与$\angle D$互补,

$$\therefore \sin\angle P=\sin\angle P'=\sin\angle D=\frac{AB}{AD},$$

$\therefore AB=AD\sin\angle P=d\sin\alpha$。

这一公式也可以从5.8中例1的推论得到:从例1结论推出

$$d=\frac{abc}{2\triangle},$$

再用$\triangle=\frac{1}{2}ab\sin C$,得

$$d=\frac{abc}{ab\sin C}=\frac{c}{\sin C}$$

即,$\triangle ABC$外接圆直径等于三角形一边与其对角正弦的比。这等价于弦长公式。

对圆内接$\triangle ABC$的三边使用弦长公式,又一次证明了正弦定理:

$$\frac{abc}{2\triangle}=\frac{a}{\sin A}=\frac{b}{\sin B}=\frac{c}{\sin C}=d$$

而且揭示了正弦定理中边与对角正弦之比的意义。

由弦切角定理及弦长公式可知,**弦的长度等于直径与弦切角的正弦之积。**

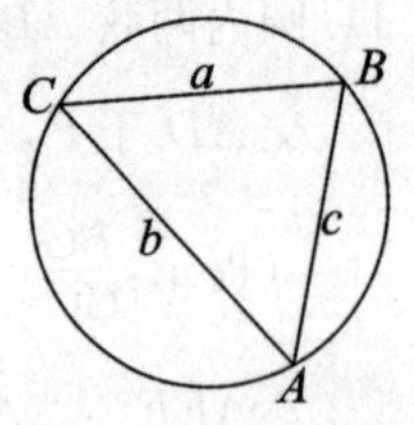

图 5-58

关于切线,也有类似的公式:

切线长公式 自圆外一点P引两切线PA、PB,A、B为切点,则切线PA的长等于圆的半径与弦AB所对的圆周角的正切的乘积。

已知PA、PB是$\odot O$的切线,C是$\odot O$上不同于A、B的任一点,r是$\odot O$的半径,如图5-59。

求证:$PA=r|\tan\angle ACB|$。

证明:连OA、OB、OP,由直角三角形中锐角正切等于对边与邻边的比及圆周角定理得

$$\tan\angle C=|\tan\angle C'|=\tan\angle POA=\frac{PA}{OA}=\frac{PA}{r}$$

$\therefore\quad PA=r\tan\angle C=r|\tan\angle C'|$

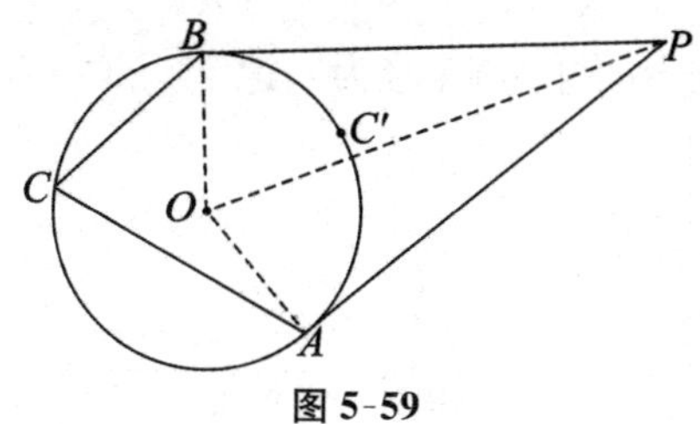

图 5-59

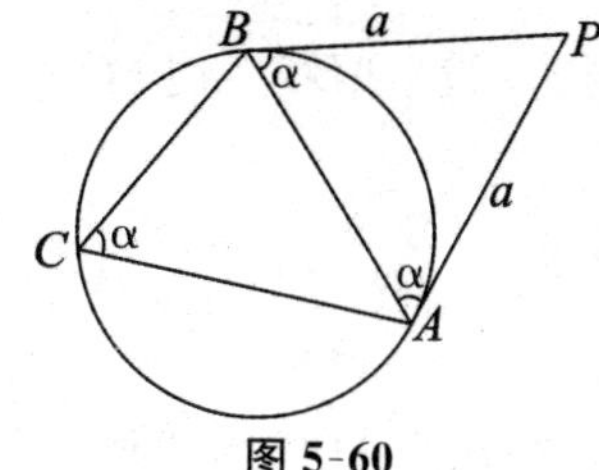

图 5-60

切线长公式也可以用其他办法导出，例如，在图 5-60 中，连结 AB，用三角形面积公式得

$$a \cdot AB\sin\alpha = a^2\sin(180^\circ - 2\alpha) = a^2\sin 2\alpha$$

$$\therefore a = \frac{AB\sin\alpha}{\sin 2\alpha} = \frac{d\sin^2\alpha}{2\sin\alpha\cos\alpha} = \frac{d}{2} \cdot \frac{\sin\alpha}{\cos\alpha} = r\tan\alpha$$

例 1　已知弦 AB 的长等于圆的半径，求：$\overset{\frown}{AB}$所含的弓形角 α。

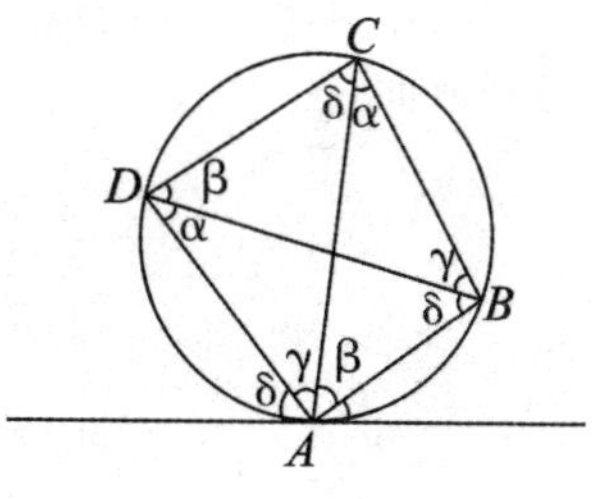

图 5-61

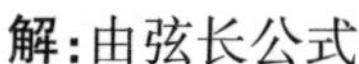

解：由弦长公式

$r = AB = 2r\sin\alpha$，

$\therefore \sin\alpha = \frac{1}{2}$。

$\because \overset{\frown}{AB}$是劣弧，

$\therefore \alpha$ 是钝角。

$\therefore \alpha = 150^\circ$

例 2　（托勒玫定理）四边形 $ABCD$ 内接于圆。

求证：$AB \cdot CD + BC \cdot AD = AC \cdot BD$。

证明：如图 5-61，过 A 作圆的切线，根据圆周角定理与弦切角定理标记图中各角后，用弦长公式得

$$\sin\alpha = \frac{AB}{d}, \sin\beta = \frac{BC}{d}, \sin\gamma = \frac{CD}{d}, \sin\delta = \frac{AD}{d} \quad \sin(\alpha+\beta) = \frac{AC}{d}, \sin(\beta+\gamma) = \frac{BD}{d}$$

代入三角恒等式：（见第四章，习题四 35 题）

$$\sin\alpha \cdot \sin\gamma + \sin\beta\sin\delta = \sin(\alpha+\beta) \cdot \sin(\beta+\gamma)$$

去分母后即得所要证的结论。

例 3 设$\triangle ABC$三边$BC=a,CA=b,AB=c$,内切圆半径为r,记$s=\frac{1}{2}(a+b+c)$。

求证:$\frac{s-a}{\tan\frac{B+C}{2}}=\frac{s-b}{\tan\frac{A+C}{2}}=\frac{s-c}{\tan\frac{A+B}{2}}=r$。

证明:设$\triangle ABC$内切圆与三边的切点为D、E、F,如图5-62,记

$x=AF=AE,y=BF=BD,z=CE=CD$。

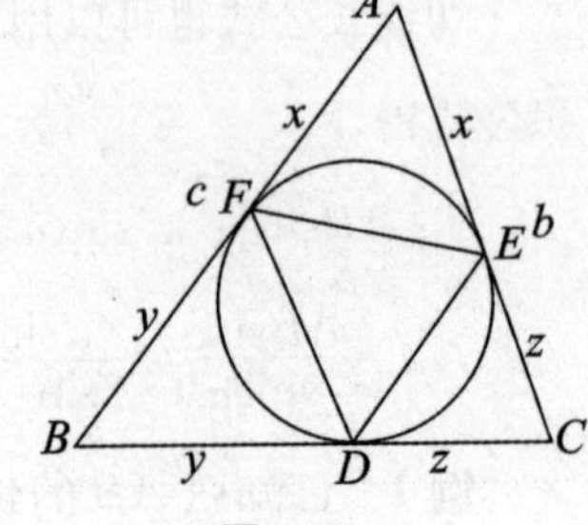

图 5-62

则$\begin{cases}y+z=a,\\x+z=b,\text{并且 }x+y+z=s=\frac{1}{2}(a+b+c),\\x+y=c,\end{cases}$

解出$x=s-a,y=s-b,z=s-c$。

另一方面,

$$\begin{aligned}\angle FDE&=180^\circ-\angle EDC-\angle FDB\\&=180^\circ-(\frac{180^\circ-\angle C}{2})-(\frac{180^\circ-\angle B}{2})\\&=\frac{1}{2}(\angle B+\angle C)\end{aligned}$$

$\therefore s-a=AF=AE=r\tan\angle FDE=r\tan(\frac{B+C}{2})$。

同理 $s-b=r\tan(\frac{A+C}{2}),s-c=r\tan(\frac{A+B}{2})$。

练习

1. 在半径为5cm的圆中,作内接$\triangle ABC$。已知角$A=105^\circ,B=15^\circ$,求三边a、b、c的长。

2. 已知:$\odot O$中圆周角$\angle APB=30^\circ$,它所对的弦$AB=6$cm,求270°的弧$\overset{\frown}{CMD}$所对的弦的长度。

3. 不用三角函数恒等式,直接证明例2结果(托勒玫定理)。(提示:如图,过D作AC的平行线与圆交于D',则$D'A=DC,D'C=DA$。再利用面积关系:$\triangle D'AB+\triangle D'BC=S_{ABCD}$)

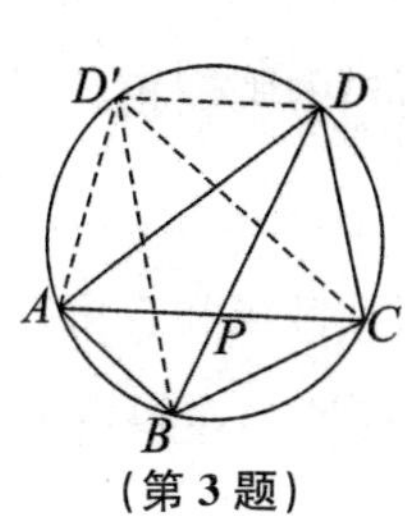

（第 3 题）

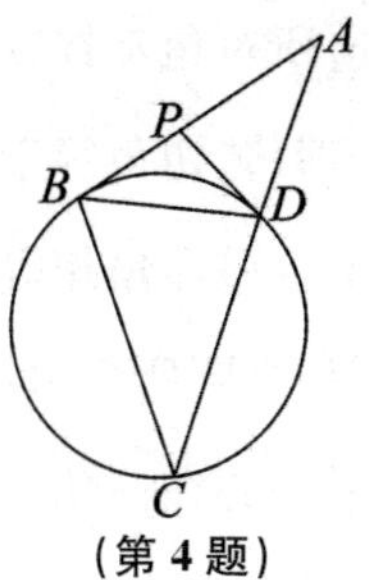

（第 4 题）

4. 已知△ABC 中，$\angle C=36°$，过 B、C 作圆与 AB 切于 B，与 AC 边交于 D，过 D 作切线与 AB 交于 P，求折线 BPD 的长。

5. 已知△ABC 的三边 a、b、c，求它的外接圆半径 R 与内切圆半径 r 的比，并证明 $R \geqslant 2r$。

小结

圆弧的度数，就是它所对圆心角的度数。在同圆或等圆中，度数相等的弧叫等弧。等弧可以互相重合。这是因为圆绕圆心旋转时，圆上的点仍落在圆上。

在同圆或等圆中，如果两圆心角、两条弧、两条弦或两条弦的弦心距中有一组量相等，那么它们所对应的其余各组量都分别相等。

按定义，圆心角的平分线也就是平分圆心角所对弧的半径，所以，垂径定理不过是"等腰三角形顶角的平分线，底边上的中线与高三线重合"的另一种表述方式：垂直于弦的直径平分这条弦，并且平分弦所对的弧，即等腰三角形底边上的高平分底边，并且平分顶角。用这个观点一看，在引入圆周角定理之前，关于圆的知识，大都是术语、定义，本质上没有新的东西。

圆周角定理：圆周角的度数，等于它所对弧的度数的一半。这是关于圆的最重要的定理，它有许多有用的推论：

关于角的推论有：

(1)同弧所对的圆周角，等于所对的圆心角的一半。

(2)同弧所对的圆周角相等。在同圆或等圆中，相等的圆周角所对的弧相等。

(3)半圆所对圆周角是直角，90°的圆周角所对的弦是直径。

(4)同一圆中，平行弦所夹两弧相等。

(5)圆内接四边所对角互补,并且任一外角等于它的内对角。

(6)(弦切角定理)弦切角等于它所夹的弧所对的圆周角。

(7)同一弓形所含弓形角相等。

(8)优弧、劣弧和半圆所含弓形角分别为锐角、钝角和直角。

(9)锐角三角形外心在三角形内,直角三角形外心在斜边上,钝角三角形外心与钝角顶点分居于最大边的两侧。

(10)对角互补的四边形是圆内接四边形。

(11)若两点在直线 AB 同侧,且至 AB 的视角相等,则这两点与 A、B 四点共圆。

上面(10)和(11)两条,分别是(5)和(7)两条的逆定理。

与线段有关的推论有:

(1)三角形外接圆的直径,等于它的两边乘积与第三边上的高的比。

(2)相交弦定理:同圆的两弦交于圆内,被交点分成的两条线段长的积相等。

(3)两割线定理:同圆的两弦延长线交于圆外,被交点分成的两条线段长的积相等。

(4)切割线定理:从圆外一点引圆的切线和割线,切线长是这点到割线与圆交点的两条线段长的比例中项。

(5)弦与直径垂直相交,则弦的一半是它分直径所成两条线段的比例中项。

上面(2)、(3)、(4)三条,可以概括为:

圆幂定理:过一点作直线与圆交于两点(两点可能重合),则这点到两交点的距离的乘积,等于这点到圆的幂的绝对值。由圆周角定理,还可导出弦长公式:弦的长度等于圆的直径与弦所对的圆周角的正弦的积。

根据这个公式,可以给正弦定理以更清楚的说明:设$\triangle ABC$三边为 a、b、c,外接圆直径为 d,三角形面积为$\triangle$,则有

正弦定理:

$$\frac{abc}{2\triangle}=\frac{a}{\sin A}=\frac{b}{\sin B}=\frac{c}{\sin C}=d。$$

三、圆的外切、内接多边形

5.11　圆的外切四边形与内接四边形

顶点都在同一个圆上的多边形叫做**圆内接多边形**，这个圆叫做这个**多边形的外接圆**。各边都与同一个圆相切的多边形叫**圆外切多边形**，这个圆叫做这个**多边形的内切圆**。

我们已经知道，三角形有唯一的外接圆，也有唯一的内切圆。

四边形不一定有外接圆，也不一定有内切圆。有外接圆的四边形要满足一定的条件，有内切圆的四边形也要满足一定的条件。

圆内接四边形的特征性质：

(1)对角互补。

(2)外角等于内对角。

(3)一条边的两端关于它的对边视角相等。

(4)两条对角线被它们交点分成的两线段的长的积相等。

前面已经证明，圆内接四边形具有以上诸性质，并且证明了具有性质(1)、(2)、(3)之一的四边形是圆内接四边形。剩下的问题是证明：满足条件(4)的四边形是圆内接四边形。

已知：四边形 $ABCD$ 的两条对角线 AC、BD 交于 P，并且 $PA\cdot PC=PB\cdot PD$。

求证：A、B、C、D 四点共圆。

证明：过 A、B、D 三点作圆，与 AP 的延长线交于 C'，则

$PC'\cdot PA=PB\cdot PD$(相交弦定理)

$PC\cdot PA=PB\cdot PD$(已知)

两式相比得 $PC'=PC$，即 C 与 C' 重合。

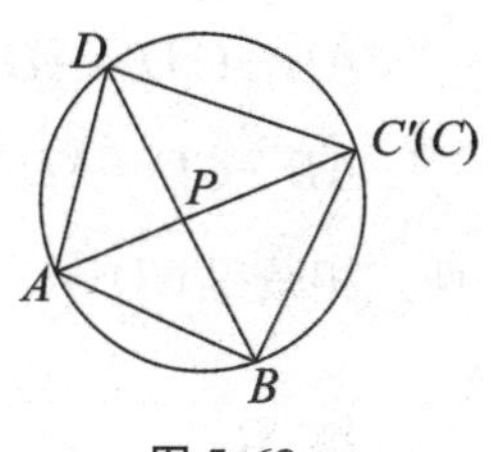

图 5-63

圆外切四边形的特征性质：一双对边长度的和等于另一双对边长度之和。

下面分两步来证明这条特征性质。

(1)圆外切四边形两双对边长度的和相等。

已知:四边形 $ABCD$ 外切于⊙O。

求证:$AB+CD=BC+AD$。

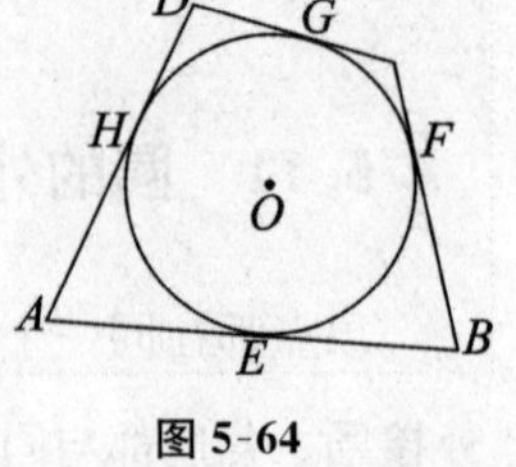

图 5-64

证明:如图 5-64,设切点为 E、F、G、H,则由切线长定理:

$$AE=AH, BE=BF, CG=DF, DG=DH$$

四式相加,得所要证的等式。

(2)若四边形两双对边长度的和相等,则是圆外切四边形。

已知:四边形 $ABCD$ 中,$AB+CD=BC+AD$。

求证:$ABCD$ 是圆外切四边形。

证明:设$\angle A+\angle B\leqslant 180°$,作$\angle A$、$\angle B$ 的平分线交于 O,以 O 为心,作⊙O 与 AB、AD、BC 切于 G、E、F。(图 5-65)

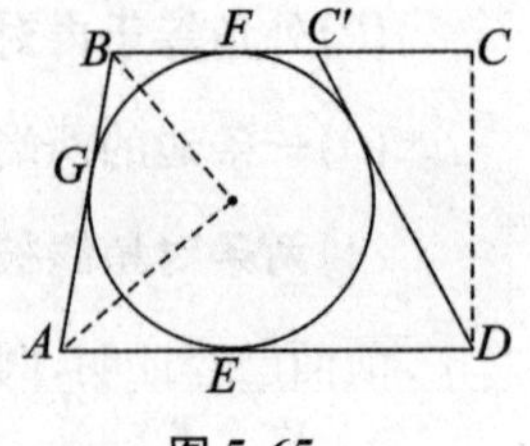

图 5-65

由题设 $AD+BC>AB$,故 D 在 AE 的延长线上或 C 在 BF 延长线上,不妨设 D 在 AE 的延长线上。

过 D 作⊙O 的切线交直线 BC 于 C'。只要证明 C 与 C'重合即可。

用反证法。若 C 点与 C'不重合,D、C、C'是三角形顶点,但

$AB+C'D=AD+BC'$(圆外切四边形性质)

$AB+CD=AD+BC$(已知)

两式相减得 $CD-C'D=CC'$,这与"三角形两边的差小于第三边"矛盾。

练习

1. 圆外切四边形周长为 48cm,相邻的三条边的比为 5∶4∶7,求四边形各边的长。
2. 求证:圆的外切平行四边形一定是菱形。
3. 等腰梯形两底为 a、b,又知道这个梯形是圆外切四边形。求这个梯形的面积。

4. 圆内接四边形 $ABCD$，$\angle A$、$\angle B$、$\angle C$ 的度数的比是 2∶4∶7，求四边形各角的度数。

5. 圆内两弦 AC、BD 交于 BD 的中点 M，延长 BA 至 E，延长 DA 至 F 使 $AE=BC$，$AF=CD$。求证：B、D、E、F 共圆。

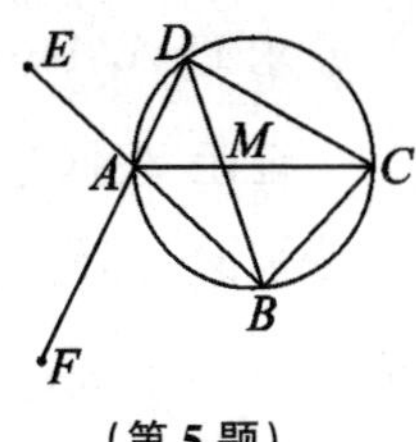

（第 5 题）

5.12　正多边形与圆

各边相等，各角也相等的多边形叫做正多边形。我们熟悉的正多边形是正三角形和正方形，此外，正五边形、正六边形、正八边形也是实际应用中常见的正多边形。

正多边形与圆有密切关系。

定理 1　各边相等的圆内接多边形是正多边形。

已知：多边形 $A_1A_2\cdots\cdots A_n$（$n\geqslant 3$）内接于$\odot O$，$A_1A_2=A_2A_3=\cdots=A_nA_1$。

求证：$A_1A_2\cdots A_n$ 是正多边形。

证明：根据定义，只要证明多边形 $A_1A_2\cdots A_n$ 各角相等。

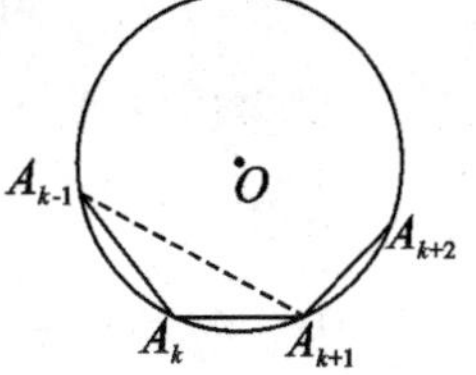

图 5-66

设 A_{k-1}、A_k、A_{k+1} 是多边形 $A_1A_2\cdots A_n$ 的任意三相邻的顶点。（图 5-66）

$\because A_1A_2=A_2A_3=\cdots=A_nA_1$，（已知）

$\therefore \overset{\frown}{A_1A_2}=\overset{\frown}{A_2A_3}=\cdots=\overset{\frown}{A_nA_1}\overset{m}{=}\dfrac{360^\circ}{n}$。（等弦对等弧）

$\therefore A_{k-1}\overset{\frown}{A_kA}_{k+1}\overset{m}{=}2\times\dfrac{360^\circ}{n}$。

$\therefore \angle A_k=\dfrac{1}{2}(360^\circ-2\times\dfrac{360^\circ}{n})=180^\circ-\dfrac{360^\circ}{n}\times180^\circ$（$k=1,2,\cdots,n$;）（圆周角定理）

$\therefore \angle A_1=\angle A_2=\cdots=\angle A_n$。

定理 2　各角相等的圆外切多边形是正多边形。

已知：多边形 $A_1A_2\cdots A_n$（$n\geqslant 3$）外切于$\odot O$，$\angle A_1=\angle A_2=\cdots=\angle A_n$。

求证：$A_1A_2\cdots A_n$ 是正多边形。

证明：根据定义，只要证明多边形 $A_1A_2\cdots\cdots A_n$ 各边相等。

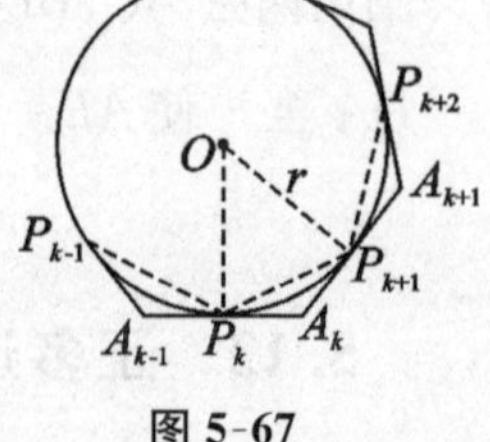

图 5-67

如图 5-67，A_{k-1}、A_k、A_{k+1} 是相邻的三个顶点，P_{k-1}、P_k、P_{k+1}、P_{k+2} 是对应切点，$\odot O$ 半径为 r。

$\because \angle A_k=\angle A_{k-1}=\angle A_{k+1}=\dfrac{n-2}{n}\times 180°$（已知）

$\therefore \angle P_{k+1}P_kA_k=\dfrac{180°}{n}$，（切线长定理：$A_kP_k=A_kP_{k+1}$）

$\therefore A_kP_k=A_kP_{k+1}=r\tan\dfrac{180°}{n}$。（切线长公式）

同理

$A_{k-1}P_k=A_{k+1}P_{k+1}=r\tan\dfrac{180°}{n}$。

$$\begin{aligned}\therefore A_{k-1}A_k&=A_{k-1}P_k+P_kA_k\\&=A_kP_{k+1}+P_{k+1}A_{k+1}=A_kA_{k+1}。\end{aligned}$$

即多边形 $A_1A_2\cdots\cdots A_n$ 各边相等。

不用正切，用全等三角形，也可以证明同样的结论。

从上述两个定理可得

定理 3　把圆分成 $n(n\geqslant 3)$ 等分，则

(1)依次连结各分点所得的多边形是这个圆的内接正 n 边形。

(2)经过各分点作圆的切线，以相邻切线的交点为顶点的多边形是这个圆的外切正 n 边形。

证明：(1)因为等弧对等弦，依次连结各分点得圆内接等边多边形，即内接正多边形。

(2)把相邻两切点 P、Q 与圆心 O 连结，设两切线交于 A，如图 5-68，由题设：

$$\angle O\overset{m}{=}\overset{\frown}{PQ}\overset{m}{=}\frac{360°}{n}，\angle 1=\angle 2=90°，$$

$$\therefore \angle A=180°-\frac{360°}{n}=\frac{n-2}{n}\times 360°$$

可见以相邻切线交点为顶点的多边形是圆外切等角多边形，即外切正多边形。

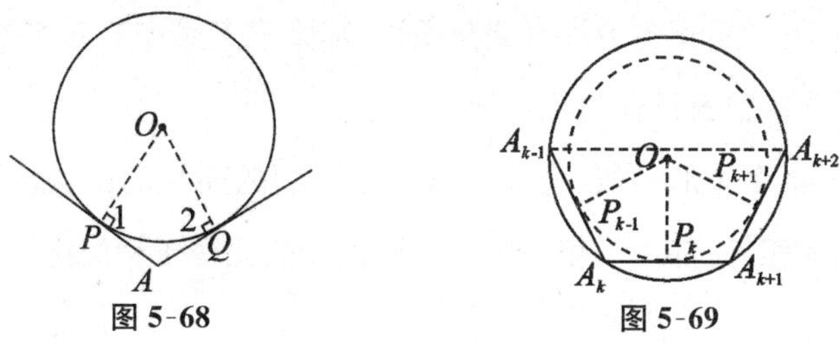

图 5-68　　图 5-69

反过来，是不是每个正多边形都有外接圆和内切圆呢？

我们知道：任意三角形都有外接圆和内切圆，正方形也有外接圆和内切圆。下面证明，任意正 n 边形有外接圆和内切圆。

不妨设 $n \geqslant 5$，设 $A_1A_2\cdots A_n$ 是正 n 边形。首先证明，任意 4 个相邻的顶点 $A_{k-1}A_kA_{k+1}A_{k+2}$ 一定共圆，如图 5-69。这是因为 $\angle A_k=\angle A_{k+1}$，$A_{k-1}A_k=A_{k+1}A_{k+2}$，所以

$$\triangle A_{k-1}A_kA_{k+1}=\triangle A_{k+2}A_{k+1}A_k$$

因而 $A_{k-1}A_{k+1}\parallel A_kA_{k+1}$，故

$$\angle A_{k-1}=180^\circ-\angle A_k=180^\circ-\angle A_{k+1}$$

故 A_{k-1}、A_k、A_{k+1}、A_{k+2} 四点共圆，也就是说：A_1、A_2、A_3 确定的圆和 A_2、A_3、A_4 确定的圆是同圆。同理，A_3、A_4、A_5，A_4、A_5、A_6……确定的都是同圆。

这证明了 $A_1A_2\cdots A_n$ 是圆内接多边形。

由于等弦的弦心距相等，所以各边 A_1A_2，A_2A_3，…，$A_{n-1}A_n$，A_nA_1 到 $A_1A_2\cdots\cdots A_n$ 的外接圆圆心 O 等距，以 O 为心，O 到 A_1A_2 的距离为半径作圆。这个圆便是正多边形 $A_1A_2\cdots\cdots A_n$ 的内切圆。

于是得到

定理 4　任何正多边形都有一个外接圆和一个内切圆，这两个圆是同心圆。

正多边形的外接圆的圆心（也就是内切圆的圆心）叫做**正多边形的中心**，外接圆的半径叫做**正多边形的半径**，内切圆的半径叫做**正多边形的边心距**。正多边形各边所对外接圆的圆心角都相等。正多边形每一边所对的外接圆的圆心角叫做**正多边形的中心角**。

正多边形都是轴对称图形，一个正 n 边形共有 n 条对称轴，每条对称轴都经过正 n 边形的中心。如果正多边形有偶数条边，那么它又是中心对称图形，它的中心就是对称中心，这些断言请作为练习证明。

边数相同的正多边形相似（为什么），所以它们的周长的比、边长的比、半径的比、边心距的比都相等，都等于相似比。它们面积的比等于相似比的平方。

练习

1. 圆内接等角多边形是否一定是正多边形？举例说明。
2. 圆外切等边多边形是否一定是正多边形？举例说明。
3. 求证：各角相等的圆内接五边形一定是正五边形。
4. 求证：正 n 边形的中心角等于外角，为 $360°/n$。
5. 正 n 边形绕中心至少旋转多少度才能和原来的正 n 边形重合？在 360°以内，有几个这样的角度？

5.13 正多边形的计算与作图

设正 n 边形半径为 R，边长为 a_n，周长为 p_n，边心距为 r_n，面积为 S_n。只要知道了边数 n 和上述 5 个中的任一个，便可以确定其他四个。

参看图 5-70，⊙O 是正 n 边形中心，R 是半径，AB 是正 n 边形的一条边，$\triangle ABC$ 的高也就是正 n 边形的边心距。等腰三角形 OAB 的顶角是$\frac{360°}{n}$。只要 n 和 R 定了，$\triangle OAB$ 就定了，可见，正 n 边形的 n 条半径把它分成 n 个全等的等腰三角形，因而有

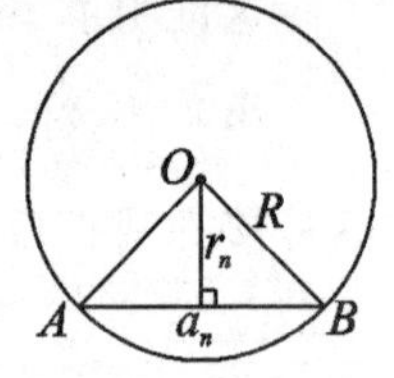

图 5-70

定理　正 n 边形的半径和各边中点到中心的连线把它分成 $2n$ 个全等的直角三角形。

这条定理，可以作为关于正多边形计算的重要参考。另外，我们学过的其它几何知识，如弦长公式、勾股定理、三角形的几种面积公式，都可以帮助我们进行有关的计算。

几个基本的计算公式是：

$$\textbf{边长公式：}\quad a_n=2R\sin\frac{180^\circ}{n}。$$

$$\textbf{周长公式：}\quad p_n=2nR\sin\frac{180^\circ}{n}。$$

$$\textbf{边心距公式：}\quad r_n=R\cos\frac{180^\circ}{n}。$$

$$\textbf{面积公式：}\quad S_n=\frac{n}{2}R^2\sin\frac{360^\circ}{n}。$$

从这几个公式出发，可以变换出许多其他公式来。

在正多边形有关计算的基础上，可以进行正多边形的作图。

知道了正 n 边形的半径 R(或边心距 r)，要作正 n 边形，实际上是把半径为 R(或 r)的圆 n 等分的问题。

用量角器可以把已知圆的圆心角 n 等分，也就可以把圆 n 等分，这就可以作出圆的外切或内接 n 边形。

也可以先用公式 $a_n=2R\sin\frac{180^\circ}{n}$，使用正弦表或计算器求出正 n 边形长 a_n，再用刻度尺和圆规把圆 n 等分。

上面说的是等分圆周的近似方法，一些特殊的正 n 边形，可以用直尺圆规准确地作出(当然，只是理论上的准确！)

(1)$n=4,8,16$……时，怎样用圆规直尺作出已知圆的内接正 n 边形？

当 $n=4$ 时，作互相垂直的两条直径，就可以把圆分为 4 等分，再逐次平分中心角或弧，就得到圆内接正 8 边形，16 边形等。(图 5-71)

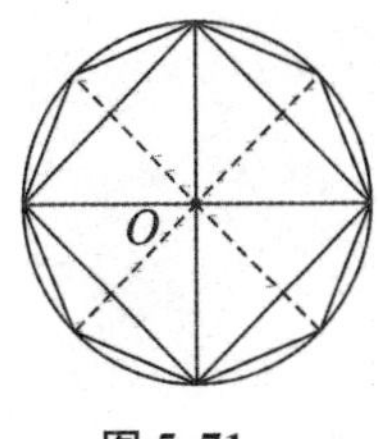

图 5-71

(2)$n=3,6,12,24$……时，怎样用圆规直尺作出已知圆的内接正 n 边形？

根据弦长公式，正六边形的边长 $a_6=2R\sin\frac{180^\circ}{6}=R$，这给作圆内接正六边形提供了十分简单的方法。有了正六边形，正三角形自然有了，正十二边形、二十四

边形也可以作出来了。(图 5-72)

(3)$n=5,10,15,20\cdots\cdots$时,怎样作已知圆的内接正 n 边形?

关键是作正五边形。比起作正四边形、正六边形来,这是一个较困难但也较有趣的问题,我们先分析一下,再来找出作图的方法。

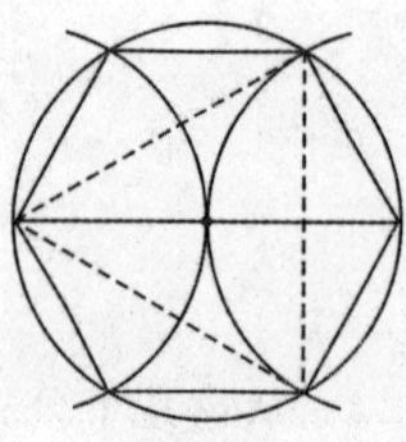
图 5-72

设已作出了$\odot O$ 的内接正五边形 $ABCDE$,如图 5-73,易看出

$$\angle 1=\angle 2=\angle 3=\frac{180^\circ}{5}=36^\circ,$$

$$\angle EAP=\angle EPA=\angle 1+\angle 2=72^\circ,$$

$$\angle BPA=\angle BAE=72^\circ+36^\circ=108^\circ,$$

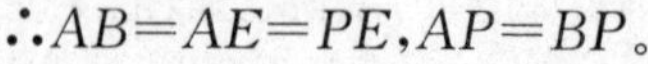

$$\therefore AB=AE=PE, AP=BP。$$

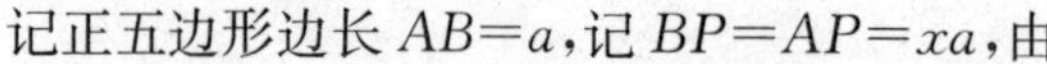

记正五边形边长 $AB=a$,记 $BP=AP=xa$,由

$$\triangle ABE=\triangle ABP+\triangle APE$$

两端同用$\triangle ABP$ 除,得

$$\frac{\triangle ABE}{\triangle ABP}=1+\frac{\triangle APE}{\triangle ABP},$$

$$\therefore \frac{AB\cdot AE}{AP\cdot BP}=1+\frac{PE}{BP}。$$

即

$$\frac{a^2}{(ax)^2}=1+\frac{a}{ax}$$

$$\therefore x^2+x-1=0,解得\ x=\frac{-1\pm\sqrt{5}}{2},$$

$$\therefore \frac{AP}{AB}=\frac{ax}{a}=x=\frac{\sqrt{5}-1}{2}。$$

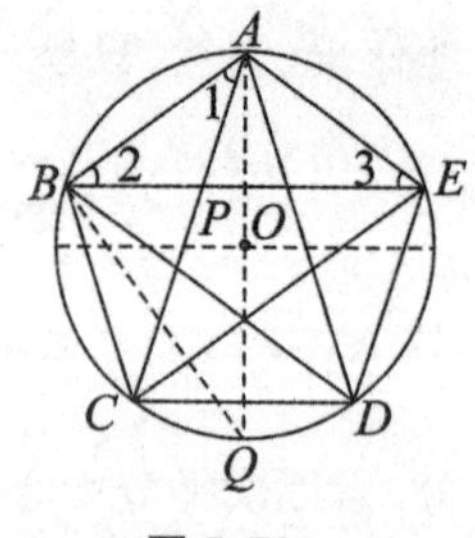

图 5-73

由此得出

$$\cos 36^\circ=\frac{1}{2}\cdot\frac{BE}{AB}=\frac{1}{2}(1+x)=\frac{1+\sqrt{5}}{4},$$

$$\sin 36^\circ=\sqrt{1-\cos^2 36^\circ}=\frac{\sqrt{10-2\sqrt{5}}}{4}。$$

根据这些数据，可以设计出种种作正五边形的方法，例如，

圆内接正五边形作法：

(1)作$\odot O$的互相垂直的直径AQ、FG。

(2)以OQ中点M为心，MF为半径作圆与AO交于N。

(3)以Q为心，QN为半径作圆交$\odot O$于B、E，则AB、AE为$\odot O$内接正五边形边长。

(4)分别以B、E为心，以$AB=AE$为半径作弧交$\odot O$于C、D，如图5-74。则$ABCDE$是圆内接正五边形。

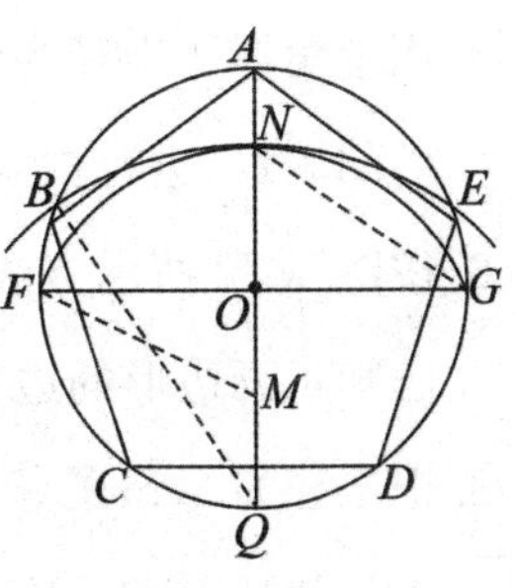

图 5-74

用勾股定理，可算出

$$BQ=MQ+\sqrt{OM^2+OF^2}=\frac{R}{2}+\sqrt{\frac{R^2}{4}+R^2}$$

$$=\frac{1+\sqrt{5}}{2}R=2R\cos 36^\circ,$$

$\therefore \angle AQB=36^\circ$。

$\therefore AB=2R\sin 36^\circ$。

可见AB确是圆内接正五边形边长。

直接计算还可得知$GN=\frac{\sqrt{10-2\sqrt{5}}}{2}R$，所以上述作图第3步可直接取$GN$为边长在$\odot O$上截取五等分点。

能作正五边形，就能作正十边形、十五边形，还可以作正五角形——把五条对角线连起来即可。

练习

1. 已知圆的半径为R，求它的内接正三角形、正方形的边长、边心距及面积。
2. 在半径为15cm的圆中，利用三角函数表，计算内接正九边形的边长、边心距、周长及面积。(保留四位有效数字)

3. 已知正七边形边长为 12cm，利用三角函数表计算它的面积。

4. 设正三角形边长为 a，求它的边心距、半径和高，并证明：边心距∶半径∶高＝1∶2∶3。

5. 用量角器作半径为 $R=4$cm 的正七边形和正九边形，再用三角函数表计算出它们的周长，进行检验。

6. 按图 5-72 所示方法，在半径为 3cm 的图中作正五角星形。

7. 已知正五边形的边长为 3cm，利用图 5-73 所示的分析方法直接作正五边形。

8. 把半径为 3cm 的⊙O 六等分，分点顺次为 A、B、C、D、E、F，作互相垂直的直径 AD、MN，连结 DB、DF 与 MN 分别交于 O_1、O_2，再分别以 O_1、O_2 为圆心，以 O_1B 为半径作弧$\overparen{BC}$、$\overparen{EF}$；分别以 A、D 为圆心，以 BD 为半径作$\overparen{BF}$、$\overparen{CE}$，四条弧连一个近似椭圆。

9. 把边长为 1 的正方形切去四角，变成正八边形。这个正八边形的周长和面积各是多少？

10. 正五边形的五个顶点可以连成 10 条线段，10 条线段长的平方和记作 S_1，这 10 条线段构成 10 个三角形，10 个三角形的面积平方和记作 S_2。求证：$S_1^2=80S_2$。（提示：设正五边形边长 a）

5.14　与圆有关的计算

根据正多边形面积公式，半径为 R 的圆内接正 n 边形的面积 s_n 和圆外切正 n 边形的面积 S_n 分别为

$$s_n=\frac{n}{2}R^2\sin\frac{360^\circ}{n},S_n=nR^2\tan\frac{180^\circ}{n}。$$

设圆面积为 $S(R)$，显然有

$$\frac{n}{2}R^2\sin\frac{360^\circ}{n}<S(R)<nR^2\tan\frac{180^\circ}{n}。$$

当半径 $R=1$ 时，圆面积 $S(1)$满足

$$\frac{n}{2}\sin\frac{360^\circ}{n}<S(1)<n\tan\frac{180^\circ}{n},$$

前两式相比得

$$R^2 \cdot \frac{\sin\frac{360^\circ}{n}}{180^\circ} < \frac{S(R)}{S(1)} < 2R^2 \cdot \frac{\tan\frac{180^\circ}{n}}{\sin\frac{360^\circ}{n}}。$$

利用 $\sin 2a = 2\sin\alpha\cos\alpha$ 和 $\tan\alpha = \frac{\sin\alpha}{\cos\alpha}$，得

$$R^2\cos^2\frac{180^\circ}{n} < \frac{S(R)}{S(1)} < R^2 \cdot \frac{1}{\cos^2\frac{180^\circ}{n}},$$

$$\therefore \cos^2\frac{180^\circ}{n} < \frac{S(R)}{S(1)R^2} < \frac{1}{\cos^2\frac{180^\circ}{n}}。$$

上式中间是与 n 无关的常数，两端可以任意接近于 1，故得

$$\frac{S(R)}{S(1)R^2} = 1,$$

$$\therefore S(R) = S(1)R^2。$$

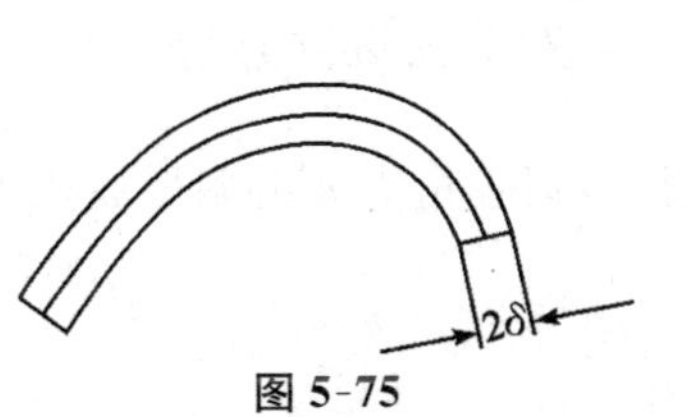

图 5-75

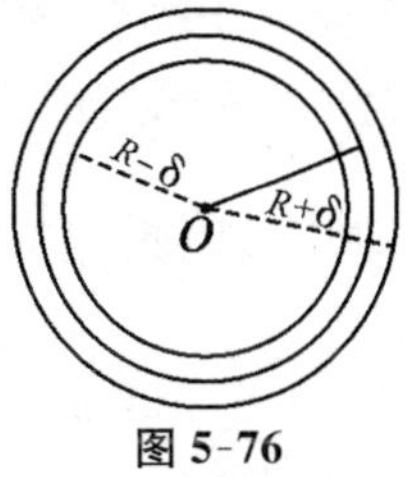

图 5-76

约定用**记号 π 表示半径为 1 的圆内面积**，便得到我们早已知道的圆面积公式

$$S = \pi R^2。$$

圆的周长如何计算，这涉及曲线长度的定义问题。一种定义方法是：先把曲线"扩大"成为一条宽度为 2δ 的带子(图 5-75)。记带子的面积为 S_δ，再把下列比值 $\frac{S_\delta}{2\delta}$ 让 δ 趋于 0 取极限，把这个极限叫做这段曲线的长度。

按这个想法，要计算圆周长，就先把半径为 R 的圆扩大成一个圆环，圆环外半径为 $R+\delta$，内半径为 $R-\delta$，则圆环面积 $S_\delta = \pi(R+\delta)^2 - \pi(R-\delta)^2$，宽度为 2δ，比值为

$$\frac{S_\delta}{2\delta}=\frac{\pi(4R\delta)}{2\delta}=2\pi R。$$

这个比值与 δ 无关,当 δ 趋于 0 时仍然是 $2\pi R$,这就推出圆周长公式:

$$C=2\pi R。$$

由此可见,π 不但是半径为 1 的面积,也是圆周长与直径的比值。

圆面积和圆周长公式有了,圆弧长、扇形面积、弓形面积也容易求了。

(1)圆弧长的计算

圆周是度数 360°的弧,长为 $C=2\pi R$,所以 1°的弧长为 $\frac{2\pi R}{360}$,即 $\frac{\pi R}{180}$,因此得:圆心角为 n°的弧长 l 为

$$l=\frac{n\pi R}{180}(n=360\text{ 时,是什么公式})$$

弧 $\overset{\frown}{AB}$ 长为 l,记作 $\overset{\frown}{AB}=l$,以区别于 $\overset{\frown}{AB}\overset{m}{=}n°$。

(2)扇形面积计算

一条弧和经过这条弧的端点的两条半径所组成的图形叫**扇形**。

整个圆盘可以分成 360 个圆心角为 1°的扇形,所以圆心角为 1°的扇形面积为圆面积 $\frac{1}{360}$,即 $\frac{\pi R^2}{360}$,因此,在半径为 R 的圆中,圆心角为 n°的扇形面积为

$$S_{扇}=\frac{n\pi R^2}{360}。$$

当 $n=360$ 时,就成了圆面积公式。

因为扇形弧长 $l=\frac{n\pi R}{180}$,扇形面积 $\frac{n\pi R^2}{360}$ 可写成 $\frac{1}{2}\cdot\frac{n\pi R}{180}\cdot R$,所以又有:

$$S_{扇}=\frac{1}{2}lR。$$

(3)弓形面积的计算

扇形面积减去或加上一个三角形面积,可以得到弓形面积。如图 5-77,扇形 OAB 的弧是劣弧,对应的弓形面积为

$$S_{弓}=S_{扇}-\triangle OAB=\frac{n}{360}\pi R^2-\frac{1}{2}R^2\sin n°$$

$$=\frac{R^2}{2}(\frac{n\pi}{180}-\sin n^\circ)。$$

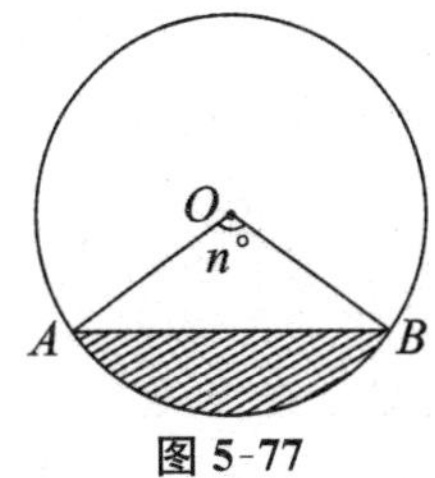

图 5-77

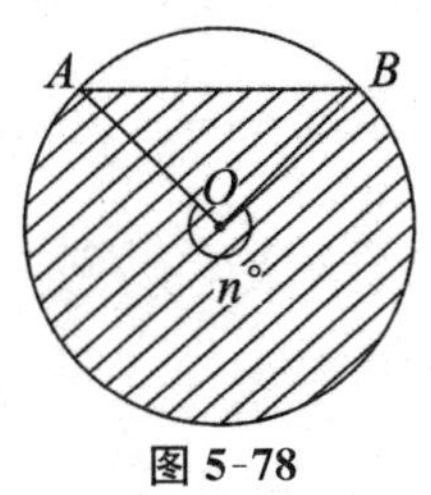

图 5-78

当扇形的弧是优弧时,对应的弓形面积为

$$S_{弓}=S_{扇}+\triangle OAB$$
$$=\frac{n}{360}\pi R^2+\frac{1}{2}R^2\sin(360^\circ-n^\circ)$$
$$=\frac{R^2}{2}(\frac{n\pi}{180}+\sin(360^\circ-n^\circ))。$$

在具体计算时,可以根据题设条件,用不同的方法计算$\triangle OAB$的面积。

例 1 图 5-79 是运动场上的跑道的一段有弯道的部分,为了确定起跑线内外圈起跑点的差距,要算出弯曲部分内外弧长度的差。已知跑道宽 16m,弯曲部分外弧$\overset{\frown}{AB}$与内弧$\overset{\frown}{CD}$是同心圆弧,所对圆心角为 50°,求$\overset{\frown}{AB}-\overset{\frown}{CD}=$?

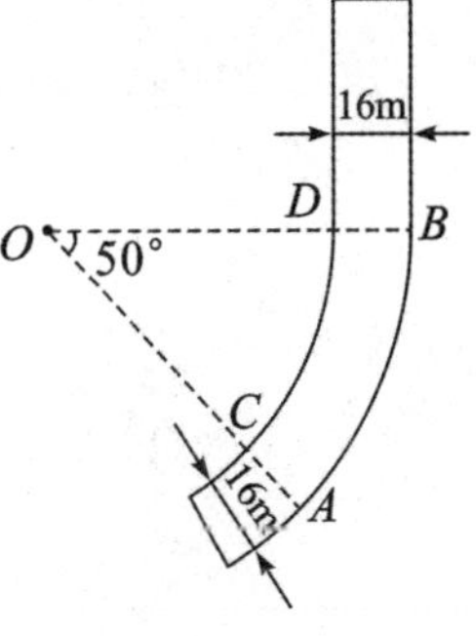

图 5-79

解:设$\overset{\frown}{CD}$的半径为 x,则 AB 的半径为 $x+16$,由弧长公式:

$$\overset{\frown}{AB}=\frac{n\pi R_1}{180}=\frac{50\pi(x+16)}{180}=\frac{5\pi}{18}(x+16)(\text{m}),$$

$$\overset{\frown}{CD}=\frac{n\pi R_2}{180}=\frac{50\pi x}{180}=\frac{5\pi x}{18}(\text{m}),$$

$$\therefore \overset{\frown}{AB}-\overset{\frown}{CD}=\frac{5\pi}{18}\times 16=\frac{40\pi}{9}\approx\frac{40\times 3.14}{9}\approx 14(\text{m})。$$

答:弯道部分外弧与内弧差约为 14m。

例 2 如图 5-80,两个皮带轮的中心距离为 2.1m,直径分别为 0.65m 和 0.24m,(1)求皮带长;(2)如果小轮每分钟转 750 转,求大轮

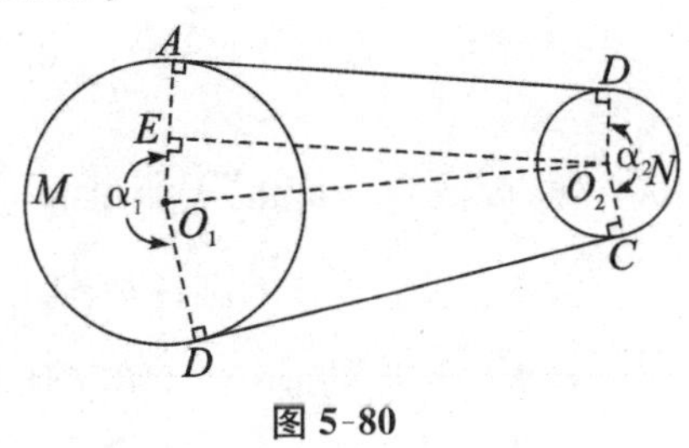

图 5-80

每分钟转多少转。

解:(1)作过切点的半径O_1A、O_1D、O_2B、O_2C,作$O_2E\perp O_1A$,垂足为E。

已知:$O_1A=\frac{1}{2}\times 0.65=0.325$,$O_2B=\frac{1}{2}\times 0.24=0.12$,

∴在$\mathrm{Rt}\triangle O_1O_2E$中,斜边$O_1O_2=2.1$,

$O_1E=0.325-0.12=0.205$。

$\therefore \sin\angle O_1O_2E=\frac{0.205}{2.1}\approx 0.0976$。

$\therefore \angle O_1O_2E\approx 5.6°$,$\angle EO_1O_2=84.4°$。

$$\begin{aligned}\therefore AB=CD=O_2E&=O_1O_2\cos\angle O_1O_2E\\&=O_1O_2\cos\angle 5.6°\\&=2.1\times 0.9952\\&\approx 2.090(\mathrm{m})。\end{aligned}$$

$$\begin{aligned}\because \angle\alpha_1&=360-2\angle EO_1O_2\\&=360°-168.8°\\&=191.2°,\end{aligned}$$

$\therefore \overset{\frown}{AMD}\overset{l}{=}\frac{191.2\times\pi\times 0.325}{180}\approx 1.085(\mathrm{m})$。

$\because \angle\alpha_2=360°-\angle\alpha_1=168.8°$,

$\therefore \overset{\frown}{BNC}\overset{l}{=\!=}\frac{168.8\times\pi\times 0.12}{180}\approx 0.354(\mathrm{m})$。

∴皮带长$=\overset{\frown}{AMD}+\overset{\frown}{BNC}+2AB\overset{l}{=\!=}5.62(\mathrm{m})$。

(2)大轮每分钟转数为

$$n=\frac{0.24\times 750}{0.65}\approx 277(\text{转})。$$

答:皮带长5.62m,大轮每分钟转277转。

例3 水平放置的圆柱形排水管的截面半径是12cm,其中水面高为6cm,求截面上有水的弓形的面积。(精确到$1\mathrm{cm}^2$)

解:如图 5-81,连结 OA、OB,作弦 AB 垂直平分线分别交 AB、$\overset{\frown}{AB}$于 D、C。

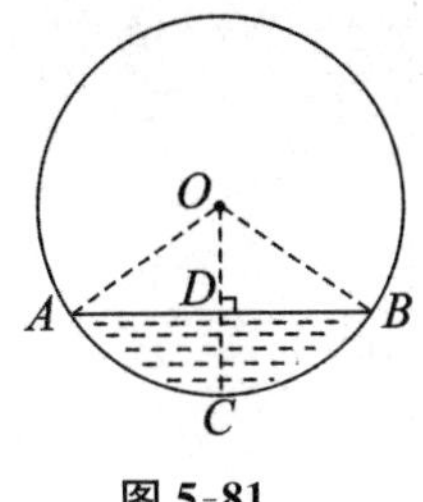

图 5-81

已知 $OA=OB=12\text{cm}$,$CD=6\text{cm}$。

$\because \sin A=\dfrac{OD}{OA}=\dfrac{6}{12}=\dfrac{1}{2}$,$\angle A=30°$,$\angle AOB=180°-30°\times 2$

$=120°$,

$\therefore S_{弓形ACB}=\dfrac{R^2}{2}(\dfrac{n\pi}{180}-\sin n°)$

$=\dfrac{12^2}{2}(\dfrac{120}{180}\times\pi-\sin 120°)$

$=72\times(\dfrac{2\pi}{3}-\dfrac{\sqrt{3}}{2})\approx 88(\text{cm}^2)$。

答:截面上有水的弓形面积约为 88cm^2。

练习

1. 求半径为 46.0cm 的 $180°30'$ 的弧长 l。(保留 3 个有效数字)
2. 已知:$\odot O_1$ 的半径是 $\odot O_2$ 的直径,$\odot O_1$ 的半径 O_1B 和 O_1C 分别交 $\odot O_2$ 于 P、Q。求证:$\overset{\frown}{BC}$和$\overset{\frown}{PQ}$长度相等。

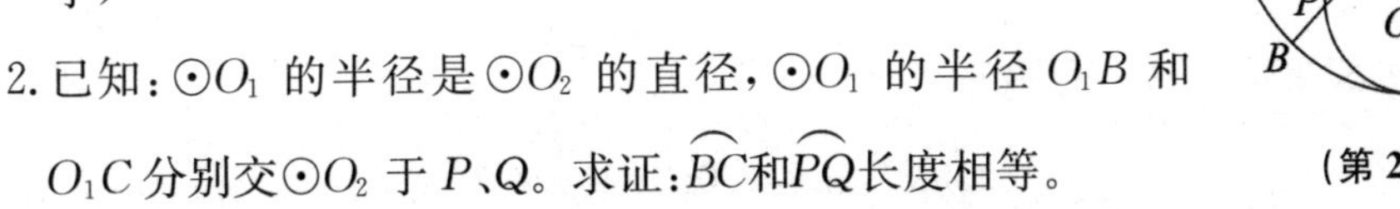

(第 2 题)

3. 求半径为 1 的圆内接 180 边形和外切 180 边形的面积,将结果与圆面积比较。(保留三位有效数字)
4. 已知圆周长为 C,圆面积为 S,求证:$4\pi S=C^2$。
5. 已知扇形圆心角为 $150°$,弧长为 $20\pi\text{cm}$,求扇形面积。
6. 在例 3 中,设水面高 7cm,其他条件不变,利用三角函数表解同样的问题。
7. 在例 2 中,所有的数据不变,但两轮的旋转方向由相同变为相反(如图),解同样的问题。

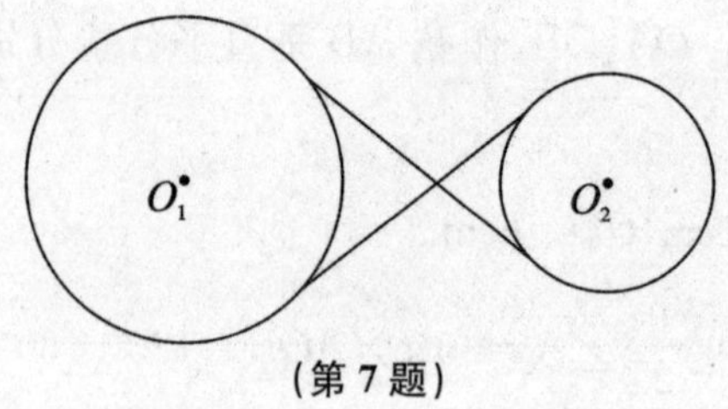

(第 7 题)

8. 一个扇形的半径等于一个圆的直径，并且扇形面积等于圆面积，求这个扇形的圆心角。

5.15 圆周率 π 的计算

我们知道，圆的周长与直径的比叫做圆周率，记作 π，并且 π 正好是半径为 1 的圆的面积，前面已经证明，对任意正整数 $n\geqslant 3$，总有

$$\frac{n}{2}\sin\frac{360^\circ}{n}<S(1)<n\tan\frac{180^\circ}{n},$$

其中 $S(1)$ 表示半径为 1 的圆的面积，但 $S(1)$ 就是 π，所以

$$\frac{n}{2}\sin\frac{360^\circ}{n}<\pi<n\tan\frac{180^\circ}{n}。$$

按这个不等式来估计 π，如果取 $n=180$，得

$$90\sin 2^\circ<\pi<180\tan 1^\circ。$$

查表得：

$$90\times 0.0349<\pi<180\times 0.0175,$$

$\therefore 3.141<\pi<3.15$。

但是，当 n 再大一些，查表就得不到更准确的正弦与正切的值了。为了计算精确，可以利用倍角公式：

$$\sin 2x=2\sin x\cos x,$$

也就是

$$\sin\alpha=2\sin\frac{\alpha}{2}\cos\frac{\alpha}{2}=2\sin\frac{\alpha}{2}\sqrt{1-\sin^2\frac{\alpha}{2}},$$

两端平方，解出

$$\sin\frac{\alpha}{2}=\sqrt{\frac{1-\sqrt{1-\sin^2\alpha}}{2}}。$$

用这个公式，可以从 $\sin\alpha$ 出发，计算出 $\sin\frac{\alpha}{2}$、$\sin\frac{\alpha}{4}$、$\sin\frac{\alpha}{8}$、$\sin\frac{\alpha}{16}$……的准确值来。

在前述不等式中取 $n=12$，即 $\alpha=\frac{360^\circ}{n}=30^\circ$时，得

$$n=12,\sin\alpha=\sin30^\circ=\frac{1}{2}$$

$$n=24,\sin\frac{\alpha}{2}=\sin15^\circ=\sqrt{\frac{1}{2}(1-\sqrt{\frac{3}{4}})}=\sqrt{\frac{1}{2}-\frac{\sqrt{3}}{4}}$$

$$n=48,\sin\frac{\alpha}{4}=\sin7.5^\circ=\sqrt{\frac{1}{2}(1-\sqrt{1-(\frac{1}{2}-\frac{\sqrt{3}}{4})})}=\sqrt{\frac{1}{2}-\frac{\sqrt{2+\sqrt{3}}}{4}}$$

$$n=96,\sin\frac{\alpha}{8}=\sqrt{\frac{1}{2}(1-\sqrt{\frac{1}{2}+\frac{\sqrt{2+\sqrt{3}}}{4}})}=\sqrt{\frac{1}{2}-\frac{\sqrt{2+\sqrt{2+\sqrt{3}}}}{4}}$$

$$n=192,\sin\frac{\alpha}{16}=\sqrt{\frac{1}{2}-\frac{\sqrt{2+\sqrt{2+\sqrt{2+\sqrt{3}}}}}{4}}$$

$$n=384,\sin\frac{\alpha}{32}=\sqrt{\frac{1}{2}-\frac{\sqrt{2+\sqrt{2+\sqrt{2+\sqrt{2+\sqrt{3}}}}}}{4}}$$

$$n=768,\sin\frac{\alpha}{64}=\sqrt{\frac{1}{2}-\frac{\sqrt{2+\sqrt{2+\sqrt{2+\sqrt{2+\sqrt{2+\sqrt{3}}}}}}}{4}}$$

$$n=1536,\sin\frac{\alpha}{128}=\sqrt{\frac{1}{2}-\frac{\sqrt{2+\sqrt{2+\sqrt{2+\sqrt{2+\sqrt{2+\sqrt{2+\sqrt{3}}}}}}}}{4}}$$

计算出对应的$\frac{n}{2}\sin\frac{360^\circ}{n}$，就得到越来越准确的 π 的近似值：

n	$\sin\frac{360^\circ}{n}$	$\frac{n}{2}\sin\frac{369^\circ}{n}$
12	0.5	3.0
24	0.258819045	3.10582854
48	0.130526192	3.13262861
96	0.065403129	3.13935021
192	0.032719083	3.14103198
384	0.016361732	3.14145258
768	0.008181139896	3.14155772
1536	0.00409060509	3.14158471

这样计算的误差有多大呢？从不等式

$$\frac{n}{2}\sin\frac{360^\circ}{n}<\pi<n\tan\frac{180^\circ}{n},$$

可以看出

$$\begin{aligned}\left|\pi-\frac{n}{2}\sin\frac{360^\circ}{n}\right|&<n\left|\frac{1}{2}\sin\frac{360^\circ}{n}-\tan\frac{360^\circ}{n}\right|\\&=n\left(\frac{\sin\frac{180^\circ}{n}}{\cos\frac{180^\circ}{n}}-\sin\frac{180^\circ}{n}\cos\frac{180^\circ}{n}\right)\\&=n\cdot\sin\frac{180^\circ}{n}\left(\frac{1-\cos^2\frac{180^\circ}{n}}{\cos\frac{180^\circ}{n}}\right)\\&=\frac{n\cdot\sin^3\frac{180^\circ}{n}}{\sqrt{1-\sin^2\frac{180^\circ}{n}}}。\end{aligned}$$

如果再利用

$$\frac{n}{2}\sin\frac{360^\circ}{n}<\pi,$$

即，当 $n=2m$ 时有

$$\sin\frac{180^\circ}{m}<\frac{\pi}{m}$$

代入上式得

$$\left|\pi-\frac{n}{2}\sin\frac{360^\circ}{n}\right|<\frac{n\cdot\left(\frac{\pi}{n}\right)^3}{\sqrt{1-\frac{\pi^2}{\pi^2}}}=\frac{\pi^3}{n\sqrt{n^2-\pi^2}}<\frac{32}{n\sqrt{n^2-10}}$$

按这个估计，当 $n=1536$ 时，因为

$$\frac{32}{n\sqrt{n^2-10}}<0.0000137,$$

可见，上面的计算已得出

$$3.1415847<\pi<3.1415984$$

已经相当准确了。进一步分析可以看出，不等式

$$\frac{n}{2}\sin\frac{360^\circ}{n}<\pi<n\tan\frac{180^\circ}{n}$$

的左边，其实是半径为 1 的圆的内接$\frac{n}{2}$边正多边形的周长的一半，右边是半径为 1 的圆外切正 n 边形周长的一半，古代数学家，正是通过计算正多边形周长与直径的比来估计圆周率 π 的值的。

我国古代数学家祖冲之，在公元五世纪就算得 π 的值在 3.1415926 与 3.1415927 之间，比其他国家早一千年左右。祖冲之建议用$\frac{355}{113}$作为 π 的近似值，叫做“密率”。

即 $\frac{355}{113}=3.14159292\cdots\cdots$这是相当准确的 π 的近似值，当分母不超过 16000 时，没有别的分数比它更接近 π 了。

因为

$\pi=3.1415926535897\cdots\cdots$

$\frac{355}{113}=3.141592035\cdots\cdots$

故有

$$0<\frac{355}{113}-\pi<0.0000002667\cdots\cdots \qquad (1)$$

如果分数$\frac{Q}{P}$比$\frac{355}{113}$更接近 π，就应有

$$-0.00000026677<\pi-\frac{Q}{P}<0.00000026677 \tag{2}$$

把(1)与(2)相加得

$$-0.00000026677<\frac{355}{113}-\frac{Q}{P}<0.00000026677 \tag{3}$$

由(3)得

$$\frac{|355P-113Q|}{113P}<2\times 0.00000026677 \tag{4}$$

因为$\frac{Q}{P}\neq\frac{355}{113}$，故$|355P-113Q|\neq 0$，由于它是整数，故$|355P-113Q|\geqslant 1$，于是

$$\frac{1}{113P}\leqslant\frac{|355P-113Q|}{113P}<2\times 0.00000026677 \tag{5}$$

从(5)解出

$$P\geqslant\frac{1}{113\times 2\times 0.00000026677}>16586 \tag{6}$$

这表明，想要$\frac{Q}{P}$比$\frac{355}{113}$更接近 π，分母 P 要比 16586 更大。这个断言不能有很大的改进了，因为分数

$$\frac{52163}{16604}=3.141592387\cdots\cdots$$

确实比$\frac{355}{113}$更接近 π。

上面的论证是作者于 1982 年给出的，在此之前，华罗庚、龚升等著名数学家曾论证过这一问题，并指出 $P>6000$。关于 $P>16000$ 的事实未见其他资料指出。

数学的进一步发展，研究出许多更好的计算 π 值的公式。利用这些公式，在电子计算机上计算，已经把 π 的值计算到小数点后上千万位了。

圆周率 π 是一个无理数，无论计算到多少位，也不会循环，它是无限不循环小数。

小结

顶点在同一个圆上的多边形叫做圆内接多边形。各边与同一个圆相切的多边形叫圆外切多边形。

圆内接四边形的主要特征性质是对角互补;圆外切四边形的主要特征性质是一组对边长的和等于另一组对边长的和。

各边相等,各角也相等的多边形叫做正多边形。正多边形必有外接圆和内切圆。反过来,各边相等的圆内接多边形一定是正多边形,各角相等的圆外切多边形一定是正多边形。因此,用等分圆周的方法可以作出圆内接或外切正多边形。

正多边形有关几何量是:半径、边心距、边长、周长、面积、中心角。知道了边数 n 和半径 R,可以求出其他各量。

利用圆内接和外切多边形的面积公式,可以估计圆面积,并且进一步推导出圆的面积计算公式和圆周长计算公式以及弧长和扇形面积公式。

四、轨迹,图形的参数

5.16　点的轨迹

在平面上,"和一定点的距离等于定值的点集合叫做一个圆"。这样,我们便用一个条件定义了一个图形。

用条件定义图形,是几何里很重要的一种方法,**满足一定条件的所有点组成的集合,叫做由这个条件确定的点的轨迹**,简称为这个条件的轨迹。

图形,也就是一些点的集合。轨迹,是定义图形的一种方法。

我们已经知道了不少**轨迹**,只是过去没有使用**轨迹**这个名字而已。例如,

轨迹 1　到定点距离等于定长的点的轨迹,是以定点为圆心,定长为半径的圆。(圆的定义)

轨迹 2　和已知线段两个端点的距离相等的点的轨迹,是这条线段的垂直平

分线。

轨迹 3 在一个角内，到这个角两边的距离相等的点的轨迹，是这个角的平分线。

轨迹 4 到一条已知直线距离等于定长的点的轨迹，是平行于这条直线，并且到这条直线的距离相等于定长的两条直线。

轨迹 5 到两条平行线距离相等的点的轨迹，是和这两条平行线距离相等的一条平行线。

轨迹 6 和已知线段两个点连线的夹角等于已知角的点的轨迹，是以已知线段为弦，所含圆周角等于已知角的两段弧。(端点除外，如图 5-82)

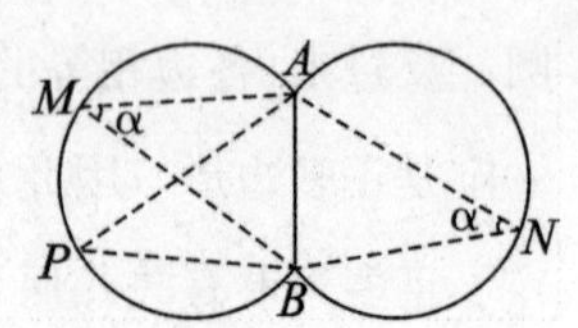

图 5-82

用字母 F 表示某个图形，用字母 C 表示某个关于点的条件，要证明图形 F 是由条件 C 所确定的轨迹，按轨迹定义，必须证明两个命题。

(1)图形 F 上的每个点都符合条件 C。

(2)符合条件 C 的每个点都在图形 F 上。

其中前一个命题叫做**轨迹的纯粹性**，后一命题叫做**轨迹的完备性**。

例如，在轨迹 6 中，设已知线段为 AB，已知角为$\angle\alpha$，那么条件 C 是：点 P 满足$\angle APB=\angle\alpha$。

图形 F 是以 AB 弦，所含圆周角为$\angle\alpha$ 的两段弧$\overset{\frown}{AMB}$、$\overset{\frown}{ANB}$。

要证明 F 是条件 C 所确定的点的轨迹，就应证明两件事。

轨迹的纯粹性 若点 P 在$\overset{\frown}{AMB}$或$\overset{\frown}{ANB}$上，P 不与 A、B 重合，则$\angle APB=\angle\alpha$。

轨迹的完备性 若$\angle APB=\angle\alpha$，则点 P 在$\overset{\frown}{AMB}$或$\overset{\frown}{ANB}$上。

这两个命题，我们前面都已经证明过了。

上述两个命题，也可以叙述成另外的形式：

(3)不符合条件 C 的点都不在 F 上。

(4)不在 F 上的点都不符合条件 C。

这里(3)与(1)等价,(4)与(2)等价,有时,(1)或(2)证明起来不方便,(3)或(4)方便,就可以用(3)代替(1),或用(4)代替(2)。例如:轨迹6中,要证明满足条件$\angle APB=\angle\alpha$的点P都在弧$\overset{\frown}{AMB}$或$\overset{\frown}{ANB}$上,不好下手。换成(4),证明不在弧$\overset{\frown}{AMB}$上也不在弧$\overset{\frown}{ANB}$上的点P使$\angle APB\neq\angle\alpha$,就容易得多了。

常见的轨迹,大多是直线、圆弧或其他曲线,但轨迹也可以是几个点、一块区域、整个平面或空集。

例1 已知:M是线段AB的中点,求满足条件$\triangle PAM=\triangle PBM$的点$P$的轨迹。($\triangle PAM$、$\triangle PBM$可以是退化三角形)。

解:平面上任一点P都满足$\triangle PAM=\triangle PBM$,故所求轨迹是全平面。

例2 已知$\square ABCD$面积为S,求平面上满足条件$\triangle PAB+\triangle PBC+\triangle PCD+\triangle PDA=1$的点$P$的轨迹。

解:分三种情形

(1)若$S>1$,所求轨迹是空集。(即没有符合条件的点)

(2)若$S=1$,所求轨迹是$\square ABCD$内部和周界上的所有的点。

(3)若$S<1$,所求轨迹是一个包围了$\square ABCD$的八边形。如图5-83,设AB到CD的距离为d_1,AD到BC的距离为d_2,图中确定八边形的参数h_1、h_2为:

$$h_1=\frac{1-S}{AB},h_2=\frac{1-S}{AD}。$$

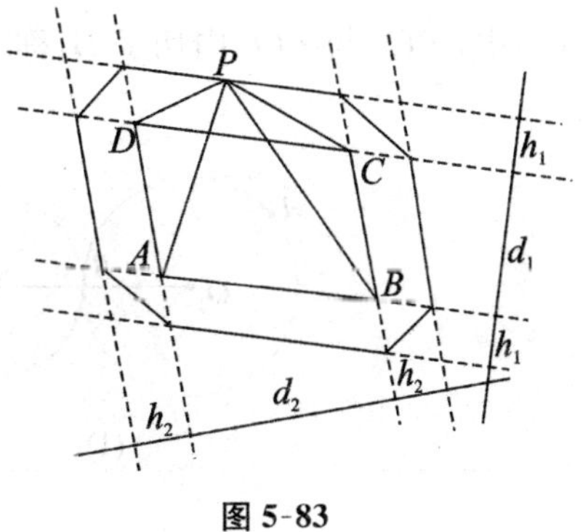

图5-83

这是因为,P应当满足(如图,P在CD外侧时)

$1=\triangle PAB+\triangle PBC+\triangle PCD+\triangle PDA=S+2\triangle PDC$之故。

证明从略。

轨迹在几何作图中很有用,在作图时常常要找出满足两个或更多条件的点,这些条件各自确定一些轨迹,这些轨迹的交点就是所要找的点。

例3 已知$\angle AOB$和长R,求作一个以R为半径的圆,与射线OA、OB都相切。

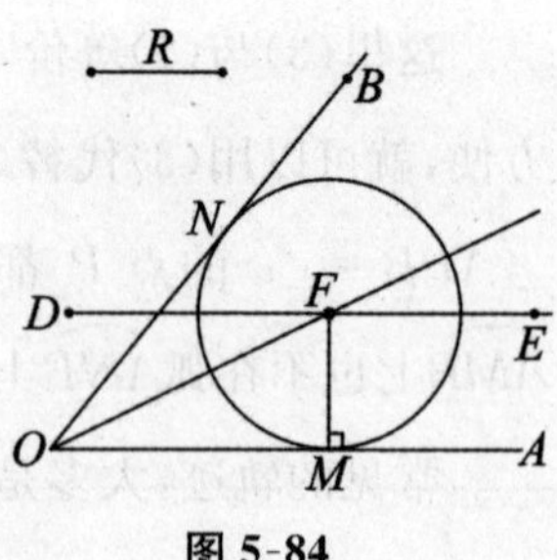

图 5-84

解:所求圆的圆心应当满足两个条件:

1. 它到$\angle AOB$两边等距,因而在$\angle AOB$的分角线上。

2. 它到OA(或OB)的距离等于定长R,因而在距OA(或OB)等于R的一条平行线上。(另一条为什么不用)

两个轨迹的交点就是所求圆的圆心。圆心找到了,问题迎刃而解。(作法从略)

在图 5-84 中通过作图,用$\overset{\frown}{MN}$把线段AM、NB平滑地连起来了。

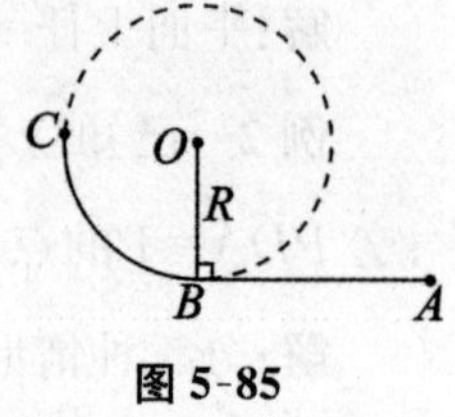

图 5-85

一般说来,若线段所在的直线(或圆弧所在的圆)与圆弧所在的圆相切于某点,并且在切点两侧,就说线段(圆弧)和圆弧在这一点**平滑连接**,简称**连接**,图 5-85 是线段AB与圆弧$\overset{\frown}{BC}$在点B连接的情形。图 5-86 是$\overset{\frown}{AB}$和$\overset{\frown}{BC}$在点B连接的情形。

在图 5-86(1)中,$\odot O_1$与$\odot O_2$外切于B,称$\overset{\frown}{AB}$与$\overset{\frown}{BC}$在B处外连接,在 5－86(2)中,$\odot O_1$与$\odot O_2$内切于B,称$\overset{\frown}{AB}$与$\overset{\frown}{BC}$在B处内连接。

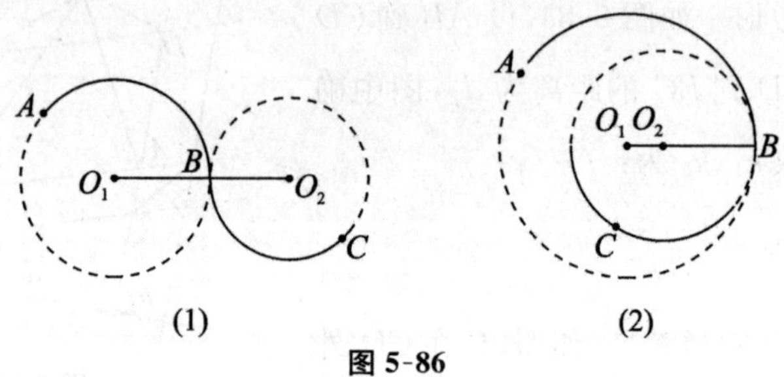

图 5-86

连接在实际作图中很有用。道路转弯时,要把直路和直路用弯道连起来;机械零件轮廓常由不同半径的弧连接而成。

在连接的作图中,重要的是确定圆弧中心。这常常要用轨迹相交的方法。

例 4 已知:$\overset{\frown}{AB}$的半径为R_1,圆心为O_1,线段R_2,求作半径为R_2的弧$\overset{\frown}{AC}$,使$\overset{\frown}{AC}$与$\overset{\frown}{AB}$在A点外连接。(图 5-87)

解:弧$\overset{\frown}{AC}$的圆心O_2,应当满足两个条件:

(1)在直线 O_1A 上；(为什么)

(2)在以 O_1 为心，R_1+R_2 为半径的圆上。(为什么)

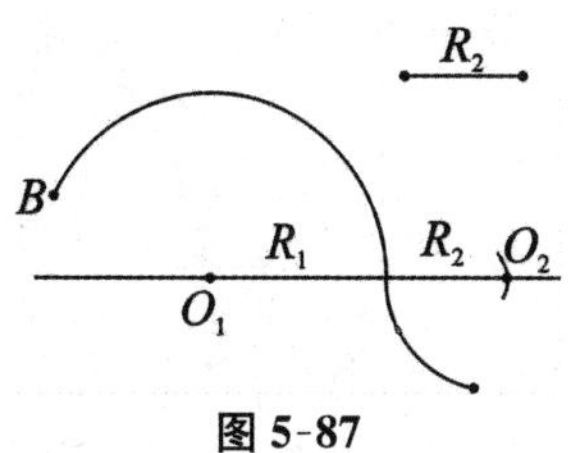

图 5-87

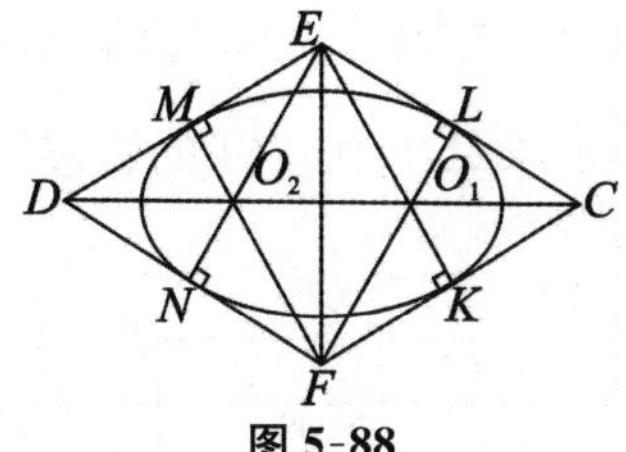

图 5-88

把上述轨迹作出后，取交点中的一个(另一个为什么不要)。作为圆心 O_2，以 O_2 为心，作弧$\overset{\frown}{AC}$即可。(图 5-87)

例 5 用四段圆弧画近似椭圆。

作法：(1)任作一线段 EF，以 EF 为公共边作正三角形 CEF、DEF；(图 5-88)

(2)作$\triangle CEF$ 的高 EK、FL 交于 O_1；

(3)作$\triangle DEF$ 的高 FM、NE 交于 O_2；

(4)分别以 O_1、O_2 为心，O_1K 为半径作$\overset{\frown}{LK}$、$\overset{\frown}{MN}$；

(5)分别以 E、F 为心，以 EK 为半径作$\overset{\frown}{NK}$、$\overset{\frown}{ML}$。

四条弧连接成近似椭圆。

练习

1. 说明并作出下列轨迹。(不必证明)

(1)半径为 1cm，并且与半径 1.5cm 的圆外切的圆心的轨迹。

(2)满足$\triangle ABP=0$ 的点 P 的轨迹。(A、B 是已知两点)

(3)斜边为 AB 的直角三角形顶点的轨迹。

(4)经过已知点 A 和 B 的圆的圆心的轨迹。

(5)以已知线段 AB 为底的等腰三角形顶点的轨迹。(三角形可以退化)

(6)以已知线段 AB 为一腰的等腰三角形的底边中点的轨迹。

(7)半径为 3cm，并且与已知直线 l 相切的圆的圆心的轨迹。

(8)和两条已知直线 l_1、l_2 等距离的点轨迹。(分两种情形:$l_1 l_2$,或 l_1 与 l_2 相交)

(9)对已知线段 AB 的视角等于 120° 的点(即使 $\angle APB=120^\circ$)的轨迹。

(10)已知 $\angle XPY=90^\circ$,线段 AB 的两端 A、B 分别在 PX、PY 上滑动,$AB=5\text{cm}$,求 AB 中点 M 的轨迹。

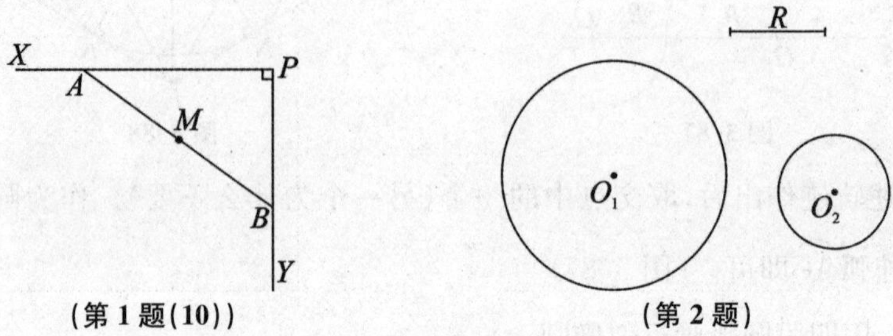

(第 1 题(10))　　(第 2 题)

2. 作半径为 R,并且与已知 $\odot O_1$ 和 $\odot O_2$ 都相外切的圆。

3. 说明例 5 中近似的椭圆的四段弧为什么是连接的?

4. 已知正方形 $ABCD$,以 A 为心,过 D 画 90° 的圆弧 $\overset{\frown}{DE}$;以 B 为心,作 90° 的圆弧 $\overset{\frown}{EF}$;以 C 为心,作 90° 的圆弧 $\overset{\frown}{FG}$……以下依次以 D、A、B、C、D、A、B……为心作 90° 的圆弧 $\overset{\frown}{GH}$、$\overset{\frown}{HI}$、$\overset{\frown}{IJ}$、$\overset{\frown}{JK}$……这样得到的曲线叫做"正方形的渐开线"。取 $AB=10\text{mm}$,作图,并说明所作诸弧为什么是依次连接的。

5.17　四种命题之间的关系

在研究轨迹时,我们列举出了有关的四个命题:

(1)图形 F 上每个点都符合条件 C;

(2)符合条件 C 的每个点都在图形上;

(3)不符合条件 C 的点都不在 F 上;

(4)不在 F 上的点都不符合条件 C。

现在来仔细分析这四个命题的构造和它们相互间的关系。

命题(1)可以表达为:如果 P 在 F 上,那么 P 符合条件 C。

用记号"$P\in F$"表示"P 在 F 上";记号 $C(P)$ 表示"P 符合条件 C"那么,(1)可以简单地写成 $P\in F\Rightarrow C(p)$,命题(2)就成了 $C(P)\in P\in F$。

这就看出来(1)与(2)互为逆命题。

再看(3)，它可以表达为：如果 P 不符合条件 C，那么 P 不在 F 上。

这里，"P 不符合条件 C"，是"P 符合条件 C"的否定，也就是 $C(P)$ 的否定，我们用$\overline{C(P)}$表示 $C(P)$ 的否定，相应地，$P\in F$ 的否定用$\overline{P\in F}$表示，则(3)可以简单地写成：$\overline{C(P)}\Rightarrow\overline{P\in F}$。于是，(4)自然成为$\overline{P\in F}\Rightarrow\overline{C(P)}$，可见(3)与(4)是互逆命题。

一般说来，如果一个命题可以写成 $A\Rightarrow B$ 的形式，我们便可以构造出另外三个命题：$B\Rightarrow A$，$\overline{B}\Rightarrow\overline{A}$，$\overline{A}\Rightarrow\overline{B}$。如果把 $\overline{A}\Rightarrow\overline{B}$ 叫做**原命题**，则 $\overline{B}\Rightarrow\overline{A}$ 叫做**逆命题**，$\overline{A}\Rightarrow\overline{B}$ 叫做否命题，$\overline{B}\Rightarrow\overline{A}$ 叫做**逆否命题**。

一般地

把命题的前提与结论互换，构成它的逆命题。

把命题的前提与结论分别换成它们的否定，构成它的否命题。

逆命题的否命题，也就是否命题的逆命题，就是逆否命题。

若命题甲是乙的逆命题，则乙也是甲的逆命题：若甲是乙的否命题：乙也是甲的否命题；若甲是乙的逆否命题，则乙也是甲的逆否命题。

再看两个例子，

例 1 设 a、b 为实数，考虑命题

(1)如果 $ab\neq0$，那么 $a\neq0$；(原命题)

(2)如果 $a\neq0$，那么 $ab\neq0$；(逆命题)

(3)如果 $a=0$，那么 $ab=0$；(逆否命题)

(4)如果 $ab=0$，那么 $a=0$。(否命题)

想一想，如果把(3)当做原命题，它的逆命题、否命题、逆否命题各是什么？如果把(2)或(4)当做原命题呢？

例 2 (1)内接于圆的四边形对角互补；(原命题)

(2)对角互补的四边形内接于圆；(?)

(3)不内接于圆的四边形对角不互补；(?)

(4)对角不互补的四边形不内接于圆。(?)

对照这些例子，再根据互逆、互否及互为逆否的意义，可弄清四种命题之间的

形式推理关系，如下图所示：

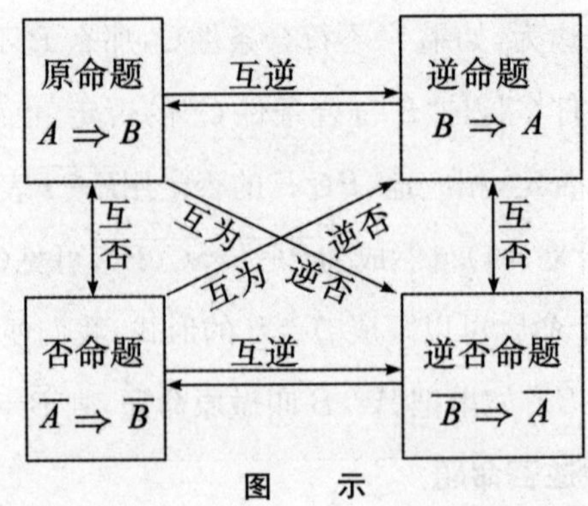

图　　示

注意，在图中如果把右上角注为“原命题”，则左上角成为逆命题，左下角成为逆否命题，右下角就成了“否命题”，也可以把右下角注为“原命题”，左下角就成了“逆命题”，等等。总之，哪个是逆命题、否命题、逆否命题，全看我们指定的原命题。但不论如何指定原命题，互逆、互否、互为逆否这些关系是不会改变的。

这四个命题，有时都正确，有时都不正确，有时其中有正确的，也有错误的。前述第一组中，(1)对，但(2)不对，可见**互逆命题不一定同时成立**。

这是我们早已知道的，此外，(1)对但(4)不对，可见**互否命题不一定同时成立**。

但是，互为逆否的命题却一定同时成立或同时不成立，这是因为：$A \Rightarrow B$ 的逆否命题是 $\overline{B} \Rightarrow \overline{A}$。如果 $A \Rightarrow B$ 成立，那表明 A 成立时 B 一定成立。如果 B 不成立呢？A 当然也不成立。否则，由 A 成立推出 B 成立，岂不和假设条件 B 不成立矛盾？因此：

互为逆否的两个命题同时成立或同时不成立，或者说，互为逆否的两个命题等价，即原命题⇔逆否命题。

因此，如果证明某个命题说起来不方便，可以用它的逆否命题代替，例如，要证明“对角互补的四边形内接于圆”，可代以证明“不内接圆的四边形角不互补”，这也就是用反证法。

*命题的关系，可以用集合来说明，命题要涉及一些对象，这些对象组成一个集合，例如，命题“如果 $a=0$，那么 $ab=0$。”涉及的对象是全体实数对 (a,b)。题设条件 $a=0$，确定了实数对集合的一个子集 U：即形如 $(0,b)$ 的所有实数对的集，结论 $ab=0$ 也确定了一个子集 U：即满足条件 $ab=0$ 的实数对 (a,b) 的集，“如果 $a=0$，

那么 $ab=0$"这个命题，可以理解为：如果一个实数对 $(a,b)\in U$，那么 $(a,b)\in V$；也就是说，U 被 V 包含，即 $U\subset V$，命题 $U\subset V$ 的逆命题应当是 $V\subset U$，这可以看出，互逆命题当然不一定同时成立。

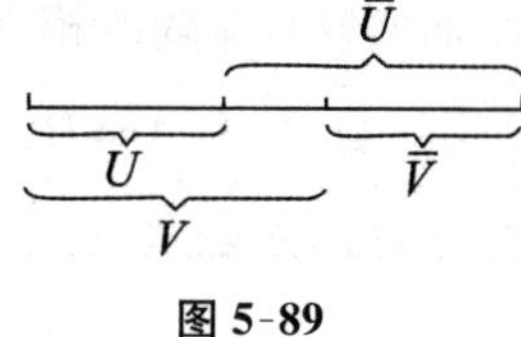

图 5-89

否命题也可以用集合来解释，条件 $a=0$ 的否定是 $a\neq 0$，它也确定一个集合：即由满足条件 $a\neq 0$ 的全体实数对 (a,b) 组成的集合，这个集合与 U 没有公共元素，并且和 U 并起来组成全体实数对的集，我们把它叫做 U 的补集，记作 $\overline{U}$。于是，$U\subset V$ 的否命题是 $\overline{U}\subset\overline{V}$。显然从 $U\subset V$ 成立不能确定 $\overline{U}\subset\overline{V}$ 也成立，如图 5-89 所示。

但是，$U\subset V$ 的逆否命题是 $\overline{V}\subset\overline{U}$。如果 $U\subset V$，U 包含于 V，如果一个东西不属于 V，当然也不属于 U，可见 $\overline{V}\subset\overline{U}$ 即 V 的补集包含于 U 的补集，如图 5-89 所示。这直观说明了互为逆否的两个命题同时成立或同时不成立。

如果两个集合 $U=V$，当然 $U\subset V$，$V\subset U$，$\overline{U}\subset\overline{V}$，$\overline{V}\subset\overline{U}$ 四个命题同时成立。

在第 2 个例子中，涉及的对象是所有四边形的集合，所有内接于圆的四边形组成集合户，所有对角互补的四边形组成集合 Q，于是前述四个命题分别是

(1)$P\subset Q$；

(2)$Q\subset P$；

(3)$\overline{P}\subset\overline{Q}$；

(4)$\overline{Q}\subset\overline{P}$。

由于 $P=Q$，上述四个命题都成立。

练习

1. 下列各命题看作原命题时，它的逆命题、否命题、逆否命题各是什么？哪些正确？哪些不正确？

(1)个位数是 0 的整数，可以被 5 整除；

(2)当 $x=1$ 时，$x^2-1=0$；

(3)直角三角形三边长的比是 $3:4:5$；

(4)平行四边形对角相等；

(5)到圆心距离不等于半径的直线不是圆的切线；

(6)能被 4 整除的整数个位数是 4。

2. 下列各对命题的相互关系怎样？它们是否等价？

(1)$A\Rightarrow B$ 和 $\overline{A}\Rightarrow\overline{B}$；

(2)$B\Rightarrow A$ 和 $\overline{A}\Rightarrow\overline{B}$；

(3)$\overline{A}\Rightarrow\overline{B}$ 和 $\overline{A}\Rightarrow\overline{B}$。

3. 用 S_A、S_B 分别表示符合条件 A、B 的所有对象的集合，$\overline{S}_A$、$\overline{S}_A$ 分别表示 S_A 和 S_B 的补集，把第 2 题中的六个命题改写成集合包含关系的形式，用线段图说明各对命题的相互关系。

5.18 图形的参数

圆的大小和形状可以用一个数确定。因为半径定了，圆的大小和形状也就定下来了。例如，圆的半径，直径、周长都可以取为参数，要确定一个三角形的形状与大小，可以取三边长——SSS，可以取两边一夹角——SAS，也可以取两角一夹边——ASA，具体取哪一组，要根据题设条件，怎样方便于解题就怎样取。

在 n 元图形中，能够确定图形的 n 个参数应当互相独立，也就是说，知道了其中任意$(n-1)$个，仍不能确定另一个。例如，知道了三角形的两条边的长度，并不能确定另一条边，也不能确定两边的夹角，为了强调这几个参数之间的相互独立性，常称它们为图形的一组独立参数或自由参数。

取定了一个图形的一组参数后，图形的其他有关几何量都可以由这些参数确定，或用这些参数表达出来，例如，知道了三角形的三边长，就可以求出三角形的面积。三条中线长、三条高、三条角平分线长、外接圆半径、内切圆半径等。

在几何证明题中，题目的假设往往可以化为图形的参数之间的关系，要证的结论也可以化为参数的关系。用这种办法，可以把要证的结果硬算出来。

例 1 已知：点 P 在正方形 $ABCD$ 内，$\angle PAB=\angle PBA=15°$。

求证：$\triangle DPC$ 是正三角形。

证明：整个图形由正方形的边长 AB 确定，设 $AB=a$。找出 PD、PC 与 a 的关系，问题就解决了，过 P 作 AB 的垂线分别与 AB、CD 交于 E、F。记 $PF=x$，则

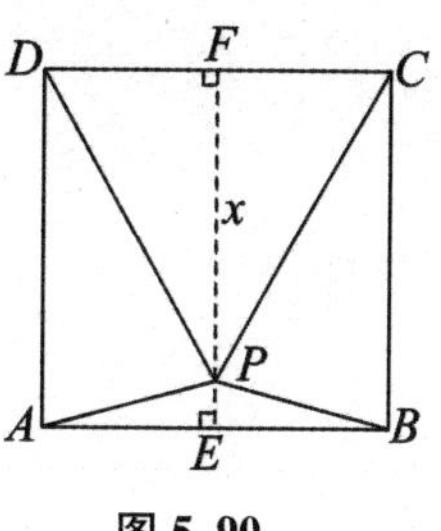

图 5-90

$$PE=a-x$$

$$PA=PB=\sqrt{\left(\frac{a}{2}\right)^2+(a-x)^2}$$

$\because \angle PAB=\angle PBA=15°$，

$\therefore \angle APB=150°$。

$$\therefore PE \cdot AE=\triangle APB=\frac{1}{2}AP \cdot BP\sin\angle APB$$

$$=\frac{1}{4}AP \cdot BP。$$

$$\therefore \frac{a}{2}(a-x)=\frac{1}{4}\left(\left(\frac{a}{2}\right)^2+(a-x)^2\right)。$$

整理得

$$x=\frac{\sqrt{3}}{2}a,$$

$$\therefore PD=PC=\sqrt{\left(\frac{a}{2}\right)^2+x^2}=\sqrt{\frac{a^2}{4}+\frac{3}{4}a^2}=a。$$

即 $\triangle PCD$ 是正三角形。

例 2 已知：P、Q 分别在正方形 $ABCD$ 的两边 AB、BC 上，如图 5-91，并且 $AP+CQ=PQ$。

求证：$\triangle PQD$ 在 PQ 边上的高 $DE=AB$。

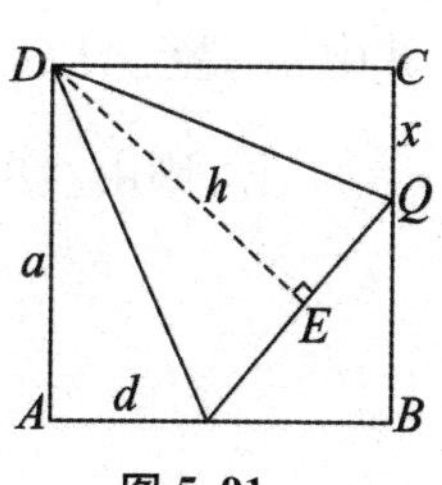

图 5-91

证明：记 $AB=a$，$AP=d$。图形被 a、d 两个数所确定，只要找出 $h=DE$ 与 a、d 关系，问题便会解决。用面积关系

$$\triangle PQD=S_{ABCD}-\triangle DAP-\triangle PBQ-\triangle DCQ$$

$$=a^2-\frac{1}{2}ad-\frac{1}{2}(a-d)(a-x)-\frac{1}{2}ax$$

$$=\frac{1}{2}(a^2-dx)$$

另一方面，由勾股定理及题设 $PQ=PA+CQ$ 得

$$PQ^2=PB^2+QB^2,$$

$$\therefore (d+x)^2=(a-d)^2+(a-x)^2。$$

整理得

$$a^2-dx=a(d+x),$$

$$\therefore \triangle PQD=\frac{1}{2}a(d+x),$$

$$\therefore h=\frac{2\triangle PQD}{PQ}=\frac{a(d+x)}{d+x}=a。$$

例 3 已知$\triangle ABC$的内切圆为$\odot O$,作三条分别平行于$\triangle ABC$三边的$\odot O$的切线,从$\triangle ABC$上截得三个新的小三角形,设$\triangle ABC$三边为a、b,c,求这四个三角形内切圆面积的和。(图 5-92)

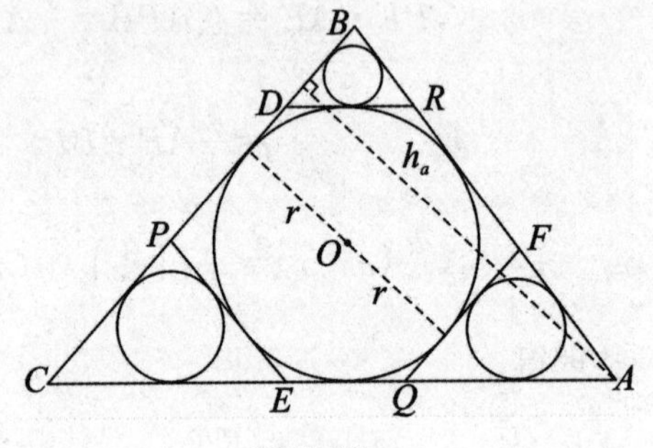

图 5-92

解:有关图形可由a、b、c完全确定,是三元图形,设$s=\frac{1}{2}(a+b+c)$,则$\triangle ABC$的内切圆半径

$$r=\frac{\triangle ABC}{s}=\frac{ah_a}{2s},$$

其中h_a是$\triangle ABC$在。边上的高,分别记$\triangle AQF$、$\triangle BRD$、$\triangle CPE$的内切圆半径为r_A、r_B、r_C,则由$\triangle AQF\sim\triangle ACB$得

$$\frac{r_A}{r}=\frac{h_a-2r}{h_a}=1-\frac{2r}{h_a}=1-\frac{a}{s},$$

$$\therefore r_A=r(1-\frac{a}{s})。$$

同理得

$$r_B=r(1-\frac{b}{s}),r_C=r(1-\frac{c}{s})。$$

故所求的四圆面积和为:

$$\pi(r^2+r_A^2+r_B^2+r_C^2)$$

$$=\pi(1+(1-\frac{a}{s})^2+(1-\frac{b}{s})^2+(1-\frac{c}{s})^2)r^2$$

$$=\frac{\pi}{s^2}(s-a)(s-b)(s-c)(a^2+b^2+c^2)。$$

最后一步是因为

$$r^2=\frac{(\triangle ABC)^2}{s^2}=\frac{(s-a)(s-b)(s-c)}{s}。$$

练习

1. 指出下列图形是几元图形，并说明可以用哪几个参数确定图形的形状与大小。

(1)任意一个圆和它的任一条直径。

(2)半径为 1cm 的圆和它的任一条弦。

(3)任意一个圆和圆内任一点。

(4)任意一个正方形和它的两条对角线。

(5)任意一个正方形和它内部任意一点。

(6)任意正三角形和它的三条中线。

(7)任意三角形和它内部任一点。

(8)任意等腰三角形和它的外接圆，内切圆。

(9)相外切的任意两圆。

(10)任意矩形和它外接圆。

(11)任意菱形和一条过它内部的直线。

(12)任意平行四边形和它内部一点。

(13)任意梯形和一条与它的底平行的直线。

(14)任意四边形和它的两条对角线。

2. 已知：P 是正方形 $ABCD$ 外一点，使$\angle PBC=\angle PDC=15°$，求证：$\triangle PBC$ 是正三角形。(用计算 PB 长度的方法)

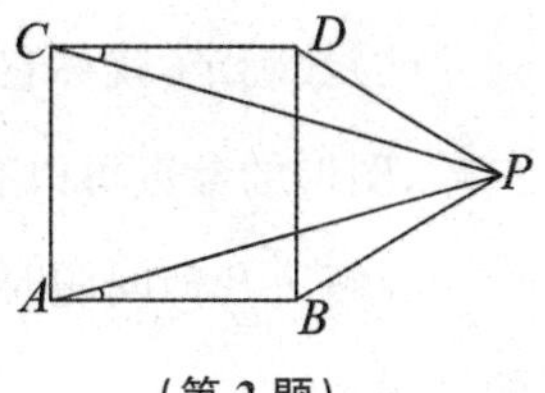

(第 2 题)

3. 已知：P、Q 分别是正方形 $ABCD$ 的边 AB、BC 上的点，

并且$\triangle PQD=\triangle DAP+\triangle DCQ$

求证：$PQ=AP+QC$。

4. 一直角三角形斜边长为 h，内切圆半径为 r，求内切圆面积与三角形面积的比。

5. 在等腰梯形内，有一圆与梯形的上底和两腰相切，已知梯形下底为 6，高为 5，圆半径 1。求梯形的腰和下底夹角的余弦的值。

小结

满足一定条件的所有的点集合，叫做由这条件所确定的点的轨迹，简称为这个条件的轨迹。

要证明图形 F 是条件 C 的轨迹，应当证明两个命题

(1)图形 F 上每个点都符合条件 C(纯粹性)。

(2)符合条件 C 的每个点都在 F 上(完备性)。

这两个命题可以变形为

(3)不符合条件 C 的点都不在 F 上。

(4)不在 F 上的点都不符合条件 C。

其中(3)与(1)等价，(4)与(2)等价。

一般说来，有了形为"$A\Rightarrow B$"的命题便可以再构造出它的逆命题 $B\Rightarrow A$，否命题 $\overline{A}\Rightarrow\overline{B}$，及逆否命题 $\overline{B}\Rightarrow\overline{B}$。这四个命题之间的关系有：

互逆关系：$A\Rightarrow B$ 与 $B\Rightarrow A$；$\overline{A}\Rightarrow\overline{B}$ 与 $\overline{B}\Rightarrow\overline{A}$。

互否关系：$A\Rightarrow B$ 与 $\overline{A}\Rightarrow\overline{B}$；$B\Rightarrow A$ 与 $\overline{B}\Rightarrow\overline{A}$。

互为逆否关系：$A\Rightarrow B$ 与 $\overline{B}\Rightarrow\overline{A}$；$B\Rightarrow A$ 与 $\overline{A}\Rightarrow\overline{B}$。

一个命题和它的逆否命题同时成立或同时不成立，这是反证法的根据。

几何命题总与一定的图形有关，如果一个图形的形状和大小可以由 n 个(相互独立的)数确定，就称它为 n 元图形。确定图形形状与大小的这 n 个数叫做图形的参数，图形的参数可以有不同的取法。

在解决几何问题时，把有关几何量用图形的参数表达出来，有助于得到所要求的结果。

第五章提要

1. 圆的定义:到定点距离等于定长的点的集合叫做一个圆。圆把平面上的点分为圆外、圆内、圆上三部分,不在同一直线上的三个点确定一个圆。

2. 圆是轴对称图形,任一条过圆心的直线是它的对称轴。圆也是中心对称图形,圆心是对称中心。圆绕圆心旋转任意大小角度都能与原图形重合。圆的对称性表现为:垂直抄弦的直径必平分弦,在同圆或等圆中,两个圆心角,圆心角所对的弧、弦、弦心距中任何一对量相等时,其他对应量也相等。

3. 圆把平面上的直线分为割线,切线和与它相离的线三部分。圆心到直线的距离等于半径时,直线是切线,切线的特征性质是:它垂直于过切点的半径,从圆外一点引圆的两切线时,切线长相等。

4. 两圆的半径固定,圆心距由大变小时,它们的位置关系变化情形是:外离,外切、相交、内切,内含。公切线数目顺次分别为四条、三条、两条、一条、零条。两圆相交时,连心线垂直平分公共弦;两圆相切时,连心线通过切点,两圆的外(内)公切线长相等。

5. 圆周角定理是关于圆的最重要定理,并有大量推论。与角有关的推论主要是:弦切角定理、直径所对圆周角是直角、圆内接四边形对角互补。与线段有关的推论是:相交弦定理、两割线定理、切割线定理,它们可综合为圆幂定理。与线段和角有关的定理是弦长公式,弦长等于所对圆周角正弦和圆的直径的积。由此又一次证明正弦定理。

6. 三角形有一个外接圆和一个内切圆,四边形有外接圆的充要条件是对角互补,有内切圆的充要条件是两组对边的和相等。正多边形必有外接圆和内切圆。利用圆内接、外切正多边形的面积公式,可求得圆的面积公式和周长公式,并可导出弧长和扇形面积公式。

7. 满足一定条件的所有点的集合,叫做这个条件确定的轨迹。要证明图形 F 是条件 C 的轨迹,应当证明两个命题:F 上的点都符合条件 C(纯粹性);符合条件 C

的点都在 F 上(完备性)。完备性的证明常常用反证法。

8. 原命题和它的逆否命题等价,这是反证法的依据。

习题五

1. 求证:直径是圆中最长的弦。
2. 求证:若四边形的两条对角线互相垂直,则它的四边的中点在同一个圆上。
3. 求证:四边形中点在同一个圆上的四边形,它的两条对角线互相垂直。
4. 作一圆,使它经过已知点 A 和 B,并且圆心在已知圆$\odot O$ 上,设 O 到直线 AB 的距离为 d,$\odot O$ 的半径为 r,O 到 AB 中点 M 的距离为 l,那么:

   (1)当 $l^2-d^2<r^2$ 时,能作几个这样的圆?

   (2)当 $l^2-d^2=r^2$ 时,能作几个这样的圆?

   (3)当 $l^2-d^2>r^2$ 时,能作几个这样的圆?
5. 同一圆内两条平行弦 AB、CD 的长分别为 a、b,圆半径为 r,求两弦的距离。(有两解)
6. 经过$\odot O$ 内已知点 A 作一条最短的弦。(这条弦有什么特点)
7. 设 AB 是$\odot O$ 的直径,$\odot O$ 的弦 CD 的延长线上取两点 E、F 使 $AEFB$ 为直角梯形,且 $AE\perp EF$、$BF\perp EF$。求证:$EC=DF$。

(第 7 题)

8. 破残的轮片上,弓形的弦 AB 长 480mm,高 CD 为 70mm。求原轮片直径。

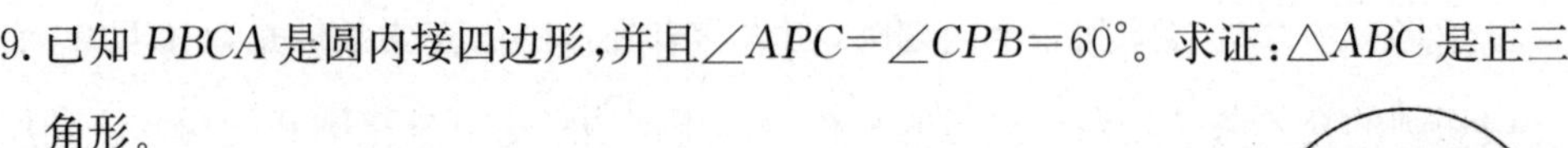

9. 已知 $PBCA$ 是圆内接四边形,并且$\angle APC=\angle CPB=60^\circ$。求证:$\triangle ABC$ 是正三角形。
10. 同心圆$\odot_1 O$ 和$\odot_2 O$ 中,$\odot_1 O$ 的弦 AB 与$\odot_2 O$ 相切。已知 $AB=3.5$cm。求两圆间圆环的面积。(保留记号 π)

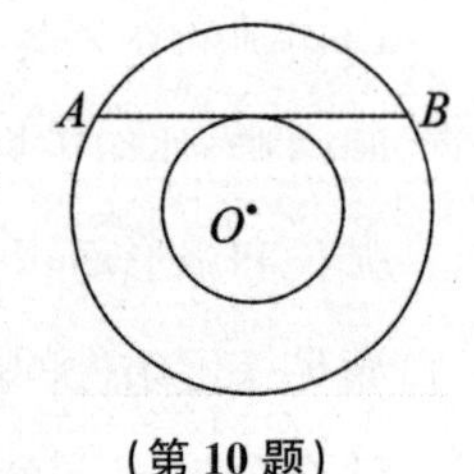

(第 10 题)

11. 在$\triangle ABC$ 中,$\triangle BAC$ 的平分线 AD 延长后与$\triangle ABC$ 的外

接圆交于E。求证：$\triangle ABD \sim \triangle AEC$。

12. 求证：以等腰三角形的一腰为直径的半圆通过底边中点。

13. 设P是等腰三角形$\triangle ABC$底边BC上任一点，AP与$\triangle ABC$外接圆交于Q。求证：$\triangle ABP \sim \triangle AQB$。

14. 圆内两弦AB、CD交于P。

求证：$\angle APC \overset{m}{=} \frac{1}{2}(\overset{\frown}{AC}+\overset{\frown}{BD})$。

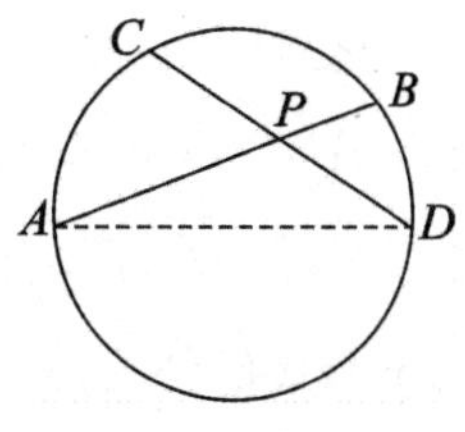

（第 14 题）

15. 圆的两弦AB、CD延长后交于P。

求证：$\angle P \overset{m}{=} (\overset{\frown}{AC}-\overset{\frown}{BD})$。

16. 设$\triangle ABC$外角$\triangle CAE$的平分线与$\triangle ABC$的外接圆交于D。求证：$DB=DC$。

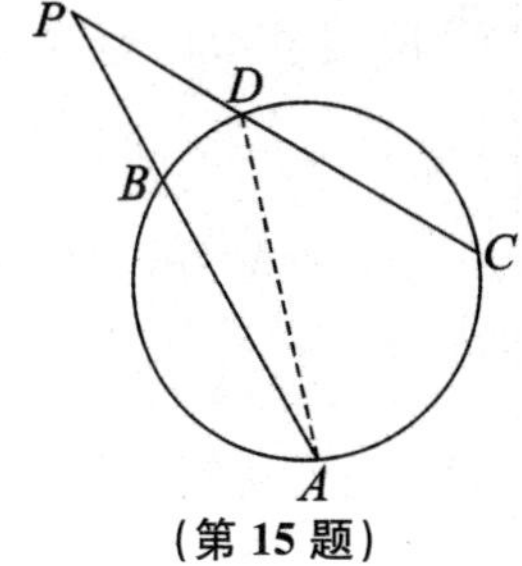

（第 15 题）

（第 16 题）

17. 已知：BE、CF是$\triangle ABC$的两条高。求证：$\angle AEF = \angle ABC$。

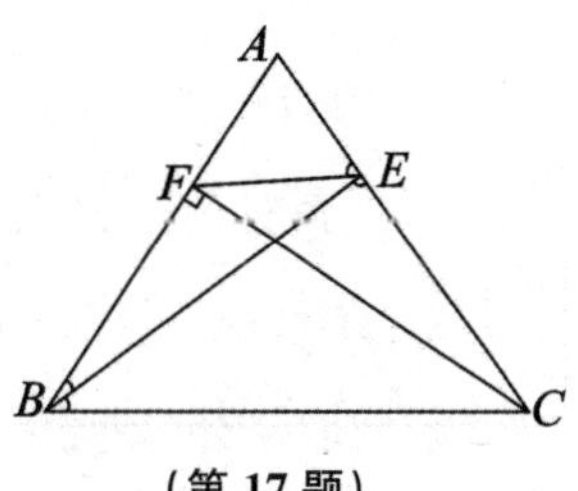

（第 17 题）

18. $\triangle ABC$的高AD与外接圆交于E，H是$\triangle ABC$的垂心。求证：$DH=DE$。

19. 已知$\odot O$的两切线l_1、l_2平行。求证：$\odot O$的直径等于两切线间的距离。

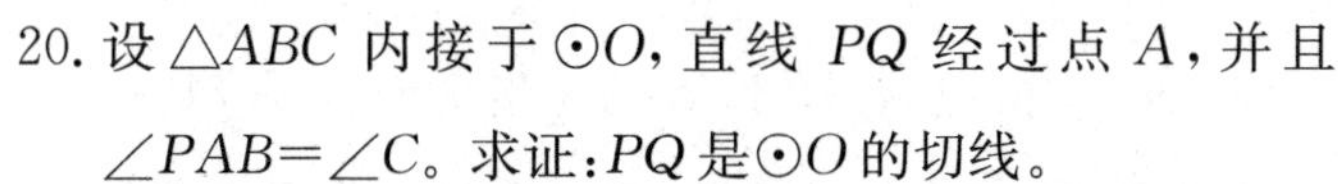

20. 设$\triangle ABC$内接于$\odot O$，直线PQ经过点A，并且$\angle PAB=\angle C$。求证：PQ是$\odot O$的切线。

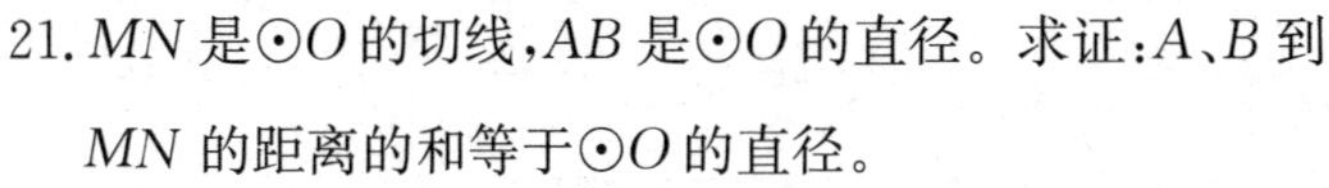

21. MN是$\odot O$的切线，AB是$\odot O$的直径。求证：A、B到MN的距离的和等于$\odot O$的直径。

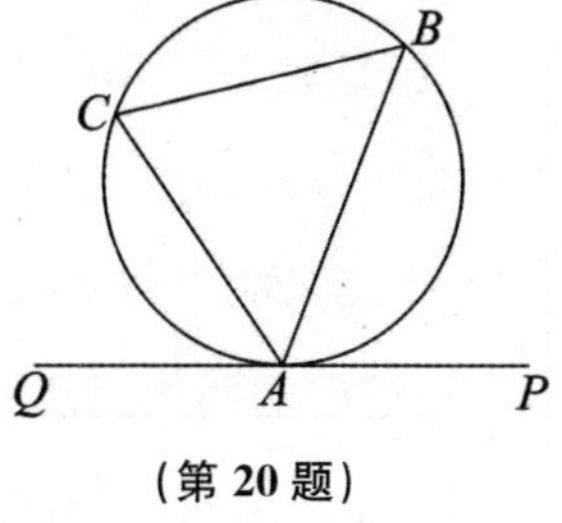

（第 20 题）

22. 在$\angle DAB$的平分线上任取一点C，过C作$\triangle ABC$外接圆的切线与射线AD交

于 E，求证：$\angle AFC=\angle ACB$。

23. 已知：梯形 $ABCD$ 有内切圆⊙O，⊙O 的直径为 6cm，梯形两腰 AB、CD 的和为 16cm，求梯形面积。

24. PA、PB 是⊙O 的切线，A、B 是切点，延长半径 OB 到 C，使 $BC=OB$。求证：$\angle APB=2\angle BPC$。

25. AB、CD 是⊙O 的两条互相平行的切线，⊙O 的另一切线 分别与 AB、CD 交于 E、F。求证：$\angle EOF=90°$。

26. 自⊙O 外一点 P 作两直线与⊙O 切于 A、B，过 A 作⊙O 的 直径 AC。求证：$\triangle POB=\triangle POC$。

27. 设⊙O 是 $\triangle ABC$ 的内切圆。已知 $\angle A=52°$，求 $\angle BOC=$？

28. 设⊙O 与 $\triangle ABC$ 的 BC 边及 AC、BC 的延长线相切。已知 $\angle A=52°$，求 $\angle BOC=$？

29. 设⊙O 是 $\triangle ABC$ 的内切圆，切点为 D、E、F。已知 $\angle A=\alpha$，$\angle B=\beta$，$\angle C=\gamma$，求 $\triangle DEF$ 的三个内角。

30. 在 $\triangle ABC$ 中，I 是内心，$\angle A$ 的平分线与 $\triangle ABC$ 的外接圆交于 D。求证：$DB=DC=DI$。

31. 设 $ABCDEF$ 是圆内接六边形，并且 $AB=BC$，$CD=DE$，$EF=FA$。求证：

    (1)三条对角线 BF、DA、FC 交于一点 I，且 I 是 $\triangle ACE$ 的内心。

    (2)$AB=BC=IB$，$CD=DE=ID$，$EF=FA=IF$。

32. 设 $ABCDEF$ 是圆外切六边形。求证：$AB+CD+EF=BC+DE+FA$。

33. 已知 $\triangle ABC$ 中 $\angle A$ 的平分线和外接圆⊙O 交于点 D，BE 是圆⊙O 的切线，求证：D 到 BC、BE 的距离相等。

34. 自⊙O 外一点 P 作直线与⊙O 交两点 A、B，作圆的切线 PE 与⊙O 切于 E，$\angle APE$ 的平分线与 EA、EB 分别交于点 C、D。求证：$\triangle CDE$ 是等腰三角形。

35. 设⊙O 的两弦 AB、CD 延长后交于 P，两直线 AC、BD 交于 E，$\angle APC$ 的平分线与直线 AC、BD 分别交于 M、N。求证：$\triangle MNE$ 是等腰三角形。

36. 过⊙O 上两点 A、B 作切线交于 P，AC 是⊙O 的直径。求证：$\angle APB=$

$2\angle BAC$。

37. 在⊙O的两弦PQ、XY所在直线上分别取A、B两点使$AO=BO$。求证:$AP\cdot AQ=BX\cdot BY$。

38. 作一正方形,使它的面积等于已知矩形的面积。(若把矩形换为三角形,梯形呢)

39. 设C为线段AB中点,$BCDE$为正方形。以B为心,BD为半径作圆与直线AB交于H、K两点。求证:$AH\cdot AK=2AC^2$。

40. 设一动圆⊙P与定圆⊙O相外切,两圆半径分别为R和r,求点P的轨迹。又问,若⊙P与⊙O相内切,P的轨迹是什么?

41. 半径为1cm的两圆在边长为7cm的正方形内滚动,两圆始终相切,并与正方形的边相切。求两圆切点的轨迹。

42. 已知:⊙O_1与⊙O_2交于A、B两点,过A作直线垂直于AB,与两圆分别交于P、Q。求证:$PQ=2O_1O_2$。

43. 两圆交于A、B两点,分别过A、B作直线,分别与两圆交于C、D和E、F。求证:$CE/\!/DF$。

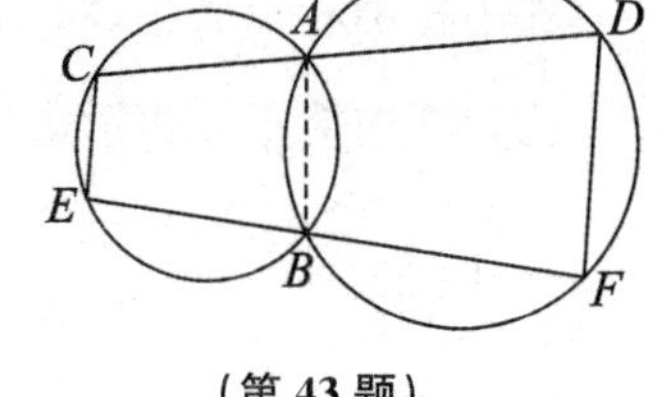

(第43题)

44. 在上题中,如果A、B两点重合,是否仍有$CE/\!/DF$?

45. 设两圆内切于A,过A作大圆的弦AD、AE分别与小圆交于点B、C。求证:$DE/\!/BC$。

46. 已知两圆相外切,它们的两条外公切线互相垂直,其中大圆半径为5cm,求小圆半径及外公切线长。

47. 在43题中,若C、E两点重合为一点T,过r的切线是否与DF平行?为什么?

48. 用半径$R=8$mm,$r=5$mm的钢球测量口小内大的孔的直径d,测得钢球顶点与孔口平面的距离分别为

$a=12.5$mm、$b=8.3$mm。计算出内孔直径d的大小。(精确到0.1mm)

49. 两圆半径为38mm和22mm,圆心距为65mm。求:

(1)内切线的长。

(2)两内公切线间的夹角。

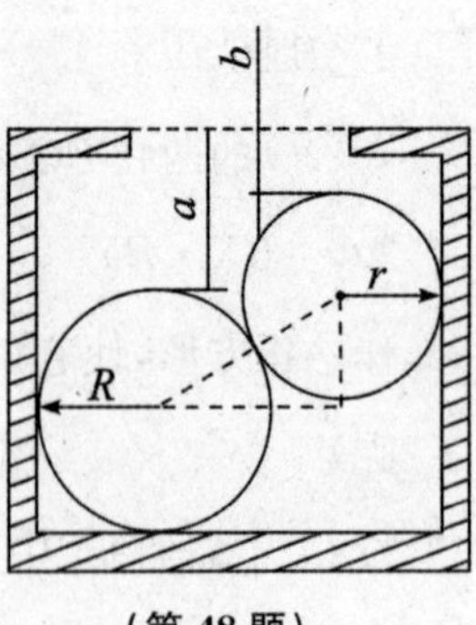

(第 48 题)

50. 求证:(1)两圆的外公切线的四个切点是一个等腰梯形的顶点。

(2)两圆的内公切线四个切点在同一个圆上。

51. 求证:顺次连结正多边形各边中点所得的多边形是正多边形。

52. 求证:如果一个多边形有一个外接圆和一个内切圆,且两个圆同心,那么这个多边形一定是正多边形。

53. 设 $A_1A_2A_3A_4A_5A_6$ 是正多边形,延长 A_1A_2 至 B_1,A_2A_3 至 B_2,A_3A_4 至 B_3,A_4A_5 至 B_4,A_5A_6 至 B_5,A_6A_1 至 B_6 使 $A_1A_2=A_2A_1$,$A_2A_3=A_3B_2$、…、$A_6A_1=A_1B_6$。求证:$B_1B_2B_3B_4B_5B_6$ 是正六边形。

54. 在某个圆形盖板上钻 16 个小圆孔,使孔心到盖板中心距离为 240mm,并且相邻小孔中心距离相等。求相邻两孔中心的距离。(精确到 0.1mm)

55. 已知圆内接正 n 边形边长为 a,同圆外切正 n 边形边长为 b。

求证:$\dfrac{b}{a}=1/\cos\dfrac{180^\circ}{n}$。

56. 求证:同一个圆中内接正六边形和外切正六边形周长比等于$\sqrt{3}$∶2,面积比等于 3∶4。

57. 设计三个直径相等的轧辊,使它们能把直径为 0.4mm 的滚轴轧紧。求轧辊直径。

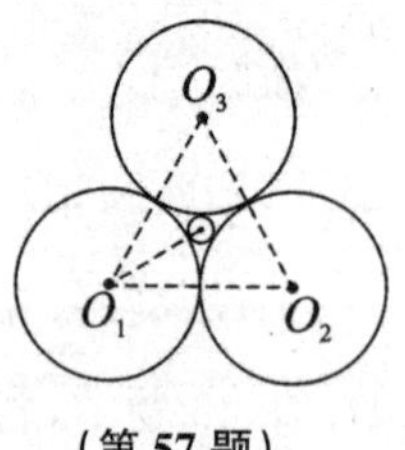

(第 57 题)

58. 已知:半径为 R 的圆内接正 n 边形的边长为 a_n。求证:同圆内接正 $2n$ 边形的面积等于$\dfrac{n}{2}Ra_n$。利用这个结果,求半径为 R 的圆内接正八边形的面积。(用代数式表示)

59. 圆内接正六边形的六个顶点之间可连成共 15 条线段,它们的长度平方和记为 S。任取三个顶点可形成一个三角形,一共可得 20 个三角形,它们的面积平方和记为 T。求证:$S^2=96T$。

60. 已知正五边形的一条对角线的长，求作这个正五边形。

61. 用圆规直尺作已知圆的外切正八边形。

62. 已知正十二边形的一条边的长，求作这个正十二边形。

63. 正五边形的对角线 AC、BE 交于点 M。求证：$ME=AB$，且 M 是 BE 的黄金分割点，即 $ME^2=BE\cdot BM$。

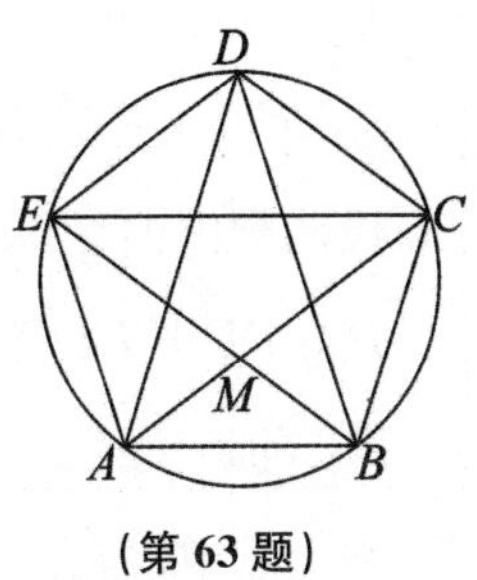

（第 63 题）

64. 设 $ABCDEF$ 是圆内接正六边形，$AKLMH$ 是同圆内接正五边形，并且 B 在 $\overset{\frown}{AK}$ 上，求证：BK 等于同圆内接正 15 边形的边长。

65. 已知△ABC 是锐角三角形，O 是△ABC 的外心，AD、BE、CF 是△ABC 的三条高。求证：$OA\perp EF$，$OB\perp DF$，$OC\perp DE$。

66. 利用上题结果证明：在锐角△ABC 的所有内接三角形中，周长最短的是以三高垂足为顶点的三角形。

67. 以锐角△ABC 的一边 AB 为直径作半圆与另外两边交于 P、Q。设已知：$\angle A=\alpha$、$\angle B=\beta$，试计算$\angle POQ$。

（第 67 题）

68. 在上题中，若 $AB=AC$，试证明 $BQ=CQ$ 且$\overline{BQ}=\overline{PQ}$。

69. 求证：四边形各内角的平分线所成的四边形内接于圆。

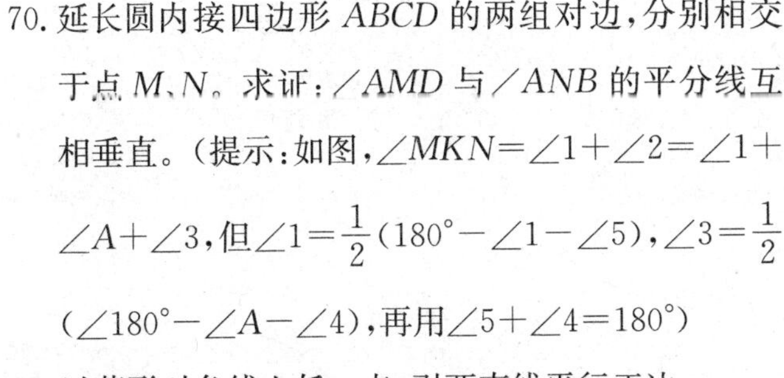
70. 延长圆内接四边形 $ABCD$ 的两组对边，分别相交于点 M、N。求证：$\angle AMD$ 与$\angle ANB$ 的平分线互相垂直。（提示：如图，$\angle MKN=\angle 1+\angle 2=\angle 1+\angle A+\angle 3$，但$\angle 1=\frac{1}{2}(180^\circ-\angle 1-\angle 5)$，$\angle 3=\frac{1}{2}(\angle 180^\circ-\angle A-\angle 4)$，再用$\angle 5+\angle 4=180^\circ$）

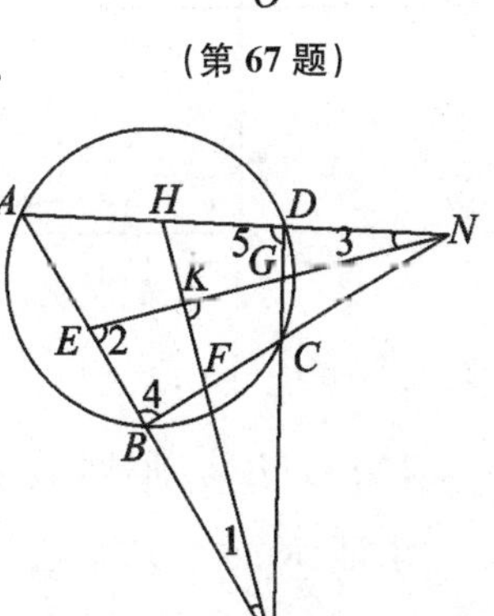

（第 70 题）

71. 过菱形对角线上任一点，引两直线平行于边。求证：这两直线与边的四个交点在同一圆上。

72. 在半径为 R 的⊙O 外任取一点 P，自 P 作⊙O 的两切线与⊙O 切于 A、B。在 AB 上任取一点 Q，过 Q 作⊙O 的切线与 AP、BP 交于 D、E，设 $PO=d$，求证：

(1)△PDE 周长等于 $\sqrt{d^2-R^2}$。

(2)$\angle DOE=\frac{1}{2}(180^\circ-\angle DPE)$。

73. 以 Rt$\triangle ABC$ 的直角边 AC 为直径作圆$\odot O$，与斜边 AB 交于点 D。求证：$\triangle BCD$ 的中线 DM 是$\odot O$ 的切线。

74. 设同圆内两弦 $AB /\!/ CD$。如图，在$\overset{\frown}{CD}$上取一点 P，连 PA、PB 与 CD 分别交于 N、M，再过 P 作圆的切线与 DC 的延长线交于Q。求证：$\triangle QPN\sim\triangle QMP$。

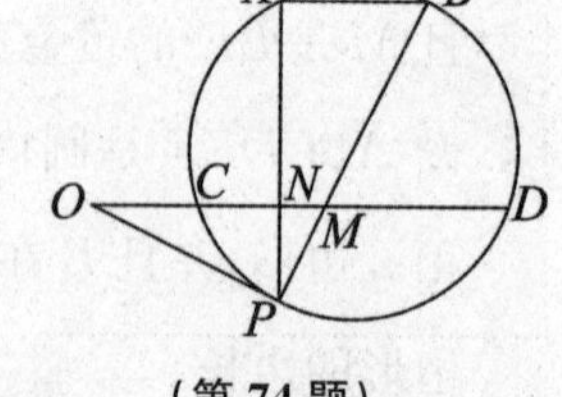

(第 74 题)

75. 在上题中，当 A、B 两点越来越近而重合为一点时，M、N 也重合为一点 R。求证：$QP=QR$。

76. 求证 n 边形外接圆半径与内切圆半径的比。(对一般的 n，用三角函数表示，当 $n=3$、4、6 时，算出具体数值)

77. 设正方形边长为 1，求它的内接正三角形的面积的最大值。(提示：如图，设 M 是 PQ 中点，则 P、M、R、D 共圆。由此推出$\triangle DMC$ 是正三角形，所以 M 是定点)

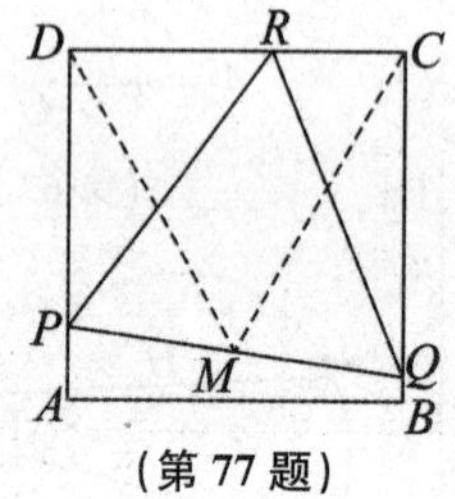

(第 77 题)

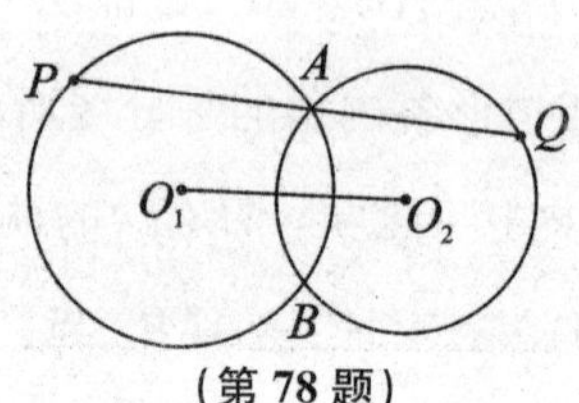

(第 78 题)

78. 设$\odot O_1$ 与$\odot O_2$ 相交于 A、B，过 A 任作一直线 l 与两圆交于另两点 P、Q。直线 PQ 与 O_1O_2 所成锐角为 θ。

求证：$RQ=2O_1O_2\cos\theta$。

79. 在上题中，记$\odot O_1$ 与$\odot O_2$ 的半径分别为 R_1、E_2。求证：$\frac{PB}{QB}=\frac{R_1}{R_2}$。

80. 如图，$\angle PMN=\angle QNM=90^\circ$，半径为 r 的两个小圆$\odot A$、$\odot B$ 分别与$\angle M$、$\angle N$ 的两边相

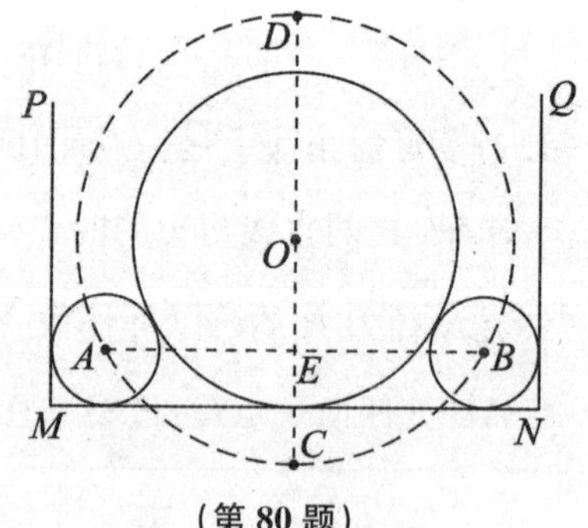

(第 80 题)

切。大圆⊙O与⊙A、⊙B外切，且与MN相切。已知$MN=l$，⊙O半径为R。求证：$16Rr=(l-2r)^2$。（提示：以O为心，OA为半径作⊙$_1O$，在⊙$_1O$内用相交弦定理；或用三角形外接圆直径公式）

81. 已知正十边形边长为$2a$，求它的面积。（用代数式表示）

82. 已知：直角△ABC斜边上的高为AD。求证：△ABD和△ACD的内切圆的面积比等于$BD:DC$。

83. 圆中的弦PQ与直径AB垂直，相交于点M，分别以PM、QM、AM、BM为直径作四个圆，这四个圆面积的和与原来那个圆的面积比较，哪个大？哪个小？还是相等？

84. 两个同心圆半径之差为d，两半径OB、OC所夹的一段圆环周长为l，$\angle BOC=\theta$。试计算两弧$\overset{\frown}{BC}$、$\overset{\frown}{AD}$的长度和图中阴影部分的面积。

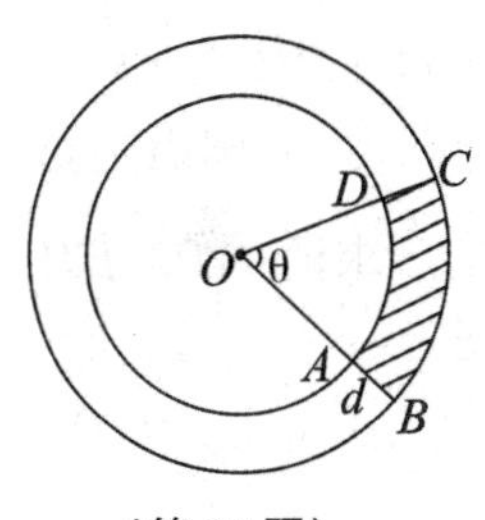

（第84题）

85. 作图说明下列条件确定的轨迹。（不证明）

(1)底边给定的等腰三角形的重心的轨迹。

(2)和⊙O相交于已知的A、B两点的圆的圆心的轨迹。

(3)两点A、B给定，常数k给定$\left(0\leqslant k\leqslant \frac{1}{2}\right)$。满足条件$\frac{\triangle PAB}{PA\cdot PB}=k$的点$P$的轨迹。

(4)和两个已知同心圆都相切的圆的圆心的轨迹。

(5)到已知⊙O切线长为1的点的轨迹。

86. 举出满足下列条件的几何命题的例子：

(1)原命题和逆命题都正确。

(2)原命题正确但逆命题不正确。

(3)原命题和否命题都正确。

(4)否命题正确但原命题不正确。

(5)能不能举出原命题正确，但逆否命题不正确的例？为什么？

(6)能不能举出逆命题正确，但否命题不正确的例？为什么？

87*.“以给定线段 AB 为斜边的直角三角形的直角顶点的轨迹，是以 AB 为直径的半圆”，这说法对不对，为什么？把“半圆”改为“圆”对不对？为什么？

88. 矩形 $ABCD$ 中，已知 $AB=8\text{cm}$，将矩形绕点 A 旋转 $90°$ 到达 $AB'C'D'$ 位置，求在旋转过程中，边 CD 扫过的面积 S。(即图中阴影部分面积)

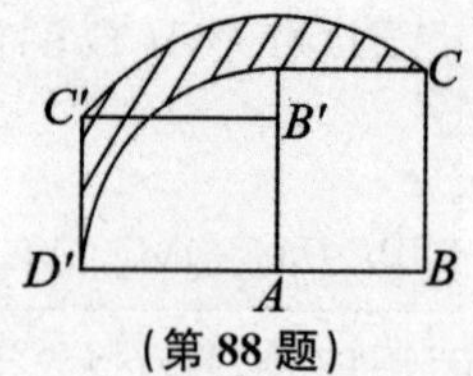

(第 88 题)

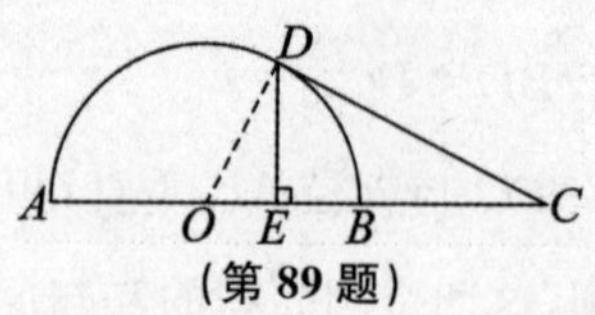

(第 89 题)

89. 如图，AB 是半圆的直径，O 是圆心，C 是 AB 延长线上一点，CD 切圆于 D，$DE\perp AB$ 于 E。已知 $AE=4BE$，$CD=2$。求 BC 的长。

90. 如图，圆内三弦 AB、CD、EF 交于一点 P，$\angle1=\angle2=\angle3$。求证：$AP+EP+DP=BP+CP+FP$。

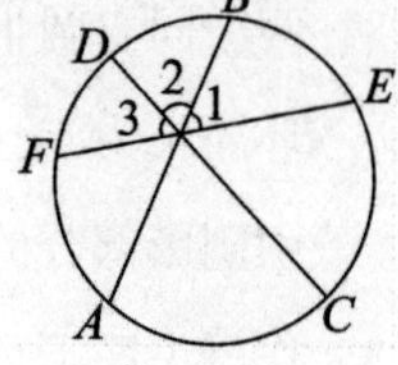

(第 90 题)

附 录

平面几何中常用的重要定理(公理)和公式

(一)角之间的关系

1△△.两直线平行,同位角相等,反过来也正确。

2△. 三角形内角和为 180°.

3.等腰三角形两底角相等,反过来也正确。

4△△.同弧所对的圆周角相等。

(二)两个三角形的面积比

1△△.(共边定理)若直线 PQ 与 AB 交于 M,则

$$\frac{\triangle PAB}{\triangle QAB}=\frac{PM}{QM}。$$

2△△.(共角定理)若$\angle ABC$与$\angle A'B'C'$相等或互补,则

$$\frac{\triangle ABC}{\triangle A'B'C'}=\frac{AB\cdot BC}{A'B'\cdot B'C'}。$$

逆命题也成立。

3[△].(勾股差定理)若$\angle ABC$与$\angle A'B'C'$相等或互补,并且$\angle ABC\neq 90^\circ$,则

$$\frac{\triangle ABC}{\triangle A'B'C'}=\pm\frac{AB^2+BC^2-AC^2}{A'B'^2+B'C'^2-A'C'^2}。$$

式中的"+"、"−"号根据两角相等或互补来确定。逆命题也成立。

4[△].若$\angle ABC+\angle A'B'C'<180^\circ$时,$\angle ABC>\angle A'B'C'$的充要条件是

$$\frac{\triangle ABC}{\triangle A'B'C'}>\frac{AB\cdot BC}{A'B'\cdot B'C'}。$$

(三)三角形面积公式

下面用△记$\triangle ABC$的面积,a、b、c分别记角A、B、C的对边,h_a记a边上的高,R和r分别记$\triangle ABC$外接圆和内切圆的半径,$s=\frac{1}{2}(a+b+c)$。

1. $\triangle=\frac{1}{2}ah_a$。

2. $\triangle=\frac{1}{2}ab\sin C$。

3. $\triangle=\sqrt{s(s-a)(s-b)(s-c)}$。

4. $\triangle=rs$。

5. $\triangle=\frac{abc}{4R}$。

(四)三角形的边角关系

1[△].同一三角形中,大角对大边,等角对等边,大边对大角,等边对等角。

2.三角形两边之和大于第三边,两边之差小于第三边。

3[△△].在任意$\triangle ABC$中,

$$\sin A=\frac{2\triangle}{bc},\quad \cos A=\frac{b^2+c^2-a^2}{2bc},\quad \tan A=\frac{4\triangle}{b^2+c^2-a^2}。$$

4△.(正弦定理)在任意△ABC中，

$$\frac{abc}{4\triangle}=\frac{a}{\sin A}=\frac{b}{\sin B}=\frac{C}{\sin C}=2R。$$

5△.(余弦定理)在任意△ABC中，

$$\begin{cases}a^2=b^2+c^2-2bc\cos A,\\ b^2=a^2+c^2-2ac\cos B,\\ c^2=a^2+b^2-2ab\cos C。\end{cases}$$

6△△.(勾股定理)△ABC中，$\angle C=90°$的充要条件是

$$a^2+b^2=c^2$$

7△. 在Rt△ABC中，$\angle C$为直角，则

$$\sin A=\cos B=\frac{a}{c},\cos A=\sin B=\frac{b}{c},$$

$$\tan A=\cot B=\frac{a}{b},\cot A=\tan B=\frac{b}{a}。$$

(五)三角形的全等与相似

1△. 三角形全等的判定法:边角边(SAS),角边角(ASA),边边边(SSS)。

2△. 三角形相似的判定法:边角边(SAS),角角(AA),边边边(SSS)。

3. 补充方法:若两三角形有两边对应成比例,其中一边的对角对应相等,且另一边的对角不互补,则这两个三角形相似。(若把“两边对应成比例”改为“两边对应相等”,则两三角形全等)

4. 若两直角三角形斜边和一直角边对应相等(成比例),则它们全等(相似)。(HL)

5△. 相似形对应线段比等于相似比;面积比等于相似比的平方。

(六)三角形的三线与四心

1. 三角形的三中线交于一点(重心)。

2. 三角形的三高交于一点(垂心)。

3. 三角形的三条角平分线交于一点(内心)。

4. 三角形的三边的垂直平分线交于一点(外心)。

5. $\triangle ABC$ 的中线长公式:分别以 m_a、m_b、m_c 记 a、b、c 三边上的中线长,则

$$m_a=\sqrt{\frac{1}{2}\left(b^2+c^2-\frac{a^2}{2}\right)};$$

$$m_b=\sqrt{\frac{1}{2}\left(a^2+c^2-\frac{b^2}{2}\right)};$$

$$m_c=\sqrt{\frac{1}{2}\left(a^2+b^2-\frac{c^2}{2}\right)}。$$

6. $\triangle ABC$ 的三高计算公式:分别以 h_a、h_b、h_c。记 a、b、c 三边上的高,$s=\frac{1}{2}(a+v+c)$,则

$$h_a=\sqrt{c^2-\left(\frac{a^2+c^2-b^2}{2a}\right)^2}=\sqrt{b^2-\left(\frac{a^2+c^2-b^2}{2a}\right)^2}$$

$$=\frac{2}{a}\sqrt{s=(s-a)(s-b)(s-c)};$$

$$h_b=\sqrt{c^2-\left(\frac{b^2+c^2-a^2}{2b}\right)^2}=\sqrt{a^2-\left(\frac{b^2+a^2-c^2}{2b}\right)^2}$$

$$=\frac{2}{b}\sqrt{s=(s-a)(s-b)(s-c)};$$

$$h_c=\sqrt{a^2-\left(\frac{c^2+a^2-b^2}{2c}\right)^2}=\sqrt{b^2-\left(\frac{c^2+b^2-a^2}{2c}\right)^2}$$

$$=\frac{2}{c}\sqrt{s=(s-a)(s-b)(s-c)}。$$

7. $\triangle ABC$ 的三条分角线长公式:分别以 f_a、f_b、f_c 记 A、B、C 三角的分角线长,则

$$f_a=\frac{2bc}{b+c}\cos\frac{A}{2},$$

$$f_b=\frac{2ac}{a+c}\cos\frac{B}{2},$$

$$f_c=\frac{2ab}{a+b}\cos\frac{C}{2};$$

或

$$f_a=\sqrt{bc-\left(1-\frac{a^2}{(b+c)^2}\right)},$$

$$f_b=\sqrt{ac-\left(1-\frac{b^2}{(a+c)^2}\right)},$$

$$f_c=\sqrt{ab-\left(1-\frac{c^2}{(a+b)^2}\right)}。$$

(七)相等或成比例的线段

1△. 一组平行线与两直线相截,截得的两组线段对应成比例。(平行截割定理)

2△. 三角形两边中点连成的线段平行于第三边,且等于第三边之半。(三角形中位线定理)

3. 梯形两腰中点连成的线段平行于底,且等于两底和之半。(梯形中位线定理)

4△. 三角形中一个角的平分线分对边所成的两线段,与这个角的两夹边成比例。

5△. 圆内两弦 AB、CD 所在直线交于 P,则 $PA\cdot PB=PC\cdot PD$。

6. 三角形重心到任一顶点的距离,等于它到这顶点对边中点距离的两倍。

7. 直角三角形斜边上的高,是其垂足分斜边所成两线段的比例中项。

(八)特殊的三角形和四边形

1△. 等腰三角形特征性质:两底角相等;顶角的平分线垂直底边;顶角平分线平分底边。

2. 直角三角形特征性质:两锐角互余;两直角边的平方和等于斜边的平方;斜

边上的中线等于斜边的一半;斜边上的高是其垂足分斜边所成两线段的比例中项。

3. 直角三角形中,30°的锐角对边为斜边之半。

4△. 平行四边形特征性质:两组对边分别平行:两组对边分别相等;有一组对边平行且相等:对角相等;邻角互补;对角线互相平分。

5. 矩形的特征性质:是有一角为直角的平行四边形:四个角都是直角;对角线相等并且互相平分。

6. 菱形的特征性质:是有一组邻边相等的平行四边形;四边相等;对角线互相垂直平分;每一条对角线平分一组对角。

7. 正方形的特征性质:是菱形又是矩形;四边相等且四角为直角:对角线相等并且相互垂直平分。

8. 等腰梯形的特征性质:在同一底上的两个内角相等。

9. 平行四边形面积等于底与高的乘积:$S=ah$。

10. 梯形面积等于两底和之半与高的乘积(或中位线与高的乘积),即 $S=\frac{1}{2}(a+b)h$。

11. 矩形面积等于长与宽的乘积:$S=ab$。

12. 菱形面积等于对角线乘积的一半;或等于边长的平方与一角的正弦的乘积 $S=\frac{1}{2}l_1l_2$,或 $S=a^2\sin\theta$。

13. 等腰三角形、菱形、矩形、正方形和等腰梯形是轴对称图形。

14. 平行四边形是中心对称图形。

(九)圆与正多边形

1△. 垂直于弦的直径必平分这条弦,并且平分这条弦所对的弧和圆心角。(垂径定理)

2△△. 同弧所对的圆周角等于所对圆心角之半。

3△. 弦切角等于所夹弧所对的圆周角。

4. 半圆所对的圆周角(所含的弓形角)是直角。

5△. 切线与过切点的直径垂直。

6△. 圆外一点向圆所引两切线的长相等。

7. 两圆的外(内)公切线长相等。

8△. 两圆相切,连心线通过切点。

9△. 圆内接四边形特征性质;对角互补;外角等于内对角。

10. 圆外切四边形特征性质:两组对边和相等。

11△. 若 P、Q 在直线 AB 同侧,并且自 P、Q 向线段 AB 的视角相等(即 $\angle APB=\angle AQB$),则 A、B、P、Q 四点共圆。

12△. 若经过 P 的直线与 $\odot O$ 交于 A、B、$\odot O$ 的半径为 r,则 $PA\cdot PB=|PO^2-r^2|$(圆幂定理)。命题当 A、B 重合,即 PA 与圆切于 A 时也成立。

13. 各边相等的圆内接多边形是正多边形;各角相等的圆外切多边形是正多边形。

14. 正多边形必有外接圆与内切圆,这两个圆是同心圆。

15. 圆是轴对称图形,又是中心对称图形。圆绕圆心旋转任意角度后与原图形重合。

16. 关于正多边形的计算公式:(n 是边的数目;R 是正多边形的外接圆半径;a_n、p_n、r_n、s_n 分别记边长、周长、边心距和面积)

$$a_n=2R\sin\frac{180^\circ}{n};$$

$$p_n=2n\sin\frac{180^\circ}{n};$$

$$r_n=R\sin\frac{180^\circ}{n};$$

$$s_n=\frac{n}{2}R^2\sin\frac{180^\circ}{n}。$$

17. 关于圆的计算公式:(分别以 S、l、R 记圆 $\odot O$ 的面积、周长和半径,A、B、C

是圆上三点，n 是△AOB)的度数，PA、PB 切⊙O 于 A、B)

$$S=\pi R^2;$$

$$l=2\pi R;$$

$$S_{扇形AOB}=\frac{n\pi R^2}{360};$$

$$l_{\widehat{AB}}=\frac{n\pi R}{180};$$

$$AB=2R\sin\angle ACB;$$

$$PA+PB=2R|\tan\angle ACB|。$$

(十)重要的轨迹

1.到一定点距离等于定长的点的轨迹是圆。

2△.和两点距离相等的点的轨迹，是连结这两点的线段的垂直平分线。

3△.在一个角内到角两边距离相等的点的轨迹，是这个角的平分线。

4.到一条已知直线距离等于定长的点的轨迹，是平行抄这条直线，并且到这条直线的距离等于定长的两条直线。

5.到两条平行线距离相等的点的轨迹，是和两条平行线距离相等的一条平行线。

6△.和已知线段两端点连线的夹角等于已知角的点的轨迹，是以已知线段为弦，所含圆周角等于已知角的两段弧(端点除外)。

说明：

(1)带△的较重要，带△△的更重要。

(2)有些十分平凡的命题，虽然常用，但未列出，如“对顶角相等”，“斜线比垂线长”，“同角的补角相等”……

(3)有些命题，是所列出的命题的明显推论，没有列入，例如：“两直线平行，内错角相等”,“三角形外角等于相邻的两内角之和”……复习时应注意列出的命题有哪些推论。

(4)个别命题在上面有重复,例如:勾股定理作为三角形边角关系之一列出,又作为直角三角形特征性质列出,这样的命题为数不多,都是较重要的。